“十二五”普通高等教育本科国家级规划教材

国家精品课程、中国大学资源共享课程“包装材料学”主讲教材

包装材料学

（第二版）

王建清　陈金周　主　编

王建清　陈金周　宋海燕　张　丽　韩永生
王家俊　刘　明　韩春阳　李东立　高珊珊　编　著

中国轻工业出版社

图书在版编目（CIP）数据

包装材料学/王建清，陈金周主编．—2版．—北京：中国轻工业出版社，2022.8

“十二五”普通高等教育本科国家级规划教材　国家精品课程　中国大学资源共享课程“包装材料学”主讲教材

ISBN 978-7-5019-9752-7

Ⅰ.①包…　Ⅱ.①王…②陈…　Ⅲ.①包装材料-高等学校-教材　Ⅳ.①TB484

中国版本图书馆CIP数据核字（2016）第316534号

责任编辑：杜宇芳
策划编辑：林　媛　杜宇芳　　责任终审：劳国强　　封面设计：锋尚设计
版式设计：宋振全　　责任校对：燕　杰　　责任监印：张　可

出版发行：中国轻工业出版社（北京东长安街6号，邮编：100740）
印　　刷：河北鑫兆源印刷有限公司
经　　销：各地新华书店
版　　次：2022年8月第2版第6次印刷
开　　本：787×1092　1/16　印张：20
字　　数：450千字
书　　号：ISBN 978-7-5019-9752-7　定价：58.00元
邮购电话：010-65241695　传真：65128352
发行电话：010-85119835　85119793　传真：85113293
网　　址：http://www.chlip.com.cn
Email：club@chlip.com.cn
如发现图书残缺请直接与我社邮购联系调换
220917J1C206ZBW

前　言

包装材料学是研究包装材料的结构、性能和应用的科学。它是在造纸、高分子材料、硅酸盐材料、金属材料、复合材料等材料学科和包装工程基础上发展形成的新兴交叉学科。

《包装材料学》是包装工程专业的核心课程，是深入学习其他专业课程的基础。现代包装工业的技术创新，大多体现在新型包装材料和工艺技术的开发与应用方面，因此了解和掌握包装材料的结构、性能与应用，对于科学合理地设计、制造和使用包装容器，应用合适的包装工艺，确保包装功能的实现显得尤为重要。

本教材是在普通高等教育“十一五”国家级规划教材的基础上，参考2010年10月教育部颁布的《包装工程专业规范》中有关核心课程“包装材料学”所要求的涵盖核心知识单元，结合正在发展的功能与智能包装而编写的。全书共分六篇二十三章，前四篇分别讨论了纸、塑料、玻璃、金属作为主要包装材料使用时的主要性能及其制品的成型加工技术；第五篇主要介绍了一些包装辅助材料；第六篇介绍了复合软包装材料和功能型包装材料。全书既强调基础理论的系统性、专业知识的实用性和包装材料与技术的新颖性，又利于学生自学和教师教学，注重培养学生分析问题和解决问题的能力。

本书由王建清教授和陈金周教授主编。天津科技大学王建清教授编写第一篇中的第一章和第二章，宋海燕教授编写第一篇中的第三、四、五章，韩永生教授编写第二篇的第一、二章，郑州大学张丽教授编写第二篇的第三章，陈金周教授编写第二篇的第四章和第六篇的第一章，浙江理工大学王家俊教授编写第三篇第一、二章，洛阳理工学院刘明博士编写第三篇第三、四章，沈阳农业大学韩春阳博士编写第四篇，北京印刷学院李东立教授编写第五篇，青岛科技大学高珊珊副教授编写第六篇第二章。

全书由郑州大学王经武教授主审。

天津科技大学的王玉峰副教授、高文华老师和郑州大学的刘文涛副教授、刘雪莹、段瑞侠老师等为本书做了不少工作，在此一并表示感谢。

本教材既可作为高等学校包装工程专业及其相关学科的专业教材，也可以作为从事包装工作的工程技术人员参考使用。

本课程分别入选国家精品课程和国家级精品资源共享课，相关教学资料可在天津科技大学的精品课程网页（http：//jw. tust. edu. cn）中找到。

由于包装材料学涉及学科较多，以及编者学识所限，书中内容定有疏漏和不足之处，敬请读者指正。

王建清　陈金周

2016年10月

目　录

绪论 …… 1
第一篇　纸包装材料与制品 …… 3
第一章　包装纸和纸板 …… 3
第一节　造纸原料 …… 3
一、造纸原料的种类 …… 3
二、造纸植物纤维原料的生物结构 …… 4
三、造纸植物纤维原料的化学组成 …… 6
第二节　制浆工艺 …… 7
一、化学法制浆 …… 8
二、机械法制浆 …… 9
三、化学机械法制浆 …… 9
第三节　造纸工艺 …… 9
一、打浆与调料 …… 9
二、纸张的抄造 …… 11
第四节　纸和纸板的性能及测试方法 …… 12
一、包装纸和纸板的分类 …… 12
二、包装纸和纸板测试前的采样和预处理 …… 13
三、纸和纸板性能测试 …… 14
思考题 …… 18
第二章　加工纸 …… 19
第一节　涂布加工纸 …… 19
一、颜料涂布加工纸 …… 19
二、树脂涂布纸 …… 23
三、药剂涂布纸 …… 24
四、真空镀膜纸 …… 25
第二节　浸渍加工纸 …… 25
一、浸渍加工原纸和浸渍剂 …… 25
二、浸渍工艺与方法 …… 25
三、浸渍加工纸的种类与用途 …… 26
第三节　变性加工纸 …… 26
思考题 …… 27
第三章　瓦楞纸板 …… 28
第一节　瓦楞纸板的种类 …… 28
一、根据瓦楞的齿形分类 …… 28
二、根据瓦楞楞型分类 …… 29
三、根据瓦楞的层数分类 …… 30

四、我国对于瓦楞纸板的分类规定 …… 30
五、瓦楞纸板的新品种 …… 31
第二节 生产瓦楞纸板的原料 …… 32
一、瓦楞原纸 …… 32
二、箱纸板 …… 34
三、瓦楞原纸和箱纸板的选配 …… 35
第三节 瓦楞纸板的生产工艺与设备 …… 36
一、瓦楞纸板的连续式生产工艺和设备 …… 36
二、单机生产的工艺设备 …… 48
三、瓦楞纸板的半连续式生产工艺与设备 …… 48
第四节 瓦楞纸板的质量检测 …… 48
一、外观质量 …… 48
二、基本物理性能 …… 48
三、强度性能 …… 49
第五节 功能型瓦楞纸板 …… 50
一、防水瓦楞纸板 …… 50
二、保鲜瓦楞纸板 …… 51
三、防静电瓦楞纸板 …… 52
思考题 …… 52
第四章 瓦楞纸箱 …… 53
第一节 瓦楞纸箱的分类与箱面印刷设计 …… 53
一、瓦楞纸箱的分类 …… 53
二、纸箱箱面印刷设计 …… 53
第二节 纸箱制造工艺 …… 54
一、纸箱箱坯单机生产工艺 …… 54
二、纸箱箱坯全自动生产工艺与设备 …… 58
第三节 瓦楞纸箱的质量检测 …… 59
一、外观质量 …… 60
二、纸箱耐压强度及其影响因素 …… 60
三、纸箱动态性能试验 …… 62
思考题 …… 62
第五章 纸盒、纸袋和其他纸包装制品 …… 63
第一节 纸盒 …… 63
一、纸盒的分类 …… 63
二、纸盒生产原料 …… 63
三、纸盒生产工艺 …… 65
第二节 纸袋 …… 69
一、生产纸袋的原料 …… 69
二、销售包装纸袋 …… 70
三、运输包装纸袋 …… 70
第三节 纸筒和复合罐 …… 72

一、生产纸筒和复合罐的原料 …… 73
二、罐体绕制法 …… 73
三、罐盖及安装方式 …… 74
四、纸筒与复合罐的规格及检验 …… 74
第四节　纸浆模塑制品 …… 75
一、浆料制备 …… 75
二、模塑成型 …… 76
三、干燥 …… 77
第五节　蜂窝纸板及其包装制品 …… 77
一、蜂窝纸板的基本特征 …… 77
二、蜂窝纸板生产工艺与设备 …… 78
三、蜂窝纸板包装制品 …… 80
第六节　其他纸包装制品 …… 81
一、纸杯 …… 81
二、纸板桶 …… 82
思考题 …… 82
第二篇　塑料包装材料与制品 …… 83
第一章　塑料包装材料概述 …… 83
第一节　塑料包装的特点及其制品 …… 83
一、塑料包装的特点 …… 83
二、塑料包装制品 …… 84
第二节　高分子材料基础知识 …… 85
一、高分子材料的分类 …… 85
二、高分子材料的命名 …… 86
三、高分子材料的合成 …… 87
四、高分子材料的结构和性质 …… 89
思考题 …… 95
第二章　塑料包装材料常用树脂和助剂 …… 96
第一节　常用树脂 …… 96
一、聚乙烯 …… 96
二、聚丙烯 …… 98
三、聚苯乙烯 …… 99
四、丙烯腈-丁二烯-苯乙烯共聚物 …… 101
五、聚氯乙烯 …… 101
六、聚偏氯乙烯 …… 102
七、聚酰胺 …… 103
八、聚对苯二甲酸乙二醇酯 …… 105
九、聚萘二甲酸乙二醇酯 …… 106
十、聚碳酸酯 …… 107
十一、乙烯-醋酸乙烯酯共聚物 …… 107
十二、乙烯-丙烯酸乙酯共聚物 …… 108
十三、聚乙烯醇 …… 108

十四、乙烯-乙烯醇共聚物 …… 109
十五、离子交联聚合物 …… 110
第二节 塑料助剂 …… 110
一、增塑剂 …… 111
二、稳定剂 …… 113
三、润滑剂和脱模剂 …… 115
四、着色剂 …… 117
五、抗静电剂 …… 118
六、防雾剂 …… 119
思考题 …… 120
第三章 塑料包装材料的性能 …… 121
第一节 塑料包装材料的阻隔性能 …… 121
一、气体透过率 …… 121
二、影响塑料阻隔性的因素 …… 121
第二节 聚合物的溶解性 …… 126
一、聚合物溶解过程的特点 …… 126
二、聚合物溶解过程的热力学解释 …… 127
三、溶剂的选择 …… 129
第三节 塑料包装材料的力学性能 …… 130
一、热塑性塑料的（拉伸）应力-应变曲线 …… 130
二、聚合物的黏弹性 …… 133
第四节 塑料包装材料的化学性质 …… 135
一、聚合物的官能团反应 …… 135
二、聚合物的降解反应 …… 137
三、聚合物的交联反应 …… 140
四、聚合物的老化 …… 140
第五节 塑料包装材料的卫生与安全性 …… 141
一、树脂的卫生安全性 …… 141
二、塑料助剂或添加剂的卫生性 …… 142
第六节 塑料包装材料的光学和电学性能 …… 144
一、塑料包装材料的光学性能 …… 144
二、塑料包装材料的电学性能 …… 148
思考题 …… 150
第四章 塑料包装制品的成型 …… 152
第一节 塑料包装制品的挤出成型 …… 152
一、塑料挤出成型设备 …… 152
二、塑料挤出加工工艺过程 …… 153
三、典型塑料包装制品的挤出成型工艺 …… 154
第二节 塑料包装制品的注射成型 …… 161
一、注射成型设备 …… 161
二、注射成型工艺 …… 162

第三节　塑料包装制品的热成型 …… 164
一、真空热成型方法 …… 165
二、真空热成型工艺条件 …… 166
第四节　泡沫塑料成型 …… 167
一、泡沫塑料的发泡工艺 …… 167
二、发泡塑料容器制品的成型工艺 …… 168
思考题 …… 169
第三篇　玻璃和陶瓷包装材料与制品 …… 170
第一章　玻璃的原料与结构 …… 170
第一节　玻璃的原料 …… 170
一、主要原料 …… 170
二、辅助原料 …… 171
三、玻璃原料的质量要求 …… 171
第二节　玻璃的结构 …… 172
一、晶体结构与玻璃结构 …… 172
二、钠钙玻璃的结构 …… 172
三、硼硅酸盐玻璃的结构 …… 173
思考题 …… 173
第二章　玻璃的性质 …… 174
第一节　玻璃的物理性质 …… 174
一、密度 …… 174
二、硬度 …… 174
三、导热性能 …… 174
四、玻璃的热膨胀性 …… 174
五、光学性能 …… 176
六、高阻隔性 …… 176
第二节　玻璃的机械强度 …… 176
一、玻璃的强度 …… 176
二、玻璃的强度指标 …… 177
第三节　玻璃的化学性质 …… 179
一、玻璃的侵蚀机理 …… 179
二、影响玻璃化学稳定性的因素 …… 180
三、玻璃化学稳定性的测试 …… 180
思考题 …… 181
第三章　玻璃包装容器的制造 …… 182
第一节　玻璃瓶罐的制造 …… 182
一、玻璃液的制备 …… 182
二、玻璃瓶罐的成型 …… 184
三、退火 …… 185
四、显色与装饰 …… 186
五、玻璃瓶的表面处理 …… 187

六、检验、包装 …… 189
第二节　安瓿与管制玻璃药瓶的制造 …… 190
一、拉制玻璃管 …… 190
二、制瓶 …… 191
思考题 …… 191
第四章　陶瓷包装 …… 192
第一节　陶瓷原料 …… 192
一、黏土类原料 …… 192
二、石英类原料 …… 193
三、长石类原料 …… 193
四、辅助原料 …… 193
第二节　陶瓷包装容器 …… 193
一、陶瓷包装容器的分类 …… 193
二、陶瓷包装容器的制造工艺 …… 194
三、陶瓷包装容器的检验与验收 …… 196
思考题 …… 197
第四篇　金属包装材料与制品 …… 198
第一章　金属包装材料 …… 198
第一节　金属包装材料的性能与分类 …… 198
一、金属包装材料的性能特点 …… 198
二、金属包装材料的分类 …… 199
第二节　常用金属包装材料 …… 200
一、铁基包装材料 …… 200
二、铝基包装材料 …… 203
思考题 …… 205
第二章　金属包装容器 …… 206
第一节　金属包装容器的种类 …… 206
一、金属包装容器分类 …… 206
二、金属罐罐型与规格 …… 207
第二节　金属三片罐 …… 209
一、压接罐 …… 209
二、焊接罐 …… 211
三、粘接罐 …… 212
第三节　两片罐罐身制造工艺流程 …… 213
一、浅冲罐 …… 213
二、深冲罐 …… 215
三、变薄拉伸罐 …… 216
第四节　罐盖/底的制造工艺及封盖/底原理 …… 217
一、普通盖（底）的制造工艺 …… 217
二、易开盖制造工艺 …… 218
三、封底（盖）原理 …… 219

第五节　其他金属包装容器 …… 221
一、金属桶 …… 221
二、金属软管 …… 222
三、金属喷雾罐 …… 223
第六节　金属包装容器质量检测 …… 225
一、金属包装容器外观与基本性能检测 …… 226
二、金属包装容器卷边结构尺寸及焊缝质量检测 …… 226
三、金属包装容器检漏试验 …… 229
思考题 …… 229
第五篇　包装辅助材料 …… 230
第一章　黏合剂 …… 230
第一节　黏合剂的组成及粘合机理 …… 230
一、黏合剂的分类和性质 …… 230
二、粘合机理 …… 230
三、提高粘合强度的方法 …… 233
第二节　软包装常用黏合剂 …… 237
一、塑料复合用黏合剂 …… 237
二、封口用黏合剂 …… 239
三、常用塑料软包装用黏合剂性能比较 …… 240
四、软包装用黏合剂的上胶方式 …… 240
第三节　纸包装常用黏合剂 …… 241
一、淀粉黏合剂 …… 242
二、聚醋酸乙烯酯乳液黏合剂 …… 243
三、乙烯-醋酸乙烯酯共聚物黏合剂 …… 243
四、聚乙烯醇黏合剂 …… 243
五、糊精黏合剂 …… 244
第四节　木制品包装用黏合剂 …… 244
一、脲醛树脂黏合剂 …… 244
二、三聚氰胺改性脲醛树脂黏合剂 …… 244
三、酚醛树脂黏合剂 …… 245
思考题 …… 245
第二章　涂层材料 …… 246
第一节　金属表面涂层 …… 246
一、粉末涂料 …… 246
二、油漆 …… 247
三、金属内涂层 …… 253
第二节　纸基涂层 …… 253
第三节　塑料涂层 …… 253
一、提高塑料薄膜阻隔性的涂层 …… 253
二、改进薄膜加工性能的涂层 …… 254
思考题 …… 254

第三章　封缄材料 …… 255
第一节　胶带 …… 255
一、压敏胶带 …… 255
二、安全胶带 …… 258
第二节　防伪标签 …… 259
一、破坏型防伪标签 …… 259
二、可视型防伪标签 …… 260
三、不可视型防伪标签 …… 260
第三节　瓶盖与瓶塞 …… 260
一、瓶盖 …… 260
二、瓶盖材料 …… 263
第四节　塑料捆扎材料 …… 263
一、塑料打包带 …… 263
二、聚乙烯和聚丙烯绳 …… 264
思考题 …… 264
第四章　其他包装辅助材料 …… 265
第一节　干燥剂 …… 265
第二节　防锈剂 …… 266
一、防锈水 …… 266
二、防锈油脂 …… 266
三、气相防锈剂 …… 268
第三节　脱氧剂 …… 268
思考题 …… 269
第六篇　复合与功能包装材料 …… 270
第一章　复合包装材料 …… 270
第一节　复合包装材料的组成与复合工艺 …… 271
一、复合包装材料的基本组成 …… 271
二、复合包装材料的复合工艺 …… 273
三、复合包装材料的发展趋势 …… 276
第二节　复合软包装材料的性能 …… 276
一、复合包装材料结构的表示方法 …… 276
二、复合包装材料的性能 …… 277
三、复合薄膜的阻隔性能设计与预测 …… 278
第三节　复合包装容器 …… 281
一、多层塑料瓶 …… 281
二、多层软管 …… 282
三、塑料-金属箔复合容器 …… 282
第四节　高分子共混（合金）材料 …… 283
思考题 …… 283
第二章　新型功能包装材料 …… 284
第一节　高阻隔包装材料 …… 284

一、蒸镀薄膜 …… 284
二、EVOH 薄膜 …… 286
三、K 涂膜 …… 286
第二节　智能-活性包装材料 …… 287
一、智能包装 …… 287
二、活性包装 …… 289
第三节　抗菌包装材料 …… 290
一、抗菌剂的种类及应用 …… 291
二、抗菌包装材料制备技术 …… 293
第四节　可食性包装材料 …… 294
一、可食性包装材料 …… 294
二、可食性油墨 …… 296
第五节　防静电包装材料 …… 297
第六节　防锈包装材料 …… 300
一、气相缓蚀剂 …… 300
二、防锈纸 …… 300
三、防锈膜 …… 300
思考题 …… 301
参考文献 …… 302

绪　论

包装材料学是包装工程的一门重要课程，它主要研究用于包装的纸、塑料、玻璃、金属、木材、复合材料等包装方面的适性及其制品成型技术，包括材料的结构与性能、包装制品的生产和加工，以及材料与制品质量之间的内在联系与相互作用，为根据商品性能正确选择包装材料和制品成型（加工）技术打下基础。

包装材料的应用有着十分悠久的历史。人类早期用天然植物藤蔓、树叶、禾草编制成筐篓，用来盛装谷物蔬菜；在掌握了烧制、冶炼技术后，加工生产出了陶器、青铜等包装容器；纺织、造纸技术的发展，促进了包装的重大进步；尤其是20世纪以来塑料生产与应用技术的发展，给现代包装注入了新的活力，使包装材料与产品性能更加适合商品包装的要求，促进了包装工艺和技术的完善。近年来，为适应现代包装市场的需求，包装与材料、化学、电子、信息技术等学科的交叉融合越来越深入，一些具有新特点的功能性包装材料不断涌现，大大促进了包装技术的进步和包装工业的发展。

在包装材料中，纸和纸板以其原料来源丰富、生产加工容易、缓冲保护性能优良、绿色环保而在整个包装材料中占有较高的比重。塑料包装功能全面，具备良好的成型性能，可以加工成各种薄膜包装袋、盘、盒、瓶、桶等容器，几乎适合包装各种固态、液态商品；其通过发泡或充气加工成的缓冲材料，对商品流通具有十分优良的保护作用，因而尽管其废弃物的处理难度较其他包装材料更大一些，但其在包装工业中的地位仍逐年上升。玻璃、金属包装以其密封和阻隔性能优异、商品保质期长和卫生安全等优点，在食品、药品、化妆品特别是饮料包装领域仍占有主导地位。为了充分利用各种包装材料的优点，近年来开发出众多的复合包装材料，如纸塑复合、塑料与铝箔复合、纸塑与铝箔复合等，由于它们具有阻隔性能好、化学性能稳定、包装适性广等特点，产量与应用领域在逐年增长。除了复合包装材料以外，以传统包装材料为基础，通过多学科的融合创新，开发的各种功能性包装材料有效地弥补了传统包装材料的不足，扩大了包装材料的应用范围。目前常用的功能包装材料包括可食性包装材料、降解型包装材料、保鲜包装材料、选择吸收型包装材料、阻隔型包装材料、保温型包装材料、无菌和抗菌包装材料、抗静电包装材料、纳米包装材料及智能包装材料等。

包装是为在流通过程中保护产品、方便贮运、促进销售，按一定技术方法而采用容器、材料及辅助物等以及为达到上述目的而采用的一些技术措施的总称。能够满足包装功能全面要求的材料及其容器，就能在包装领域内占有明显的优势。

保护商品是包装的最基本功能，产品从工厂制造出来后通过储存、运输、销售等环节到达用户手中，其中要经过数天、数月、甚至一年以上的时间，要使商品在整个流通过程中保持品质不变，除了产品本身必须质量良好以外，更重要的还是需要包装来进行保护。如食品、饮料、药品和化妆品，如果没有高阻隔性包装材料与技术来制成包装，其货架寿命会很短，甚至到达用户手中之前就已失效；家电、仪器和IT等产品如果没有良好的缓冲保护包装，则有可能在运输途中就被损坏；商品种类繁多、性能各异，对包装的保护功能要求各不相同，包装必须针对各种商品的特性与特点，正确选择适合的包装材料与技术，才能收到良好的包装效果。

方便贮运是包装的重要功能，商品流通环节复杂，运输工具和手段不一，装卸、堆码和仓储既有机械化操作，又有由手工完成的，因此包装结构、外形尺寸规格设计等应考虑流通中的各种要素，使运输设备利用效益优化、装卸方便；同时在物流技术日益发展的趋势下，对包装的设计与制造提出了更高的要求，易于识别和管理的商品与包装信息是物流自动化管理的基本前提。

促进销售是现代包装技术发展的重要特点，随着商品经济的日益发展和商品品种日益丰富，尤其是大型零售超市的兴起和迅猛发展，商品推销角色由推销员转换为商品自身形象，因此在产品质量接近的情况下，产品包装的造型，精美的图案、色彩和装潢设计与印刷，以及详尽的产品使用说明就显得尤为重要，在较大程度上决定了商品的市场竞争力。

随着科学技术的发展和人类文明的进步，人们对社会的可持续性发展越来越重视。包装材料作为原料和能源消耗的重要组成部分，尤其是包装废弃物对环境保护带来的重大压力使人们在开发包装新材料和新技术的同时，要将包装领域的可持续发展放在首要位置。绿色包装是实现包装工业可持续性发展的重要途径，即在使用包装材料制造包装制品时，要考虑到包装减量（Reduce）、重复使用（Reuse）、回收利用（Recycle）和再生（Recover），尽量使用可降解材料（Degradable），减少包装带来的环境污染。

第一篇　纸包装材料与制品

以纸和纸板为材料制成的包装称为纸包装。与其他包装相比较，纸包装具有原料来源丰富、加工容易、性能优良、印刷装潢适性好、价格低廉、绿色环保、易于回收处理等特点，因此在包装工业中占有十分重要的地位。

纸和纸板的制造与应用有着近两千年的历史。东汉（公元105年）时期蔡伦发明了造纸术，当时主要以树皮、破渔网、旧麻片、碎布等为原料，制成了适合于书写的纸张，替代了当时作为书写材料的昂贵的缣帛和不易保存的简牍，对于促进人类文明和科学技术的交流、传播、继承和发展具有十分重大的意义，因此造纸术从公元610年开始由我国向世界各地传播，受到各国的重视。然而由于当时生产技术的落后，纸和纸板的产量远远满足不了市场的需要。直到工业革命以后，相继发明了烧碱法、硫酸盐法和亚硫酸盐法制浆技术，使造纸原料扩大到木材、禾草类等许多种天然植物，来源广泛、价廉；长网、圆网造纸机代替了过去的手工抄纸，使大规模快速加工生产成为可能。造纸工业的巨大发展，为纸和纸板进入包装工业创造了基本条件。进入20世纪以来，随着造纸技术的进步，对纸和纸板进行涂布、浸渍、改性和复合等一系列深加工，使纸包装的性能更好地满足了商品包装要求，应用领域更加广泛。目前纸和纸板在各种包装材料中已成为用量最大、品种最多、最具广阔发展前景的包装材料。

第一章　包装纸和纸板

纸和纸板是由纤维无序交织而成的平整、均匀的薄页，具有表面平滑可印刷、书写等特点。包装纸和纸板的生产是通过备料、制浆、造纸等一系列工艺完成的，即将天然植物纤维原料如木材、禾草适当切短，然后通过机械的、化学的或生物的方法，将原料分散成纤维，再将它们与辅料和水制成悬浮液，在细目网上脱水成型为纸和纸板。通过使用不同的原料配比和制浆造纸方法，使产品具有不同的性能与用途。

第一节　造纸原料

针对不同商品的特点，用于包装的纸和纸板要求具有相应的性能，尤其是机械强度性能更为突出。尽管制浆造纸工艺与技术、纸和纸板的后加工处理能够明显改善包装材料的适性，但包装纸和纸板的机械强度，很大程度上还是由造纸原料决定的。

一、造纸原料的种类

（一）植物纤维原料

能用来造纸的原料品种繁多，根据形态特征可分为木材、非木材纤维原料两大类。

1. 木材纤维原料

（1）针叶木　由于这类原料的叶子呈针状、条形或鳞形，故一般称之为针叶木材原料；同时因原料的材质一般比较松软，故又称软木。这类木材中用于造纸的主要有云杉、冷杉、马尾松、落叶松、湿地松、火炬松等。

（2）阔叶木　这类原料的树叶多较宽阔，故称阔叶材，由于材质较硬，又称为硬木。实际上用来造纸的仅是阔叶木中材质较松软的品种，如杨木、桦木、桉木、枫木、榉木等。

2. 非木材纤维

非木材纤维原料是我国造纸工业中使用最多的原料，其中有一年生的禾草，也有多年生长成材的竹子等。

（1）禾本科类　这类原料主要有芦苇、荻、竹子、棉秆、稻麦草、龙须草、甘蔗渣等，它们有的是农产品废料，来源丰富，成本低廉。

（2）韧皮类　韧皮类原料包括两类，一类是树皮，如纤维含量较高的桑树皮、檀树皮、雁树皮、构树皮、棉秆皮等，然而大多数树皮因纤维含量低、杂质含量高不可用来造纸。另一类是麻类，主要有红麻、大麻、黄麻、亚麻、苎麻、罗布麻等。

（3）籽毛类　这类原料主要包括棉花、棉短绒及棉质旧布等。

（二）非植物纤维原料

用非植物纤维原料造纸近年来发展很快，它们以优异的特性和独特的功能在包装中发挥重要的作用。

1. 合成纤维

合成纤维主要包括聚烯烃纤维、尼龙纤维、涤纶纤维等。用这类纤维生产的纸大多具有较高的机械强度、防潮耐水、尺寸稳定性好、耐腐蚀等特点，尤其适合商品包装使用。

2. 无机纤维

无机纤维包括玻璃纤维、陶瓷纤维、石棉纤维、碳纤维、金属纤维等。生产时大多将这些原料拉制成细丝，然后切成一定的长度，单独或与植物纤维混合抄造成纸和纸板。根据原料的不同，这类纸和纸板具有良好的绝缘隔热性能、吸附性能或导电性能等，适合特殊商品的包装。

（三）废纸

从严格意义上来讲废纸仍属于植物纤维原料，因为目前用非植物纤维生产的纸和纸板比例极低。废纸是造纸的重要原料来源之一，我国废纸占到造纸原料的40%左右，有些发达国家这一比例超过50%。废纸的回收利用不仅有利于环保，节约资源和能源，还能大幅度降低纸和纸板的生产成本。但废纸的反复循环使用对纸和纸板的某些性能有一定的不良影响。

用废纸生产高档纸和纸板，要经过分选、脱墨、去除杂质等复杂操作，一般工艺比较复杂，同时对废纸来源要求较高，因此大多数情况下都是将回收废纸简单分类后，用水力碎浆机碎解，筛除杂质后用来生产低级瓦楞原纸、箱纸板、厚纸板，或充作多层纸板的芯层，纸板表面用化学浆。这样既能保证纸板的外观质量与适印性，又不影响纸板挺度与使用效果。

二、造纸植物纤维原料的生物结构

自然界中植物主要是由细胞构成的。在生长过程中，细胞不断长大变粗，细胞壁加厚。由于细胞在植物体内的位置、生理机能不同，随着生长分化，它们的形状多种多样。图1-1-1是常见的植物细胞，图中右边部分属于薄壁细胞，壁薄短小，不适合造纸，它只会在制浆造纸过程中增加化学药品和能源消耗，并大多在洗涤过程中流失，在造纸上称这类薄壁细胞为杂细胞。图中左边的两种细胞称为厚壁细胞，它是一种中空、细长、呈纺锤状、富有挠曲、柔韧性的细胞，在植物体内它起到机械支撑作用，在形成纸张后使之具有良好的物理强度，因而造纸工业上把厚壁细胞称为纤维。

原料不同，纤维在植物体内占的比例差距较大，纤维形状及其结构组成也存在一定的差异。针叶木纤维长度一般为1.5～5.6mm，平均为3.5mm，宽0.05mm左右；稻草纤维平均长0.92mm，宽0.008mm，而苎麻纤维长达120～180mm，宽为0.02mm。作为造纸植物纤维原料，纤维比例越高，细长均匀，杂细胞含量低，生产出来的纸强度就越高，反之较差。表1-1-1为常用造纸原料的纤维含量及形态。

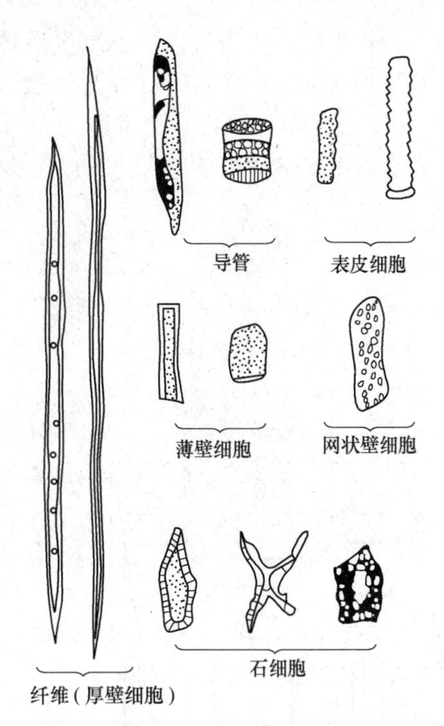

图1-1-1 常见的植物细胞形态示意图

表1-1-1 常用造纸原料的纤维含量及形态

类别	原料	纤维含量/%	纤维形态		
			平均长度/mm	平均宽度/μm	长宽比
针叶木	红松	98.2	3.62	9.7	67
	落叶松	98.5	3.41	44.4	77
	马尾松	98.5	3.61	50.0	72
阔叶木	山杨	76.7	0.86	17.4	50
	白皮桦	73.3	1.21	18.7	65
	桉木	82.4	0.68	16.8	43
禾草类	稻草	46.0	0.92	8.1	114
	麦草	62.1	1.32	12.9	102
	芦苇	64.5	1.12	9.7	115
	毛竹	68.8	2.0	16.2	123
	棉秆	71.3	0.83	27.7	30

纤维是造纸原料中最主要、最基本的植物细胞，细胞壁是由原生质体所分泌的物质形成的。根据细胞壁形成的先后和结构方面的差异，细胞壁可以分为胞间层（ML）、初生壁（P）和次生壁（S）三个部分。

植物细胞分裂产生新细胞时，在两个细胞之间形成了一层薄膜，称为胞间层；在细胞形成和生长阶段，分泌出的原生质体在胞间层的内侧沉积形成初生壁，其厚度约为0.1μm，具有柔软性和可塑性，适应细胞体积增大的需要，它的大小也确定了细胞的长度与直径；初生壁停止生长以后，原生质体在初生壁内侧分泌沉积形成的细胞壁称为次生壁，根据形成顺序，次生壁可分为外层（S_1）、中层（S_2）和内层（S_3），次生壁厚度为5～10μm，是细胞（纤维）的主体。

在高倍电子显微镜下，人们可以观察到纤维细胞壁中的微细纤维，它由数百个纤维素分子链平行连结而成，直径10～45nm，是纤维细胞的骨架，并且在不同的细胞壁形成层中，微细纤维取向各异。

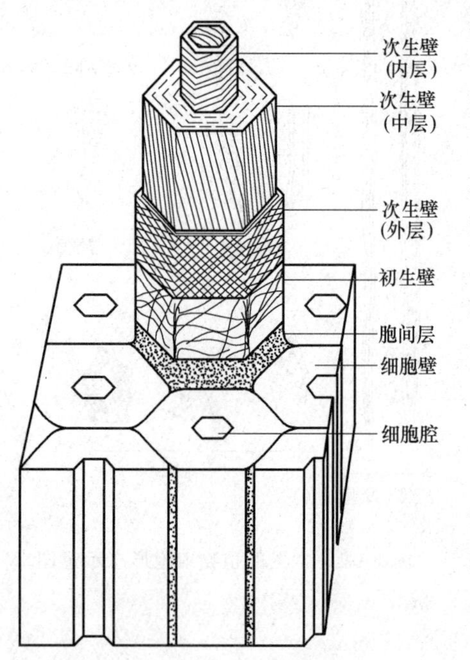

图1-1-2 纤维细胞壁的微细结构模型

图1-1-2表示纤维细胞壁的微细结构模型。从此图可以看出，初生壁中微细纤维的排列是杂乱无章的；次生壁外层微细纤维呈左右螺旋向交叉排列，形同网状结构；次生壁中层微细纤维排列几乎与纤维轴向平行；次生壁内层微细纤维则差不多与轴向垂直。

三、造纸植物纤维原料的化学组成

造纸植物纤维原料的化学成分十分复杂，但主要由纤维素、半纤维素、木素及少量其他成分组成的。

1. 纤维素

纤维素是植物纤维原料最主要的化学成分，是评价原料制浆造纸价值的基本依据；也是纸浆、纸张最主要、最基本的化学组成。

纤维素分子是由基本结构单元D-吡喃式葡萄糖基通过1，4-β苷键构成的线状高分子化合物，纤维素的分子结构如下：

其分子式简写为（$C_6H_{10}O_5$）$_n$，其聚合度在数百至1万之间。原料不同，聚合度不一样，大多在1400左右。

纤维素分子链上的大量羟基可以形成氢键连接，从而在纤维交织形成纸页时增加纤维间的结合强度；这些羟基对极性溶剂和溶液具有很强的亲和力，它能从空气中吸收水分，也可在空气中蒸汽分压降低时解吸出吸附的水分，这一过程会引起纤维润胀或收缩。另外纤维素在150℃下主要表现为物理吸附的水解吸，超过240℃时会发生苷键断裂等热降解。

纤维素在酸性或碱性溶液中会发生水解，在氧化、微生物、加热、机械等作用下也会发生降解，使聚合度下降，这是在造纸过程中应尽量避免的。组成纤维素大分子的每个葡萄糖基中含有三个醇羟基，从而使纤维素有可能发生各种酯化、醚化反应，生成许多有价值的纤维素衍生物，也可以通过对纤维素进行化学改性，获得更高价值的产品。

2. 半纤维素

半纤维素也是一种长链的高分子碳水化合物。与纤维素分子由均一的葡萄糖基构成不同，它由一群复合聚糖基组成，并且原料不一样，复合聚糖的组成也不一样。这些糖基主要有：D-木糖基、D-甘露糖基、D-葡萄糖基、D-半乳糖基、L-阿拉伯糖基、4-*O*-甲基-D-葡萄糖醛酸基等。它们组成的非均一结构的支链型半纤维素分子，聚合度在200左右，较纤维素更容易水解和降解。保留较高的半纤维素含量，对于提高纸张的裂断长、耐折度、吸收性和不透明性是有利的。

3. 木素

木素是由愈创木酚基丙烷、紫丁香基丙烷、对羟基苯基丙烷等结构单元通过醚键、碳-碳键联接而成的网状芳香族高分子化合物，其分子结构十分复杂。

木素是一种填充在胞间层、微细纤维之间的胶黏剂，在纤维之间、纤维细胞壁内起连结作用；木素也是纸浆和纸张颜色的主要来源，木素含量越高，制浆蒸煮时间越长，漂白越困难，因此生产白度要求高而稳定的纸张时，生产中就必须尽量去除木素。然而保留适当的木素对于提高纸张挺度是有利的，对于大多数包装纸和纸板这一指标十分重要。木素能与许多酸、碱、盐溶液发生亲核反应、亲电取代反应或氧化反应，生成溶于水的生成物，化学制浆就是利用这些性能去除木素的。

4. 其他少量成分

造纸植物纤维原料中还含有淀粉、果胶质、脂肪、树脂、蜡、香精油、灰分等少量成分。原料不同，少量成分的种类和比例也不一样，如灰分在禾草中含量很高，木材中含量则较低。

各种化学成分在造纸植物纤维原料中的分布是不同的，表1-1-2分别为常用造纸原料的化学组成。

表1-1-2　　**常用造纸原料的化学组成**

原料	纤维素/%	半纤维素/%	木素/%	灰分/%	其他/%
红松	53.12	10.46	27.69	0.42	8.31
落叶松	52.55	11.27	27.44	0.36	8.38
马尾松	51.86	15.08	28.42	0.33	4.31
杨木	43.24	23.50	17.10	0.32	15.84
桦木	53.43	21.2	23.91	0.82	0.64
柏木	44.16	10.69	32.44	0.41	12.30
稻草	39.12	22.45	11.66	13.39	13.38
麦草	40.40	25.56	22.34	6.04	5.66
芦苇	50.97	22.15	19.58	3.68	3.62
毛竹	44.35	21.41	30.67	1.10	2.47
棉花	96.00	1.00	0	0.20	2.80

第二节　制浆工艺

制浆的目的是将造纸植物纤维原料分散成单根纤维，使之适合于纸张抄造的要求。制浆前首先要对粗大的原料树木、禾草进行备料，即将不适合造纸的部分如树皮、树节、草根、草叶等去掉，然后经过切片、筛选后得到均匀的木片或草片，再经化学蒸煮或其他方法制成纸浆。

一、化学法制浆

所谓化学法制浆是将化学药品配成药液，然后与备好料的料片一起在蒸煮器内高温蒸煮，所获得的纸浆称为化学浆。这种方法使用的化学药剂能有选择性地与原料中的木素发生化学反应生成溶出物（同时也会溶出一部分非木素成分），使得纤维分散成浆料，并且大致保留了纤维的原始长度。这种浆料木素含量低，使得纤维具有良好的柔韧性和强度，适合于生产各种高级印刷纸、强韧包装纸和纸板、加工原纸等。

根据使用的化学药品不同，化学制浆方法分为石灰法、烧碱法、硫酸盐法和亚硫酸盐法制浆。化学制浆工艺包括蒸煮、洗涤与筛选、化学药品回收和漂白等。

1. 蒸煮

根据蒸煮过程可分为间歇式和连续式两类，规模较大的制浆厂大都采用连续式蒸煮，将工艺条件设置好了以后，可以制得质量稳定的纸浆。间歇式蒸煮操作简单、投资少，但不利于废液回收，主要有蒸球、立式蒸锅等蒸煮设备。

2. 洗涤与筛选

蒸煮后喷放出来的物料是纤维与废液的混合物，必须将二者分离。这一过程称为黑液提取与洗涤，需要用专门的设备来完成。清洗干净后的纤维经过筛选，去掉未蒸解的原料和杂质，可以进入造纸车间生产包装纸和纸板，由于这种浆未经漂白去除有色成分，色泽与原料差不多，故称为本色浆。

3. 化学药品回收

无论是碱法制浆还是盐法制浆，分离出来的废液直接排放将严重污染环境，因此需进行回收处理。目前较常用的方法是将其加热蒸发大量水分浓缩，然后燃烧其中的有机物回收热量，剩下的无机物主要成分为 Na_2S 和 Na_2CO_3 等化学药品，重新处理后又可成为制浆药液。

4. 漂白

用来生产文化用纸和白度要求较高的包装纸和纸板，本色浆必须经过漂白处理后才能提高其白度。

本色浆的颜色主要是残留在浆中的木素和在蒸煮过程中形成的有色物质产生的。漂白就是在不过分地影响得率、纸张强度和造纸性能的前提下，尽可能地去除残留木素和有色物质，使之达到希望的白度。

漂白的方法有两种，一种为氧化性漂白，一种为还原性漂白。

（1）氧化性漂白　氧化性漂白是利用氧化剂进一步除去浆中的木素及发色物质，其特点是漂白白度高，稳定性好，保持持久，纸和纸板长期存放不褪色。

氧化性漂白常用的漂白剂有次氯酸盐、氯气、二氧化氯和过氧化物（如 Na_2O_2、H_2O_2 等）。由于漂白剂的强氧化作用，在脱除浆中有色物质和基团的同时，也会对纤维素、半纤维素等造纸有益成分产生破坏作用，降低它们的聚合度。因此漂白时要兼顾二者。对于白度要求较高的纸浆漂白，现大多采用多段漂技术，要使纸张白度达到90%以上时，往往要经过5段以上的漂白处理。

由于含氯漂白剂会产生大量有机卤化物等毒性物质，给环境保护带来压力同时也给纸张安全带来隐患，因此，现在多采用少氯和无氯漂白技术。对于直接用于食品的包装纸和纸板，如纸餐盒纸板，相关标准要求采用全无氯漂白技术，且不允许在纸浆中加入荧光增白剂。

（2）还原性漂白　采用化学药剂破坏纸浆中的发色基团，使纸浆变白，这种漂白方法称为还原性漂白或“表面漂白”。使用的漂白剂不起脱木素作用，只能脱色，不破坏纤维素、半纤维素分子结构，故这种漂白处理不会降低得率和纸张强度。但还原性漂白没有从根本上去除物质，因此漂白稳定性差，经过一段时间后纸张返黄。

常用的还原性漂白剂有 ZnS_2O_4、$Na_2S_2O_4$，有时也采用硼氢化钠、硼氢化钾等药物，因其价格较贵，较少采用。

二、机械法制浆

机械法制浆是用物理方法将木材等造纸原料分散成纤维，它将原木或木片置于磨石磨木机或盘磨机中，磨石旋转时产生的摩擦、撕裂、剪切等作用将纤维从原料上分离下来。

三、化学机械法制浆

化学机械法制浆属于两段制浆法，先将原料用低浓度的化学药液在较低温度下作短时间蒸煮处理，使原料松弛、松软，然后用盘磨机磨制成浆。这种方法吸收了化学法制浆和机械法制浆的优点，既能提高纸浆得率，又能降低化学药品和能源消耗，获得的纸浆质量介于二者之间，可用来生产各种包装纸板。

此外，还有一些制浆方法如生物制浆、无污染化学法制浆技术，由于成本和生产工艺技术等方面的原因，还未规模化应用于工业化生产。

第三节　造 纸 工 艺

将制得的纸浆纤维经适当的工艺处理后在造纸机上抄造成纸和纸板的过程称为造纸。造纸主要有湿法、干法和泡沫法三种成型技术。湿法造纸是以水为纤维的悬浮介质，使纤维获得充分分散，然后使之在造纸机网部成型、脱水，再经压榨、干燥等处理，制成纸和纸板；干法造纸一般将纤维悬浮于空气中，经引导均匀地散落到造纸机网上，与此同时喷淋黏合剂使纤维互相粘结形成纸页；泡沫成型法是利用空气与起泡剂在纸浆中形成大量泡沫，以泡沫取代水成为纤维悬浮介质，改进长纤维成纸匀度。干法和泡沫法造纸使用较少，传统的、工艺成熟且应用广泛的还是湿法造纸。

一、打浆与调料

打浆与调料是造纸的预处理工序。经过洗涤、筛选和漂白后的纤维，如果直接用来造纸，则得到的产品表面粗糙，强度低，使用性能差，因而必须经过适当处理后才可造纸。

（一）打浆

打浆是将纤维在水中用机械设备挤压、摩擦、剪切、冲击等处理，使纤维受到撕裂、弯曲、扭曲、压溃和断裂等力的作用，导致纤维束分散、纤维的初生壁、次生壁外层剥落，从而露出次生壁的中层微细纤维。在外力作用下，去掉了初生壁和次生壁外层的纤维两端与纤维表面微细纤维分散蓬松，分丝"帚化"，结果在宏观上利于形成纸页时因纤维之间互相缠绕增加交织强度，微观上它能使微细纤维之间足够接近，形成分子链之间的氢键结合。二者都能显著地提高纸张的强度性能，后者则更加明显。

打浆增加了纤维之间的结合力，直接结果表现在纸张的抗张强度、耐破度、耐折度、平滑度、紧度提高；同时打浆也会降低纤维的平均长度，对纸张的一些性质产生负面影响。

打浆设备种类较多，最早使用的是槽式打浆机，后来逐渐发展到采用圆锥形精浆机、圆柱形精浆机和圆盘磨浆机等。

（二）调料

为了改善纸和纸板的渗透性、适印性等性能，在造纸前还需在纸浆中加入适量的辅料，这一过程称为调料。

1. 施胶

施胶就是在纸内或纸面加一定的抗水性胶体物质，使纸张具有一定程度的抗拒液体渗透的能力。将胶料直接加入纸浆内，然后抄造成纸张，称为纸内施胶；若将胶料涂布于纸和纸板表面，则称为表面施胶。两种施胶方法所起的作用和施胶剂的种类各有异同。

（1）纸内施胶　纸内施胶是造纸工业中使用最广的方法，施胶剂多为松香胶。松香不溶于水，要制成胶液必须用碱在一定温度下进行皂化反应，生成松香酸盐，然后用蒸汽在热水中乳化并稀释成乳液，即松香胶。施胶时将一定浓度和比例的松香胶乳液加入浆料中，再用沉淀剂将其沉积到纤维表面，抄成的纸页经干燥后就能阻止液体向纤维毛细孔渗透，或降低其渗透速度，增加了纸页的抗液（或抗洇）性能。

纸内施胶剂除了松香胶外还有硬脂酸、石蜡和合成胶料。合成胶料包括烷基烯酮二聚体（AKD）、烯基琥珀酐（ASA）和有机硅胶等。

（2）表面施胶　表面施胶是在经过纸内施胶或未经施胶的纸和纸板，用一种或几种混合施胶剂涂于纸的单面或双面，使其取得较高的憎水性。表面施胶不仅改善了纸和纸板的防潮性能，而且还提高了纸张表面强度、平滑度和适印性能，在一定程度上也提高了物理强度。

表面施胶剂的种类较多，主要有淀粉及其衍生物如氧化淀粉、阳离子淀粉、酶转化淀粉等；还有纤维素衍生物、动物胶、松香胶、有机合成胶料如聚乙烯醇（PVA）和其他胶料。

2. 加填

加填就是在纸浆内加入一些难溶于水的矿物质填料，目的是使纸张具有可塑性与柔软性，纸张压光后表面更为平整，同时提高纸张的不透明性和适印性能，使印刷字迹清晰、饱满、不透印，提高纸张白度，降低纤维消耗量与成本。常用的填料有滑石粉（主要成分为 MgO、SiO_2）、瓷土（主要成分为 Al_2O_3、SiO_2）、$CaCO_3$ 和 TiO_2 等。加填对纸张的质量有一定的好处，但也有负面影响，加填会使纤维的结合受到阻碍，因而降低纸张强度。

3. 化学助剂

根据纸和纸板的用途，造纸前还需在纸浆中加入适量的化学助剂，以改进其产品质量，如为了提高白度加入品蓝染料或荧光增白剂；为了提高纸页强度，加入能够增强纤维结合力的胶黏剂，如淀粉及其衍生物、羧甲基纤维素；为了提高纸页湿强度加入三聚氰胺甲醛树脂、脲醛树脂、聚酰胺环氧树脂等。值得注意的是，生产直接与食品接触的纸和纸板时，应充分考虑所用助剂的安全性能，国家相关标准对此类助剂的范围和用量有明确规定。

二、纸张的抄造

从制浆车间送过来的纸浆，经过打浆调料以后，还要进行稀释、净化与筛选，以彻底去除其中的大块矿物质、金属微粒、浆团等，保证抄造出来的纸张的质量与均一性。

纸张的抄造主要通过长网造纸机、圆网造纸机等机器生产完成的，虽然一些特殊用途的纸仍需手工抄制，但比例极小，当前大量生产和使用的都为机制纸。

1. 长网造纸机

长网造纸机有普通长网造纸机、哈伯式单缸长网造纸机和多长网造纸机等多种，但其基本结构组成与工作原理大致相同，主要由流浆箱、网部、压榨部、干燥部和压光卷取部等部分组成，图 1-1-3 是普通长网造纸机的结构示意图。

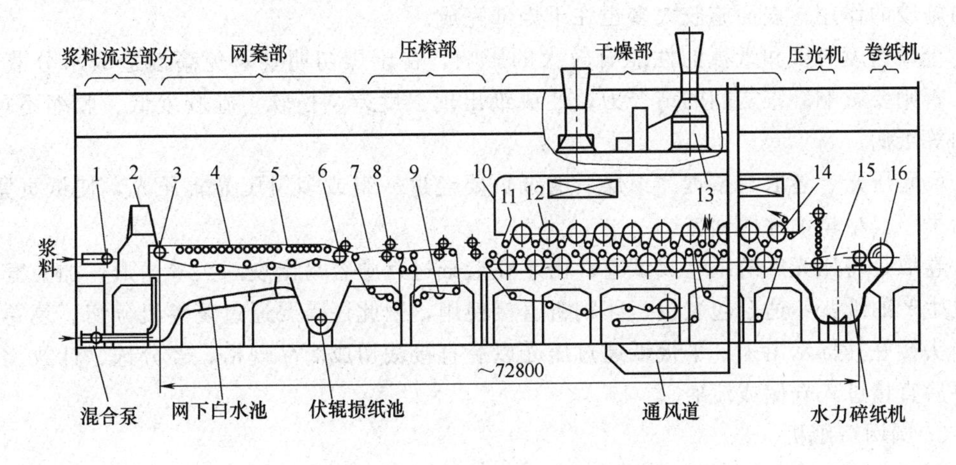

图 1-1-3　长网造纸机结构示意图

1—浆料输送管　2—流浆箱　3—堰板　4—长网　5—脱水原件　6—伏辊　7—毛毯　8—压榨辊　9—洗毯装置　10—干燥部　11—导辊　12—烘缸　13—排气装置　14—冷缸　15—压光辊　16—卷纸机

长网造纸机是造纸工业中应用最多的造纸机械，主要用于生产文化、包装用纸，生产速度最高可超过 3000m/min，生产出来的纸张幅宽最大可达 10m 以上，单台机日产量可达到 2000t。

（1）流浆箱　流浆箱是保持浆料浓度均匀、且沿造纸机幅宽均匀流出、恒速将纸料送至网上的一种装置，以保证形成质量均匀的纸页。流浆箱流出口的堰板是可以调节的，根据造纸机生产速度的不同，流浆箱有开口式普通流浆箱和封闭式压力流浆箱、气垫压力流浆箱多种。

（2）网部　网部形成纸页，是造纸机的关键部位。它由一无端铜网或聚酯网及其支承、传动胸辊、伏辊组成，其下设置有成型板、案辊、吸水箱等加速脱水装置。流浆箱流出的浆料在网部脱出大部分水，其中的纤维、填料在网面上形成一层厚薄均匀的纤维，成为纸张的雏形。在伏辊处纸幅的干度可达到 13%以上。

网部成型对纸页质量影响较大，首先它决定了纸张的厚度与定量，其次也使纸页产生了方向性。由于一般控制浆流速度略低于网速（大致为浆流速度：网速＝0.83～0.98），从而使较多的纤维长度沿成形网运行方向排列，使纸张形成后这一方向（纵向，MD，Machine Direction）的强度略高于另一方向（横向，CD，Cross Direction）；相反，若使网速小于浆流速度，则会使生产出来的纸张质量不匀。此外，由于纸页成型时贴近网面的一边细小纤维和填料通过网孔流失较多，成纸后表面相对粗糙，从而出现纸张两面平滑、光洁度不一样，即纸的正面与反面。

（3）压榨部　压榨部是由几组表面光滑的重辊组成的，它的作用是进一步挤压脱除纸页中的水分，同时起到改善纸页结构、增加紧度、消除网痕等作用。

湿纸幅通过压榨后干度提高到25%～42%。计算表明，压榨脱水多去除纸幅中1%的水分，则干燥时可节省5%的蒸汽。因此在压榨部往往采用三道以上的压榨辊或复合压榨，尽可能多地除去纸幅中的水分，并保证沿纸幅宽脱水均匀。

（4）干燥部　经过压榨后纸幅中的剩余水分很难再用机械方法除去，干燥部的任务就是通过加热装置加热蒸发纸页中水分，使纸张最后水分在6%～10%；同时干燥还有完成纸内施胶的作用，表面施胶大多也在干燥部完成。

干燥速度对纸和纸板的性能有较大的影响，在干燥初期要避免高温造成水分蒸发过快，否则要影响纤维之间的结合力，使成纸出现强度差、松软、施胶度低、收缩不均匀、翘曲等纸病。

（5）压光、卷取与整理　干燥后的纸页要经过一组或多组压光辊压光，使纸页紧密、表面平整，尽量消除两面差。

卷取是将压光后的纸卷成纸卷，由于在造纸过程中容易出现断头等情形，加上宽幅造纸机生产的纸张不适合包装机、印刷机直接使用，因此还需要通过复卷机分切、复卷，并将断头接好并标示出来。平板纸通过压光以后直接裁切成商品规格，经分选、计数、打包成件后直接进入仓储或流通。

2. 圆网造纸机

圆网造纸机与长网造纸机比较主要是纸页成型的网部不一样，适合多层纸板的抄造。其他部分如压榨、干燥、压光、卷取与长网造纸机相应结构基本相同。

此外，根据纸页成型网部结构的不同，生产纸和纸板的机器还有夹网造纸机、斜网造纸机及长圆网混合造纸机等机型。

第四节　纸和纸板的性能及测试方法

纸和纸板的各项技术指标的优劣不仅决定包装材料质量的高低，而且也直接关系到包装商品的保护程度，关系到商品的货架寿命，因此评估测试纸和纸板的相关性能，是设计、制造和使用包装材料与容器的关键步骤和重要依据。

一、包装纸和纸板的分类

纸和纸板一般按定量与厚度来区分，按照国家标准将定量小于225g/m^2、厚度小于0.1mm的称为纸，定量大于225g/m^2、厚度大于0.1mm的称为纸板。

包装纸和纸板的种类繁多，根据加工工艺可分为包装纸、包装纸板、加工纸和纸板等大类。

二、包装纸和纸板测试前的采样和预处理

1. 采样

在生产和实际使用中，通常采用随机抽样检测的方法来评价批量产品的质量，为确保抽检的试样具有代表性，必须对采样方法与检测条件进行统一、严格的规定。

(1) 平板纸取样　从整批材料中随机抽取包装完好、无损伤的纸和纸板数件，然后从中抽取一定的张数作为检测样品，按照国家标准的规定，平板纸采样数量如表 1-1-3 所示。

表 1-1-3　平板纸取样数量　单位：张

整批材料张数	最少取样张数
1000 以下	10
1001～5000	15
5000 以上	20

切成试样时从每张纸上各取一个样品，为保证其随机公正性，每个样品的切取部位应不相同。

(2) 卷筒纸取样　从卷筒纸外部去掉全部受损伤的纸层，从未损伤的纸层开始再去掉 3～5 层，沿卷筒的幅宽划切一刀，其深度要满足取样所必须的张数，让切取的纸样与纸卷分离。然后从每张样品上切取一个试样，试样长为卷筒的全幅宽，试样宽均为 400mm。

由于纸和纸板纵、横向和正、反面的性能有一定的差异，因此采样时应标明试样的纵横向和正反面，判别方法参照相应的国家标准进行。

2. 判别纵横向、正反面

(1) 纵横向判别　判断纵横向是为了在制造包装容器时，更好地利用纸张纵横向性能的差异来制造出性能良好的产品，如利用纸张纵向机械强度高，使制成的纸袋的受力方向为纵向；利用纸和纸板的横向浸润后容易弯曲的特点来合理搭配瓦楞纸板的芯层和面层，以防止瓦楞纸板翘曲。

判断纸和纸板的纵横向一般采用如下的方法：

① 试条弯曲法。从纸张互相垂直的方向各裁下一条约 15mm×200mm 试条，将其重叠后用手指捏住一端，使另一端自由地向左方或右方弯曲；如果两个纸条末端分开，下面的纸条为横向，因为纸张横向机械强度（挺度）低于纵向，反之则下面的纸条为纵向。

② 浸润卷曲法。切取与试样原始边平行、50mm×50mm 的方形试片，并在上面标注明相当于原始边方向，然后将试片漂浮于水面上，试样卷曲时与卷轴平行的方向为纵向。浸湿后的纸烘干时弯曲也具有同样的特点。

③ 撕裂法。将纸和纸板撕裂时平滑裂口为纵向，锯齿状裂口为横向。

④ 测试法。一般抗张强度大的方向为纵向，伸长率大的为横向。

⑤ 观察纤维方向。根据纸页成型时大多数纤维沿纵向排列的特点，通过观察纤维走向来判断纸和纸板的纵横向，在显微镜底下观察时更加明显。

(2) 正反面判别　判断正反面主要是为了测试纸和纸板表面吸水性、光学性能、平滑度等。主要方法有：

① 直观法。折叠一张试片，观察两面的相对平滑性，从造纸网的菱形压痕中往往可

以认出网面。观察时将试片水平放置，让日光入射角度与纸面呈 45°，视线也与纸面成 45°，也可借助显微镜来观察辨别网痕。用水或稀溶液浸湿纸面，放置几分钟后也可以看到清晰的网痕。

② 撕裂法。一手拿试片，使纵向与视线平行且试片表面呈水平，用另一手将纸向上拉，这样它首先在纵向上撕，然后将撕纸的方向逐渐转向纸的横向，向纸的外边撕去。翻过纸面，另一面向上，仍按上述方法撕纸。比较两次撕裂线上的纸毛，可以看到一条线上比另一条线上的要明显得多，特别是纵向转向横向时的曲线处，纸毛明显的一面为网面。

③ 浸水干燥法。浸水卷曲时内弧为正面，干燥时则相反。

3. 试样的预处理与检测环境

纸和纸板的含水量对其物理性能有十分明显的影响，为了能准确地反映和比较各种纸包装材料的性能，除了测试纸和纸板的水分外，其他性能指标的测试一般都要在恒温恒湿的标准大气中进行。

(1) 标准大气条件　根据国家标准规定，测量纸和纸板性能时的标准大气条件为温度 (23±1)℃、相对湿度（50%±2%），测试时偏离标准温湿度的时间 15min 内不应多于 1min。

(2) 试样的预处理　取下的试样置于标准大气中至少要经过 5～48h 以后才能进行测试。如果试样水分较大，进入标准大气室内前还须进行干燥处理，使其中的水分含量低于标准大气处理后的纸幅中水分，以避免因纸板水分平衡滞后造成的测试误差。

三、纸和纸板性能测试

（一）外观性能

纸和纸板的外观性能主要是指通过肉眼可以观察到的纸张质量缺陷，也称外观纸病，如尘埃度、斑点、沙子、浆疙瘩、孔洞、针眼、透明点、半透明点、皱纹、裂口、折子、条痕，显著的网痕、毛布痕，鱼鳞斑，同批纸张色调的显著差别等，因纸的种类和用途不同，对外观质量要求也不一样。

（二）基本性能

纸和纸板的基本性能包括定量、厚度、紧度等。

1. 定量

定量是纸和纸板每平方米的质量，单位为 g/m^2。用感量 0.01g 的天平称量出试样重量，然后计算出定量。

纸和纸板的物理性能（抗张强度、耐破度、撕裂度、环压强度等）都与定量有关。为了使同一类型的纸张的强度具有可比性，需要将有些物理性能换算为抗张指数、裂断长、耐破指数、撕裂指数和环压指数等，其间都涉及到纸和纸板的定量。

2. 厚度

厚度是指纸和纸板等材料在两侧压板间规定压力（100±10）kPa 下直接测量的结果，单位用 mm 或 μm 表示。测量仪器为厚度测量仪。

3. 紧度

紧度又称表观密度，是指纸和纸板单位体积的质量，单位为 g/cm^3。将测得的定量与厚度按下式计算就可获得紧度：

$$D=\frac{G}{1000T} \tag{1-1-1}$$

式中　D——紧度，g/cm^3

G——定量，g/m^2

T——厚度，mm

另外也可用松厚度来表示纸和纸板的紧密状态，它为紧度的倒数（即$\frac{1}{D}$），单位为cm^3/g。

（三）强度性能

纸和纸板的强度是指在外力作用下，材料本身发生破裂或形变时所能承受的最大应力，也是纸和纸板的物理力学强度。包括抗张强度、撕裂度、耐破度、耐折度、挺度等。

1. 抗张性能

抗张性能是包装纸和纸板最重要的力学性能之一，可以用抗张强度、裂断长、抗张指数和伸长率来表示。常用的测量仪器为抗张强度测试仪或拉力试验机。

测试时切取15mm×250mm试样纵、横向各10条，然后将试样夹调至180mm（测试纸板时为100mm），然后逐条测试，记录下抗张力与伸长量，然后计算出平均值。

（1）抗张强度　纸和纸板横截面长度所能承受的最大张力，单位用kN/m表示。

计算抗张强度的公式如下：

$$\sigma=\frac{\overline{F}}{L_w} \tag{1-1-2}$$

式中　σ——抗张强度，kN/m

$\overline{F}$——平均抗张力，N

L_w——试样宽度，mm

（2）抗张指数　抗张强度除以定量称为抗张指数，单位为N·m/g。

$$I=\frac{\sigma}{G}\times 10^3 \tag{1-1-3}$$

式中　I——抗张指数，N·m/g

σ——抗张强度，kN/m

G——定量，g/m^2

（3）裂断长　宽度一致的纸和纸板在自身重量作用下断裂时的长度称为裂断长，以m或km表示，即：

$$L_B=\frac{\overline{F}\times 10^3}{9.8\times L_w\times G} \tag{1-1-4}$$

式中　L_B——裂断长，km

$\overline{F}$——平均抗张力，N

L_w——试样宽度，mm

G——定量，g/m^2

（4）伸长率　伸长率是指纸和纸板断裂时的伸长对原试样长度的比率，用%表示。伸长率表明纸张的韧性，适当的伸长率对于提高包装适性十分重要，尤其是纸袋纸，伸长率越大，保护性能越好；箱纸板、白纸板的伸长率大有利于压痕和折叠时不破裂。伸长率计算公式为：

$$\delta=\frac{\Delta l}{l_0}\times100\%=\frac{l_1-l_0}{l_0}\times100\% \tag{1-1-5}$$

式中　δ——伸长率，%

l_1——试样断裂时试样夹之间的距离，mm

l_0——试样夹之间的初始夹距，mm

2. 撕裂度

撕裂度是指将预先切口（切口长度 20mm）的纸和纸板撕至一定长度［撕裂长度为（43±0.5）mm］时所需力的平均值，结果以毫牛（mN）表示。测量仪器为爱利门道夫（Elmendorf）撕裂度仪。

撕裂指数是表示撕裂度大小的另一种方法，它是将撕裂度除以纸张定量所得到的结果，用 $mN \cdot m^2/g$ 表示。

3. 耐破度

耐破度是指纸和纸板所能承受的均匀增大的最大压力，用 kPa 表示。实际上耐破度是抗张强度、伸长率及撕裂度等强度指标的综合反映，虽然目前存在着以抗张强度取代耐破度评价包装材料强度性能的趋势，但耐破度仍是评价纸和纸板性能的可靠手段，因为在纸包装制品使用时，往往会受到类似的力的破坏作用。

耐破度除以定量得到耐破指数，用 $kPa \cdot m^2/g$ 表示。

4. 耐折度

纸或纸板在一定张力下所能经受往复折叠一定角度的次数称为耐折度，用次表示。耐折度能直接反映纸和纸板制成包装以后的使用性能，如纸箱、纸盒摇盖的可折叠次数与耐折度关系十分密切。

测试耐折度常用仪器有两种，分别为肖伯尔式耐折度仪和 MIT 式耐折度仪，前者适合于测试纸张，折叠角为 180°；后者适合测试纸和纸板，折叠角为 135°。

5. 挺度

挺度是使一端夹紧的规定尺寸的试样弯曲至 15°角时需的力或力矩，用 mN 或 mN·m 表示。

挺度反映了纸板弯曲时面层的伸长能力和内层的承压能力，是包装纸板的重要性能。

（四）表面性能

纸和纸板的表面性能包括粗平滑度、粗糙度、印刷表面强度以及掉毛、耐磨、粘合等性能。纸和纸板的表面性能对包装、印刷用纸都是非常重要的指标。

1. 平滑度

平滑度是指在一定真空度下，一定容积的空气通过受一定压力的试样表面与玻璃面间隙所需要的时间，以 s 表示。平滑度是评价包装纸和纸板印刷装潢效果的重要指标，它主要取决于纸页表面纤维与填料的分布状况。测量仪器为别克（Bekk）式平滑度测定仪。

2. 粗糙度

粗糙度的测量有两种方法，一种是测定一定压力下通过测头的环状平面与纸或纸板之间的空气流速，以 mL/min 表示，称为本特生粗糙度；另一种是测定一定压力下纸或纸板与测量环面之间的平均缝隙，以 μm 表示，称为印刷表面粗糙度。

3. 印刷表面强度

印刷表面强度是评价纸和纸板印刷适应性的一项重要指标，是指在印刷过程中，当油墨作用于纸和纸板表面的外向拉力大于纸和纸板表面的内聚力时，引起表面的剥裂。测试时，在恒压下用标准油墨印刷试样，同时使印刷速度逐渐增加，以纸面发生起毛时的最小速度表示纸和纸板的印刷表面强度，单位为 m/s，此速度越高，表明纸和纸板的印刷表面强度越好。测量仪器为 IGT 印刷适性仪。

（五）透气与吸收性能

纸和纸板的透气性能包括透气度、透气阻力、水蒸气透过率等指标；吸收性能主要是指吸水性、油墨吸收性、施胶度等。这些性能对于防潮包装、防锈包装、保鲜包装、粉粒料包装和液体包装尤为重要。

1. 透气度

透气度是指在单位时间和单位压差下，通过单位面积纸或纸板的平均空气流量，以 μm/(Pa·s) 表示。测量方法有葛尔莱法、肖伯尔法和本特生法。

2. 吸水性

指单位面积的纸和纸板在规定时间内表面所吸收的水量，以 g/m^2 表示。测量方法有可勃法和浸水法。

3. 油墨吸收性

油墨吸收性是纸和纸板适印性能的一项重要指标，通过测定纸和纸板在一定时间内吸收油墨后表面反射因数的降低来表示。

4. 施胶度

施胶度是表示纸和纸板的憎液抗润湿性能，一般采用墨水划线法，即用标准墨水在纸面上划出由粗到细的线条，不扩散亦不渗透时线条宽度即为施胶度，单位为 mm。

（六）光学性能

纸和纸板的光学性能反映了其对投射光线的反射、透射和吸收的能力，给人的感官视觉就是纸张白度、透明度、不透明度、光泽度和颜色等性能指标。绝大部分包装用纸对光学性能都有具体要求，尤其用于高档商品包装的铸涂纸板和用于香烟包装、制作标签的铜版纸，对纸张白度、光泽度要求很高。

（七）安全、化学性能

对于专门用途的纸和纸板，除了一般性能以外，在安全、化学性能方面还有专门的要求，如用于食品、药品、化妆品包装用纸，必须检测安全卫生性，包括砷、铅含量，荧光物质、大肠杆菌检出水平，应当控制在安全的范围内。

纸和纸板的化学性能主要指水分、灰分、化学组成和其水抽提物的酸碱度等。化学组成指纸和纸板的纤维、填料和涂料等；一些金属离子如铜、铁、锰、钙、钾、钠等的含量，它们对纸和纸板的物理性能、光学性能、印刷性能、电气性能均有较大的影响。不同用途的包装纸和纸板对化学性能要求不同，例如防锈原纸对水抽提液的值、水溶性氯化物和硫酸盐含量有严格的规定。

（八）其他性能

一些特殊功能的包装纸和纸板还要进行规定的性能检测，如防锈纸的防锈性能，保鲜纸的保鲜性能，集成电路、半导体元器件包装的防静电性能等。

思 考 题

1. 简述造纸植物纤维原料的物理结构特征、化学组成及其主要性能。
2. 简述纸和纸板的生产工艺。
3. 怎样才能制造出质量良好的纸和纸板？
4. 试样测试前为什么要进行预处理？
5. 总结纸和纸板物理特性及其测试方法。
6. 怎样评价纸和纸板质量的优劣？

第二章 加 工 纸

造纸机生产出来的纸和纸板，在用于某些商品包装之前，需要对其进行适印性、装饰性、防潮性、阻隔性、热封性和防锈性等功能性方面的加工，以改变纸和纸板的外观及其他物理化学性能，满足不同商品的包装要求，这种为了赋予纸和纸板必要特性而进行加工处理所得到的产品称为加工纸。目前世界上纸张品种中极大部分是加工纸。

生产加工纸的方法有许多种，最简单的方法是在造纸过程中对其进行加工，如在打浆调料时加入各种增强剂，提高纸张的干湿强度；在网部进行水印加工，使纸和纸板具有特殊标记；在干燥过程中对纸起皱，获得伸长率极大的纸袋纸；在压光前对纸和纸板进行表面施胶或涂布防水剂，提高纸和纸板防水防潮性能。在压光时对纸板进行轧花处理，使纸板使用时具有良好的装饰效果。由于这些加工是在制浆造纸过程中完成的，故称之为机内加工或一次加工。

在造纸机外对纸和纸板的加工称为二次加工，主要方法有涂布加工、浸渍加工、改性加工和复合加工等方法，加工后的产品主要用于包装领域。

第一节 涂布加工纸

涂布加工是在纸和纸板表面涂上一层涂料、药剂或镀上一层薄膜，改善纸张的表面性能与外观，提高其包装适印性能及保护性能，达到耐水、耐油、防潮、防水、防粘、防腐和装饰性优良等效果，包装上常用的涂布加工纸如表 1-2-1 所示。

一、颜料涂布加工纸

将颜料、黏合剂和辅助材料制成涂料，通过专门设备将其涂布在纸和纸板表面，经干燥、压光后在纸面形成光洁、致密的涂层，获得表面性能和印刷性能优良的颜料涂布纸，其生产工艺如下：

化工原料→备料→调制→涂料→涂布机涂布（↑原纸）→干燥→压光或表面整饰→颜料涂布纸

1. 原纸

用来涂布加工的原纸必须有足够的强度和涂布加工适性，能够在涂布机上顺利进行涂料处理，与涂料有良好的黏结性，用较少的涂料获得合乎要求、质地均匀的涂布纸。

表 1-2-1 常用包装涂布加工纸

类别	品种	用途
颜料涂布纸	胶版纸	标签、纸袋
	铜版纸	烟盒、标签、广告袋、纸箱、纸盒和复合纸罐面纸
	涂布白纸板	纸箱、纸盒、纸罐、内衬
	铸涂纸和纸板	高档纸箱、纸盒、纸袋、标签、烟盒

续表

类　别	品　种	用　途
树脂涂布纸	防粘纸 涂塑纸 涂蜡纸	胶带、标签纸基 吸潮粉末、化学药品、医药品包装 药品、冷冻食品、肉制品包装
药剂涂布纸	防锈纸 防霉纸 防虫纸 防鼠纸 保鲜纸	包装金属制品与零件 易霉物品如农副产品、针棉制品 粮食、衣物、字画包装 粮食、衣物、字画包装 水果、蔬菜、面包、饼干等包装
真空镀膜纸	金属镀膜纸 非金属镀膜纸	防潮、装饰、阻隔性包装 阻隔性、微波食品包装

2. 涂料

（1）颜料　涂布颜料在涂布纸中的作用是填平纸面凹坑而提高纸张平滑度，改善油墨吸收性，以适合印刷，同时增加纸的白度、不透明度及光泽度，改善纸张外观。

颜料的种类很多，既有无机颜料，也有合成颜料，各种颜料的白度、粒度和硬度不尽相同，因此加工生产出的产品质量会有差别。对于涂布用的颜料，既要考虑其性能的全面性，同时还要顾及原料成本。常用颜料有滑石粉、瓷土、锻白、碳酸钙、硫酸钡、钛白粉、氧化铝、合成颜料等。

对颜料的性能要求是白度和不透明度要高、粒度要适当、易分散和良好的化学稳定性等。

（2）胶黏剂　胶黏剂的作用是保证颜料与原纸之间牢固结合，作为颜料的载体和分散介质，保证颜料分散并增加流动性；作为涂料液的保护剂，调节涂层对油墨的吸收性。

常用的黏合剂有各种改性淀粉、纤维素衍生物、聚乙烯醇、丁苯胶乳等，干酪素由于价格较高，目前较少使用。

（3）辅助材料　辅助剂用来改善涂料液和涂层的性能以满足产品的某些特别要求，或改善涂料的涂布适性，获得性能优良的产品。如在涂料中加入分散剂，防止颜料凝聚和沉淀，提高涂料的流动性及颜料与黏合剂的混合效果；常用分散剂有焦磷酸钠、六偏磷酸钠、干酪素和阿拉伯树胶等，辅助剂还有耐水剂（脲醛树脂、多聚甲醛、六亚甲基四胺、石蜡乳液、丁苯胶乳等）、消泡剂（磷酸三丁酯、硅油等）、润滑剂、减黏剂和防腐剂等。

（4）涂料的制备　将颜料、胶黏剂和辅料按一定的工艺条件配制混合均匀，即调制成为涂料。一般涂料的制造过程为：先按配方制备分散液，然后制成胶黏剂必要的添加剂溶液，最后将颜料与它们混合，用高速混合器将其混合均匀，经筛选过滤、去除杂质和研磨分散成均匀的涂料。根据不同产品涂布要求，涂料配比不尽相同，一般颜料占75%～90%，黏合剂占10%～25%，另加少量辅料，用水调制成固含量30%～70%的涂料。

评价涂料的质量指标主要有流变性、固含量、容积比、保水度值等。根据涂布纸的性能要求，在生产过程中应严格控制涂料的各种性能。

3. 涂布工艺与设备

制备好的涂料需利用涂布机按一定的要求将规定的涂量涂于纸面，为此涂布设备除了将涂料转移到纸面上外，还应具备计量与整饰等功能。

根据涂布上料方式和计量元件整饰原理的不同，涂布机分为毛刷式涂布机、气刀式涂布机、刮刀式涂布机和辊式涂布机等四种，不同的涂布机工艺特点和适用范围不同。

(1) 毛刷式涂布机　毛刷式涂布机是一种老式的涂布设备，最初用来生产涂布壁纸。毛刷式涂布机有圆刷式涂布头、毯辊涂布头和毯套涂布头三种。工作时用毛刷或浸没在涂料中的涂布辊给纸面涂上涂料，然后用4～6组往复运动的毛刷将涂层匀布。毛刷式涂布机生产车速低，并且由于毛刷柔软，因此不宜使用固含量较高的涂料。这样低固含量的涂料与纸接触时间长，要求原纸有较高的耐水性和湿强度，否则在生产过程中容易出现故障。毛刷式涂布机的另一个缺点是成本高、维护复杂，涂层上容易产生刷痕，由于毛刷压力沿纸幅横向不匀而导致涂层亦不均匀等，因此毛刷式涂布机已很少使用。

(2) 气刀式涂布机　气刀式涂布机是一种适应性较广、应用普遍的涂布设备。它的工作原理是由涂布辊将过量的涂料涂布在原纸或纸板表面上，而后在涂布纸幅穿过衬辊与气刀之间时，由气刀喷缝喷射出的与纸面涂层成一定角度的气流将过量的涂料吹去，从而达到要求的涂布量，同时将涂层吹匀。

气刀涂布多用来生产高级美术涂料印刷纸、防锈纸、涂布白纸板、箱纸板和黄纸板等产品。

(3) 刮刀式涂布机　刮刀式涂布机工作时先将高固含量的涂料涂敷于纸面，然后用软刃或硬刃刮刀或刮辊刮去多余涂料，使涂层表面十分平整。图1-2-1是刮刀式涂布机的涂布机构示意图。

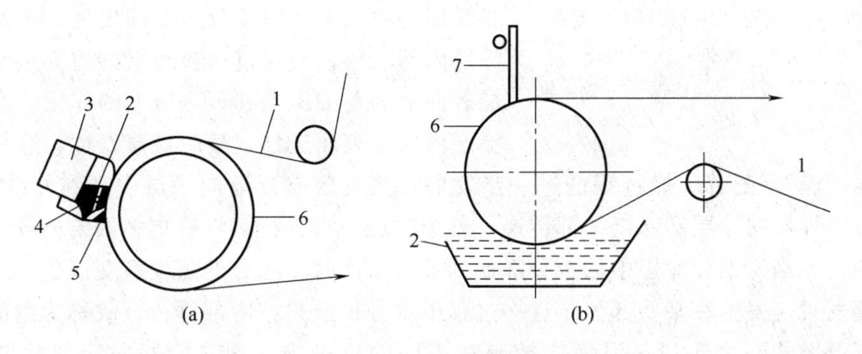

图1-2-1　刮刀式涂布机构示意图

(a) 软刃刮刀式　(b) 硬刃刮刀式

1—原纸　2—涂料槽　3—涂布元件　4—堰板　5—软刃刮刀　6—衬辊　7—硬刃刮刀

图1-2-1 (a) 为软刃刮刀涂布头。软刃刮刀用0.3～0.5mm厚的弹簧钢片制成，工作时压向包胶涂布衬辊的侧面，构成涂料槽。原纸由衬辊回转引入通过涂料槽与衬辊之间，接触涂料液的纸面因涂料的黏附而带上过量的涂料，在涂料槽出口处被软刃刮刀刮除多余涂料并且涂层被刮平。一般刮刀与衬辊呈45°角，并以一定压力压向衬辊而成挠曲状态，调节刮刀对纸的压力即可调节涂布量。

硬刃刮刀涂布头如图1-2-1 (b) 所示。涂布原纸包覆在与涂料槽内涂料接触的涂布衬辊表面，通过涂料槽后纸面带有过量的涂料，其在硬刃刮刀与衬辊之间通过时多余涂料被刮除；如果将硬刃刮刀换成刮辊，则成为刮辊式涂布机。

使用刮刀式涂布机可以涂布毛面纸和光泽度很高的纸和纸板，使用高黏度、高固含量（50%～60%）的涂料，涂层表面光洁，其表面平滑度和印刷性能较其他涂布的产品更为优良，刮刀式涂布机的缺点是刀缘有缺陷或夹有杂物及涂料大直径颗粒时，涂层表面会出现线状条痕，即“刮刀纹”。因此用于刮刀式涂布机的涂料要特别强调严格过滤与筛选。

（4）辊式涂布机　辊式涂布机的工作原理与印刷机相近，有挤辊式、逆转辊式、凹辊式和传递辊式多种涂布机头。图 1-2-2 是双面辊式涂布机涂布机构示意图，橡胶包履的涂布辊与凹辊相互接触，以相对方向、相同速度回转。带料辊将涂料传递给凹辊，涂布辊由凹辊处接受涂料并转移到纸面，一次完成双面涂布。

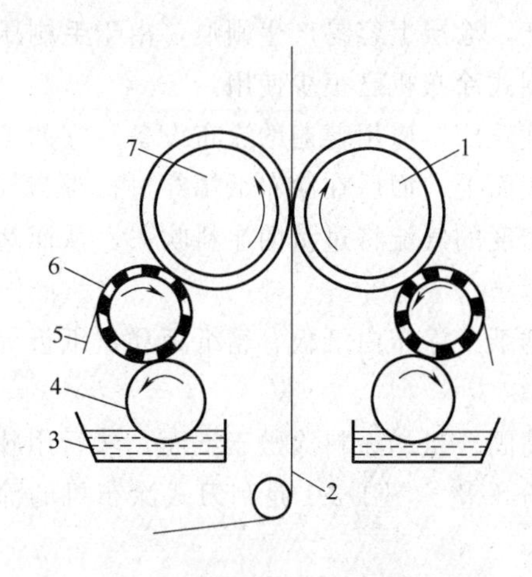

图 1-2-2　双面辊式涂布机构示意图

1—涂布辊　2—原纸　3—涂料槽

4—带料辊　5—刮刀　6—凹辊　7—涂布辊

辊式涂布机对涂料固含量要求较高，可实现高速生产；可同时完成双面涂布，机构紧凑、占地面积小。缺点是若控制不当，涂布纸离开涂布辊时表面出现状如橘皮的纹络，消除这种橘皮纹需要在压光整饰时加大压光机的线压力，但会造成纸页疏松度、挺度和不透明度等性能的降低。

4. 涂布纸的干燥

涂布纸干燥的目的除了去除水分以外，还应保持涂层在干燥过程中涂料化学组分产生成膜性和一定的抗水性。与普通纸和纸板干燥不同，控制涂布纸干燥曲线非常重要。干燥开始时，蒸发作用发生在涂层的表面上。由于分压差的出现，蒸发作用向涂层内部转移，当穿过涂料与纸的边界层时，因涂层表面上的毛细压差和蒸汽压差的作用，水分就从涂层内部向表面迁移，最后被蒸发掉，这一过程称为“表面干燥”。随着干燥过程的进一步发展，蒸发区就逐渐向涂层内部和原纸中扩散；热量通过边界层向涂层和原纸内部传递，整个过程一直进行到没有更多的游离蒸汽从内向外蒸出为止。当原纸和涂层中的水分降低到某一限度时，水分的蒸发就变成了不连续的状态，而蒸发只是发生在某些部位，这一过程中水分扩散只在内部进行，故称为内部干燥。

根据干燥的各个阶段，温度应控制在不同的范围内。预热阶段时应使涂层湿度在72℃左右，使涂层达到蒸发点；第二阶段为恒温蒸发段，温度在 80～150℃，使表面蒸发和干燥接近完成；第三阶段为降速干燥段，使内部干燥达到稳定为止。

涂布纸干燥设备有传热、热风和红外加热干燥等加热方式。红外线干燥速度快、效果好，多用于特种涂层干燥。红外干燥的目的是使涂料中的水分或溶剂产生内热，使涂料由内向外干燥，从而避免涂层表面结皮将水分包在涂层和纸的内部，影响蒸发速度。但红外线干燥成本较高，一般用于涂布纸预热干燥或局部区域的辅助干燥。

5. 涂布纸的整饰

颜料涂布纸的最后一道工序是整饰完成，包括压光、超级压光、抛光、磨光和分切复卷等。超级压光是为了提高的涂布纸的紧度、平滑度和光泽度，改善纸页外观性能。超级压光机由 12～14 个压辊组成，工作时线压力达到 2.5×10^{5} N/m。经超级压光后，涂布纸的光学性质、表面性质和外观性能都发生了变化，如纵向伸长 0.5%～1.5%，横向伸长

0.2%，厚度也会明显减少。对于一些特殊要求的涂布纸，还须磨光或抛光，使表面光泽度提高。

6. 铸涂纸

铸涂纸是一种表面光泽度呈镜面效果的颜料涂布纸或纸板，广泛用于高、中档小商品包装盒或包装袋。

所谓铸涂（Cast Coating），就是将尚具有流动性的涂层与经过加工的非黏着性表面（如镀铬烘缸）接触、干燥（或冷却），待形成非黏着性表面后再剥离下来的方法。用于铸涂的涂料既可以是颜料型，也可以是合成树脂。根据工艺不同铸涂纸生产有湿法、成膜法、凝胶化铸涂和超级压光纸的高光泽法处理四种。

湿法铸涂是在纸页表面涂布颜料型涂料，在涂料流动性尚好时与高度抛光的镀铬烘缸接触干燥。涂料被烘干后呈与烘缸表面相同的光泽度，涂层厚度较普通涂布纸的涂层略厚一些，涂布量在 15～40g/m²。

成膜法铸涂先将涂料直接涂布在光泽烘缸表面，干燥后转移到纸面上。转移之前，与铸涂膜粘结面上应预先涂布水湿型胶黏剂，以保证原纸与涂层均匀结合。该法适合生产铸涂纸板，并且具有干燥效率高、防止涂料向纸页渗透、涂层厚度均匀等优点，从而改善了涂层的柔软性、抗弯曲性能，减少了原纸本身质量对涂布过程的影响，使纸板的适印性得到提高。

凝胶化铸涂通常先用气刀涂布，然后将涂布后的纸页通过一酸液池处理，使涂料与酸发生化学反应而凝胶化，最后在光泽烘缸表面受到高的线压力，使涂层表面产生出镜面光泽。

二、树脂涂布纸

树脂涂布纸是将树脂分散溶解在不同溶剂中，或直接熔融成涂料涂于原纸表面，以提高纸的防油、防水、不透气等能力，或为了提高纸的绝缘性，改善纸的外观性能等。树脂涂布有如下类型：

1. 清漆（或溶剂）涂布

清漆涂布是把聚乙烯醇、聚苯乙烯及某些纤维素衍生物等成膜树脂溶解于醇类、脂类、丙酮等有机溶剂中而制成清漆涂料，然后涂布于纸面，待有机溶剂挥发后，即在纸面形成连续的薄膜。在涂料中加入马尼拉脂、松香及其衍生物等非成膜树脂，可以提高涂层的硬度与光泽度；也可以加入蓖麻油、硬脂酸盐等增塑剂，提高涂层的柔软性。适当配比各成分，可以获得防油、防水、防潮及热封性能良好的产品。

2. 有机溶剂分散涂布

把成膜树脂分散在有机溶剂中而制成高浓度脂状分散体，然后涂于纸面上进行干燥。这里作分散剂的有机液体，在室温下是树脂的非溶剂，即不能溶解树脂，但在干燥过程中温度达到 170℃以上时，就会溶解树脂而使其变成粘稠的橡胶状薄膜，具有良好的耐磨与柔韧性。其中用乙烯分散体作涂料时所得涂层，具有坚固耐用、柔软、美观和防水的特点，可作为纸带、离型纸等。

3. 乳胶或胶乳涂布

乳胶和胶乳都是树脂的水分散体，乳胶是将树脂用水分散而制成，不含其他溶剂；胶乳却是利用部分溶剂和水一起制成水分散体。然后将其涂于纸面，通过干燥蒸发水分，树脂形成薄膜。如果配料合理，所形成的薄膜较强韧、坚固，其产品具有耐油、耐药、防潮、耐磨等性能。

与溶剂涂布相比较，这种方法无毒、不易燃、较经济；树脂的分子量对水分散体的黏度无影响，故涂料流动性好，且固含量和黏度可以调节。缺点是不易形成连续性良好的薄膜，干燥时间长，容易卷曲等。

4. 热融涂布

热融涂布所用涂料是蜡类或热融树脂。在热融状态下直接涂于纸面，冷却后形成光滑、连续的薄膜。这类加工纸具有防潮、耐水、耐油和热封等特性，常用于冷冻食品、肉类等包装。

5. 挤压涂布

挤压涂布是将树脂在挤出机上挤出成膜，然后与纸复合。用于挤压涂布的树脂主要是低密度聚乙烯、尼龙、聚酯、高密度聚乙烯等。它们与纸面的结合可分为机械结合和化学结合两种方式。机械结合是将熔融树脂借助于挤压而侵入表面粗糙、有空隙的纸面内，经冷却固化形成结合；化学结合是在纸面上涂以钛酸酯溶剂等使二者结合起来。

三、药剂涂布纸

将不同药剂分散在一定浓度的黏合剂或溶剂中，然后涂布在纸面上，获得功能不同的包装纸，有时为了不使药剂有效成分穿过纸页逸散，涂布药剂前先在纸的另一面进行涂蜡或树脂涂布处理。

1. 防锈纸

金属锈蚀损失约占每年生产总量的10%，更为严重的是锈蚀会使精密仪器失灵、甚至报废。用防锈剂处理的纸张能起到较好的防锈作用。防锈剂分为接触型和气相型两类，接触型防锈纸必须与金属表面良好接触才能起到防锈作用；而气相型防锈剂在常温常压下能缓慢地挥发出气体，充满包装的空间，对所保障的金属制品起到防锈作用，使用时不必直接接触产品表面，尤其适合包装形状复杂的仪器仪表。

气相型防锈原纸除了要求较高的机械强度外，更重要的是须具备良好的化学适性，即对金属无腐蚀作用，酸碱度呈中性，Cl^- 和 SO_4^{2-} 含量低于0.05%，常以中性、石蜡牛皮纸等作为防锈原纸；涂布加工时一般需要双面涂布，即正面涂布气相缓蚀剂，为了防止缓蚀气体透过纸页逸出包装之外，在纸的另一面应涂布具有较好阻隔性能的蜡、树脂等涂料。

2. 抗菌防霉纸

用杀菌剂和防腐剂涂布的纸包装食品、药物、针棉织品等，使其免遭微生物（霉菌和细菌）的侵蚀，防止变质腐败。最简单的防霉剂是由硫酸铜和8-烃基喹啉与某种强酸的反应生成物（如8-烃基喹啉硫酸盐）所组成的。这两种物质都溶于水，在干燥状态下混合时并不发生作用。为促进其溶解，可在配方中加入适量硫酸。此外，1,1-二烯丙基胍及其盐类化合物、水杨酰替苯胺与三聚氰胺甲醛树脂混用，都具有良好的杀菌作用。将上述防腐杀菌液喷涂、刷涂在纸面上，便可抑制真菌、细菌、藻类的繁殖。

3. 防虫纸

防虫纸是以包装商品免受昆虫等破坏为目的而研制的，防虫剂的选择十分重要。用来包装大米、面粉的包装纸，过去常涂以七氯、艾氏剂、狄氏剂、恩氏剂、二嗪农和六氯化苯等药剂，其杀虫力大，长效性好，但对人畜有害，残存性强，现在很少采用。安全的防虫剂是除虫菊脂和胡椒基丁醚，将它们与适应的溶剂或载体配制成涂料，涂于纸面。

4. 防鼠纸

以环己二酰亚胺、有机锡化合物、硫醇化合物等为涂料涂于纸面，能防止鼠咬。因为环己二酰亚胺一旦接触老鼠牙齿，就会刺激其黏膜，对其有忌口作用。

四、真空镀膜纸

真空镀膜纸是一种阻隔性能、表面性能良好的包装纸，广泛用于防潮、防水、装饰性包装，尤其在香烟、食品饮料、药品、化妆品、高级纸和包装方面用量较大。

真空镀膜严格来讲与涂布加工根本不同，它是在镀膜机内完成的。真空镀铝的主要优点是：①显著提高材料阻隔性能；②阻光性好，几乎可遮住紫外线与可见光，防止食品褪色变质；③表面具有金属光泽，装饰效果好；④印刷、层合性好，不容易发生针孔；⑤用铝省，性能相同时，镀铝消耗的铝仅为铝箔的 1/200～1/100。

第二节　浸渍加工纸

浸渍加工纸又称吸收加工纸，它是用树脂、油类、沥青、蜡质、化学药剂等对原纸进行浸渍处理，使之具有防油、防水、防潮、耐磨等性能，可用于商品的防护性包装，保证内装商品在某些特殊恶劣环境下不受损坏。同时一些功能型浸渍液还能改变纸和纸板的耐酸碱性、耐化学腐蚀性能等，或者经浸渍后的纸和纸板具有防火阻燃、果蔬保鲜等功能。

一、浸渍加工原纸和浸渍剂

1. 原纸

浸渍原纸对浸渍液要有良好的吸收性，纸页组织均匀，不能施胶，具有一定的强度，以保证在浸渍过程中不断裂。

2. 浸渍剂

浸渍剂主要有合成树脂、胶乳、干性油、石蜡和沥青等种类，不同类型的浸渍剂形成浸渍液的方式不一样，合成树脂、沥青浸渍液以加热熔融制备为主，胶乳则以有机乳液形成，而石蜡液既可通过熔融、也可通过有机溶剂溶解制取。

二、浸渍工艺与方法

尽管浸渍液不同，但浸渍加工过程基本类似。主要工艺有如图 1-2-3 所示两种，一种是将原纸浸没在浸渍液内，纸页在浸渍液内运行过程中被浸透饱和，因此这种方法也成为饱和浸渍法，它适合于某些吸收量大的生产要求；另一种是使纸在浸渍液面运行，保持一定的间隙，在浸渍液与原纸接触后，借助于浸渍液与纸页间的黏附力形成一个浸渍液的接触层，使纸页吸收一定量的浸渍液，这种方法又称为珠式浸渍法，改变运行车速可调整浸渍量大小，它适合于药剂浸渍。

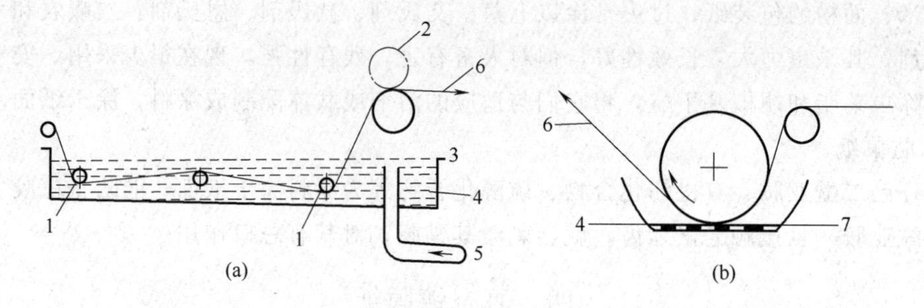

图 1-2-3 浸渍器

（a）饱和式浸渍器 （b）珠式浸渍器

1—浸渍辊 2—挤辊 3—浸渍槽 4—浸渍液 5—溢流口 6—纸幅 7—浸渍液珠

三、浸渍加工纸的种类与用途

1. 树脂浸渍纸

所用浸渍剂主要有酚醛树脂、脲醛树脂、密胺树脂等。浸渍处理后的纸具有防油、防水、透明、耐腐、绝缘等性能，一般耐稀酸但不耐碱。

2. 胶乳浸渍纸

氯丁胶乳、丁苯胶乳、聚苯乙烯胶乳、丙烯酸胶乳作为浸渍剂，浸渍加工后可大大提高纸页的内部结合强度，具有较高的耐磨及抗撕强度，表面平滑，耐酸碱，但大都不耐醇、脂、酮、醚等有机溶剂。

3. 油纸

用亚麻油、桐油、锌油、橄榄油及某些矿物质有浸渍的纸具有良好的耐碱、耐水、耐光、耐磨等性能，主要用来包装金属制品、刀具、工具，食物油浸渍纸可用来包装水果、肉类及冷冻商品等。

4. 蜡纸

原纸浸渍石蜡后具有耐水、防潮和不透明等特点，既可用熔融石蜡，也可用蜡的有机溶液，一般是将微晶石蜡和普通石蜡按比例配成浸渍液。为了防止弯折时裂口，增加柔软性，一般还加进适量的聚乙烯。蜡纸大多用来包装面包、糖果、饼干、冷冻食品等。

5. 防火纸

防火纸用于易爆、易燃物品包装，能在一定的程度上提高其储存和运输时的安全系数。生产阻燃纸常用的方法是在纸浆造纸过程中在纸浆内加入阻燃剂，但流失较大，比较经济有效的方法是浸渍处理。常用的阻燃剂有含磷阻燃剂（磷酸胍、磷酸三聚氰胺、磷酸胍基脲等)、含卤阻燃剂（氯化石蜡烃、氯化胍、溴化氢酸胍、氯化聚乙烯、氯化偏氯乙烯、溴化三烯丙基磷酸酯等)、含硫阻燃剂（硫氨酸胍、硫酸胍)、无机类阻燃剂（三氧化锑、氧化钛、硅酸胍、硼砂、四硼酸胍、多磷酸铵等)。选择适当的阻燃剂配制成浸渍液，使纸内附着的固形物含量达到原纸定量的40%～50%，即可达到较好的防火效果。

第三节 变性加工纸

变性加工纸是将原纸进行化学处理，使纸页发生润胀、胶化、降解或纤维素再生，结果使纸的性质发生了根本的变化，出现了许多新的性能，满足各种包装的要求，用于包装的变性加工纸主要有植物羊皮纸、玻璃纸等。

思　考　题

1. 部分用于包装的纸和纸板为什么要进行加工？
2. 简述颜料、树脂涂布纸的加工原理、主要性能与产品、用途。
3. 简述药剂涂布加工纸、真空镀膜纸的生产工艺、产品特点与用途。
4. 浸渍加工对原纸有哪些要求？
5. 简述浸渍加工原理、工艺、产品性能与用途。

第三章　瓦 楞 纸 板

将瓦楞原纸加工成瓦楞形状以后按一定的方式与箱纸板粘合在一起而形成的多层纸板叫做瓦楞纸板。它是在1871年由美国工程师爱伯特·琼斯（Albert L. Jones）发明的。当时仅用单楞单面瓦楞纸板作为缓冲材料来包裹易碎的玻璃、陶瓷器皿，保护它们不致碰坏。后经奥利尔·朗（Oliver. Long）改进以后才形成现在常用的双面瓦楞纸板，使其不仅具有良好的弹性，而且大大增强了强度与挺度。用它制造的纸箱和纸盒包装商品，在运输、贮存方面，与传统的木箱、金属桶比较，表现出许多优越性，因此被越来越广泛的应用。目前在纸制品包装发达的国家，瓦楞纸板的比重几乎占整个包装材料的1/4～1/3。

第一节　瓦楞纸板的种类

最早的瓦楞纸板由面纸、瓦楞芯和里纸三层构成，瓦楞芯侧面呈近似三角形结构，波纹状的峰顶分别与面纸和里纸黏结，形成连续的拱形。它具有较大的刚性和良好的承载能力。根据不同的生产设备和使用要求，瓦楞纸板有许多种类，它们各有不同的特性和使用范围。

一、根据瓦楞的齿形分类

根据瓦楞的齿形，即从瓦楞纸板横截面看到的波形，瓦楞纸板可以分成V、U、UV型三种类型。

1. V型瓦楞

V型瓦楞挺力好，坚硬可靠，用纸量少。由于V型瓦楞的波峰半径较小且尖，楞顶面与面纸板粘结面窄，故黏合剂用量少，从而粘结强度也低。在压制时，芯纸的波纹顶面容易压溃破裂，瓦楞辊磨损快。实际应用中，瓦楞纸板主要受到如图1-3-1所示的来自三个方向的压力，即平面压力、垂直压力、平行压力。V型瓦楞纸板如果受到平面压力，加压初期歪斜度小，但压力超过纸板承受的极限点以后即被破坏，瓦楞不能恢复到起始形状。故V型瓦楞的恢复能力较差，弹性不好，现在几乎不采用。

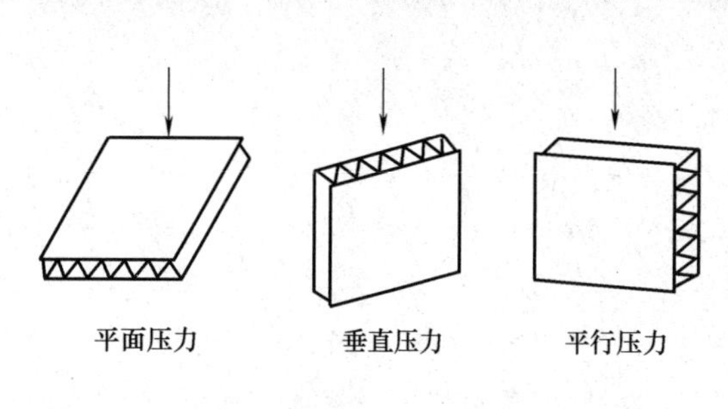

图1-3-1　瓦楞纸板一般受力方向

2. U型瓦楞

U型瓦楞楞峰圆弧半径较大，瓦楞纸板富有弹性，虽然它承受平面压力不如V型瓦楞纸板，但在弹性限度内，它的还原性能较好。在受压变形过程中能吸收较高的能量，具有良好的缓冲作用。楞的顶面与面纸板黏结面比V型纸板宽一些，因此黏结剂和纸的用量要多，但黏结强度高。

3. UV型瓦楞

UV型瓦楞的齿型弧度较V型瓦楞大，较U型瓦楞小，从而综合了二者的优点。它的抗压强度高，弹性好，恢复力强，黏结强度好。目前各种瓦楞机经常采用这种齿型的瓦楞辊。

实验表明，这三种瓦楞受不同的平面极限压力，变形较厉害的是V型，其次是U型，UV型要稳定得多，如图1-3-2所示。

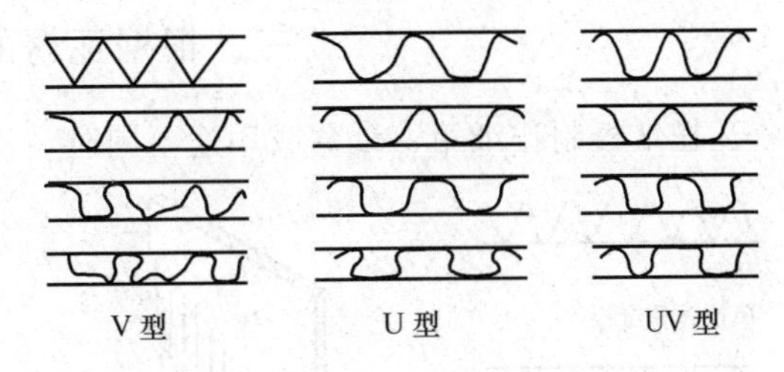

图1-3-2　不同瓦楞受到平面压力后的变形情况

二、根据瓦楞楞型分类

根据瓦楞楞型即瓦楞的高度、单位长度、瓦楞个数分类，是国际上一种比较通行的方法。我国将瓦楞分为A、C、B、E、F五种，它们的特征如表1-3-1所示。表中压楞系数γ的意义是压楞前瓦楞原纸长度与压楞后瓦楞芯纸长度之比。

表1-3-1　瓦楞楞型及特征

楞　形	瓦楞高度/mm	瓦楞宽度/mm	楞数/(个/300mm)	压楞系数*
A	4.5～5.0	8.0～9.5	34±3	1.58
C	3.5～4.0	6.8～7.9	41±3	1.50
B	2.5～3.0	5.5～6.5	50±4	1.38
E	1.1～2.0	3.0～3.5	93±6	1.30
F	0.6～0.9	1.9～2.6	136±20	1.22

* 压楞系数为参考值，设备、齿形不同，其值出入很大。

1. A型瓦楞

瓦楞高而宽，富有弹性，缓冲性好，垂直耐压强度高，但平压性能不好。一般利用其缓冲保护性，包装容易破裂的玻璃制品、水果、玩具等，另外也用作衬垫隔板。

2. B型瓦楞

瓦楞低而密，单位长度上瓦楞个数多，使之具有光滑的印刷表面。平压和平行压缩强度高，但缓冲性稍差，垂直支承力低，故适合于包装自身具有一定强度和支撑力的电器、罐头等商品。

3. C型瓦楞

性能介于A、B型瓦楞之间，既具有良好的缓冲保护性能，又具有一定的刚性，许多工厂喜欢用它来代替A型瓦楞使用，适合于包装各种商品。

4. E型瓦楞

E型瓦楞纸板较薄，挺度好，一般用于制作纸盒作为销售包装；也可以单独使用E型瓦楞纸作为安瓿缓冲隔纸。

近年来，为了适应包装工业减量、环保的要求，微型瓦楞纸板的风潮已经兴起，已开始应用G型（楞高0.55mm）、N型（楞高0.46mm）和O型（楞高0.30mm）。微型瓦楞抗压强度高、缓冲性能好、印刷效果好。一般用于销售包装；也可用作安瓿缓冲隔纸。它将有可能代替大部分折叠纸板用于包装业。

国外还使用一种特大型瓦楞，称为K型瓦楞，楞高7mm，具有良好的缓冲和耐冲击、耐捆扎性能，尤其适合制作箱衬隔板。

生产多层瓦楞纸板时为了取得各向耐压性能平衡，更好的保护商品，一般采用AB、

CB、BE及ACB、BAA等楞型组合，以互为补充，更好地发挥各种楞型的物理性能。

三、根据瓦楞的层数分类

瓦楞纸板制作纸箱、纸盒或用途不同时，瓦楞的层数不一样，如图1-3-3所示。

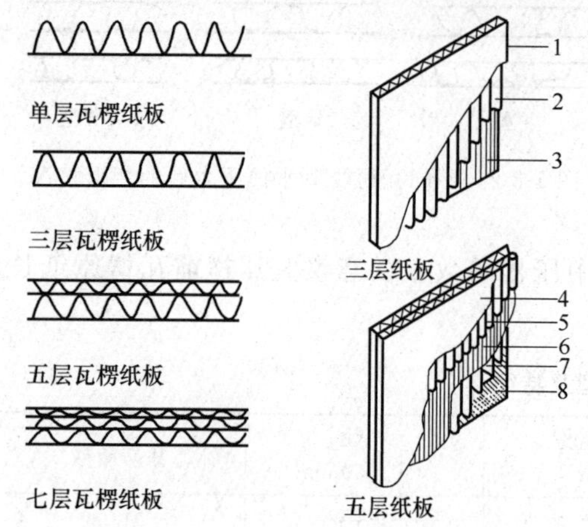

图1-3-3　瓦楞纸板的层数与结构

1,4—面纸　2,5,7—楞纸　3,8—底纸　6—芯纸

1. 单楞双层瓦楞纸板

又称单面瓦楞纸板，即在一层瓦楞芯纸表面粘上一层纸板而形成。一般用做玻璃、陶瓷器皿、灯管、灯泡的缓冲保护性包装。

2. 单楞双面瓦楞纸板

由一层瓦楞芯纸和两层面纸贴合在一起而形成的瓦楞纸板，故亦称三层瓦楞纸板。它适合于作内箱、展销包装和一般运输包装。

3. 双楞双面（五层）瓦楞纸板

由两层瓦楞芯纸、一层夹层和两层面纸组成，中央层可以用纸板、也可以用瓦楞原纸和质量、定量较低的薄纸板。一般用它来制作包装较重、体积较大的物品的纸箱，主要用于运输包装、其特点是强度高，能承担重物的各向作用力。

4. 三楞双面（七层）瓦楞纸板

由三层芯纸、二层夹层和二层面纸贴合而形成的瓦楞纸板，用于制作重型商品包装箱，包装大型电器、小型机床及塑料原料等。

对于双楞以上的多层瓦楞纸板，在考虑到楞型组合时，总是将楞数多的瓦楞芯纸贴在靠近需要印刷的一面，因其平整度好，抗外来破坏的能力也较强；靠近商品侧则贴合高而宽的瓦楞芯纸，利用其富有的弹性，缓冲性好的优点，以期更好的保护商品。

四、我国对于瓦楞纸板的分类规定

根据GB/T 6544瓦楞纸板规定，我国将瓦楞纸板分为单瓦楞、双瓦楞和三瓦楞三大类。其中单瓦楞、双瓦楞纸板根据使用的原纸质量与定量不同，分为两个等级五个种类，三瓦楞纸板分成两个等级四个种类，共28种瓦楞纸板，对每种瓦楞纸板都有具体的质量要求、品种及其表示方法如表1-3-2所示。

表1-3-2　瓦楞纸板的分类与主要技术指标

种类	代号	瓦楞纸板最小综合定量/(g/m²)	优等品			合格品		
			类级代号	耐破度/kPa ≥	边压强度/(kN/m) ≥	类级代号	耐破度/kPa ≥	边压强度/(kN/m) ≥
单瓦楞纸板	S	250	S~1.1	650	3.00	S~2.1	450	2.00
		320	S~1.2	800	3.50	S~2.2	600	2.50
		360	S~1.3	1000	4.50	S~2.3	750	3.00
		420	S~1.4	1150	5.50	S~2.4	850	3.50
		500	S~1.5	1500	6.50	S~2.5	1000	4.50

续表

种类	代号	瓦楞纸板最小综合定量/(g/m²)	优等品			合格品		
			类级代号	耐破度/kPa ≥	边压强度/(kN/m) ≥	类级代号	耐破度/kPa ≥	边压强度/(kN/m) ≥
双瓦楞纸板	D	375	D～1.1	800	4.50	D～2.1	600	2.80
		450	D～1.2	1100	5.00	D～2.2	800	3.20
		560	D～1.3	1380	7.00	D～2.3	1100	4.50
		640	D～1.4	1700	8.00	D～2.4	1200	6.00
		700	D～1.5	1900	9.00	D～2.5	1300	6.50
三瓦楞纸板	T	640	T～1.1	1800	8.00	T～2.1	1300	5.00
		720	T～1.2	2000	10.0	T～2.2	1500	6.00
		820	T～1.3	2200	13.0	T～2.3	1600	8.00
		1000	T～1.4	2500	15.5	T～2.4	1900	10.0

五、瓦楞纸板的新品种

多年来，国内外都在致力于研究开发瓦楞纸板新品种，以期提高瓦楞纸板的强度与适应性，更好地节约原材料。

1. 超强瓦楞纸板 X—PLY

发明者受三层胶合木板的启发，它将三层瓦楞芯纸以纵横交替排列的方式与纸板粘结，制成一种如图 1-3-4（a）所示的七层瓦楞纸板，在定量与普通瓦楞纸板相同的情况下，强度、挺度、耐折抗弯强度要高出 15%～16%，平行压缩强度则高出 92%，因此可包装体积大，质量大的物品。由于中层瓦楞与两面瓦楞楞向呈垂直排列，这种瓦楞纸板不适合机械自动化生产。

2. 强化瓦楞纸板

强化瓦楞纸板与普通瓦楞纸板的不同之处是在两层瓦楞原纸之间涂上一层热固型树脂，借助于压制瓦楞时辊的高温将热固型树脂加热熔融，然后冷却固化定型，再与纸板粘贴在一起，如图 1-3-4（b）所示。这种瓦楞纸板楞型坚挺，平压和平行耐压强度极高，实验表明厚度为 4mm 瓦楞纸板，与普通瓦楞纸板比较平压强度高出 4 倍，边压强度高出 1.5～1.8 倍，戳穿强度高 1.6 倍。因此三层强化瓦楞纸板完全可以替代五层普通瓦楞纸板使用，且这种纸板的耐寒耐湿性能也佳，尤适合奶酪制品、饮料、药品等包装纸箱。由于瓦楞芯层涂布了热固型树脂，故对包装后的纸箱回收造纸的处理带来了许多的困难。

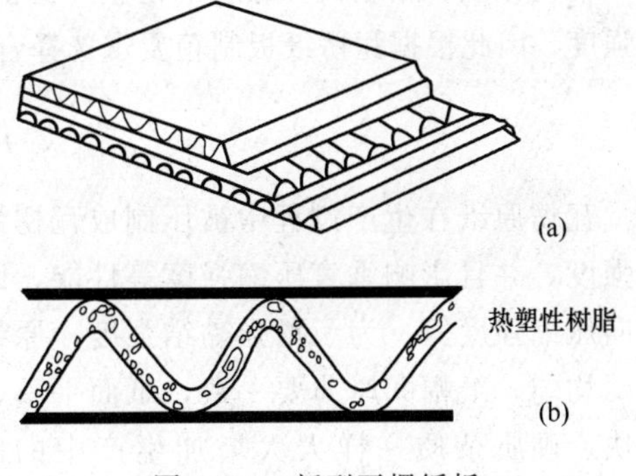

图 1-3-4　新型瓦楞纸板
(a) X-PLY 瓦楞纸板　(b) 强化瓦楞纸板

3. 蛇型瓦楞纸板

这是一种开发仅十多年新型瓦楞纸板，瓦楞的楞峰与传统的直线型不同，它呈蛇型弯曲。这种瓦楞纸板的最大优点是消除了瓦楞纸板垂直压缩强度与平行压缩强度之间的差距；并且压完楞以后，即使不与面、里纸粘结，瓦楞楞形也能长期保持不变，特别适合于取代传统的单楞单面纸板来作为玻璃制品的内衬缓冲。表 1-3-3 是它与普通瓦楞纸板耐压性能的比较。

此外，在包装方面获得应用的、功能类似于瓦楞纸板的还有蜂窝芯纸板，以及弹性好、适合作缓冲衬垫的圆柱芯纸板、泡沫芯纸板等。

表 1-3-3　　蛇型瓦楞纸板与普通瓦楞纸板技术指标的比较

楞型	厚度/mm	厚度比/%	边压强度/N	压强度比/%	垂直耐压/N	平面耐压/N
B 型	3.22	100	412	100	235	168
E 型	1.84	57	920	223	243	204
蛇形瓦楞	2.18	68	1072	260	240	230

4. 十字形瓦楞纸板

这是一种将两组单楞单面瓦楞纸板按楞向纵横粘贴成的瓦楞纸板，缓冲性好，纸板整体无纵横向强度差，适合包装玻璃、陶瓷等易碎制品。生产时可采用单机或单面机，不适合用瓦楞纸板生产线制造。

5. 双拱形瓦楞纸板

双拱形瓦楞纸板（也称四层瓦楞纸板）是由两层瓦楞原纸涂胶、贴合后再经压楞成为双层瓦楞，最后与面纸粘贴成为双拱形瓦楞纸板。这种瓦楞纸板与强化瓦楞纸板类似，具有很高的平压强度和抗弯曲性能，也解决了瓦楞纸箱用后回收问题。

第二节　生产瓦楞纸板的原料

瓦楞原纸、箱纸板和黏合剂是生产瓦楞纸板的主要原材料，它们的质量决定了瓦楞纸板的强度，因此根据瓦楞纸板制箱要求选择合适的原料，是生产出合格瓦楞纸板的重要保证。

一、瓦 楞 原 纸

瓦楞原纸在生产过程中被压制成瓦楞形状，制成瓦楞纸板以后它将提供纸板弹性、平压强度，并且影响垂直压缩强度等性能，因此瓦楞原纸必须具有较好的耐破度、耐折度和横向压缩强度等。为了增强黏结强度，原纸要具有一定的吸收性。另外在外观上，纤维组织要均匀，纸幅间厚薄要一致，纸面平整，不能有皱折，裂口和窟窿等纸病，否则它们和浆块、硬质杂质一样大大增加生产中的断头故障，影响产品质量。表 1-3-4 是瓦楞芯（原）纸的主要技术性能指标。

表 1-3-4　　瓦楞芯（原）纸的质量指标*

<table>
<tr><th rowspan="2">指标名称</th><th rowspan="2">单　位</th><th colspan="4">规　格</th></tr>
<tr><th>等级</th><th>优等品</th><th>一等品</th><th>合格品</th></tr>
<tr><td rowspan="3">定量（80、90、100、110、120、140、160、180、200）</td><td rowspan="3">g/m^2</td><td>AAA</td><td rowspan="3">（80、90、100、110、120、140、160、180、200）±4%</td><td colspan="2" rowspan="3">（80、90、100、110、120、140、160、180、200）±5%</td></tr>
<tr><td>AA</td></tr>
<tr><td>A</td></tr>
</table>

续表

指标名称		单位	规格 等级	优等品	一等品	合格品
紧度	≥	g/cm^2	AAA	0.55	0.50	0.45
			AA	0.53		
			A	0.50		
横向环压指数 ≤$90g/m^2$ >$90g/m^2$~$140g/m^2$ ≥$140g/m^2$~$180g/m^2$ ≥$180g/m^2$	≥	N·m/g	AAA	7.5 8.5 10.0 11.5	5.0 5.3 6.3 7.7	3.0 3.5 4.4 5.5
			AA	7.0 7.5 9.0 10.5		
			A	6.5 6.8 7.7 9.2		
平压指数*	≥	$N\cdot m^2/g$	AAA	1.40	1.00	0.80
			AA	1.30		
			A	1.20		
纵向裂断长	≥	km	AAA	5.00	3.75	2.50
			AA	4.50		
			A	4.30		
吸水性	≤	g/m^2	—	100	—	—
交货水分		%	AAA	8.0±2.0	8.0±2.0	$8.0^{+3.0}_{-2.0}$
			AA			
			A			

* 瓦楞芯（原）纸国家标准中技术指标（GB/T 13023—2008）。

1. 环压强度和环压指数

环压强度是指将12.7mm×152mm的试样插入一试样座内，形成圆环形，然后在两测量板之间进行压缩，在压溃前所能承受的最大压力，用kN/m或N/m表示。试样及试样座如图1-3-5所示，选择直径不同的内盘，与底座配合可形成宽度不等的槽宽，用以测量厚度不同的纸和纸板。

为了方便比较不同定量的纸和纸板环压强度，现在多采用环压指数，即将环压强度除以定量：

$$r=\frac{R}{G} \tag{1-3-1}$$

式中 r——环压指数，N·m/g

R——环压强度，N/m

G——定量，g/m^2

2. 瓦楞芯平压强度

瓦楞芯平压强度采用与环压强度测试用的相同规格试样，将其在一定温度和压力下经槽纹仪压制成瓦楞形状，用胶带固定瓦楞，然后置于环压机内测试瓦楞压塌时的最大压力，以 N 表示。

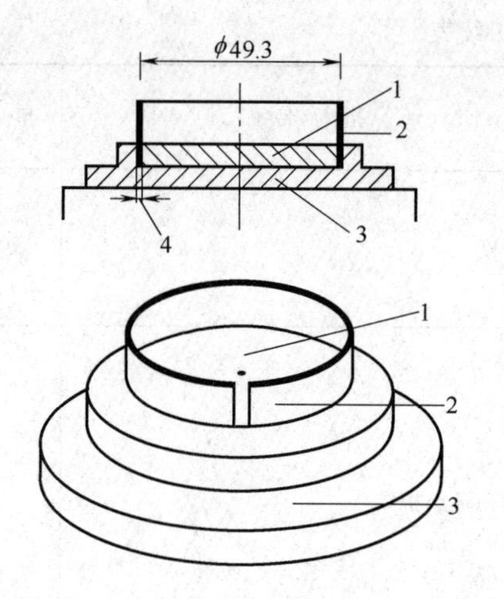

图 1-3-5　环压强度测试时所用的试样座

1—内盘　2—试样　3—底座　4—槽宽

二、箱　纸　板

箱纸板用来作瓦楞纸板的面层和里层（也分别称为面纸和里纸），制成箱后它就是纸箱箱面、箱里，因此要求箱纸板具有较高的耐压、耐折、耐磨、耐戳穿等强度性能和一定的耐水性，纸质坚挺而富有韧性，同时还必须具有良好的外观性能及适印性能。目前箱纸板分为牛皮箱纸板、普通箱纸板和牛皮挂面箱纸板两种 5 个等级，如表 1-3-5、表 1-3-6 所示。

表 1-3-5　　牛皮箱纸板质量指标（GB/T 13024—2003）

指标名称		单位	规定(牛皮箱纸板)	
			优等品	一等品
定量		g/m²	125　160　180　200　220　250　280　300　320　340　360	
紧度　≥	≤220g/m²	g/cm²	0.70	0.68
	>220g/m²		0.72	0.70
耐破指数　≥	<160g/m²	kPa·m²/g	3.40	3.20
	160～<200g/m²		3.30	3.10
	200～<250g/m²		3.20	3.00
	250～<300g/m²		3.10	2.90
	≥300g/m²		3.00	2.80
(横向)环压指数　≥	<160g/m²	N·m/g	9.0	8.0
	160～<200g/m²		9.5	9.0
	200～<250g/m²		10.0	9.2
	250～<300g/m²		11.0	10.0
	≥300g/m²		11.5	10.5
(横向)耐折度	≥	次	100	60
吸水性(正/反)	≤	g/m²	35/40	40/50
水分		%	8.0±2.0	

牛皮箱纸板一般要求全部用针叶木硫酸盐浆（牛皮浆）来生产，用于制造精细、贵重和冷藏物品包装用的出口瓦楞纸板；挂面箱纸板采用 50％或 30％的长纤维浆挂面，此外用木浆废纸、半化学浆作底层，用于制造出口物品包装用、较大型物品包装用瓦楞纸板；

普通箱纸板中合格品一般用半化学浆、草浆、废纸浆来生产，用于制造一般物品、轻载包装用的瓦楞纸板。

表 1-3-6　　普通箱纸板和牛皮挂面箱纸板质量指标（GB/T 13024—2003）

指标名称		单位	规定		
			优等品	一等品	合格品
定量		g/m^2	125　160　180　200　220　250　280　300　320　340　360		
紧度　≥	≤220g/m^2	g/cm^2	0.70	0.68	0.65
	>220g/m^2		0.72	0.70	0.65
耐破指数　≥	<160g/m^2	kPa·m^2/g	3.30	3.00	2.20
	160～<200g/m^2		3.10	2.85	2.10
	200～<250g/m^2		3.00	2.75	2.00
	250～<300g/m^2		2.90	2.65	1.95
	≥300g/m^2		2.80	2.55	1.90
(横向)环压指数　≥	<160g/m^2	N·m/g	8.60	7.00	5.50
	160～<200g/m^2		9.00	7.50	5.70
	200～<250g/m^2		9.20	8.00	6.00
	250～<300g/m^2		10.6	8.50	6.50
	≥300g/m^2		11.2	9.00	7.00
(横向)耐折度	≥	次	60	35	12
吸水性(正/反)	≤	g/m^2	35/70	40/100	60/200
水分		%	8.0±2.0	9.0±2.0	

三、瓦楞原纸和箱纸板的选配

为了使生产的瓦楞纸板不仅满足使用质量要求，而且成本合理，就必须正确选配瓦楞原纸和箱纸板。

1. 质量选配

一般应选用质量等级近似的瓦楞原纸和箱纸板来生产瓦楞纸板，如牛皮、牛皮挂面箱纸板应尽量选用 A、B 级瓦楞原纸；普通箱纸板则可选用 C、D 级瓦楞原纸。选用强度高的箱纸板与等级低的瓦楞原纸制成的瓦楞纸板容易塌楞，平压强度低。质量不符合合同要求时，会造成原材料浪费，或成本不合理。

2. 定量选配

实验表明，提高瓦楞原纸的定量有利于降低成本。在保持强度不变的情况下，瓦楞原纸定量每增加 $1g/m^2$，箱纸板可以同时降低 $1g/m^2$，因此国际上目前出现了采用高定量瓦楞原纸来生产瓦楞纸板的趋势；但瓦楞原纸定量过高，瓦楞纸板会出现表面不平整，产生明显的瓦楞条纹，影响外观质量和印刷效果。因此一般箱纸板与瓦楞原纸的定量比维持在 2∶1 的范围内比较好。如果选用瓦楞原纸定量过低，贴合后会使瓦楞的齿形变形，由圆弧形变成矩形结构，影响瓦楞纸板的厚度、边压强度及缓冲性能。

第三节　瓦楞纸板的生产工艺与设备

生产瓦楞纸板的流程有多种，按使用设备主要分为三种方式：间歇式、连续式和半连续式生产。

间歇式生产由裁纸机、瓦楞机、涂胶机及压力机等设备操作完成，首先将纸和纸板裁切成一定规格，必要时还需进行拼接操作，然后将瓦楞原纸压制成瓦楞芯，经涂胶机在瓦楞峰面上涂胶，并与面纸贴合在一起，经过一段的加压，使面纸与芯纸粘牢，最后干燥为瓦楞纸板。这种方式手工操作多，劳动强度高，生产效率低，产品质量差，国内外均趋于淘汰。

连续式生产使用瓦楞纸板生产线，它将瓦楞压制、涂胶、层合、干燥定型在同一台机器上连续完成，生产速度快，同时又能保证瓦楞纸板质量，降低了产品成本。

小型企业选用半连续式生产设备，它使用单面机生产出单面瓦楞纸板，然后再涂胶贴上另一层纸板形成双面纸板，其质量和产量较单机间歇式生产要高得多。

一、瓦楞纸板的连续式生产工艺和设备

连续式生产瓦楞纸板的设备有各种规格与型号，根据车速与幅宽，瓦楞纸板生产线分为高、中、低速或轻型、重型等类。我国规定，用下列标记表示瓦楞纸板生产线的主要参数：

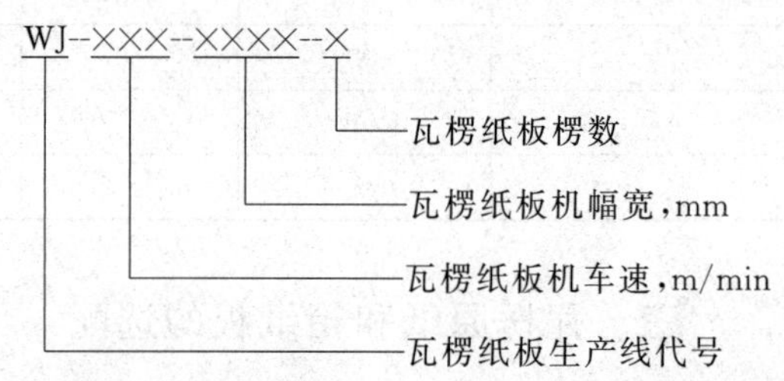

例如 WJ-100-1600-2，表示最高车速为 100m/min，有效幅宽为 1600mm，生产双楞双面（五层）瓦楞纸板的生产线。

根据瓦楞纸板机的规格可以计算出它的生产能力。理论上瓦楞纸板机的生产能力为：

$$Q=kBV \tag{1-3-2}$$

式中　Q——生产能力，m^2/min

B——瓦楞纸板机幅宽，m

V——瓦楞纸板机工作速度，m/min

k——有效生产系数

图 1-3-6 是瓦楞纸板机示意图，它由单面机系统（包括原纸支架、预热器、单面机、预调器、桥架等）、双面机系统（包括多重预热器、涂胶机、运送机、堆码机等）以及辅助系统（包括传动、制胶、蒸汽、压缩空气等系统）组成。

（一）单面机

单面机的主要作用是借助瓦楞辊的作用将瓦楞原纸压制成瓦楞，并与一层箱纸板粘结在一起，形成单楞单面瓦楞纸板。

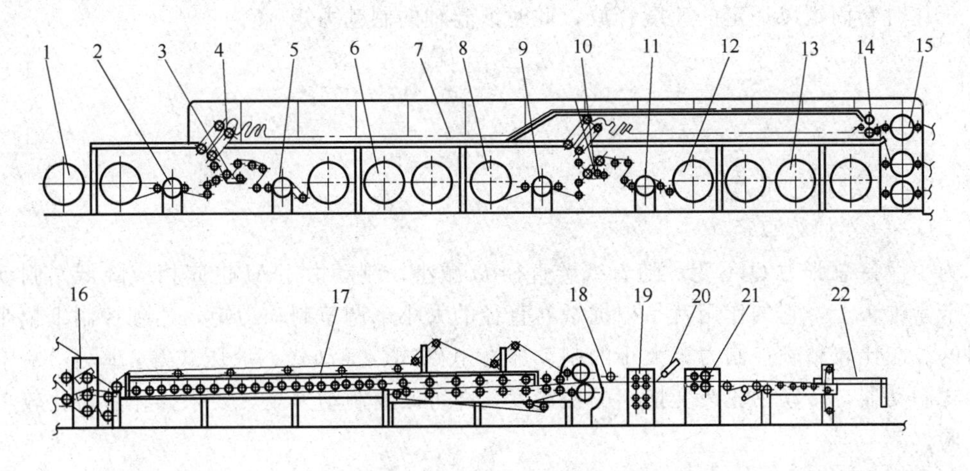

图 1-3-6 瓦楞纸板生产线示意图

1,6,8,12,13—退纸架 2,9—预热器 3,10—单面机 4—提升机 5,11—预调器 7—天桥输送装置 14—制动器 15—三联预热器 16—上胶机 17—双面机 18—闸刀 19—分纸压线机 20—纸边吸管 21—切断机（双辊刀） 22—堆叠机

1. 原纸架

用于承装卷筒纸并以均匀张力释放原纸。根据结构原纸架有轴式和无轴式两种，有轴式结构简单，一般用于小型瓦楞纸板机。重型、中型瓦楞纸板机都配置无轴式原纸架，图1-3-7是回转式无轴原纸架结构示意图，它由退纸架、回转轴、臂杆、卡紧锥头、张力控制器等主要部件组成。它有两个安装卷筒纸的位置，能节约换纸的时间。

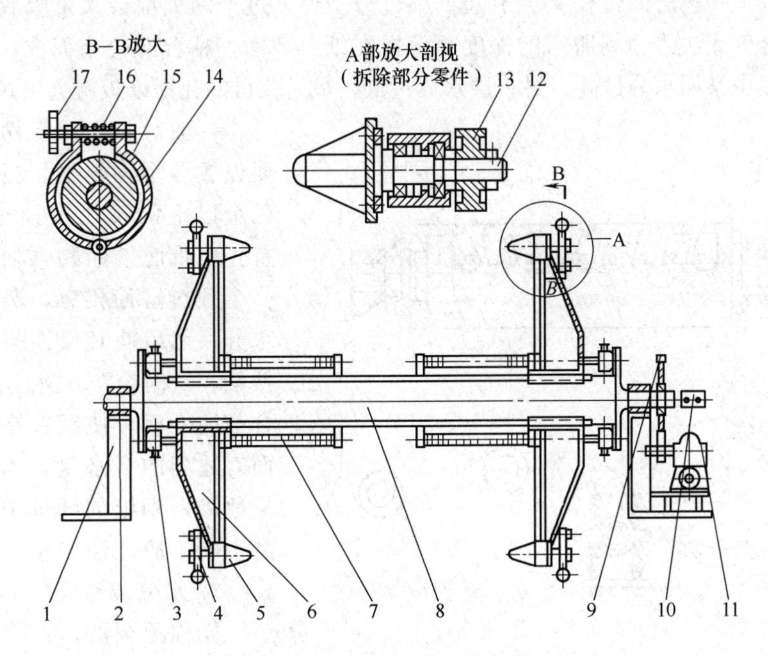

图 1-3-7 回转式无轴退纸架

1—机架 2—轴承 3—减速电机 4—制动器 5—卡紧锥头 6—臂杆 7—螺杆 8—回转轴 9—齿轮 10—滑环 11—减速器 12—小轴 13—制动轮 14—抱闸 15—刹车带 16—弹簧 17—手轮

工作时卷筒纸以一定的速度释放，此时纸卷轴的制动力矩 M 为：

$$M=Q\cdot\frac{D}{2} \tag{1-3-3}$$

$$Q=\frac{2M}{D} \tag{1-3-4}$$

式中　Q——纸幅总张力

D——卷筒纸直径

为了保持总张力 Q 不变，随着纸卷直径 D 减小，制动力矩 M 也应相应降低。制动器装在卡紧锥头上，它的作用就是根据纸卷直径的大小来调节制动力矩，达到控制纸幅张力的目的。能比较精确控制力矩大小的制动器有电磁式、气动式、液压式等。图 1-3-7 中是手动式制动器，转动手轮改变抱闸的松紧度，即可改变制动力矩，要求操作者有比较丰富的经验。

2. 预热辊

预热辊是中空的金属从动辊，结构类似于造纸机上的烘缸，由两根导辊调整纸幅包角大小。工作时通过专门装置向辊内通入高压蒸汽加热辊面，当瓦楞原纸和箱板纸在辊面通过时，吸收辊面热量而提高温度，同时依靠原纸及纸板运行时产生的摩擦力使其转动。有时为了提高传热效率，预热缸固定不动，原纸从其表面滑过。

预热辊加热原纸的目的是使原纸进入瓦楞辊之前具有一定的温度，以利于瓦楞操作，加快粘结速度。纸幅在预热辊上经过的时间和接触面积直接影响到纸幅湿度的变化，而湿度变化在很大程度上影响纸板的粘合强度与翘曲等操作性能。纸幅过湿，其水分会阻止纤维吸收黏合剂，并使预热温度达不到规定要求，从而影响黏合剂的糊化速度，造成瓦楞纸板脱胶开裂。在预热辊上加热时间过长又会引起纸幅过分干燥，过干的纸幅会大量吸收黏合剂中水分，造成黏合剂无法渗透到所需的深度而停留在纸页表面，粘合部分小而浅，导致粘结不良。瓦楞纸板中某层水分过高、另一层水分过低，最后获得的瓦楞纸板就会出现翘曲。

一般对于高速瓦楞纸板机，需要设置多个预热辊。当使用两个或两个以上的预热辊预热箱纸板时，首先要将面纸涂黏合剂的一面和第一个预热缸面接触，蒸发出一部分水分；然后使其反面与第二个缸面接触，这时余下的水分就传到涂黏合剂的一面，使纸板涂黏合剂的一面有适当的含水量，以便黏合剂适量地渗入到纸的纤维中，借此可提高生产车速。

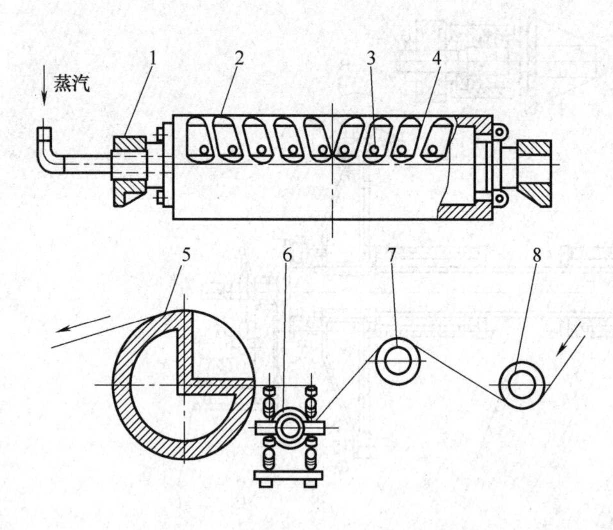

图 1-3-8　水分调整辊

1—支座　2,5—润湿辊　3—喷嘴　4—分隔板　6—弹簧张力辊　7—导纸辊　8—弧形舒展辊

3. 水分调整辊

亦称预调器，它的作用是向瓦楞原纸提供适量高温水分，其结构如图 1-3-8 所示。在原辊上去掉 1/4 部分，并纵向分隔成小仓；每分隔

仓内装有蒸汽喷嘴，喷嘴口向下方。工作时水蒸气从喷气口向下喷出，喷到下表面后再反射起来，使水雾充满整个小仓。当瓦楞原纸从缺口处通过时，雾状高温蒸汽一方面消除卷纸过程和其他操作时在纸内生产的内应力，使皱纹熨平，另一方面使纸含水量均匀并适度便于瓦楞成型，同时蒸汽直接加热原纸比预热辊效果要好得多。此外，由于分隔板呈螺旋状排列，一半向左，一半向右，螺距由辊中央向两端逐渐扩大，这样可给经过润湿的纸幅以舒展作用，进一步将纸幅沿幅宽方向展平。

水分调节辊所用蒸汽，必须含有较高的水分。一般使用预热辊和其他加热器中取出的二次蒸汽，这种过饱和蒸汽容易产生雾状水滴。蒸汽喷量多少应根据原纸质量、水分、车速等因素来决定。

4. 瓦楞辊

由上、下瓦楞辊组成，上瓦楞辊为主动辊，其工作结构如图 1-3-9 所示。瓦楞辊用合金钢制成，一般采用铬钼钢（35CrMo），它在热处理时变形量小。辊体加工后应进行高频淬火或氮化处理，以提高其硬度和耐磨性能，延长使用寿命。

（1）主要技术指标

① 配合压力。上、下瓦楞辊之间啮合的压力称为配合压力，它是瓦楞成型和决定瓦楞质量的重要因素。在图 1-3-10 中，当把配合压力上升到 30N/cm 时，瓦楞高度、平压强度上升到最佳值；超过这一压力后，楞高、边压强度上升平缓，而平压强度显著下降，因此要正确调整好配合压力。配合压力的调整有弹簧、气压、液压三种方式，后两种精度更高。

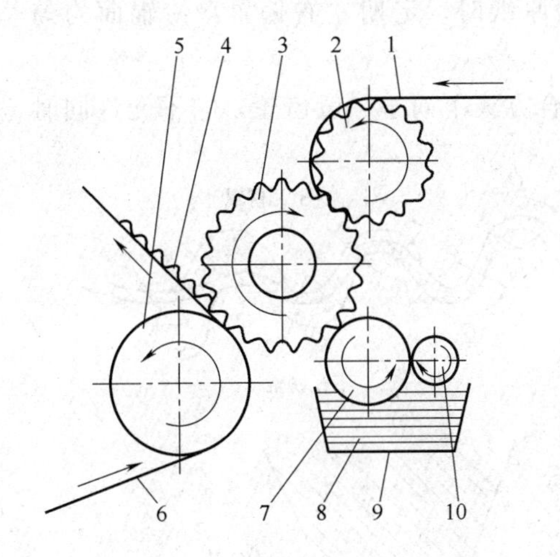

图 1-3-9　瓦楞成型机构示意图

1—瓦楞原纸　2—上瓦楞辊　3—下瓦楞辊　4—单面瓦楞纸板　5—压力辊　6—里纸　7—上胶辊　8—淀粉黏合剂　9—黏合剂槽　10—调量辊

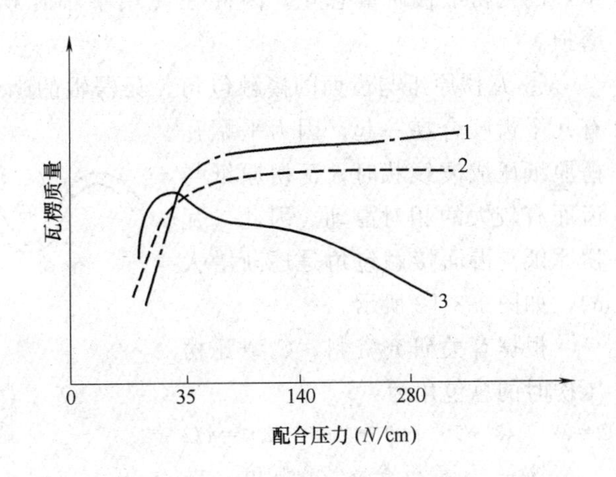

图 1-3-10　配合压力与瓦楞质量的关系

1—瓦楞高度　2—边压强度　3—平压强度

② 平行度。平行度一般指上下瓦楞辊轴线的平行程度。平行度不好，生产出来的瓦楞纸板厚薄不匀，性能恶化，因此也是生产中需要精心控制的指标。

检查平行度采用方法较多，如瓦楞痕迹法是将碳精纸或复写纸夹在两张白纸之间，其厚度正好与瓦楞原纸接近。然后启动机器，将纸送入瓦楞辊之间，经回转一周后取下分析白纸上的瓦楞痕迹，可以根据痕迹的深浅、有无判断瓦楞辊的平行度，也可发现齿面的磨损、齿的啮合情况，然后有的放矢地进行调整和维护。

平时检查瓦楞辊的平行度可以从产品中任意取一张瓦楞纸板，剪下两端比较厚度，如果瓦楞倾斜，大多需调整辊的平行度。

③ 高度。在上瓦楞辊两端加压会使其产生一定的挠度，使瓦楞辊的中间部分间隙增大。为此瓦楞辊制造时要使其中央直径较两端略大，这个差值称为中高，如图 1-3-11 虚线所示。我国规定瓦楞纸板机的幅宽在 1600mm 及其以上、车速大于 60m/min 的瓦楞辊上要有中高，其值为辊挠度的 4 倍。

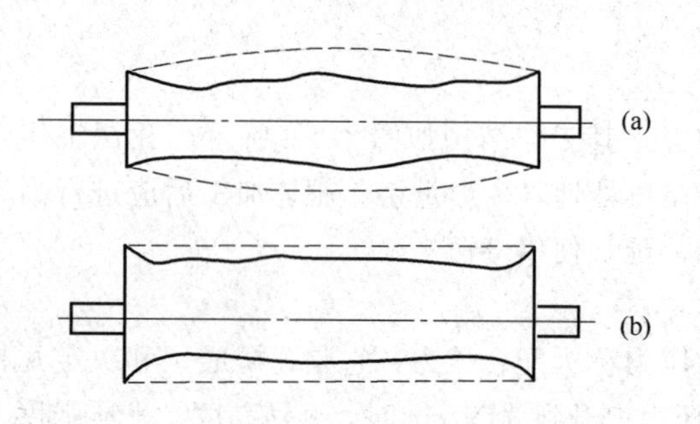

图 1-3-11　瓦楞辊的中高及磨损示意图

(a) 上瓦楞辊　(b) 下瓦楞辊

瓦楞辊有了中高，如果在生产中操作不当，经过一段时间后还是会使瓦楞辊配合间隙不均匀一致。一般地使用瓦楞原纸的幅宽与瓦楞辊长度一致的话，由于辊面磨损均匀，不会出现上述现象，但实际生产中往往因原料变更、用户要求不同，纸幅宽度经常发生变化，若纸幅较窄，则经常在某一边偏置或在正中央通过瓦楞辊的话，会使辊面磨损不均匀，最终使瓦楞辊出现图 1-3-11 中实线描述的情况，导致生产的瓦楞纸板质量恶化。因此在使用窄幅瓦楞原纸时，定期左右偏置，使辊面均匀磨损。

④ 瓦楞原纸与齿面的接触包角。瓦楞辊的啮合方式不同于一般齿轮，它不允许同时有几个齿咬合在一起，因为平幅瓦楞原纸压成波纹状时，瓦楞原纸与齿面有较大的相对滑动。因此，瓦楞原纸与齿面接触包角是逐渐增大的，如图 1-3-12 所示。

根据有关研究资料，C 型瓦楞压楞时的总包角为：

$$Q=22^\circ+42^\circ+75^\circ+99^\circ+114^\circ+120^\circ=472^\circ$$

这一角度折合 8.24 弧度，楞型、齿型不同，包角大小也不一样。

(2) 压楞时瓦楞原纸的应力应变　从材料力学角度分析，瓦楞辊压楞时是在热和水分作用下，给予原纸以很大的应力应变，结果使原纸定型。当它离开瓦楞辊时，仍能保持一定的槽型。

① 牵引张力与应变。原纸被拉入瓦楞辊间隙，牵引力必须大到足

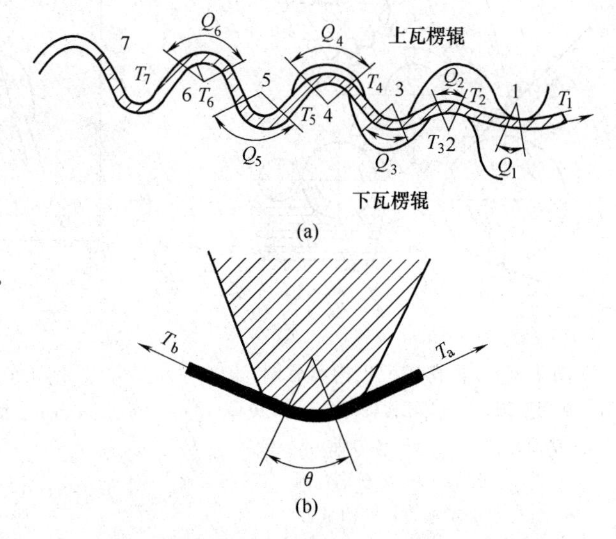

图 1-3-12　瓦楞原纸在齿面的包角与受力分析

(a) 齿面包角　(b) 原纸受力分析

1—包角 θ_1　2—包角 θ_2　3—包角 θ_3　4—包角 θ_4

5—包角 θ_5　6—包角 θ_6　7—包角 θ_7

够克服制动摩擦、输送辊、预热器、水分调整辊等处的摩擦力，纸才会进入瓦楞辊齿面，此时纸幅主要受到拉应力 T_1。

原纸被继续拉入瓦楞辊之间，在牵引作用的同时，还会沿齿面产生弯曲变形，并发生相对滑动，出现滑动摩擦力。瓦楞原纸必须克服初始张力和滑动摩擦力后方可往前运动。以接触的第一个瓦楞齿为例［图 1-3-12 中（b)］，根据原纸受力的平衡关系，可列方程如下：

$$\frac{dT}{T}=fd\theta \tag{1-3-5}$$

将上式两边积分：

$$\int_{T_1}^{T_2}\frac{dT}{T}=\int_0^{\theta}fd\theta$$

$$\ln\frac{T_2}{T_2}=f\theta$$

$$T_2=T_1e^{f\theta} \tag{1-3-6}$$

式中　T_1——初始张力

T_2——最终张力

f——滑动摩擦因数

θ——原纸在齿顶的包角

上式表明，在包角一定时，最终张力的大小主要取决于摩擦因数。

② 弯曲应力与应变。原纸进入瓦楞辊齿面后压制成如图 1-3-13 所示的形状，瓦楞原纸因弯曲应变而变形，其外表面因弯曲而伸长，受到张应力；内表面因弯曲受到挤压而缩短，受到压应力。根据小挠度理论，此外最大的应变为：

$$\varepsilon_{max}=\frac{b}{2R}=\frac{\frac{t}{2}}{r+\frac{t}{2}} \tag{1-3-7}$$

式中　ε_{max}——最大应变，cm/cm

R——中性层曲率半径（至原纸中线），cm

r——瓦楞齿顶半径，cm

t——瓦楞原纸厚度，cm

上式说明，最大弯曲应变与原纸厚度成正比，与齿顶半径成反比，因此在其他条件不变时，原纸厚、齿顶曲率小，瓦楞原纸破裂的可能性就大。

③ 厚度方向的压缩。原纸在瓦楞辊间受压时，在厚度方向受到很大的压力，使厚度减小、原纸伸长。它有利于弯曲应力与应变。

④ 剪切应力与应变。剪切应力是上、下瓦楞齿挤压原纸产生的，它所产生的应变是使原纸断面开始时的方形变为菱形。相对于厚度来说，原纸中心处剪切应变最大，而表面为零时，剪切应变使原纸有分层的倾向。

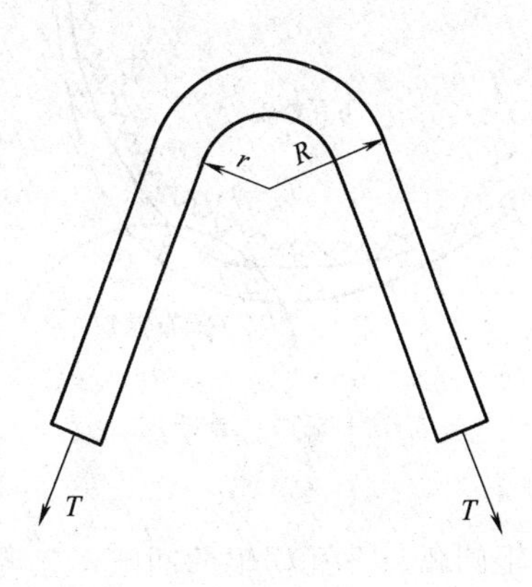

图 1-3-13　压楞时的弯曲应变

瓦楞原纸在瓦楞辊之间受到各种力的作用，最终使纸页变成瓦楞状波纹芯纸。如果调整控制不当，它们会使原纸成楞不良或裂断。

（3）瓦楞辊的维护与保养　瓦楞辊是瓦楞纸板机的心脏部位，对瓦楞纸板的质量影响很大，也是容易损坏的部件之一，因此要认真地维护保养，尽可能的延长使用寿命。

①使用前要检查辊的平行度和紧固情况，调整好辊间配合压力。

②使用时要注意良好润滑。生产中在瓦楞辊面喷洒少量油雾或减摩剂，会使辊间磨损减小，也可防止瓦楞纸裂断和起泡现象。

③使用后要清除配合压力，清扫辊面切忌用水冲洗高温辊面，否则将会使辊变形，加速磨损。

④定期保养。瓦楞辊正常情况下可生产 2000 万 m 长左右瓦楞纸板，如果每天生产 5 万 m，约一年后须进行磨削加工修理，磨削后的瓦楞辊直径约减少 1.0mm，瓦楞的瓦楞系数增大，原纸与黏合剂用量也增多。

5. 涂胶装置

涂胶装置的作用是在压制好的瓦楞峰顶面涂上一层均匀的胶膜。它由黏合剂槽、涂胶辊、调量辊等组成。工作时，制备好的胶料由管道送至黏合剂槽中，浸在胶液中的涂胶辊辊面粘带上一层胶膜，胶膜厚度由调量辊控制。最后当涂胶辊与瓦楞峰顶面接触时，将胶膜转移过去。调节涂胶量的大小依靠涂胶辊与调量辊之间的间隙量，一般调整至 0.2～0.3mm 为宜，主要根据楞型和粘结剂质量来选择。

涂胶辊与下瓦楞辊之间的距离随楞型不同而定，一般 A 楞为 0.7～0.8mm，B 楞 0.5mm。下瓦楞辊与涂胶辊辊面圆周线速度不能相同，否则瓦楞峰面上的涂层接触成线型，并且胶料仅附在瓦楞顶部的一侧，影响粘结质量。因此涂胶辊与瓦楞辊的线速度比一般控制在 90∶100 的范围内。

黏合剂槽是贮存胶液的容器，由于高温瓦楞辊热辐射作用，使胶槽内胶液温度上升，蒸发水分，改变黏合剂的组成，甚至产生凝胶化或球团，这些导致涂胶不匀或产生次品。防止的方法是在胶槽上方加防热挡板，必要时设置冷却系统，而经常采用的是采用溢流方式缩短胶料在槽中的停留时间。

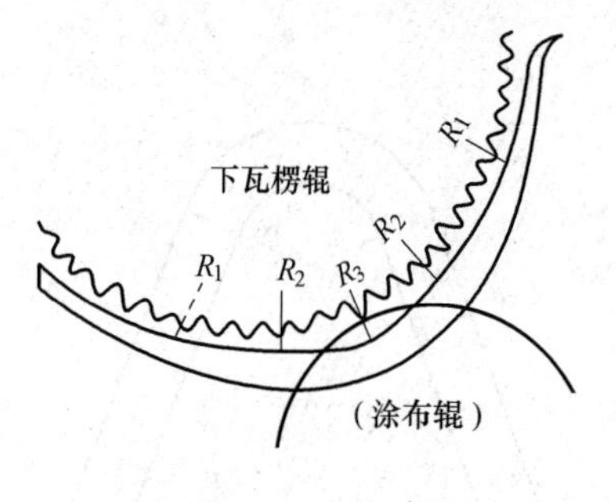

图 1-3-14　导纸爪

6. 导纸爪

（1）导纸爪的作用与技术指标　导纸爪设置在下瓦楞辊与涂胶辊之间，嵌入涂胶辊面，因此在下瓦楞辊、涂胶辊的对应位置都专门开有适当深度的导纸爪槽，导纸爪板呈半月牙形，如图 1-3-14 所示，其作用是使瓦楞纸从瓦楞辊间出来后顺利地贴附在下瓦辊辊面上，并不使其翘起来，利于顺利涂胶。

为便于导引，导纸爪的弧形是由半径为 R_1、R_2、R_3 三段圆弧连接而成的，并且使 $R_1>R_2>R_3$。R_2 为下瓦楞辊半径 R、瓦楞原纸厚度 t 及瓦楞芯纸与下瓦楞辊圆弧与下瓦楞辊的间隙 δ 三者之和。工作时 R_2 圆弧与下瓦楞辊的间隙分别是：A 型瓦楞为 0.75mm，B 型瓦楞为 0.5mm。间隙过小，会出现干条纹（导纸板痕）；过大时，瓦楞芯纸会在瓦楞辊面上跳动，导致黏合剂涂布不均匀和出现高低瓦楞。

导纸爪由3.0mm厚的金属板（磷青铜）制成，寿命300～750h。设置时A型瓦楞导纸爪间隔为75～100mm，B型为50mm。

（2）无导纸爪技术　导纸爪作用固然很大，但在涂胶过程中会由于其本身的厚度而使瓦楞峰面出现一条条无黏合剂的白线，使该处起不到粘结作用，导纸爪的磨耗及更新费时费料。目前较先进的瓦楞纸板机都应用了无导纸爪技术。无导纸爪单面机采用真空式、抽真空罩式和加压气垫式等方法来完成瓦楞芯的转移与贴压工作。

① 真空（内吸）式。图1-3-15为真空式无导纸爪瓦楞机工作原理示意图。下瓦楞辊在周向均匀地分布有若干个抽气孔，并利用两端的气室对下瓦楞辊的下半周进行抽气。抽气孔与轴面开有许多小孔，通过这些小孔形成局部真空以吸附瓦楞芯纸，从而使之贴附在下瓦楞辊面，完成涂胶，直至进入下瓦楞辊与压力辊啮合区并与里纸贴合。当形成的单楞单面瓦楞纸板离开啮合区时，压缩空气对抽气孔充气，使成型后的瓦楞纸板顺利脱离下瓦楞辊。

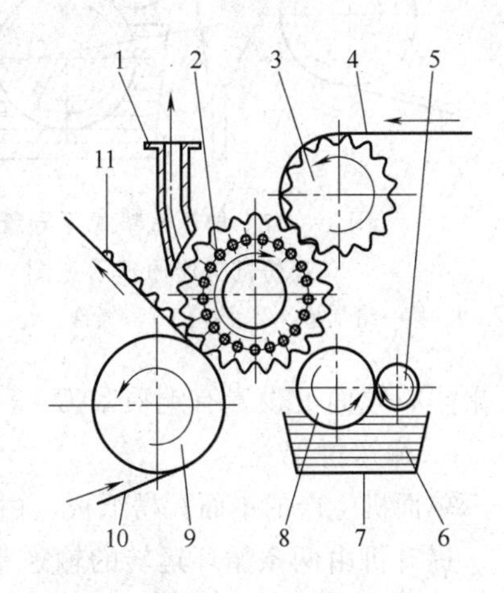

图1-3-15　真空式无导纸爪瓦楞机工作原理示意图

1—抽气管　2—真空吸附孔　3—上瓦楞辊　4—瓦楞原纸　5—调量辊　6—淀粉黏合剂　7—胶槽　8—涂胶辊　9—压力辊　10—里纸　11—单楞单面纸板

② 抽气真空罩式。工作时在下瓦楞辊表面与瓦楞芯纸之间抽真空，导致芯纸贴附在瓦楞辊面上。图1-3-16是抽气真空罩式无导纸爪瓦楞机工作原理示意图，轧制成的瓦楞芯在随下瓦楞辊一起运行的过程中，安装在下瓦楞辊右上侧的气管抽吸工作使气罩内形成真空，并通过下瓦楞辊面环形槽对下瓦楞机左下部分进行抽吸空气作用，使下瓦楞辊与瓦楞芯纸之间形成真空状态而贴附在一起前行，经涂胶、与里纸贴合后形成单楞单面瓦楞纸板。这种导纸方式结构简单，制造、安装和维护方便，但由于不断抽吸下瓦楞辊周向空气而带走大量热量，造成能耗增加。

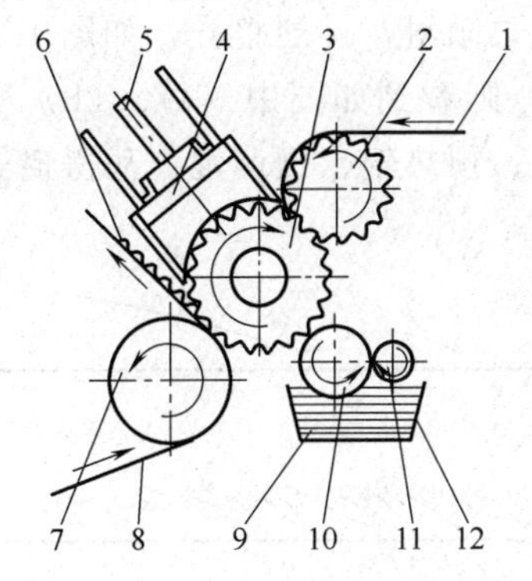

图1-3-16　抽气真空罩式无导纸爪瓦楞机工作原理示意图

1—瓦楞原纸　2—上瓦楞辊　3—下瓦楞辊　4—气罩　5—抽气管　6—单楞单面纸板　7—压力辊　8—里纸　9—淀粉黏合剂　10—涂胶辊　11—调量辊　12—胶槽

③ 加压气垫式。图1-3-17是加压气垫式无导纸爪瓦楞机工作原理示意图，在瓦楞原纸通过上、下瓦楞辊啮合区轧制成瓦楞芯后，第一组气垫罩产生的压缩空气向瓦楞芯纸形成气垫压力，使之贴附在下瓦楞辊面并随辊前行至涂胶区；离开涂胶区后的瓦楞芯纸在第二组气垫作用下仍贴附在下瓦楞辊面进入与里纸粘结贴压区，最后形成单楞单面瓦楞纸板。这种导纸方法仍存在压缩空气泄漏出气垫区带走热量、增加能耗的问题，同时工作可靠性不如真空（内吸）式好。

应用无导纸爪技术不仅大大节省了时间，提高生产速度，而且对于保证瓦楞纸板的质量有十分积极的作用。

7. 贴压辊

贴压辊与瓦楞辊处在同一轴线平面内，位于下瓦

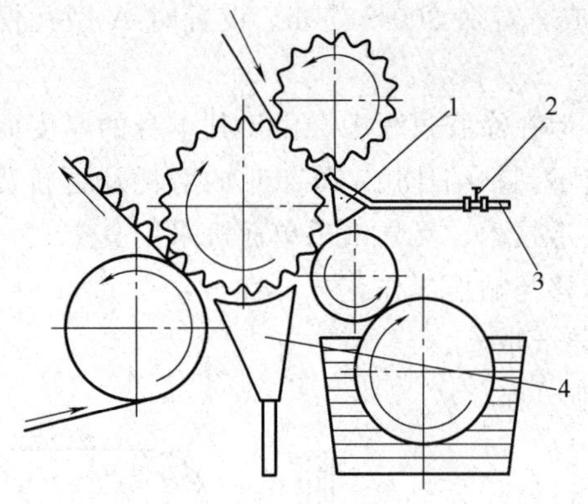

图 1-3-17　加压气垫式无导纸爪瓦楞机工作原理示意图

1—第一组气垫　2—阀门　3—气管　4—第二组气垫

楞辊之下，它的作用是将涂胶后的瓦楞芯纸与面纸施加压力而粘贴成单面瓦楞纸板。通常采用加压方式与瓦楞辊相同，线压力一般为 20～30kN/m。

贴压辊也是中空辊，可以用与瓦楞辊一样的热源来加热辊面，以加速黏合剂糊化，增加初粘强度。贴压辊与下瓦楞辊仅有 0.1～0.5mm 间隙。工作时它与面纸紧密贴压接触。如果贴压辊表面有伤痕或平行度不好，将会影响瓦楞纸板的质量。因此贴压辊表面要光滑，大多进行镀铬处理。当发生断纸时，应迅速将二者脱离，以免磨损辊面。平时为了防止杂质在辊面上聚集，辊面上设置有铜质刮刀。

8. 输送桥架

单面机生产的单面瓦楞纸板，由提升机输送到桥式通道，再由输送带送至双面机系统。

提升机由两条循环运转的输送带及其传动系统组成，一般处在单面机上方并与水平方向呈 45°～60°倾斜角。上、下输送带采用与纸幅等宽的帆布制成，由两根支承辊张紧并带动运行。通过调整上、下输送带的间隙来保证夹持瓦楞纸板向桥架上输送。为了使纸板顺利进入提升机内输送带之间，一般上、下输送带的下辊错开一段距离，而且上输送带比下输送带略窄一些，方便检验调整。

在桥式通道上，传送瓦楞纸板的输送带速度较单面机车速慢得多，结果瓦楞纸板在桥架上自然堆积成波浪形。一方面可以在单面机与双面机之间起到贮存缓冲作用，即不会因换纸、短时排除故障而影响另一系统的正常工作；另一方面，在桥架上瓦楞纸板的水分进一步得到散发，增加粘结强度，有利于提高瓦楞纸板的质量。

在正常生产情况下，瓦楞纸板在桥架上有规律地向一边倾斜，排列整齐，如图 1-3-18 中（c）所示。如果原纸有皱褶或干燥不均匀，水分过大，则看到如图中（a）、（b）所示那样的翘曲、不坚挺、不整齐排列，此时应调整原纸水分、预热辊、预调辊、瓦楞辊等部位的工艺条件和参数。

桥架上瓦楞纸板堆叠的数量应有一定的范围，太少了起不到缓冲作用，而且由于冷却时间短，纸板中水分得不到充分蒸发；太多了会造成大量的瓦楞纸板堆叠在桥架上，使进入下一道工序时纸板运行阻力增加，易造成纸板拉断、瓦楞倾斜等问题。同时阻力增加还会增大双面机、纵切机拖动纸板的牵引力，造成输送带与纸板之间打滑现象，影响纸板的裁切精度。现在一些瓦楞纸板机在桥架上配有纸板数量控制系统，当纸板数量超过规定值时，该控制系

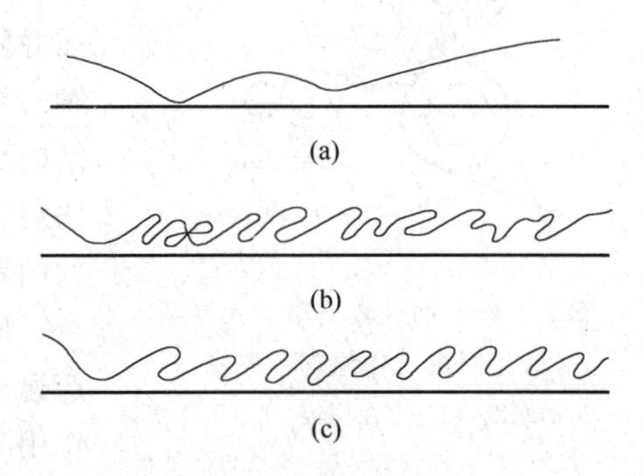

图 1-3-18　单面瓦楞纸板在桥架上的堆叠情形

统调节降低单面机生产速度，反之则增大车速。

(二) 双面机系统

双面机系统是将桥架输送过来的单面瓦楞纸板预热后在另一面涂上黏合剂，然后与箱板纸面层贴合，最后经过干燥部干燥后成为双面瓦楞纸板。

1. 多联预热器

单面瓦楞纸板在桥架上运行时间较长，在散发水分过程中，温度不断下降，如不进行加热，不仅影响双面机系统的工作速度，也会影响粘结效果。多联预热器的工作原理与单面机预热器一样，根据瓦楞纸板的层数将若干个加热缸垂直排列在机架上，分别加热各层纸板。

2. 涂胶机

涂胶机的作用是单面纸板的楞顶面上涂胶，它的结构类似于单面机处的涂胶装置，不同之处是增加了一浮动辊，如图 1-3-19 所示。浮动辊能使瓦楞纸板以适度的力贴压在涂胶辊上，均匀上胶，并且在外界条件改变时(如运行过程中纸幅张力变化、瓦楞高低波动等)，辊子能向上浮动，不至于压塌瓦楞。

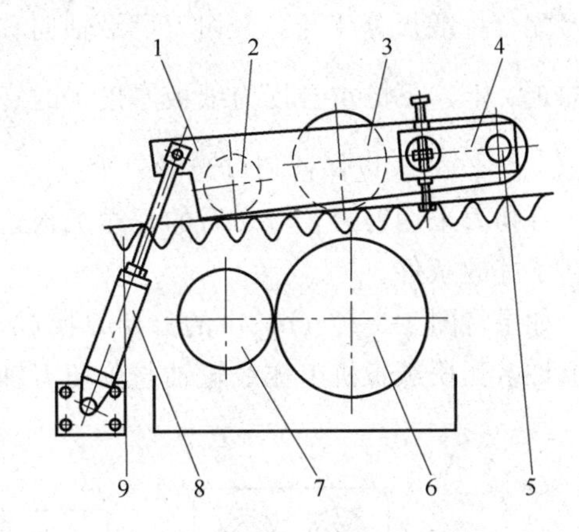

图 1-3-19 涂胶机

1—摆臂 2—导辊 3—浮动辊 4—调整极 5—轴 6—调量辊 7—涂胶辊 8—气缸 9—瓦楞纸板

对于黏度较低或较高的黏合剂，使用表面光滑的涂胶辊效果不好。现在常采用凹版型涂胶辊。工作时涂胶辊上的梯型槽内填满黏合剂，由调量辊或刮刀去除高出凹槽部分的胶料，只在瓦楞峰上有窄幅条状附着，涂量少且均匀，节约用胶量（大约可节省 20%的黏合剂用量）。更为重要的是，光滑表面的涂胶辊（平辊）工作时靠改变与瓦楞纸板运行的相对速度来保证涂胶量，瓦楞纸板的楞顶与涂胶辊表面的相对滑动使黏合剂在瓦楞峰的一侧涂量较多，干燥后会使局部变形，形成“搓板”状条纹。

在单楞双面（三层）瓦楞纸板生产中，底层的面纸直接与平板加热板接触，热量由面纸迅速传递到芯纸，温度提高快，淀粉胶糊化也快，在面纸与芯纸之间迅速形成良好粘结；在生产五层瓦楞纸板时，加热板的热量要传递到上层芯纸，必须依次穿过面纸、下瓦楞芯、夹层才能实现，相对热阻较生产三层瓦楞纸板时大得多，传热时间也长，黏合剂糊化速度慢，不仅影响生产速度，若控制不当，还会直接影响夹层与上瓦楞芯的粘结强度；生产七层瓦楞纸板时这一问题更加突出。为了解决多楞瓦楞纸板生产时的这个矛盾，新型瓦楞纸板机在涂胶后对上层瓦楞进行蒸汽直接加热处理。

蒸汽加热器采用高压蒸汽、低压蒸汽和空气混合后进行加热（温度一般为 130～140℃），将它们直接喷射到第一层单楞单面纸板涂胶的一面，使黏合剂糊化成胶，同时也提高了纸板的温度，进入干燥段后与夹层迅速粘结，加快粘结速度的同时也利于生产车速的提高。

3. 干燥部

干燥部实际上由加热段和冷却段两部分组成的。将贴面后的瓦楞纸板通过加热板加热，糊化黏合剂并蒸发水分，冷却是将完全干燥后的瓦楞纸板在两输送带的夹持下，降低温度使纸板定型，减少纸板的翘曲变型。

（三）压线与裁切

经干燥后的瓦楞纸板，根据纸箱制作要求和规格进行压线、分切与裁断，成为单张瓦楞纸板。

1. 分纸压线机

由一组压线机构和一组分纸机构组成。为了适应规格变化和连续式生产的要求，往往同台分纸压线机上装有两组或三组分纸压线装置，其中一组工作时，根据下批纸箱的规格，在另一组上调整切刀和压线轮距，做到不停机转换规格。

图 1-3-20（a）是双组式分纸压线机侧面机构，图 1-3-20（b）是一组分切刀，上刀和下刀配合将纸板分切开。分切刀可沿轴向移动，两组切边，中间刀裁切。切下的纸边由吸管抽走。上、下的重合度为纸板厚度 t 的 $\frac{1}{2}$ 加上 1mm，刀刃线速度较瓦楞纸板运行速度快 10%～20%，以保证切口光滑、平整。

分切刀采用薄刀，分切后的瓦楞纸板边缘光整，压扁现象消失，为纸板后道工序加工创造了好的条件。

如果将图 1-3-20（b）中的分切刀换成压线轮，则可在瓦楞纸板上完成压线任务。事实上许多瓦楞纸板机上压线轮轴与分切刀轴直径相同，它们可互相替换。

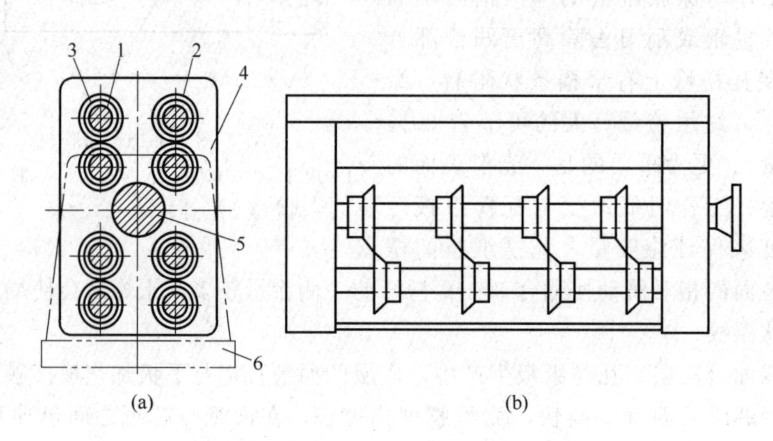

图 1-3-20　分纸压线机

1—分切刀辊　2—压线轮轴　3—转轴　4—中间机架　5—中心轴　6—主机架

根据用途不同，压线轮工作部位形状不同。图 1-3-21 是常见压线轮的形状，分别称为三点式（a）、五点式（b）、单点式（c）、单 V 型（d）压线轮、其中（a）、（b）适合横向压线，（c）、（d）适合纵向压线。三点式压线轮用于单瓦楞（三层）瓦楞纸板，五点式压线轮用于双楞瓦楞纸板的压线。压线的宽度与瓦楞纸板层数有对应的关系，一般为 5～16mm。

2. 双辊刀切断机

分纸压线后的瓦楞纸板在双辊刀切断机处被切断，成为单张瓦楞纸板。根据瓦楞纸板机幅度不同，可设置一组或多组切断机，以获得规格不同的瓦楞纸板。双辊刀切纸机主要由传动系统、上、下刀辊、无级变速器、双曲柄机构等组成。传动系统从瓦楞纸板机总动力轴取得动力后，通过齿轮、链条变速后传至无级变速器，再通过齿轮、双曲柄机构传至上、下刀辊。上、下辊切刀安装在上、下刀辊轴上时并不是平行的，而是呈螺旋形或倾斜直线安装，在裁切过程中，上、下刀刀刃并不是同时接触的，而是一个剪切的过程，沿幅宽一端剪向另一端，目的是降低瞬间剪切功率和改善切断质量。改变无级变速器的速比可以得到不同的速度输出，裁切出不同长度的瓦楞纸板，一般可实现 500～3000mm 范围内可调。

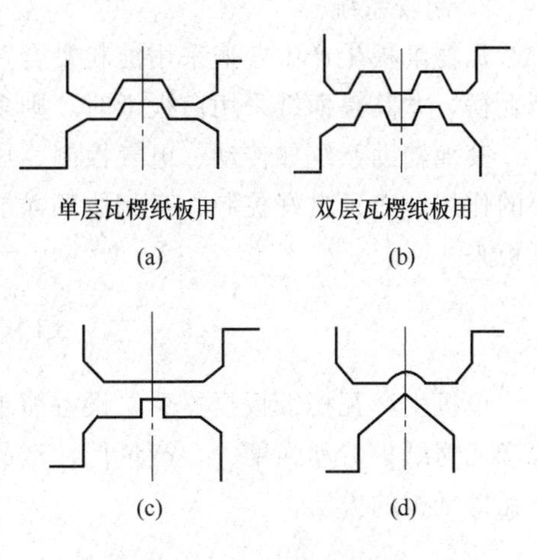

图 1-3-21　压线轮形状

(a) 三点式压线轮　(b) 五点式压线轮
(c) 单点式压线轮　(d) 单 V 型压线轮

(四) 堆叠机

平张瓦楞纸板经传送带送至接纸托板上，达到一定高度后人工推走贮存到指定位置。如果纸板规格不同时，堆叠机能按要求分别堆码起来，因此堆叠机大都分为上、下两层。堆叠机在工作中常常要对翘曲的纸板进行人工处理，即将翘曲的纸板部分翻转堆放，通过一段时间压缩，水分均匀后纸板翘曲程度会有所改善，甚至消除。

(五) 瓦楞纸板机附属系统

1. 蒸汽系统

瓦楞纸板机消耗热能装置主要有预热辊、水分调整辊、瓦楞辊、贴压辊、加热板等，由于热能消耗多，温度控制要求精确，故常采用蒸汽加热。

(1) 蒸汽压与温度　瓦楞纸板机车速越高，在一定时间内消耗的热量就越多，蒸汽消耗量就越大，同时对蒸汽的温度要求也不同。不同速度瓦楞机使用的蒸汽压力与温度的关系如表 1-3-7 所示。

表 1-3-7　车速与蒸汽压力

公称速度 /(m/min)	蒸汽压力(表压) /MPa	温度, /℃
60	0.8～0.9	174～179
80	0.9～1.1	179～187
100	1.0～1.2	183～191
150	1.2～1.3	191～194
200	1.2～1.3	191～194

(2) 瓦楞机的锅炉选配　瓦楞机的车速、幅宽应与锅炉的规格相配套，以保证有足够的蒸汽使用。如果用 Q 表示锅炉的造气能力，单位 t/h，则它与瓦楞机的公称宽度（W，m)、车速（V，m/min）之间的关系为：

$$Q=0.011WV+0.1 \tag{1-3-8}$$

式（1-3-8）是用 240g/m^2 箱纸板生产单楞双面瓦楞纸板导出的，如果生产双楞双面纸板时，则锅炉的生产能力尚须提高 30%。

2. 制胶系统

瓦楞纸板生产中普遍采用淀粉黏合剂，通常用两步热制碱糊法来制备。生产 B 型或 E 型瓦楞，尤其是面纸采用白板纸时，则多用色泽较浅的乳胶或聚乙烯醇。

其他辅助系统如传动、电气控制、压缩空气系统在瓦楞纸板生产过程中都起着十分重要的作用，必须良好控制、互相协调才能使瓦楞纸板机正常运转，生产出质量优良的瓦楞纸板来。

二、单机生产的工艺设备

单机生产瓦楞纸板投资少，设备简单，操作技术要求不高，适合小批量生产。但单机生产瓦楞纸板劳动强度大，产量低，产品质量较连续式生产时差，现在基本淘汰了这种生产瓦楞纸板的方法。

三、瓦楞纸板的半连续式生产工艺与设备

单面机生产线是一种半连续式生产瓦楞纸板的设备，与瓦楞纸板生产线比较，它省去了输送桥架、双面机系统等，直接将单楞单面瓦楞纸板裁切成平张瓦楞纸板，然后再根据制箱要求用上胶机涂胶后与箱板纸裱制成三层或五层瓦楞纸板。

单面机生产线比全自动瓦楞纸板机生产线设备投资要低得多；它生产的瓦楞纸板又较单机生产好，产量较大。

第四节　瓦楞纸板的质量检测

评价瓦楞纸板的质量，主要根据国家有关标准来进行。与纸和纸板测试一样，除水分外，在测试前都要将试样在标准大气下进行预处理，由于瓦楞纸板较厚，处理的时间较长一些。

一、外 观 质 量

瓦楞纸板表面应平整、整洁，不许有缺口、薄边，切边整齐，粘合牢固，脱胶部分之和不大于 $20cm^2/m^2$。

二、基本物理性能

1. 定量

瓦楞纸板的定量，也是指每平方米的重量，用 g/m^2 表示。实际生产中可以用裁纸刀切出一定尺寸的瓦楞纸板，然后称重求出。一般在生产前，可以根据使用的原料，预算出瓦楞纸板的理论定量，即：

$$G=\sum g_1+\sum g_m\gamma+\sum g_j+\sum g_a \tag{1-3-9}$$

式中　G——瓦楞纸板定量，g/m^2

g_1、g_m、g_j、g_a——箱纸板、瓦楞原纸、夹层纸的定量和黏合剂用量，g/m^2

γ——压楞系数

比较理论定量与实际测出的结果，可以分析出原纸质量、楞型方面存在的问题。

2. 厚度

厚度可以用专门的瓦楞纸板厚度计来测量，该仪器结构与普通型纸板厚度计原理相同，但测试时仪器与试样的接触面积为10cm²，压力20kPa。估算厚度时可用下式：

$$T=\Sigma t_1+\Sigma t_m \tag{1-3-10}$$

式中 T——瓦楞纸板厚度，mm

t_1——箱纸板厚度，mm

t_m——瓦楞芯高度，mm

实际测出的瓦楞纸板的厚度一般都小于计算值，按规定不应低于瓦楞标准高度的下限值，否则与生产工艺条件控制不当有关。

三、强度性能

1. 耐破强度

耐破强度是衡量瓦楞纸板质量的重要指标，实验表明瓦楞纸板的耐破度只与面纸，夹层有关，瓦楞原纸对耐破强度影响不大，估算瓦楞纸板耐破强度可用下式计算：

$$B=0.9\Sigma B_i \tag{1-3-11}$$

式中 B——瓦楞纸板耐破度

B_i——面层、夹层的耐破度

2. 边压强度（ECT）

将矩形瓦楞纸板（25mm×100mm）置于耐压强度测定机两压板之间，并使试样的瓦楞方向垂直于两压板，然后对试样加压力，直至压溃为止。读取的最大压力称为边压强度，用N/m表示。

实验在环压机内进行，方法如图1-3-22所示。测试时应用导块支持试样使之垂直竖立，待加压至50N时移开导块。

3. 平压强度（FCT）

切取ϕ32.25cm²或64.50cm²试样，在耐压强度测定器上垂直于瓦楞纸板表面加压，直至瓦楞压溃时的最大压力，即为平面压缩强度，用Pa或kPa表示。

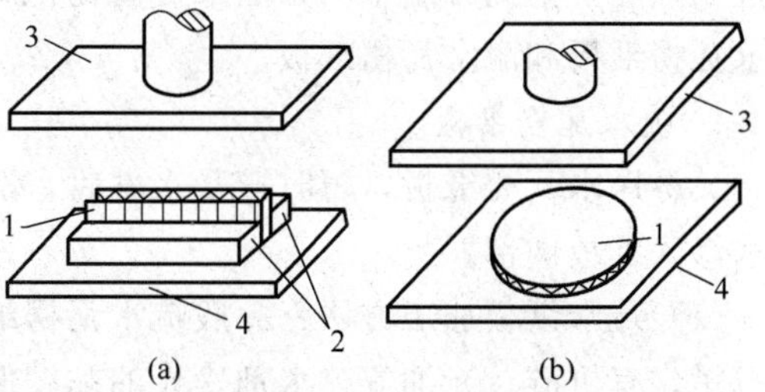

图1-3-22 瓦楞纸板的抗压强度
(a) 边压强度 (b) 平压强度
1—试样 2—导块 3—上压板 4—下压板

4. 戳穿强度

纸板的戳穿强度是指用一定形状的角锥穿过纸板所需的功，即包括开始穿刺及使纸板撕裂弯折成孔所需的功，用J或N·cm表示。

戳穿强度与耐压强度一样，都是反映瓦楞纸板抗拒外力破坏的能力。与耐破度表现的静态强度不一样，戳穿强度所表达的是瓦楞纸板动态强度，比较接近纸箱在运输，装卸时的实际受力情况，因此各国更加重视检验瓦楞纸板的戳穿强度。

5. 黏结强度

黏结强度（也称剥离强度）是指瓦楞芯纸与面纸或里纸的结合强度。测试时将针形附件插入试样，对针形附件施压，使其作相对运动，直至被分离部分分开，用N/m表示。

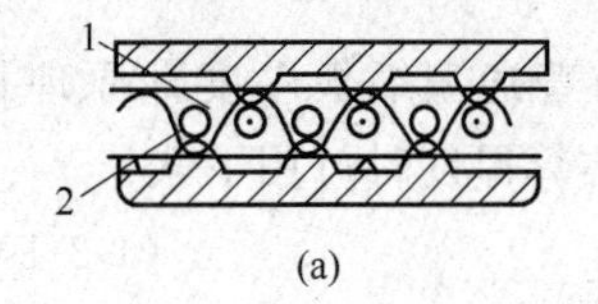

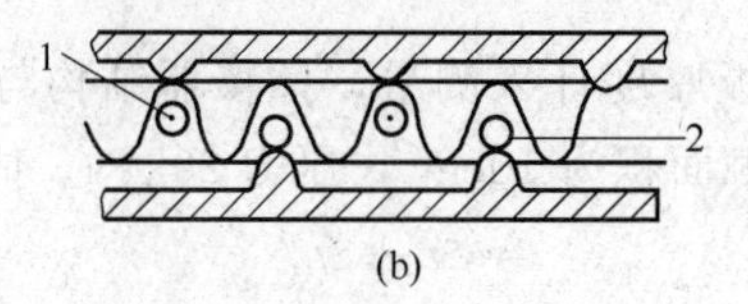

图 1-3-23　粘接强度测试原理

（a）双面分离　（b）单面分离

1—上针形插件　2—下针形插件

测试黏结强度的原理如图 1-3-23 所示。试样规格为 (25±0.5)mm×(100±1.0)mm，瓦楞纵向为试样短边。如果按图中（a）插入针形附件，则能将与芯纸粘结强度较低的面层纸分离下来；如果按（b）方式，则是将预定的面层纸分离。增加黏合剂涂量一般可提高黏结强度。原则上只要黏结强度等于纸页纤维自身结合强度即可。过高的粘结强度往往是在楞顶上涂布过多黏合剂的结果，它将导致瓦楞峰与面纸粘结面过大，使瓦楞峰由 UV 形变为矩形，降低了楞高，结果使瓦楞纸板的其他性能恶化。正常情况下，瓦楞峰面上粘胶宽度 0.5mm，最多不超过 2mm 为宜，淀粉黏合剂用量为 10～15g/m^2。

第五节　功能型瓦楞纸板

在商品包装中，有些要求瓦楞纸箱具有防水、防锈、保鲜、阻燃等性能，而这些是普通瓦楞纸板所不具备的，因此需要进一步进行加工处理。

一、防水瓦楞纸板

在高温环境下包装商品或商品本身含水量过高，使用普通瓦楞纸板箱会显著降低纸箱的抗压强度，为此可用不同方法来提高瓦楞纸板的防水性能，主要产品有疏水瓦楞纸板、遮水瓦楞纸板和耐水瓦楞纸板。

1. 疏水瓦楞纸板

又称斥水瓦楞纸板，短时遭受水淋时，经过加工的纸板表面，使水成为水滴溅开，防止水渗入纸板内部。

（1）疏水纸板加工方法　一般疏水瓦楞纸板的加工方法是进行涂布加工，常用的涂料有石蜡、有机硅、光油等疏水剂。光油黏度低渗透性好，但过多渗入纸张内部会降低疏水效果，因此涂刷光油前最好在纸板表面先刷一道淀粉浆，晒干成膜后再涂光油，效果较好。此外，涂料中加入适量耐水助剂，如脲醛树脂、三聚氰胺甲醛树脂、聚乙烯醇缩丁醛等能提高涂层的耐水性能。加工时既可将防水涂料直接涂在瓦楞纸板表面，也可以将石蜡涂在瓦楞纸板两表面，瓦楞芯处采用喷雾涂布，这样可获得疏水性能较高的瓦楞纸板。

（2）疏水瓦楞纸板的用途　疏水瓦楞纸板适合包装干燥粉状物品，尤其是吸水后容易结块的粉料；也适合于包装经常进出冷库的商品，从冷库中取出后容易在箱壁结露，普通瓦楞纸板会迅速吸收而降低抗压强度，造成纸箱承受不了堆码压力而压溃，经疏水加工后的纸板在露珠蒸发前不会显著降低耐压强度，能有效地保护商品。

2. 遮水瓦楞纸板

又称防水或挡水瓦楞纸板，其表面长时间地与水接触几乎不透水，但不能浸入水中，否则失去防水性能，结果类似于普通瓦楞纸板，这主要是与它的加工工艺有关。

(1) 遮水瓦楞纸板加工方法　遮水瓦楞纸板常将熔融的合成树脂或石蜡混合物从料斗口中成膜状流下，涂覆在水平运行的瓦楞纸板上，纸板表面形成一层树脂膜或蜡膜，具有良好的挡水性能。如有必要，在另一面如此循环覆膜一次，以获得双面防水性能。

(2) 遮水瓦楞纸板的用途　遮水瓦楞纸板多用来包装盐腌制品、冷冻食品和果蔬类产品，由于瓦楞纸板表面有柔软的石蜡层，故也适用于包装易擦伤的高光洁度家具、钢琴、保险柜和精密机器等。

3. 耐水瓦楞纸板

长时间在水中浸泡后强度不明显降低的瓦楞纸板称为耐水瓦楞纸板，它的加工原理与浸渍加工类似。

(1) 浸渍液　用石蜡或氯丁合成橡胶、聚苯二烯丁二烯、氯丁二烯、聚烃硅氧、二氟醋酸铬等制成。

(2) 浸渍　自动送纸机将瓦楞纸板连续送入 90～100℃的石蜡浸渍槽内，浸渍时间 5～10s，随纸板定量、层数不同而调整，使蜡液浸透瓦楞纸板为度。

(3) 热烘　从蜡槽中取出的瓦楞纸板除去多余蜡液，然后在 110～130℃的热烘室内缓慢移动，进一步使蜡液渗透到纸板内部，同时使多余蜡液流走。

(4) 冷却　从热风室中移出的浸蜡纸板在室温下或强制冷却，使蜡液固化。

经过上述加工处理，瓦楞纸板获得良好的耐水性能。耐水瓦楞纸箱用来装运活鱼、海产品和含水量极高的一类商品。

二、保鲜瓦楞纸板

保持水果、蔬菜新鲜的方法是减少失水、抑制生物呼吸和细菌生长，同时除去促使它们老化、熟化的乙烯气体，保鲜瓦楞纸板正是从这些方面入手进行加工。

1. 夹塑型

将经抗菌剂、保鲜剂浸泡后的塑料膜夹制在瓦楞纸板内，然后再在瓦楞纸板内表面涂上 CTM 保鲜剂，其成分是植物激素苦艾酸及其衍生物、草酚酮及其衍生物（如日柏醇）和萜烯醚等。这种瓦楞纸板既可防止水分蒸发，保持箱内商品鲜度环境，还能调节和控制温度。

2. 复合型

将镀铝保鲜膜层合在瓦楞纸板的内表面上，这种复合膜具有吸收乙烯气体功能，镀铝膜既可防止水分蒸发，又能反射辐射热，防止箱内温度上升，起到保鲜作用。

3. 发泡型

将泡沫塑料与瓦楞组合在一起，形成如图 1-3-24 所示的结构，与普通型、夹塑型瓦楞纸板比较，它具有更好的保鲜效果：①透湿度为普通瓦楞纸板的 1/20，不易由于水分蒸发引起水果、蔬菜蔫缩；②由于导热系统数低，阻热效果好，箱内不会出现急剧温度波动；③透

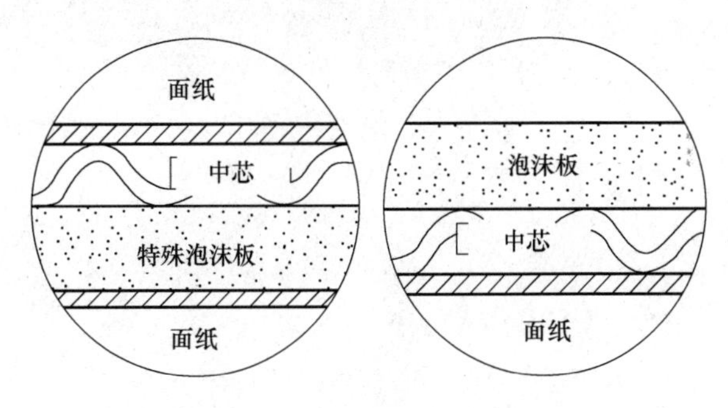

图 1-3-24　发泡型保鲜瓦楞纸板的结构

气率低，能起到调节贮藏气氛效果。

4. 混合型

在瓦楞纸板内面纸制造过程中加入多孔型乙烯气体吸收粉剂，防止催熟；也可在原纸上涂布能发出6～14μm波长红外线的特种陶瓷粉末。这种粉末在常温下就能发射红外线，不仅能使果品中有关分子活化，提高抵抗微生物侵蚀的能力，而且还可使酶活化，提高果品甜度。用于桃、葡萄、杨梅等保鲜包装效果好。

三、防静电瓦楞纸板

电子元件、集成电路和电子引信的防静电包装是十分重要的。在瓦楞纸板表面涂布碳粉、层合铝箔，在箱纸板生产过程中加入金属纤维或碳素纤维，都可制造出防静电的瓦楞纸板。

此外还有防臭、防滑等瓦楞纸板，适合于包装有关商品。

思 考 题

1. 瓦楞纸板是怎样分类的？各种瓦楞有何特征、性能与用途？
2. 瓦楞原纸和箱纸板怎样选配才能生产出优质瓦楞纸板？说明理由。
3. 简述单面机的作用及构造。
4. 什么是无导纸爪技术？它有何优点？
5. 怎样减少压楞时楞峰破裂及瓦楞原纸断裂等故障？
6. 简述瓦楞纸板机的组成及其作用。
7. 简述瓦楞纸板的生产工艺与设备。
8. 某瓦楞纸板机宽度2m，工作速度180m/min，请给它选择一套锅炉。
9. 怎样评价瓦楞纸板的质量？
10. 简述功能型瓦楞纸板的加工技术、产品特点及用途。

第四章　瓦楞纸箱

瓦楞纸箱是一种应用最广的包装制品，既可以用作运输包装，又可以当销售包装使用。它以质量轻、价格低、对商品保护功能全等特点与优势，在包装领域占有十分重要的地位。

第一节　瓦楞纸箱的分类与箱面印刷设计

瓦楞纸箱的设计、生产制造、质量检测和使用都应按照一定的规范来操作，才能得到符合使用要求、质量稳定的瓦楞纸箱。

一、瓦楞纸箱的分类

1. 国际纸箱规程

瓦楞纸箱有各种规格与型号，国外对瓦楞纸箱分类方法较多，国际上比较通用的是按国际纸箱规程来分类，即由 ASSCO 和 EFECO 提出、经国际瓦楞纸箱协会（International Corrugated Case Association）批准的纸箱分类办法，规定将纸箱分成六类基本箱型，另外还有 09××一类，包括 45 种箱内隔衬附件。

2. 国家标准

我国对瓦楞纸箱的分类，主要根据箱型和制造纸箱原材料等级来进行区分。

（1）根据箱型结构分类　2008 年 4 月发布的我国纸箱新标准中，纸箱分类部分主要参照国际纸箱规程的相关内容，采纳了其中的十种纸箱型号（0201、0202、0203、0204、0205、0206、0310、0325、0402 和 0406）及 09××类隔板衬垫等内容。新国家标准中的这些分类规定，基本上适应了当前瓦楞纸箱工业生产和技术交流的要求。

（2）根据生产原材料分类　根据国家标准，用不同种类的瓦楞纸板生产的纸箱，用相应的代号来表示，其规格大小、包装商品重量都必须符合相关的规定，生产规格大小、包装重量不同的纸箱，应选用相应等级的瓦楞纸板，以保证纸箱的质量。

二、纸箱箱面印刷设计

纸箱印刷内容要求简洁明了，对于运输包装，印上图文标志，利于贮存、运输过程中识别，美化是次要的；只有在销售包装中，印刷才起到一定的装饰美化作用。

瓦楞纸箱箱面要求印刷的内容有商品标志、贮运标志，如果内装物易燃、易爆、腐蚀或有毒，还须印上危险品标志。

1. 商品标志

商品标志是表示商品属性和外形尺寸的一类标志，主要由 14 项内容组成，包括商品分类图示号、供货号、货号、品名规格、内装物量、重量（净重与毛重）、体积、生产日期、生产工厂、有效期限、收货地点和单位、发货单位、运输号码、发送件数等。其中有些是必须在箱面印刷的，有些内容根据商品的特点不需要印刷，有的则是在商品包装后，用喷墨印刷机或其他方式补印。

商品分类标志一般应设计在纸箱端面左上角位置。我国将商品分为12类，它们的类别及主体印刷颜色要求如表1-4-1所示。

2. 贮运标志

贮运标志反映商品在贮存、运输、装卸时须注意的事项，如小心轻放、防潮等，用规定的图形来表示。

表1-4-1　　商品类别与印刷颜色

商品类别	颜色	商品类别	颜色
百货类	红色	医药类	红色
文化用品类	红色	食品类	绿色
五金类	黑色	农副产品类	绿色
交电类	黑色	农药	黑色
化工类	黑色	化肥	黑色
针纺类	黑色	机械	黑色

3. 危险品标志

危险品标志有易燃、易爆、有毒等20种，根据商品的性能，要求用不同的颜色来印刷该标志，以求醒目与引人注意。印有危险品标志的商品一般与其他商品分开贮运。

以上各种标志印刷在纸箱正面和侧面的相对位置如图1-4-1所示。

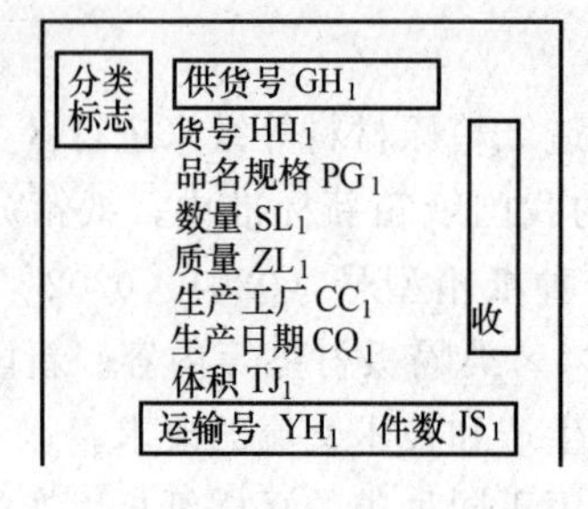

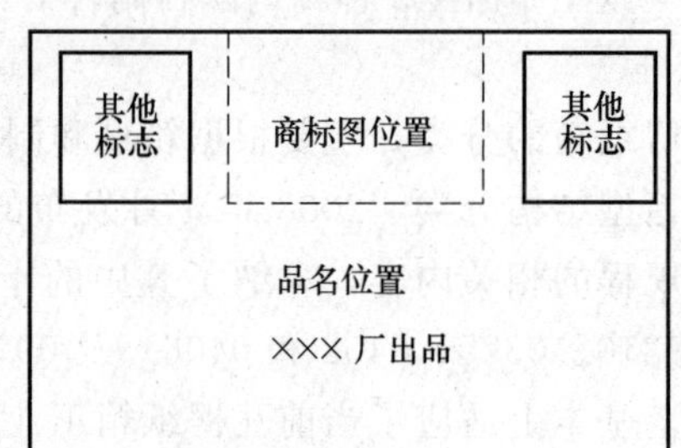

图1-4-1　箱面印刷内容及位置

第二节　纸箱制造工艺

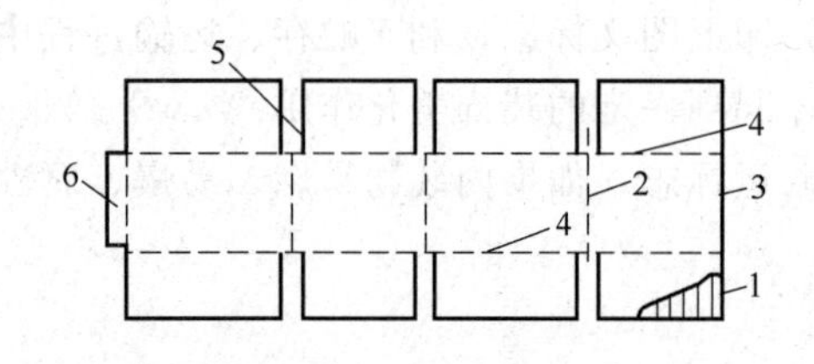

图1-4-2　瓦楞纸箱箱坯结构

1—瓦楞方向　2—纵压线　3—切断边
4—横压线　5—开槽　6—搭接舌

在瓦楞纸板上完成印刷、模切（压线、切角开槽）等操作后，即成为如图1-4-2所示的箱坯，接合以后即成为纸箱。

一、纸箱箱坯单机生产工艺

（一）瓦楞纸板印刷

目前瓦楞纸板的印刷主要以柔性版印刷为主，在我国约占瓦楞纸板印刷的70%以上，在欧美更高，都在85%以上。而印刷工艺主要可分为两类：一是直接印刷工艺，就是在已经成型的瓦楞纸板上直接进行印刷；另一种是预印工艺，就是先对瓦楞纸面纸进行印刷，然后将印好的面纸与瓦楞状里纸贴合形成瓦楞纸板。

1. 直接印刷工艺

直接印刷工艺是目前瓦楞纸板的主要印刷工艺之一。直接印刷的印刷方式又主要包括柔性版印刷和胶版印刷两种，其中以柔性版印刷占绝对主导。

柔性版印刷是使用柔性印版，采用水性油墨或溶剂型的挥发性油墨，通过网纹传墨辊传递油墨的方法进行印刷的印刷技术。柔性版印刷具有油墨快干、印刷高速、成本较低等特点，特别适宜于对印刷精度要求不是很高的瓦楞纸板的印刷。

目前直接胶版印刷还只能在具有很高强度超薄的微型瓦楞纸板上印刷，且要使用有较强压缩性和良好吸墨转移性能的特制橡皮布以防止瓦楞纸板强度的下降和“搓衣板”现象的出现。

瓦楞纸板的直接印刷方式还有丝网印刷方式。丝网印刷的印刷幅面可大可小，制版容易，印刷成本低且印刷墨色厚实，颜色饱和度高。视觉效果强烈，但分辨率不高，图像精度低，且不适合联动生产线。生产效率低，所以丝网直接印刷瓦楞纸板只适合使用单机生产瓦楞纸板并且在批量较少时采用。

2. 预印工艺

为了得到印刷精美的瓦楞纸板．许多生产厂家采用预印刷工艺。瓦楞纸板预印的印制方法有多种，包括胶印预印、凹印预印和柔印预印。

胶印预印即先用胶版印刷瓦楞纸箱面纸，然后使用单机复裱瓦楞。

凹印预印就是预先采用凹版印刷技术在宽幅卷筒纸（纸箱面纸）上预先印刷好所需的精美图案，然后将卷筒状印刷好的面纸上瓦楞纸板生产线做成瓦楞纸板。

柔印预印即使用柔性版印刷机在卷筒纸上进行印刷，印刷后仍然收料成卷筒纸，再将印刷好的卷筒纸作为纸箱面纸上瓦楞纸板生产线做成瓦楞纸板。

（二）压线与切角开槽

纸板的压线分为纵向压线和横向压线。在瓦楞纸板机生产线生产出来的瓦楞纸板，虽然已完成了横向压线，但一般还需要纵向压线。单机和单面机生产的瓦楞纸板，需要经分纸压线机进行切边、纵横向压线加工。

纸板压线处破裂的原因是多方面的，水分过低、压痕过深、压线轮上、下中心线偏置都有可能在压线过程中使纸面破裂；而压线过浅虽然能保证压线过程中纸面不破裂，但在折叠时则容易在外侧发生爆裂。

将箱盖之间的连接部分切开，并切出箱体接舌的操作称为切角开槽。

分纸压线机和切角开槽机制造箱坯速度较低，劳动强度大，只能生产直边标准纸箱。大规模生产用模切机制造箱坯。

模切机首先要制造模切板。它是根据纸箱展开图，在胶合板（厚度约5～10层板）上相当于瓦楞纸板需要切口开槽的位置装设钢质切刀，在压痕处装圆刃压线，然后将模板安装在模压机上，制造箱坯。它可同时完成压线、切角、冲切提手和透气孔，尤其适合制作异型纸箱。根据模切机结构和工作方式，模切机可分为圆压圆、平压平、圆压平三种。

1. 圆压圆模切机

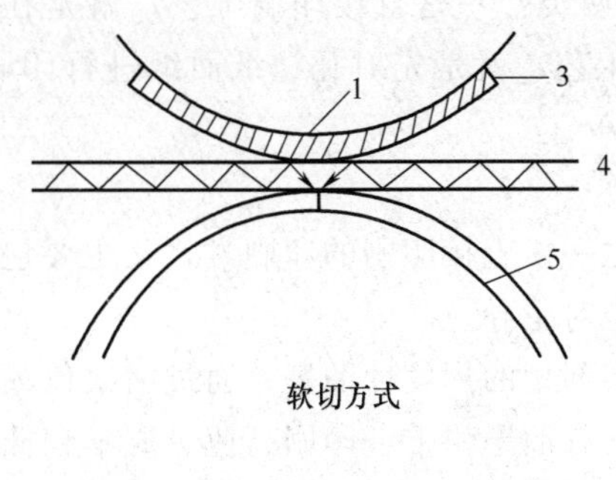

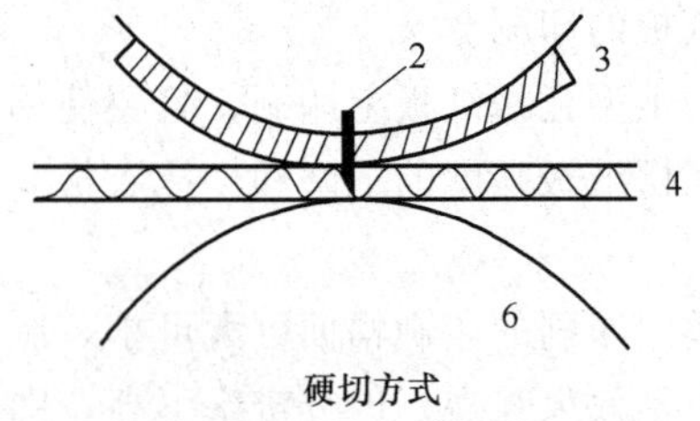

图 1-4-3　圆压圆模切机工作原理

1—模切辊　2—刀线和压线　3—模板

4—瓦楞纸板　5—包胶砧辊　6—钢质砧辊

圆压圆模切机由模切辊、砧辊、送纸辊等部分组成，其主要工作部分如图 1-4-3 所示。弧形模板上装有切刀与压线，切刀部位可将瓦楞纸板切透，而压线只可完成压痕。将模板安装在模切辊上。工作时控制模切辊与瓦楞纸板送进的相对速度，即可准确地在瓦楞纸板上完成预定位置上的压线与切断工作，制得箱坯。

圆压圆模切机分为软切和硬切两种方式。软切法是在砧辊表面包有一层树脂橡胶（聚氨酯），它能有效地保护刀线刃口，延长使用寿命。这种模具可加工 300 万～400 万张瓦楞纸板；如果钢质砧辊不包胶，则称为硬切法，它的切口光洁，但切刀易磨损，一副这样的模板可加工 10 万张左右瓦楞纸板。

由于圆压圆模切机模切时为线或点接触，因此模切强度极大，可模切较厚的多层瓦楞纸板，根据使用的设备不同，最大模切幅度可达 2m 以上，车速 150～200 张/min，因此较适合于大型厂大规模生产。

2. 平压平模切机

平压平模切机采用平面模板，可以是胶合板，也可以是用铅衬条拼装成的框式模板，制作较圆弧模板方便。工作时将模板安装在冲切台上，依靠平台与砧台的相对压冲来完成纸板冲切。图 1-4-4 是一台全自动平压平模切机工作示意图，它由送纸、冲切、排屑、出纸堆垛四部分组成。

(1) 送纸装置　送纸装置工作方式有摩擦式和气动式两种，摩擦式送纸准确性和精度低，在高速模切机上较少采用；气动式送纸装置工作可靠性高，定位好，适合于高速模切加工，因而被广泛采用。

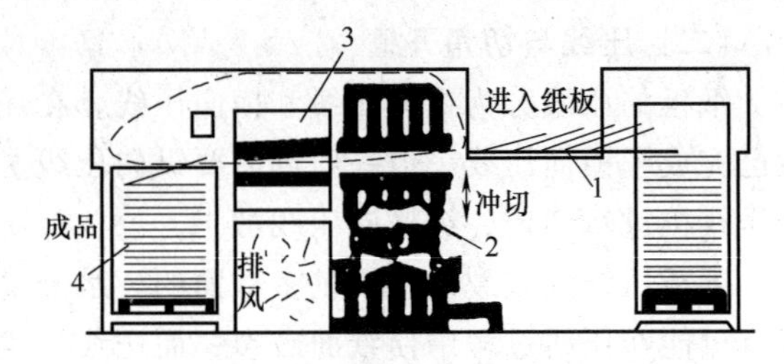

图 1-4-4　平压平模切机

1—送纸部分　2—冲切部分

3—排屑部分　4—出纸堆垛部分

气动式送纸装置由传动、定位、检测等机构组成。传动机构用来提供传递送纸动力，控制气嘴将纸板向前输送；定位机构将传递过来的纸板定位，前规确定纸板咬口位置，用两点定位，侧规确定侧边位置，用一点定位；检测机构用于检测双张和空张，一张纸板通过时，无检测信号，机器正常运行，当纸板两张、多张、倾斜通过或无纸板通过时，检测机构发出信号，机器停止工作，排除故障后即可恢复正常。

(2) 模切装置　模切装置由模切板、底板（砧台）和传动部分组成。模切板安装在上压板（平台）上，固定不动。底板由曲柄连杆机构带动四组肘杆上下移动，对纸板产生冲切作用。为了保证模切质量，底板运行时各部分受力要均匀、平行，冲切到位后有适当的保压时间，因此有的模切机底板的运动用四组曲柄连杆机构来完成，使运行平稳，压力更加均匀。

（3）排屑装置　模切后的废边、废角可用人工去除，但大多数模切机都带有自动排屑装置，它上面设置有带销钉的咬纸槽，下部装有阴模胶合板或带销钉挂杆。排屑装置与模切底板联动，工作时清除废纸屑，提高生产效率。排屑装置中的预调整台能根据模切纸板规格，灵活装备咬纸钉，以准确排除纸屑。

（4）堆垛装置　堆垛装置由收纸台、自动升降机构和传动部分组成。经模切压痕、排除纸屑后的纸板由咬牙切齿牙排送到收纸台堆积，过到一定高度后收纸台自动下降，使堆积数量达到预定要求后再移走，同时收纸机构不停机继续工作。

平压平模切是面接触，尽管冲切时压力很大，但在切刀处压强不高，因此它仅适合于模切厚度较小的 B 型或 E 型纸板。

3. 圆压平模切机

圆压平模切机工作原理如图 1-4-5 所示，模切版安装在往复运动的平台上，由辊筒加压模切后辊筒升起，平台退回，冲切好的箱坯被取走，然后放一张待切纸板。由于平台往复运动使行程一般为空转，因此生产速度受到限制，约 40 张/min。

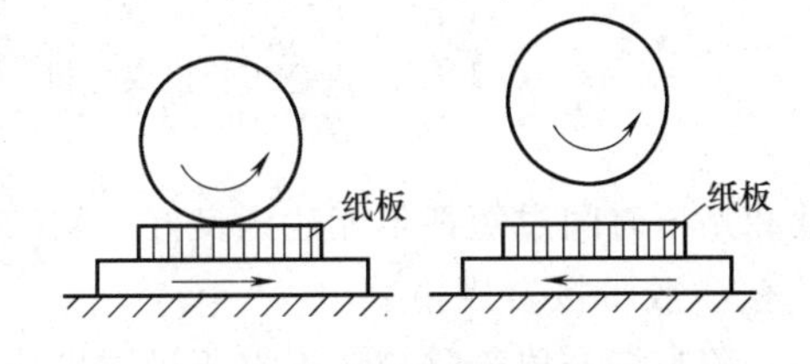

图 1-4-5　圆压平模切机

（三）纸箱的接合

将箱坯接合成纸箱，根据使用材料不同分为钉接、粘接和胶带粘接 3 种接合方式，如图 1-4-6 所示。

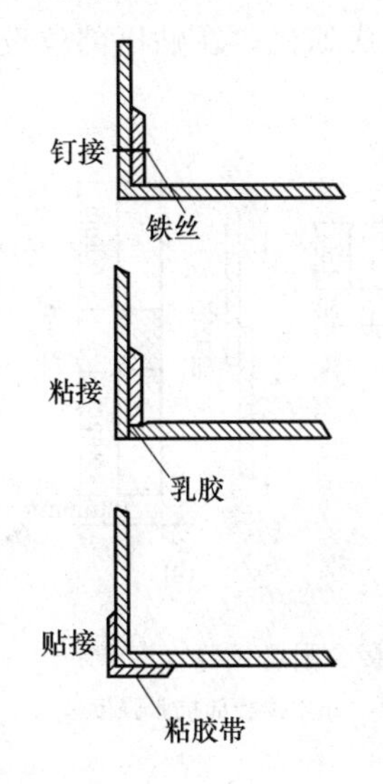

图 1-4-6　纸箱接合的三种方法

1. 钉接成箱

用钉箱机将纸箱搭接处用铁钉铆合起来，是我国常用的一种纸箱接合方式，它操作简单，设备成本低，适合小厂使用。

钉箱时一般采用镀锌或镀铜扁铁丝，主要规格和用途如表 1-4-2 所示。根据纸箱的规格和负荷量大小，钉箱方法有直钉、横钉、斜钉、单排钉、双排钉等多种。一般轻载箱采用单排钉，重载箱采用双排钉。钉箱时搭接宽度不小于 32mm；钉距在 60～90mm 之间（单排钉 60mm，双排钉 90mm），同一纸箱上的钉距差别应在 10～15mm 之内；头尾针距边线应为：大型箱小于 25mm，中型箱小于 17mm，小型箱小于 10mm；接合小箱时钉线长度 28mm，大箱 36mm。要求钉接牢固，钉角弯曲规范，否则会划伤、损坏内包装物品。

表 1-4-2　　钉箱铁丝规格与用途

规　格	宽度/mm	厚度/mm	适用范围
16#	2.25±0.1	$0.72^{+0.03}_{-0.02}$	五层或七层瓦楞纸板
18#	$1.8^{+0.1}_{-0.05}$	$0.59^{+0.02}_{-0.01}$	三层瓦楞纸板
20#	1.15±0.05	0.56±0.01	薄型三层瓦楞纸板
21#	1.0±0.05	0.55±0.01	纸板盒
22#	0.95±0.05	0.55±0.01	纸板盒

2. 粘接成箱

粘接成箱一般采用自动折叠式粘贴机，它由上胶、折叠、贴压风干等部分组成，如图1-4-7所示，它既可单独使用，又可以与印刷开槽机联合在一起，构成印刷、压线、切角、开槽、成箱一体化的自动制箱（机）生产线，提高生产效率和减轻劳动强度。

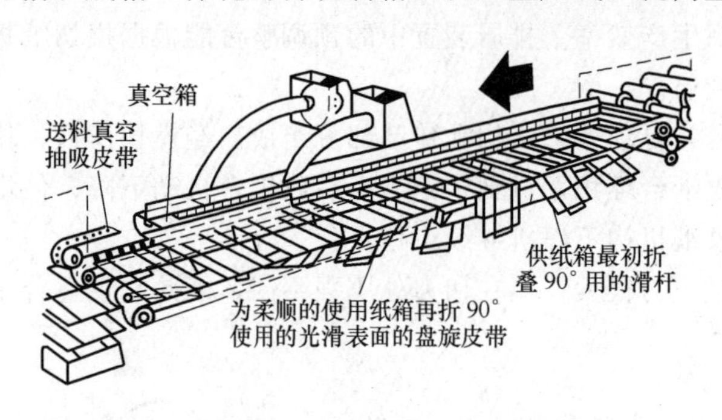

图1-4-7　折叠式胶接成箱机

粘接时常用聚醋酸乙烯乳胶作为黏合剂；如果粘接防水型瓦楞纸板时，还应加入适量的聚丙烯酸，效果好。工作时由涂胶轮在箱坯搭接舌上涂上黏合剂，输送过程中折叠轮或滑杆成一定角度安装，迫使箱坯侧板折叠90°，然后盘旋皮带将其折拢搭接好。搭接后机内设置的压轮适时地压在搭接舌部位，增强粘结贴压力。研究表明，压力过低和贴压时间过短都不能达到良好的粘结效果。

3. 胶带接合成箱

胶带接合成箱时箱坯不需要设制搭接舌，将箱体对接后，用强度较高的增强胶带粘贴即可。箱内、外表面平整，密封性好。胶带接合成箱批量不大时可用手工操作，批量较大时采用粘结设备，其基本组成和工作原理类似于自动折叠式胶结成箱机，在贴压部位设置一胶带送进、切断、粘贴装置即可完成胶带接合。

4. 纸箱接合强度和质量

评价接合强度和质量一般采用如图1-4-8所示的试验，用接合部的抗压强度和抗张强度来衡量，按图示的尺寸切取待测试样，经恒温恒湿处理后分别在压缩机、拉力机上测试，记下裂断时的最大压力与拉力，及其相应的变形量。

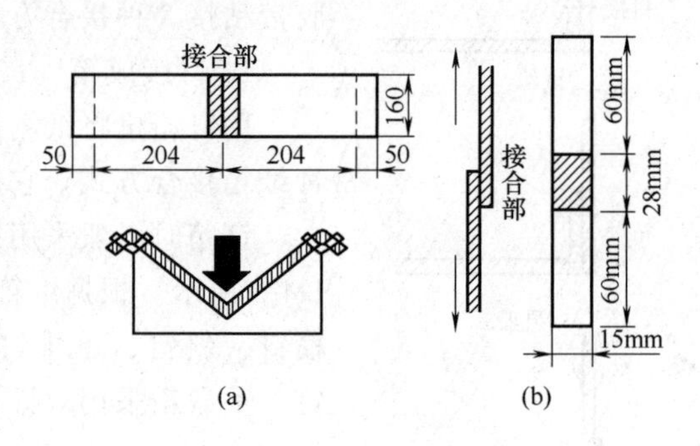

图1-4-8　接合强度试验

（a）接合部抗压强度　（b）接合部抗张强度

二、纸箱箱坯全自动生产工艺与设备

纸箱箱坯全自动生产工艺与设备印刷开缝机如图1-4-9所示，它由送纸机构，印刷辊、压线、开槽辊等组成，一次可完成瓦楞纸板的双色印刷、纵向压线、切角、开槽等操作，制成箱坯，生产速度达300张/min，最大加工宽度可达3600mm。

1. 送纸装置

从纸板生产线送过来的纸板经人工或自动上料机堆放到送纸台上，使纸板印刷面朝印刷辊。送纸台上纸板应保持一定高度，不得堆放过重，以免影响弹踢送纸板的正常工作。

为了保证整个操作过程的配合精度，送纸台上设置有可移动的限位板，固定纸板送入的初始位置。曲柄连杆机构带动弹踢板往复运动，从纸板垛下方将瓦楞纸板踢入至送纸辊。根据纸板厚度，要正确选择弹踢板厚度和前限位板间隙高度。一般加工3层瓦楞纸板

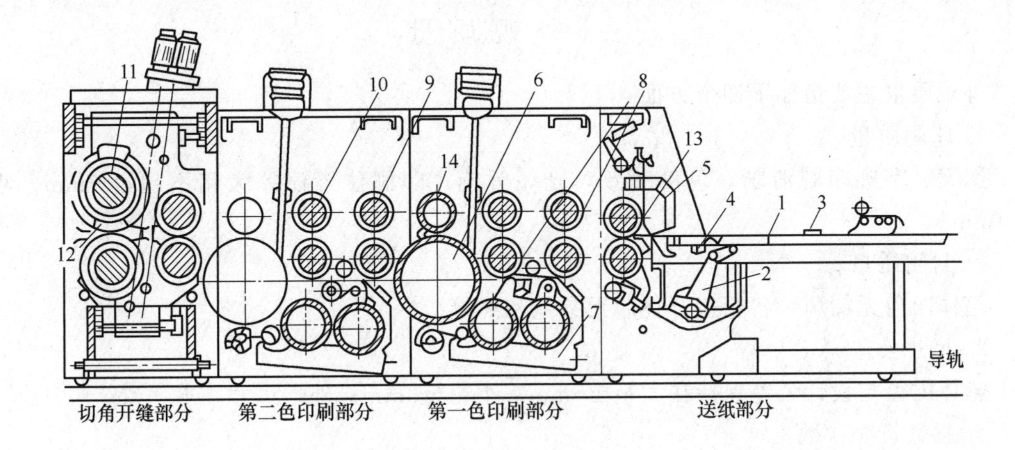

图 1-4-9　印刷开槽机

1—送纸台　2—曲柄连杆　3—弹踢板　4—抽吸送纸系统　5—限位板
6—印刷辊　7—油墨槽　8—匀墨辊　9—牵引辊　10—压线装置
11—转轴　12—切角开缝刀　13—送纸辊　14—压力辊筒

时，用 1.5mm 弹踢板；5 层时则用 2.5mm。选择错误会影响送纸操作，如采用 2.5mm 厚度弹踢板完成薄纸板的输送，就可能出现双重送纸，造成废品和生产事故。前限位板的高度为被加工纸板厚度的 1.5 倍，使纸板只能逐张通过。

瓦楞纸板的挠曲会给送纸带来困难，为解决这一问题，在送纸台下安装有一套抽吸送纸系统，通过抽吸作用将纸板矫正过来，并用输送带传至送纸辊处。

2. 印刷装置

该设备安装两套苯胺印刷辊，可完成双色印刷，有的设置三组或更多。

3. 压线装置

瓦楞纸板经第一印刷辊后进入压线辊，完成纵向压线，其原理与瓦楞纸板机上的横向压线类似，一般采用单点式压线轮。

4. 切角开缝装置

与普通切角开槽机上的四联乙字刀切角开槽方式不同，印刷开缝机上的切角操作由滚切圆刀来完成，上刀由两片弧形刀片组成，安装在圆形刀座上，其中一弧形刀片可沿刀座圆周边缘移动和固定，使用时根据纸箱高度，调整下弧形刀片的位置即可。底刀则由两片环形刀固定在底刀刀座两侧，构成一环形槽，槽宽与弧形刀相互配合，使刀刃正好嵌进环槽内，工作时将有关部位切出槽口，或完成切角。完成印刷、压线、切角开槽后的瓦楞纸板由堆积装置堆码成垛，然后送入下一道工序接合成箱。

第三节　瓦楞纸箱的质量检测

瓦楞纸箱的质量关系到对被包装商品的安全保护性，在整个贮存、运输和销售过程中不能破损、以实现商品的价值。因此瓦楞纸箱在出厂前进行抽样检查，确定其质量是否符合使用要求。

一、外观质量

外观质量主要指如下四个方面：

1. 印刷质量

图案、字迹印刷清晰，色度一致，光亮鲜艳；印刷位置误差大箱不超过 7mm，小箱 4mm。

2. 封闭质量

箱体四角无漏洞，各箱盖合拢后无参差和离缝。

3. 尺寸公差

箱体内径与设计公差保持在大箱±5mm，小箱±3mm；外形尺寸基本一致。

4. 摇盖折叠次数

瓦楞纸箱摇盖经开、合 180°往复折叠 5 次以上，一、二类箱的面层和里层、三类箱的面层都不应有裂缝；三类箱里层裂缝总和不应大于 70mm。

此外，要求接合规范，边缘整齐，不叠角，箱面不允许有明显损坏或污迹等。

二、纸箱耐压强度及其影响因素

纸箱耐压强度是许多商品包装要求的最重要质量指标，测试时将瓦楞纸箱放在两压板之间，加压至纸箱压溃时的压力，即为纸箱耐压强度，用 kN 表示。

1. 预定纸箱耐压强度

纸箱要求有一定的耐压强度，是因为包装商品后在贮运过程中堆码在最底层的纸箱受到上部纸箱的压力，为了不至于压塌，必须具有合适的抗压强度。纸箱的耐压强度用式 1-4-1 计算：

$$P=KW(n-1) \tag{1-4-1}$$

式中 P——纸箱耐压强度，N

W——纸箱装货后重量，N

n——堆码层数

K——堆码安全系数

堆码层数 n 可以根据堆码高度 H 与单个纸箱高度 h 求出：

$$n=\frac{H}{h} \tag{1-4-2}$$

堆码安全系数根据货物堆码的天数来确定，我国规定：

贮存期小于 30d　　　　取 $K=1.6$

贮存期 30～100d　　　取 $K=1.65$

贮存期大于 100d　　　取 $K=2.0$

考虑到运输方式和条件（汽车、火车、船运、集装箱、有无托盘等），预定耐压强度还应适当修正。

2. 根据原材料计算出纸箱抗压强度

预定了纸箱抗压强度以后，应选择合适的箱板纸、瓦楞原纸来生产瓦楞纸板，避免盲目生产造成的浪费。

根据原纸的环压强度计算出纸箱的抗压强度有许多公式，但较为简练使用的是 Kellicutt 公式，它适合于用来估算 0201 型纸箱抗压强度，即：

$$P=P_x\left\{\frac{(ax_2)^2}{(Z/4)^2}\right\}^{\frac{1}{3}}ZJ \tag{1-4-3}$$

式中 P_x——综合环压值，N/cm

ax_2——瓦楞常数

J——楞型常数

Z——纸箱周长，cm

P——纸箱抗压强度，N

其中

$$P_x=\frac{\sum R_1+\sum R_m\cdot\gamma}{100} \tag{1-4-4}$$

R_1——箱纸板、夹层的环压强度，N/m

R_m——瓦楞芯纸的环压强度，N/m

γ——压楞系数

3. 确定纸箱抗压强度的方法

由于受生产过程中各种因素的影响，最后选定原材料生产的纸箱抗压强度不一定与估算结果完全一致，因此最终精确确定瓦楞纸箱抗压强度的方法是将纸箱恒温恒湿处理以后用压力机测试。对于无测试设备的中小型厂，可以在纸箱上面盖一木板，然后在木板上堆放等量的重物，来大致确定纸箱抗压强度是否满足要求。

4. 影响纸箱抗压强度的因素

（1）原材料质量　原纸是决定纸箱压缩强度的决定因素，由 Kellicutt 公式即可看出。然而瓦楞纸板生产过程中其他条件的影响也不允许忽视，如黏合剂用量、楞高变化、浸渍、涂布、复合加工处理等。

（2）水分　纸箱用含水量过高的瓦楞纸板制造，或者长时间贮存在潮湿的环境中，都会降低其耐压强度。

实验表明，纸箱抗压强度与含水率的关系如下：

$$P=a\times 0.9^x$$

式中 P——纸箱耐压强度

a——水分 0 时耐压强度

x——纸板含水率的 100 倍

通过上式可以计算出，当纸箱水分从 10%提高到 14%时纸箱强度下降 30%以上。因此对于在潮湿环境下流通的纸箱，最好进行防潮加工。

（3）箱型和楞型　箱型是指箱的类型（02 类、03 类、04 类等）和同等类型箱的尺寸（长、宽、高）比例，它们对抗压强度也有明显的影响。有的纸箱箱体为双层瓦楞纸板构成，耐压强度较同种规格的单层箱明显提高；在相同条件下，箱体越高，稳定性就差，耐压强度降低。不同楞型的瓦楞纸板抗压强度不同，制成纸箱抗压强度也有明显的差异。

（4）印刷与开孔　印刷会降低纸箱抗压强度。包装有透气要求的商品在箱面开孔，或在箱侧冲切提手孔，都会降低纸箱强度，尤其开孔面积大，偏向某一侧等，影响更为明显。

（5）加工工艺偏差　在制箱过程中压线不当（过深或过浅），开槽过深，接合不牢等，也会降低成箱耐压强度。

三、纸箱动态性能试验

对于一些特定商品的包装，如陶瓷、玻璃制品、电器、仪器等，还要检验纸箱对商品的缓冲保护性能，即模仿运输、装卸过程中的极端情况，将纸箱按实际操作包装商品以后，进行动态耐久性或破坏性实验。

1. 跌落试验

将包装商品后的纸箱按不同姿态（角着地、边着地、面着地等）从规定高度跌落，检验达一定次数后纸箱内包装商品的状态或纸箱破损时跌落的次数。

2. 斜面冲击试验

将纸箱放置在滑车上，然后将其从一定长度的斜面（10°）上滑下，最后撞击在挡板上，它类似于运输过程中的紧急刹车情况。

3. 振动试验

将纸箱包装商品后置于振动台上，使其受到水平、垂直方向的振动作用，或者同时受到双向振动，经一定时间后检查商品情况或商品纸箱破坏时经过的时间。

4. 六角鼓回转试验

将纸箱放入装有冲击板的六角回转鼓内，按规定转数、次数转动，然后检验商品、纸箱破坏情况。

上述动态试验都是破坏性的，提高纸箱和商品的抗破坏能力可在包装商品时使用缓冲衬垫、隔板或其他保护措施。此外有些包装纸箱还须作喷淋、耐候等试验，可根据双方合同协定。

思 考 题

1. 瓦楞纸箱是如何分类的？举例说明。
2. 设计瓦楞纸箱印刷工艺须注意哪些问题？
3. 简述瓦楞纸箱生产工艺，并介绍相关设备的作用。
4. 比较瓦楞纸箱接合方法及特点。
5. 某纸箱（0201 型）规格为 50cm×30cm×32cm，包装商品净重 17.3kg，仓贮堆码最大高度为 3.5m。如果取安全系数为 2.8，请选合适原料、楞型来制造这种纸箱。
6. 影响瓦楞纸箱质量的主要因素有哪些，生产中如何减少它们的不良作用？

第五章　纸盒、纸袋和其他纸包装制品

纸包装以其优良的适性可以制成多种包装制品，除了前述的瓦楞纸箱外，还有纸盒、纸袋、纸筒与纸罐、纸浆模塑制品、蜂窝纸板及制品等，几乎可以用于所有商品的销售包装或运输包装。

第一节　纸　　盒

纸盒包装以其精美造型和装潢来宣传、美化商品，以此来赢得消费者，提高商品的竞争性。传统的纸盒只能用来包装固体、干燥粉粒料或成件商品，近年来随着复合材料加工技术的发展，一些液体商品如饮料、牛奶、果汁和调味品也可用纸盒来包装，并且由于其良好的造型和外观，应用市场越来越大。

一、纸盒的分类

欧洲纸盒制造者联合会（ECMA）提出了一套纸盒盒型分类规程，将常用的纸盒分为A、B、C、D、E、F和X七种基本盒型，如图1-5-1所示。其中：

A：高腰型纸盒

B：扁平型纸盒

C：盒顶、盒底面积不等型纸盒

D：三边形、多边形或锥形异型纸盒

E：捆扎组合型纸盒

F：带提手或带内衬等结构复杂型纸盒

X：功能型纸盒

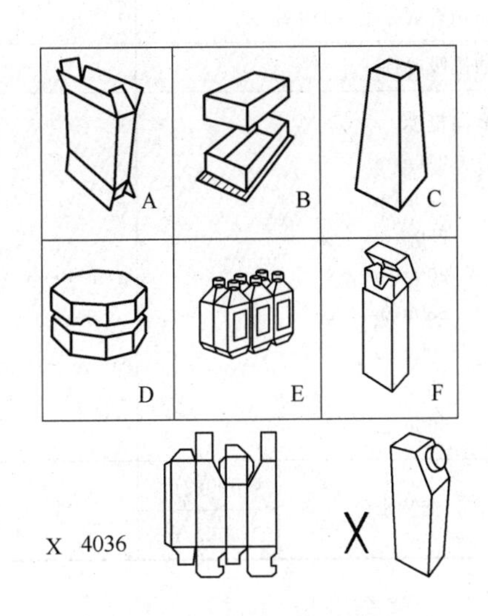

图1-5-1　纸盒盒型分类图

二、纸盒生产原料

原则上具有较高挺度、良好加工适性和某些必备性能的纸板都可用于制造纸盒。目前用来生产纸盒的纸板有许多品种，性能和价格相差较大，因此要根据包装商品的要求选择合适的纸板。

1. 白纸板

大多数纸盒都是用白纸板来制造的，因为白纸板表面平整，洁白光滑，挺度好，印刷时不起毛，伸缩变形小，适合套色印刷，同时又具有良好的耐折性和加工适性，以保证纸盒轧制时压线平直、边缘线整齐、不破损纸面，获得质量优良的纸盒。

白纸板分为单面白纸板和双面白纸板。单面白纸板正面呈白色，反面为灰色或纸浆本色，生产时一般用漂白木浆、苇浆挂面，芯、底层用草浆、废纸浆或半化学浆制造，这种纸板挺度及其他机械强度一般不很高，适合制作包装商品体积不大的纸盒。双面白纸板大多采用高质量的漂白木浆挂面，中间层采用半化学浆或本色浆，强度高，加工适性好，一般用于食品、药品、日化用品包装。

为了改善白纸板的表面性能，用于包装的白纸板大多经过涂布加工处理，进一步提高纸板的平滑度、白度和光泽度，使外观柔和细腻，印刷色彩还原性好，获得良好的装潢装饰效果。表 1-5-1 是单面涂布白纸板的主要技术指标。

2. 黄纸板

黄纸板又叫草纸板，生产原料是 100％的石灰法稻草、麦草本色浆，不施胶，不加填，不漂白，也不加色料，适度打浆后在多圆网多烘缸造纸机上抄造成型，经普通压光，使纸面平整、防止纸板分层。由于黄纸板一般定量、厚度较大，外观粗糙，色泽较深，水分变化时易发生翘曲，导致商品包装后盒型外观发生变化，故黄纸板主要用于小五金制品包装；同时利用其挺度大、抗压性能好的特点，制作成固定型纸盒，并在盒面粘贴上一层印刷精美的标签纸或装饰材料，广泛用于工艺品、服装、鞋帽等商品包装。

表 1-5-1　单面涂布纸板的主要质量指标（GB/T 10335.4—2004，白底纸板部分）

指标名称		单位	规格		
			优等品	一等品	合格品
定量		g/m^2	200　220　250　270　300　350　400　450　500		
紧度 ≤		g/cm^2	0.88	0.90	—
平滑度 ≥		s	70	50	30
亮度(正面) ≥		%	80.0	78.0	75.0
印刷表面粗糙度 ≤		μm	2.5	3.0	4.0
吸水性 ≤ (Cobb,60s)	正面	g/m^2	55.0	55.0	55.0
	反面		120	120	120
印刷光泽度 ≥		%	88	80	60
印刷表面强度(中油墨)≥		m/s	1.4	1.2	0.8
油墨吸收性		%	15～28		
横向挺度 ≥		mN·m			
200g/m²			1.80	1.60	1.50
220g/m²			2.20	1.80	1.70
250g/m²			2.90	2.30	2.00
300g/m²			4.80	4.10	3.40
350g/m²			7.20	6.00	5.00
400g/m²			9.60	8.70	7.00
450g/m²			12.50	10.00	9.00
500g/m²			17.00	14.00	12.00
交货水分	≤300g/m²	%	7.5±1.5		
	＞300g/m²		8.5±1.5		

3. 复合纸板

将纸板与铝箔（或真空镀铝）、塑料薄膜等复合后制成的复合纸板在高档商品、液态商品包装中，以其轻巧、装潢装饰效果好而占有比例越来越大。如纸板与铝箔复合或经真空镀铝后，对铝箔或镀铝膜表面进行涂漆处理，即可获得如金、银光泽的表面，制成的包装盒用于高档香烟、化妆品、药品和良品等包装，给人以高档金属包装的质感与华贵，提高了商品的附加值与竞争力。纸和铝箔、塑料薄膜复合后，利用铝箔的阻隔性能、塑料薄膜的防水性与热封性能、纸板的挺度与良好的装潢印刷适性，制成牛奶、无汽饮料、果汁等液体包装盒，外观外形美丽，保质效果好，便于超市货架展示、销售。

另外，可用来生产纸盒的还有铸涂纸板、茶纸板、厚纸板（厚度 0.5～3.0mm)、灰纸板和瓦楞纸板等，根据不同的商品包装和制盒要求灵活选择使用。

三、纸盒生产工艺

普通纸盒与包装液体饮料等商品的纸容器的生产工艺与设备是不相同的，在工艺上普通纸盒加工和结合对密封性要求一般，而纸容器必须密闭无泄漏，另外纸容器加工成型后边缘不能直接接触内装物，以防止液体沿边缘渗透到纸板中，降低纸板强度而影响包装质量；由于纸容器内装物大多为食品饮料，故加工时除了原料必须符合有关卫生标准规定外，生产环境和过程都要保证在无菌条件下进行。

（一）普通纸盒生产工艺与设备

折叠型包装纸盒的生产工艺流程为：

纸板→分切→印刷→模切→接合→折叠纸盒

固定（裱糊）纸盒生产工艺流程较折叠纸盒复杂一些，其中裱糊成型工序大多由手工完成，因此不适合于大批量生产，下面为固定纸盒的生产工艺：

纸板→分切→切角压痕→裱糊成盒→干燥→固定纸盒

胶版纸→印刷→分切→标签纸（→裱糊成盒）

1. 印刷与印后加工

(1) 印刷　印刷是生产加工纸盒的重要工序，它直接关系到纸盒的外观质量和装潢装饰效果。根据生产纸盒的不同档次要求，纸盒印刷方式可以采用凸版、胶版、凹版或柔性版印刷。

(2) 印后加工　为了提高盒面的装潢装饰效果，大多高档纸盒还需进行印后加工，包括覆膜、上光、烫印加工和凹凸压印等操作工艺。

① 覆膜。经（彩色）印刷后的纸板表面复合上一层塑料膜，用以提高印刷光亮度，改善纸板表面耐磨强度、防水、防污、耐光、耐热等性能，起到保护装潢印刷、延长包装使用寿命作用。

② 上光。上光是在印刷后的纸板表面涂布一层无色透明的涂料，与覆膜加工目的一样，改善纸板表面光亮度与耐磨、防水等性能，保护印刷色泽和文字图案不受污损，提高包装装潢装饰效果。

③ 烫印加工。烫印加工是用加热的方法将热熔胶熔融、把金属箔片或色片烫印到印刷纸板的表面，形成特殊的装饰装潢效果。烫印材料包括金属箔（金、银、铜、铝箔)、粉箔和电化铝箔（真空镀铝）等多种材料，其中电化铝箔以化学性能稳定、色彩丰富、成本低、烫印加工方便等优点，成为最常用的烫印材料。

④ 凹凸压印。凹凸压印是一种特殊的印后加工技术，它是将浮雕艺术在纸板印刷上的移植与应用，通过雕刻有图文的印版直接在印刷纸板表面加压，形成凸起或凹下的文字图案，使纸板表面呈现层次丰富、图文清晰、立体感强、透视角度准确、图像形象逼真等特点，提高纸盒包装的装饰效果。并且凹凸压印无需印刷油墨等材料，加工工艺简单、成本低、效果好，高档化妆品、保健品、药品等商品包装纸盒经常采用这种加工技术。

2. 模切

模切是生产加工纸盒的关键工序，它关系到纸盒的品质质量。模切是将印刷及印后加工处理的纸板通过加工设备完成压痕、切角、切口和切断的一系列操作，利于折叠或裱糊成盒。

模切加工前首先要根据纸盒规格制作模切板和压痕模，然后将模切板安装到模切设备上，经过反复调整试切定位后即可正式生产。

（1）模切板的制作　目前，生产纸盒的模切板多采用木板制造，木制模切板经久耐用，轻巧。

（2）压痕模的制作　压痕模是用于模切压痕的底模，固定在模切机的压印底板上，与模切板配合在纸板上实现准确、平整、规范的切压操作，确保切压质量。

（3）模切机　将制好的模切板安装到模切机冲压平台上，依靠冲切平台冲切压力，就可将纸板加工成盒坯。制盒常用的自动化模切设备与瓦楞纸箱生产时采用的平压平模切机相同，生产速度快，质量好，效率高。一些中小型企业或生产数量不多的纸盒产品时，也采用如图 1-5-2 所示的小型平压式模切机，它由冲压平台、压痕板台、曲柄连杆机构等组成。工作时将模切板安装在冲压平台上，阴模固定在压痕板台上，放上纸板；依靠曲柄连杆运动时产生的瞬时的高速冲击力模切纸板，获得盒坯。

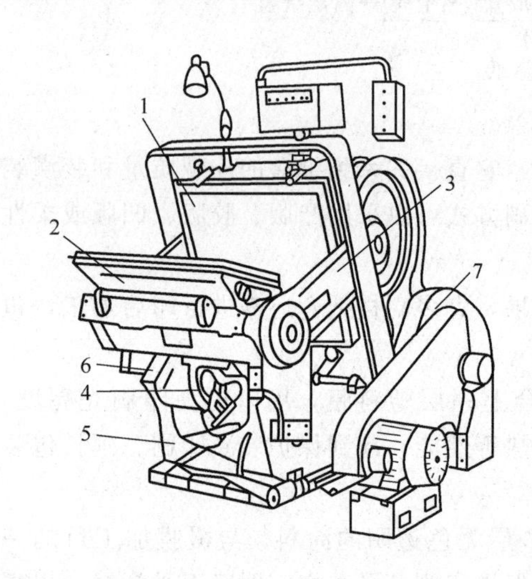

图 1-5-2　小型平压式模切机

1—压痕板台　2—冲压平台　3—连杆　4—浅滑环　5—机座　6—离合器　7—电机传动

这种机器工作时纸板取送大多由手工操作，劳动强度大、安全系数低。生产速度一般在 25 片/min 左右，设备不同，固定台有效面积不一样，分别有 480mm×650mm、660mm×880mm、720mm×1040mm 几种。

3. 接合

纸盒的接合也分为钉接、粘接、插接三种方式，使用设备类似于瓦楞纸板。由于纸盒批量一般较大，盒内直接包装商品，故多数纸盒均要求用黏合剂粘结成盒。

使用白纸板制造的纸盒，一般经彩印后，精致美观，成盒以后即可包装产品，对于用黄纸板制成的纸盒，大多需要进行裱面加工，即在盒面贴上一层标签纸。使用 E 型瓦楞纸板制作包装小家用电器盒和精巧工艺品盒时，为了满足印刷装潢要求，面层纸板改用单面涂布白纸板，或者在纸箱板表面层合铜版纸、胶版涂布印刷纸。胶版纸是一种适应性极好的纸张，广泛用于烟盒、标签纸。

4. 纸盒的质量检验

由于纸盒在贮存、运输时一般不会受到太大的压力，因此一般没有强度要求，主要检验其外观质量。

（1）规格尺寸　将纸盒扣齐后，测量其外径尺寸，一般偏差应在1%以内。

（2）歪斜度　测量盒侧面的两条对角线，如图1-5-3（a）所示的AB与CD，两者相差不大于0.5%。切口边缘平整、光洁、无毛刺。测量边缘平直度。如图1-5-3（b）所示，S值不应大于0.2%。

（3）纸盒接合　纸盒接合处应牢固，钉接时钉距均匀，首尾钉距边缘3～10mm；粘接时搭接舌不翘起。

（4）印刷与外观　外观洁净，无皱褶，四角无孔，且不出现锐角。此外，还可根据合同要求检验一些其他项目。

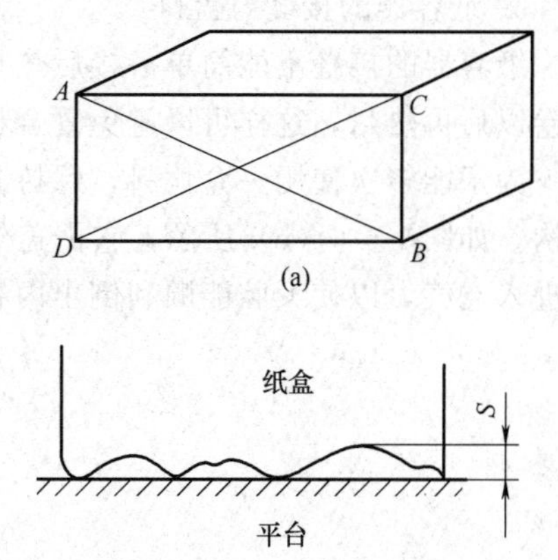

图1-5-3　纸盒歪斜度检验方法

（二）纸容器生产工艺与设备

纸容器盒常用复合材料涂蜡纸板/Al/PE为原料来生产，造型简单。根据盒的结构，其制作成型可以与灌装在同一包装机上进行，也可以单独加工制作，然后再用灌装机注入内容物后封合。

1. 屋顶式纸容器盒（Pure Pak盒）

这是一种常用来包装牛奶的纸盒，它的制作过程和结构如图1-5-4所示。首先将卷筒状复合纸板制成筒型并将接口热熔搭接，然后封底；装入商品后封闭成如图所示的屋顶式纸盒。

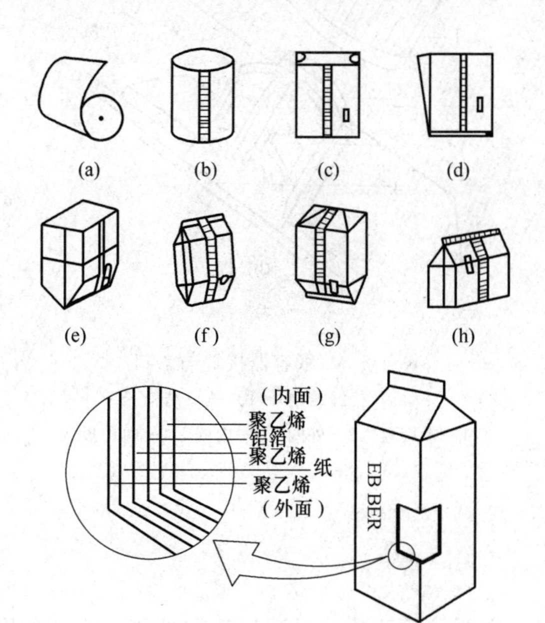

图1-5-4　屋顶式纸容器盒成型过程与结构

屋顶式纸盒的顶角一般为45°，盒体横接而为正方形；当高为宽的3.2倍时，盒体具有最佳外形。

2. 方型纸容器盒

方型纸容器盒是一种用量最大的果汁饮料包装盒，其容量有180、220、250、550、1000mL不等，一般设计成长、宽、高比为2∶1∶2.2的形状，使外形既美观又节省原料。

方型盒生产过程类似与普通纸盒，先在压痕机上压出折叠线（压线），但不需要切口，然后在专门设备上成型、灌装与封合。

3. 异型纸容器盒

异型纸容器盒制作简便，图1-5-5是Tetra Pak标准盒生产线，它是用整卷包装材料为原料，集制盒、杀菌、灌装、封合、装箱为一体的生产设备，生产速度快，但盒型不甚美观。

4. 纸板餐盒

纸板餐盒采用树脂涂布加工纸板为原料，通过印刷、压痕、裁切、折叠、热封制造而成。为了提高纸餐盒的耐油、防水能力，涂布时采用淋膜加工，即将树脂（多为 PE）热熔后直接涂淋在纸板表面，形成一定厚度的树脂膜层，具有热封能力。

纸餐盒成型时需要专门的设备，热风系统首先将分切压痕后的纸板四角加热至一定温度，然后折叠机构按设定程序折叠四角，贴压粘结后成为防水防油不泄漏的纸板餐盒。

5. 纸容器的接缝与盖口

纸容器的接缝不能简单搭接后热封，而应如图 1-5-6（a）所示一样，将内接部分边缘折卷以后再热封，这样可以避免复合材料中纸板断面接触液体，不影响纸板强度。

为了能多次使用一盒饮料，保持卫生，在一些大容量纸容器上装有一个仿造瓶口瓶盖结构，如图 1-5-6（b）所示，它由盖外圈、内圈、护板组成。内圈将管口分为两部分，小腔进入空气，以使大腔能顺利倒出内容物。

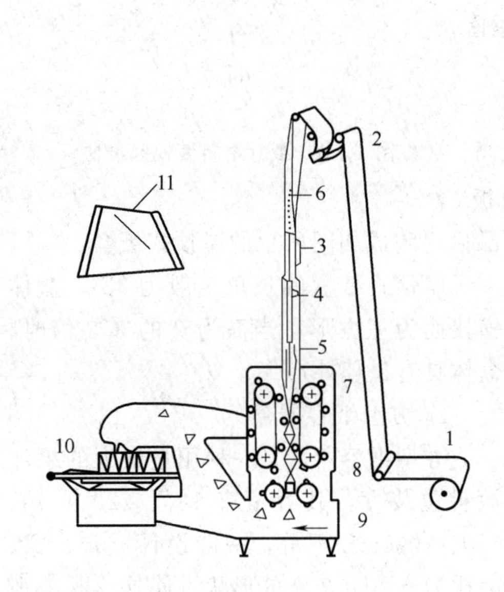

图 1-5-5　Tetra Pak 盒生产线

1—复合材料　2—H_2O_2 浴　3—纵向封合装置
4—纸管内表面加热装置　5—内部灭菌　6—充填管
7—横向封加热钳　8—切割夹头　9—提升器
10—自动装箱　11—Tetra Pak 盒外形

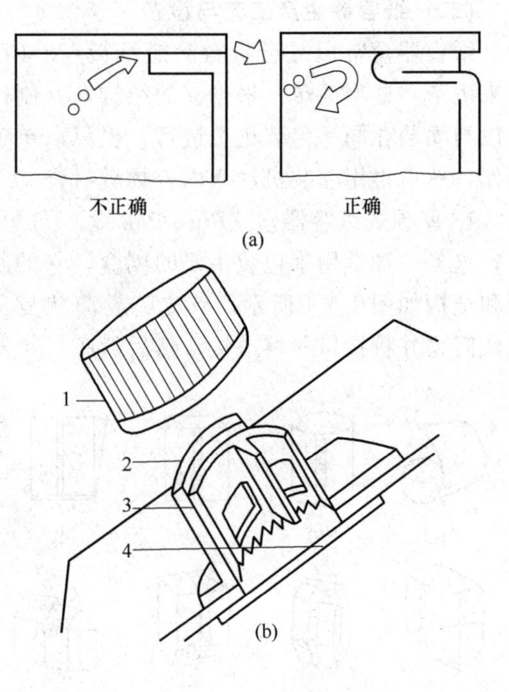

图 1-5-6　纸容器接缝与盖口

（a）接缝结构　（b）盖口结构

1—螺旋盖　2—外圈　3—内圈　4—内护板

6. 纸容器盒的检验

纸容器盒外观检验与普通纸盒基本相同，主要的检验项目是耐压泄漏性能，方法如图 1-5-7 所示，向盒内加压至 13kPa，若在 10s 内不破损、不漏气即为合格。

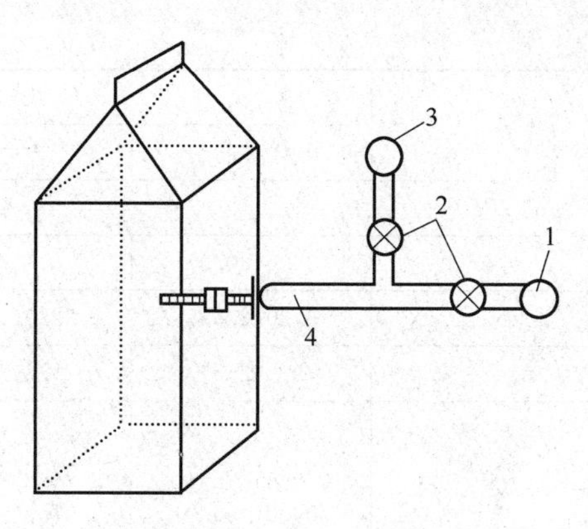

图 1-5-7　纸容器耐压检验

1—压缩机　2—旋塞　3—压力计　4—试压管

第二节　纸　　袋

纸袋是由至少一端封合的、单层或多层扁平管状的纸包装制品，广泛用于粉末、粒料和不规则散状物品的销售和运输包装，用量仅次于纸箱。

一、生产纸袋的原料

生产纸袋的纸张有很多品种，根据包装商品的质量、重量及用途不同，可选用牛皮纸、纸袋纸、涂布胶印纸、普通包装纸等。

1. 牛皮纸

牛皮纸是用针叶木硫酸盐本色浆制成的质地坚韧、强度大、纸面呈黄褐色的高强度包装纸，从外观上可分为单面光、双面光、有条纹、无条纹等品种，质量要求稍有不同。牛皮纸主要用于制作小型纸袋、信封、文件袋和工业品、纺织品、日用百货的内包装。

2. 纸袋纸

纸袋纸类似于牛皮纸，大多以针叶木硫酸盐浆来生产，国内也有掺用部分竹浆、棉秆浆、破布浆来生产的，因此纸袋纸机械强度很高，一般用来制作水泥、农药、化肥及其他工业品的包装袋。与牛皮纸不同的是，为适合灌装时的要求，纸袋纸要求有一定的透气性（不小于 200mL/min）和较大的伸长率。表 1-5-2 为纸袋纸的主要技术指标。

将纸袋纸与编成网状的塑料膜、麻或棉线层合起来，制成透气优良、抗张能量吸收极好的复合材料，使用效果好。

用来生产纸袋的材料还有胶版纸、铜版纸、铸涂纸和其他包装纸，尤其作为购物袋和广告袋使用时，大多选择印刷效果好的纸或纸板。

表 1-5-2　　**纸袋纸的质量指标**

指标名称	单　位	规　格		
		优等品	一等品	二等品
定量	g/m^2	80.0±3.0		
撕裂度 纵向　≥	mN	1040(1160)	840(930)	800(880)

续表

指标名称	单位	规格		
		优等品	一等品	二等品
透气度 ≥	μm/(Pa·s)	3.50		
吸水性 ≤	g/m²	35.0(30.0)		
拉伸强度 横 ≥	kN/m	3.20(2.95)	2.20(2.15)	2.00(1.95)
伸长率 纵向 ≥	%	2.3(2.5)	1.8(2.0)	1.7(1.9)
拉伸能量吸收 ≥ 纵向 横向	J/m²	86.0(90.0) 100.0(105.0)	62.0(65.0) 67.0(70.0)	52.0(54.0) 55.0(57.0)
水分	%	9.0±2.0		

注：“（ ）”内数字为在温度为（20±1）℃、相对湿度（65±2）%条件下测试要求。

二、销售包装纸袋

这种纸袋常用来包装纺织品、衣帽、日用品、小商品、小食品、相纸、唱片等结构简单，一般用黏合剂粘接成袋。销售包装纸袋形状多样，大小不一，但根据其结构特点可分为三类：尖底袋、角底袋和礼品袋，如图 1-5-8 所示。

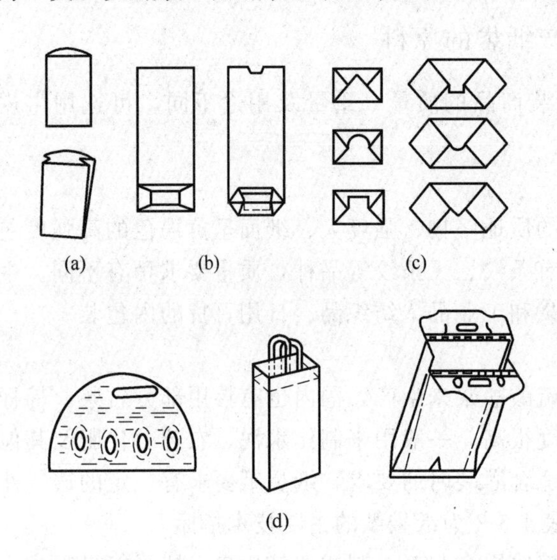

图 1-5-8 销售包装袋及袋底结构

（a）尖底袋 （b）角底袋

（c）角底袋的袋底结构 （d）礼品袋

1. 角底袋

角底袋装满物料后可立放，打开底口方便，有的还在袋口处单侧切出缺口。袋底有四边形与六角形两种，为了增加底部牢固，有时在底部再粘贴一层加强纸。

2. 尖底袋

尖底袋分为尖底平袋和尖底带 M 型褶边袋，尖底平袋类似于信封，经纵向搭接和底部翻折粘接成型，根据需要可制成开窗式、中央带圆孔带抠手等样式。与平袋比较，带 M 型褶边袋容积大，打开袋口容易，装物方便。

3. 手提袋

手提袋分为购物袋和广告礼品袋，都设置有提手。购物袋要求强度高，不须印刷，一般用牛皮纸制成，在提手处设有强筋。广告礼品袋一般采用高定量美术铜版纸（涂布胶版印刷纸）制成，经彩印装潢以后美观大方。手提袋可以多次反复使用。

三、运输包装纸袋

用于水泥、农药、化肥、砂糖、食盐和豆类等的大包装纸袋，称为运输包装纸袋。一般可分为两类：一类为轻载袋，由一、两层纸制成，既可作为外包装，也可作为内衬与塑料编织袋组合使用；另一类是重载贮运袋，由三层以上的纸构成，主要用于装填大量散装物品。为了防潮，有时在纸袋中层加入塑料膜层或沥青防潮纸。

1. 运输包装纸袋的结构形式

按照袋边、底部及封底方式不同，贮运袋分为四类，如图 1-5-9 所示。

（1）开口缝底袋　包括平袋和带 M 型褶边袋，这种袋包装货物前只将底缝合，装填物料方便迅速。外形规格尺寸相同时平袋容积小。这类袋的缺点是装货后必然封口，操作麻烦，并由于尖底很难自立堆放。

（2）开口粘合角底袋　包括扁平式与带 M 型褶边式两种，这种袋的底是粘结而成的，呈六角形，装货后可直立堆放。

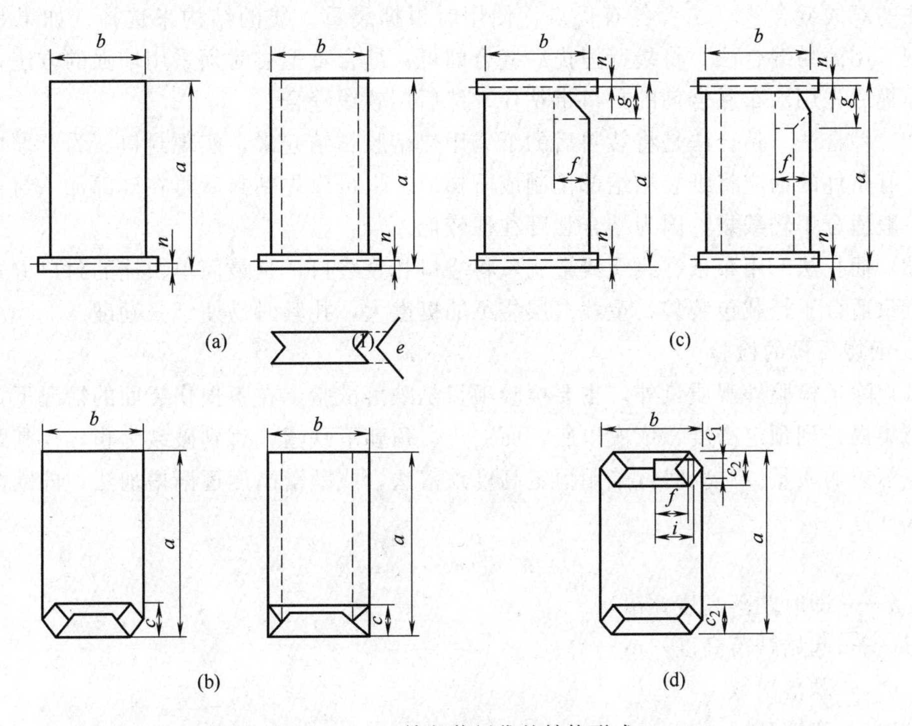

图 1-5-9　运输包装纸袋的结构形式

（a）开口缝底袋　（b）开口粘合角底袋　（c）阀式缝合袋　（d）阀式扁平六角形端底袋

a—袋长　b—袋宽　e—M 型褶的宽度　c—底部宽度　c_1—袋口宽度　c_2—袋底宽度

f—阀口嵌入长度　g—阀宽　i—阀口长度　n—袋的边缘到缝合线距离

（3）阀式缝合袋

阀式缝合袋也包括平袋和带 M 型褶边袋，这种袋装货前已将袋口缝合，只在袋侧留有一阀口，装货时通过该阀口装入水泥、粉末状物料等；待装满物料以后，使袋稍朝阀口侧倾斜一下，即可使阀关闭，保证灌装物料不从阀口流出。为了排出灌装时袋内空气，纸袋纸必须有一定的透气度，否则会使粉末物料反喷，恶化生产环境和降低灌装速度。灌浆水泥时温度较高，因此纸袋除了具有一定的热稳定性外，还应能吸收温差变化和产生的结露，防止水泥变质，这也是采用纸袋包装水泥的原因之一。

（4）阀式扁平六角形端底粘合袋

这种袋与阀式缝底袋一样，也是在底上设置装料阀，虽然装料时麻烦一些，但不用封合操作，使袋的包装重量和强度都有提高。它也是一种自立袋。

此外，还有一些其他结构样式的贮运包装纸袋，但使用较少。

2. 袋的封口

开口纸袋装料后的封口方法有缝合法、粘合法和捆扎法三种。

（1）缝合法　开口袋装料后口部用棉线或尼龙线缝合较为严密，可防物料散漏，缝线针距为 3～6mm，较大时要求缝合密度为 120～140 针/m；太稀疏会降低缝合强度，太密又破坏纸的强度，使袋沿缝线处破裂，因此包装重物时采用阀式袋要安全得多。

缝合方法分为链式缝合和双锁缝合。链式缝合是将针头穿过袋壁形成环扣，每环套住前一环扣的单线缝合式；双锁缝合是将针头穿过袋壁形成环扣，每一环皆由第二根横向线环锁住的双线缝合式。二者各有优点，使用时根据袋重，袋的结构来选择。如果是轻载袋，则可用简易缝合法，将袋壁捏拢后缝合即可；缝合重型袋时须采用增强的方法，将袋口壁捏拢后先用涂布黏合剂的封口带粘住，然后用软线缝合。

（2）粘合法　粘合法是将装料后的纸袋用热熔胶粘结起来，实现封口。为了增加粘结牢度，有条件的话应将纸袋粘结部位制成阶梯形，也可以先粘封后再在底部加一封条。粘结法一般适合于轻载袋，因为结合强度往往较低。

（3）捆扎法　用布条、线绳或金属丝将袋口扎紧袋口，是最简单快捷的封口方式。但一般也只适合于轻载包装袋；重载多层袋纸的挺度大，扎紧时易使纸张勒破。

3. 纸袋质量的检验

纸袋除了检验外观质量外，主要检验项目是跌落试验。在不损伤袋面的情况下，将装货后纸袋提升到预定高度，依次以底、面、边、角朝下跌落，直到破裂为止，计其跌落次数来表示袋的质量。试验时可采用恒定高度跌落法，或跌落高度逐渐增加法，即跌落高度由下式计算：

$$h=h_0+[(n-1)\times\Delta h] \tag{1-5-1}$$

式中　h——即时跌落高度，m

h_0——起始跌落高度，m

n——跌落次数

Δh——递增高度，m

该式的意义是，以 h_0 为第一次跌落高度，如果落地后纸袋未破，则增加 Δh 高度再进行跌落操作，面跌落时 h_0 为 0.85m，Δh 为 0.15m；底跌落时则分别为 0.3、0.05m。

包装吸潮性强的物品时，袋层中夹有防潮纸或塑料膜。根据合同要求可进行密封后纸袋的透气、透湿试验。

第三节　纸筒和复合罐

纸筒一般用来包装粉末、干燥物品，许多体育活动用的小球如乒乓球、羽毛球等也常用纸筒作包装。复合罐是这些年来发展较快的一种新型包装制品。它的制作工艺类似于纸筒，不过选用的材料不一样，它以纸板、塑料膜、铝箔按一定方式绕制成筒，然后安装上金属或塑料盖，制成阻隔性好、耐水耐油的复合罐，广泛用于食品、油脂及其他膏状、液状物料包装，替代金属、玻璃罐使用，利于废弃物处理，同时降低包装成本。

一、生产纸筒和复合罐的原料

1. 纸和纸板

根据使用强度要求不同，绕制纸罐罐体大多用牛皮纸、箱纸板、瓦楞原纸，外面一层作为标签，一般选用适印性能较好的涂布胶版印刷纸。为了绕制方便，一般事先按纸筒或复合罐规格将纸复切成卷盘纸。

2. 铝箔

一般选用厚度较大一些的铝箔，针眼少阻隔性能好；或者选用镀铝纸或镀铝薄膜，它们强度高，在绕制过程中不容易发生断头或其他故障。

3. 塑料薄膜

大多选用聚乙烯、聚酯和聚丙烯膜，也可根据产品要求选用其他合适的塑料膜。

4. 黏合剂与涂料

常用黏合剂有动物胶、淀粉、糊精、聚乙烯醇、聚醋酸乙烯、水玻璃胶等。黏合剂绕制罐时不仅能将各层材料粘合在一起，而且大多能提高纸筒和复合罐的强度。

为了提高罐的耐水抗液性能，可将筒体进行浸蜡处理；或在内表面刷涂各种功能涂料，以取到更好地保护商品的作用。

二、罐体绕制法

1. 螺旋式卷绕法

纸筒与复合罐的筒体成型法有两种，螺旋式卷绕法与回旋式卷绕法，如图 1-5-10 所示。螺旋式卷绕机由芯轴、传动带、盘纸支架、涂胶装置、切断装置等组成。盘纸支架支承轴与芯轴是非平行的，互成一定角度。工作时释放的盘纸先经涂胶装置涂胶（最内层纸不涂胶），然后以一定角度缠绕到芯轴上，相邻层绕制角度也不一样，避免接缝重合。盘纸定量越大，绕制层数越多，所制的纸筒体就越厚，强度越高。完成上述各层缠制后纸筒接触到传送带，它的作用是带动纸管在芯轴上回转，此外传送带也与芯轴成一定角度，以便将纸管沿芯轴向前推进，最后在传送带的另一侧绕上外层标签纸，形成罐体。形成的筒体伸出芯轴以后，由切断装置裁切成罐的长度，装盖后成为纸筒或复合罐。螺旋卷绕法制罐体生产速度快，一般每分钟可生产 150～270 只罐体，生产连续，适合大规模生产，目前国内外制罐大都采用这一方法。但该设备复杂，投资大。

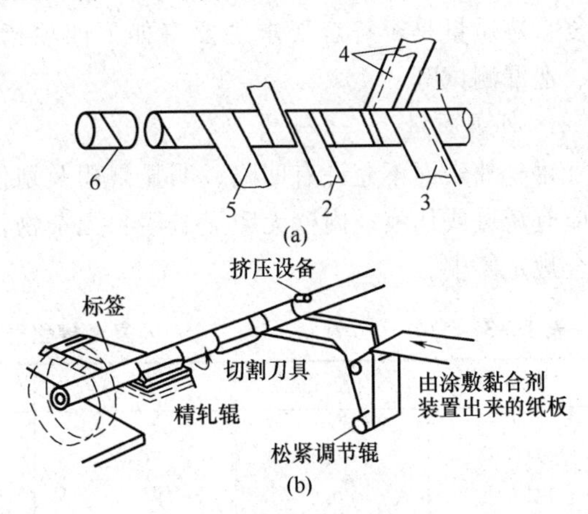

图 1-5-10　罐体绕制法

1—芯轴　2—传送带　3—内纸　4—加强纸　5—标签纸　6—成品

2. 回旋式卷绕法

回旋式卷绕机也是由芯轴、传动装置、原纸支架、涂胶装置、切割刀具等组成。原纸支架支承轴轴线与芯轴轴线是平行的，因此涂胶后的原纸回旋卷绕在芯轴上，达到一定层数后经切割刀具将纸切断，即形成一定长度（同原纸幅宽相等）的筒体，将该段筒体向前推走至标签面纸处，涂胶标签纸卷绕在外表面形成纸管，按要求切断后成为单个纸管管体。原纸随即又在芯轴上完成下一个纸筒体的生产。回旋卷绕法既可用牛皮纸、瓦楞原纸生产多层结构的筒体，也可用厚纸板、黄纸板绕制单层结构的筒体，外贴标签后包装商品。

回旋卷绕法适合于小批量纸筒的生产，同时可生产异型罐和方形、椭圆形罐等，只要更换芯轴即可，但由于其生产类似于间歇式工艺，故速度较螺旋法低，最高时仅为60罐/min。

三、罐盖及安装方式

纸筒的盖与底多用纸板制成，底套入筒体内后将筒体底缘内翻，胶粘后即将底固定；上盖一般制成外罩式，装取商品方便。

复合罐罐盖分为注塑盖和马口铁盖两种，注塑盖又可分为内插式和外罩式，马口铁盖也可分为全密封性盖和外圆盖两种。目前许多应用易开盖，既可以整片易开、局部易开（方便倾倒内装液体），也可以加压痕以助开取，通常罐盖由两部分组成：内部是50μm左右的单层硬质铝箔或以10μm左右的软质铝箔与PP类塑料膜复合膜做内衬，既易撕开又达到密封阻隔性好的要求，外部再用染色或无色的硬质塑料罩盖，以便于那些开盖后一次使用不完的商品如速溶咖啡、麦乳精、糖果等的重复封盖。

复合罐罐底大多用马口铁或涂布处理的钢片，与罐体套合后经模具卷边封接，密封性优良。

四、纸筒与复合罐的规格及检验

纸筒的内径有20～100mm不等规格，其系列差值为5mm，壁厚要求1.5～9mm，高度200～2000mm。长型纸筒可用来包装图纸、字画、地图等，防止皱褶。一般要求纸筒尺寸偏差小，不脱层，不翘角等。

复合罐的规格型号较多，我国规定用代号FG—×××表示复合罐，后面的数字代表罐的内径的整数，表1-5-3是罐的型号与规格。所有的罐的高度在30～350mm之内，检验复合罐质量是否符合要求主要有如下四项指标，即外观质量、端盖脱离力、轴向压溃力、泄漏测试等。

1. 外观质量

罐身外表面不允许有凹陷、明显皱褶及划伤，端盖的封口部位应光滑严实；金属端盖不应有锈斑或伤痕；内壁无明显皱褶、无杂物，折边热封合无虚脱现象；此外罐面印刷应符合规定要求。

表1-5-3　复合罐型号与规格

产品型号	内径/mm	产品型号	内径/mm	产品型号	内径/mm
FG-52	52.4	FG-76	76.2	FG-126	126.1
FG-60	60.0	FG-78	78.0	FG-153	153.3
FG-65	65.2	FG-83	83.2	FG-165	164.5
FG-73	72.5	FG-99	99.1	FG-200	200
FG-74	74.1	FG-105	104.0		

2. 端盖脱离力

端盖脱离力是指金属端盖与罐体的联结强度。测试时将一端封金属盖、另一端开口的复合罐套在试验芯棒上，试验芯棒外径较测试罐内径小0.1mm，芯棒中空，为气体通路。当芯棒套入罐深1/2处时，用环形夹夹紧，并装好安全罩。然后通过通气管向罐内导入压缩空气，在（6±2）s内升高压力直至吹脱端盖，记录此时压力，然后用下式计算：

$$F=\frac{1}{4}\pi D^2 p \tag{1-5-2}$$

式中　F——端盖脱离力，N

D——复合罐内径，mm

p——端盖吹落时的压力，MPa

如果复合罐使用塑料盖，则检查其松紧度，即将一端封好铝箔并在其中心部位开一个比砝码稍大的孔，然后压上塑料盖。将该罐倒置在一平板上，放一砝码于罐内，然后拿住该罐上提，以塑料盖不掉下为合格。

3. 轴向压溃力

复合罐的抗压强度，用压力机测试其轴向受压至压溃时的力，用N表示。表1-5-4是复合罐轴向压溃力、端盖脱离力的规定值。

表1-5-4　　复合罐的承压强度及端盖脱离力

指标名称	单位	$D\leqslant$80mm	80mm$<D\leqslant$150mm	$D>$150mm
轴向压溃力	N	≥800	≥1000	≥1200
端盖脱离力	N	≥400	≥450	≥500

4. 泄漏试验（空气压力法）

该装置的结构类似于纸容器盒耐压测试仪（图1-5-7），用它向试样内充气达端盖脱离压力的40％～50％，然后将充气罐浸入已装满水的箱内，保持60s不冒气泡即为合格。

第四节　纸浆模塑制品

纸浆模塑制品简称纸浆模塑，它是以废纸为原料，添加部分化学药品，然后根据不同的用途制成各种形状的模型制品，用来作为鸡蛋、水果、精密器件、易破易碎的玻璃、陶瓷制品、工艺品、电器等的包装衬垫，它不仅具有良好的缓冲保护性能，而且通气吸潮性好，对鸡蛋、水果起到一定的保鲜作用。

生产纸浆模塑技术和设备近些年来发展很快，但其基本生产工艺过程是：浆料制备、模塑成型、干燥三道工序。

一、浆料制备

制备浆料时主要采用废纸和纸箱纸盒厂、印刷厂的纸边角余料为原料，将它们用水力碎浆机碎解成浆后，筛除杂质，加入适当胶料，以提高纸浆模的耐水性能。施胶一般采用成本较低的松香胶，加入量为纸浆重量的1.3％～3.0％，然后用10％的硫酸铝溶液将松香胶沉淀在纤维上。最后配置成浓度0.5％～1.5％的浆料。

二、模塑成型

与生产纸盒一样，生产纸浆模的关键设备是模具，它必须制成与被包装商品外形轮廓相似，或与被缓冲保护部位相配套的形状。由于形状复杂不易整体加工，故大都采用条状、小块加工后再拼装成模板。模板应选用耐腐蚀性能优良的材料如铜、合金钢、玻璃钢等制成。沿模板厚度方向开有滤水小孔，然后在其表面铺上一层铜网或其他滤网，要求网面与模板不规则表面紧密贴合在一起，这样模具就制好了，俗成阴模。

模塑成型原理与纸页成型一样，也是通过出滤网上纸浆中的水分而在网面形成纤维层，最后经压实脱水，干燥成型。

根据强迫脱水的方式不同，模塑成型分为真空成型法和压缩成型法。

1. 真空成型法

真空成型法是将纸料置于纸浆槽中，处于纸浆槽内的模具底部与一真空抽吸管道连接，如图 1-5-11 所示。工作时在抽吸力的作用下，纸浆中的水分穿过铜网被吸走，其中纤维聚积在网面并逐渐加厚，真空抽吸力越大，抽吸时间越长，纸浆浓度越高，则形成的纸浆模越厚，同时温度对加快生产速度也有利。

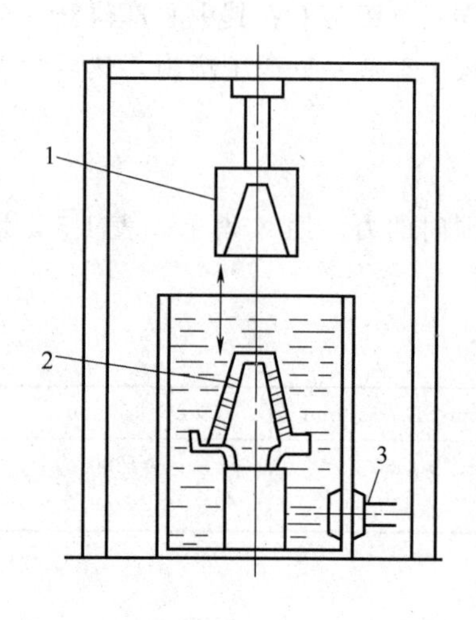

图 1-5-11　真空成型法

1—挤压模（阳模）

2—成型模（阴模）　3—抽气管

在网上成型的纸浆模比较疏松，含水量极高，必须先经压实后脱出更多水分，才能有足够的转移强度。一般模具上设有一加压装置，其与从纸浆槽中升高的阴模配合压实，干度达到 20%左右，然后经抽吸作用将成型压实后的纸浆模吸引附在阳模上，移动阳模将其放入托盘或传送带上，进入干燥段干燥。阴模重新浸入纸浆槽内，进入下一个循环的工作。

2. 压缩成型法

当纸浆在滤网上聚积到一定厚度以后，真空抽吸法脱水速度越来越慢，生产壁厚的纸浆模时会需要较长的成型时间。在这种要求下，最好采用压缩成型法。

压缩成型法是在阴模上方加压脱水形成纸浆模，根据加压方式，分为压力机压缩法和空气压缩法两种压缩法。

（1）压力机压缩成型法　压力机压缩成型法示意图如图 1-5-12 所示，它由形模、纸浆槽、液压机等组成，其特点是可用浓度较高的浆料（2.5%）来制造厚壁纸浆模，但要求纸浆模形态不可太复杂。工作时浆泵将池中纸浆抽入计量器内，正好足够生产一个预先设计好规格、厚度的纸浆模。成型阴模装在排水成型器底部，浆料中的水通过阴模滤网、排水孔流走，同时成型器上部的液压

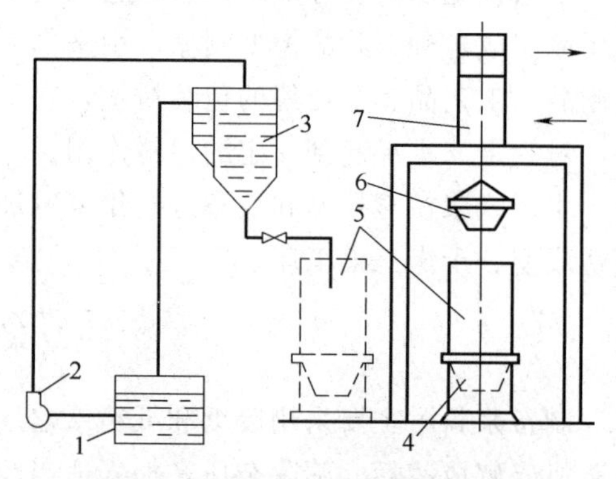

图 1-5-12　压力机压缩成型法

1—纸浆槽　2—浆泵　3—计量器　4—网状模

5—罩壳　6—网状挤压冲模　7—液压机

机将挤压冲头伸向成型器内，依靠液压冲头产生极大的挤压力（约 1.0MPa），使纸浆模脱水成型，最后在阳模抽吸作用下，将制件取出，由传送装置送去干燥。成型后制品的含水量为 76%～78%。当压力由 0.3MPa 增加到 1.2MPa 时，成型时间可缩短 20%～30%。

（2）空气压缩成型法　外型复杂且成缩颈状纸浆模如瓶、杯、箱，成型时无法采用挤压冲头，加工时常采用可拆卸的成型模具，装满纸浆后用压缩空气加压脱水成型。

图 1-5-13 所示压缩空气成型原理。计量槽内的纸浆流入成型箱以后，向箱内通入高温压缩空气，一直到水分挤出、干燥至规定要求为止，然后拆开网模取出制件。压缩空气压力对制品质量影响十分明显，实验表明，如果将空气压力由 0.1MPa 提高到 0.4MPa，则制品密度可提高 40%～50%，制品强度提高 60%～65%。

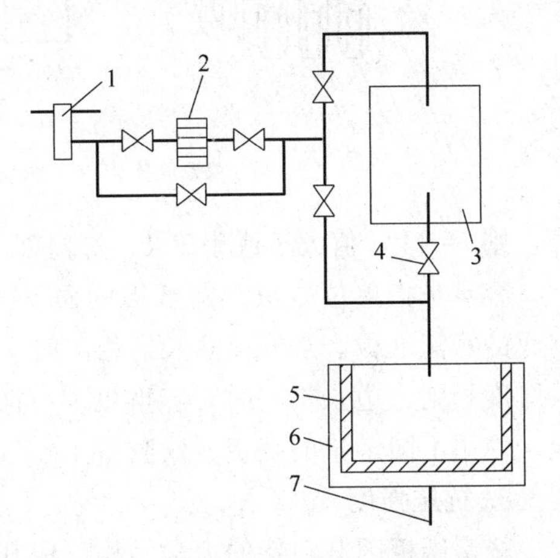

图 1-5-13　纸浆模压缩空气成型原理图
1—鼓风机　2—空气压缩机　3—计量槽
4—阀　5—网模　6—模箱　7—排水管

三、干　　燥

纸浆模的干燥方法有自然干燥法、干燥室干燥法和烘道连续式干燥法。自然干燥时是将湿纸浆模放在网状托盘内，然后放在太阳下晾晒，或放在专门场地里内，让水分自然蒸发干燥，时间长，但干燥均一性好，很少发生翘曲。

干燥室和烘道干燥能提高生产速度，但由于受热不均匀和制品厚度相差甚大，故在干燥过程中很容易发生翘曲变形，如有条件，最好能在模型装置贴压下干燥定型，并控制合适的干燥温度曲线。

干燥后的纸浆模要求水分在 7%～12%。水分过高时会降低制品强度，影响使用效果。

第五节　蜂窝纸板及其包装制品

蜂窝是一种用有限的材料制造出体积最大、强度最高的优化结构，利用仿生学原理，20 世纪 40 年代人们开发出铝质蜂窝板，用于制造飞机机翼和机体，既减轻了飞机自身重量，又提高了强度。不久这一技术转移到民用领域，铝板由箱纸板、瓦楞原纸等替代，生产出蜂窝纸板，以高强度、高挺度、承重大、弹性好等特点，广泛用于包装、家具、建筑墙板和门等领域。

一、蜂窝纸板的基本特征

蜂窝纸板是由六面体蜂窝芯结构与面纸贴合后形成的，它的强度性能不仅与面纸和芯纸所用原料的特性有关，而且在较大程度上取决于蜂窝芯的结构，图 1-5-14 为蜂窝纸板的基本结构，其中蜂窝直径 d 是用正六边形内切圆直径来表示的。

1. 孔径比和容重

蜂窝孔间距 a 与蜂窝直径 d 的比称为孔径比 i，即 $i=\frac{a}{d}$。如果生产工艺条件控制得

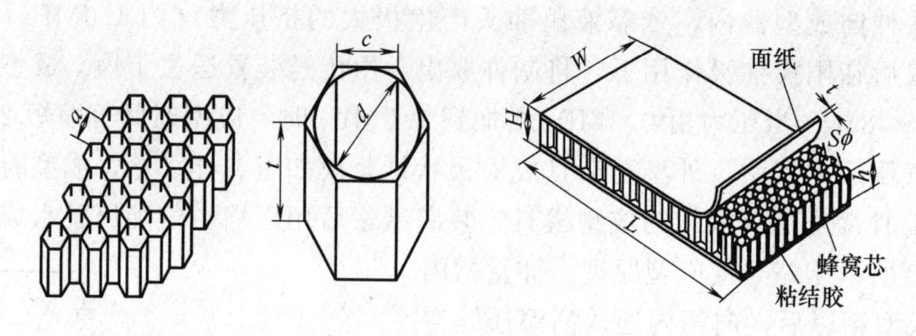

图 1-5-14　蜂窝纸板的基本结构

a—蜂窝孔间距　*c*—蜂窝边长　*d*—蜂窝直径　*t*—蜂窝高度

当，则 $i=1$；i 值大于或小于 1，蜂窝都不会是正六边形，其强度性能下降。

容重是指单位体积蜂窝纸板的质量，用 g/cm^3 表示。不难分析得出结论，同种材料制成的蜂窝纸板，当蜂窝边长 c 相同时，随着蜂窝纸板厚度的增加，容重减小；当蜂窝纸板厚度相同、边长不同时，容重也不一样；另外，对于相同厚度、蜂窝孔径相同的蜂窝纸板，使用不同定量的纸板或涂胶量不一致时，蜂窝纸板容重也不同。

2. 抗压强度

蜂窝纸板因其独特的力学结构，使其具有优良的抗压、抗折强度和较高的刚度，能承载较大的平面压力。有关资料表明，10mm 厚的蜂窝纸板承压强度可达 5～30kPa，如用胶合板或纤维板替代面纸制成蜂窝板，可用来制造重载托盘和大型包装箱。

3. 缓冲性能

蜂窝结构大大减少了纸板用量，使蜂窝纸板容重较小（约为 $0.024g/m^2$），因而增加了可压缩变形空间，使得蜂窝纸板具有良好的缓冲性能；加大蜂窝芯厚度，吸收冲击能量就越大，缓冲效果越好。

4. 静态弯曲强度

静态弯曲强度高是蜂窝纸板的特征之一，在压力机上通过三点加载方式即可测得。通过下式可计算出蜂窝纸板的弯曲强度：

$$N=\frac{FL^3}{48dB} \tag{1-5-3}$$

式中　N——弯曲强度，N·cm

F——弯曲力，N

L——跨距，mm

B——试样宽度，mm

d——挠曲值，mm

5. 粘合强度

一般先将蜂窝纸板里纸和面纸剥开一定的长度，然后夹在拉力机试样夹上测定蜂窝纸板的粘合强度。

此外，还可测量蜂窝纸板的水分等其他性能。

二、蜂窝纸板生产工艺与设备

制造蜂窝纸板一般分为两段，第一段先制造出蜂窝芯，第二段将蜂窝芯拉伸定型后，通过涂胶、贴压干燥、分切，最后才能获得蜂窝纸板。

1. 蜂窝芯的制造

目前制造蜂窝芯有两种工艺，一种是卷绕式成型工艺，另一种为平粘式成型工艺。

（1）卷绕式成型工艺　卷绕式成型工艺由放卷、涂胶、卷绕、切断、蜂窝芯分切和粘结等工序组成。首先将多个卷筒纸安装在原纸架上，以恒定的张力和速度释放，达到涂胶装置后，由表面沿周长开有凹槽和凸平齿的涂胶辊向纸面涂胶，凹槽宽度为蜂窝芯边长的2倍，凸平齿宽度等于蜂窝芯边长，凸平齿面将胶涂在纸幅上，在纸幅纵向形成连续的宽度为 c 的涂胶线；在一个直径约 3.5m 的八角鼓上，涂了胶的纸幅逐层卷绕起来，达到一定厚度以后，由一切刀沿八角鼓横向切断卷绕粘贴成的蜂窝芯纸坯。

将蜂窝芯纸坯按产品的需要，分切为一定宽度的蜂窝芯条，然后逐条粘结形成连续的蜂窝芯坯料，利于后续加工生产。

蜂窝芯卷绕式生产工艺效率高，速度快，生产速度可达 300～400m/min，一条这样的生产线可供应多条蜂窝纸板制板生产线使用。

（2）平粘式成型工艺　蜂窝纸芯平粘式生产工艺如图 1-5-15 所示，它由供纸、涂胶、分切、粘合等工序完成。

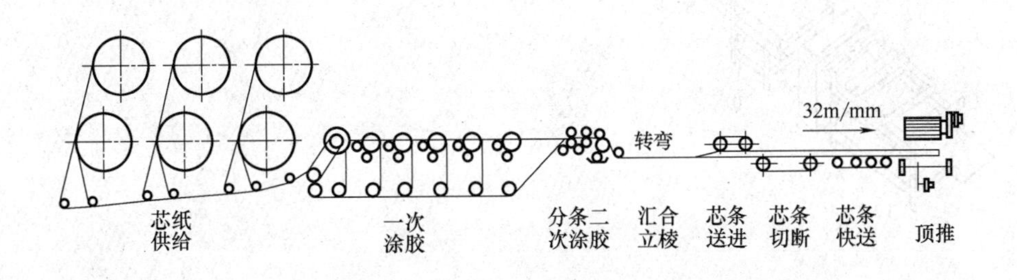

图 1-5-15　蜂窝纸芯平粘式生产工艺示意图

① 供纸。退纸架将卷筒纸按一定速度和张力释放，为了加快生产速度，一般同时使用六个或以上的卷筒纸。

② 涂（印）胶。与卷绕式生产蜂窝纸芯所用的涂胶辊不同，平粘式生产线用的涂胶辊类似于瓦楞辊，沿纸幅横向涂布胶线。

③ 分切。涂胶后的纸板粘结后分切成一定的长度，然后层叠至一定厚度，再分切成蜂窝纸板所需要的蜂窝芯高度。将切成的单垛蜂窝芯边涂胶，粘结成连续的蜂窝芯坯料。

蜂窝纸芯平粘式生产线速度较低，但原纸利用率高。

2. 蜂窝纸板成型工艺

蜂窝纸板成型生产线如图 1-5-16 所示，由原纸架、涂胶机、复合机、裁切机等机构组成。

（1）原纸架　原纸架主要用来支承释放面纸和里纸。

（2）蜂窝芯拉伸干燥机　蜂窝芯拉伸干燥机的作用是将从蜂窝芯成型生产线送来的蜂窝芯坯拉伸开，尽量使蜂窝芯孔径比 $i=1$。为了使拉伸后的蜂窝芯纸在生产过程中不再回缩变形，拉伸的同时还向芯纸适量喷水，然后在恒定张力作用下干燥，使拉伸后的蜂窝定型固定。

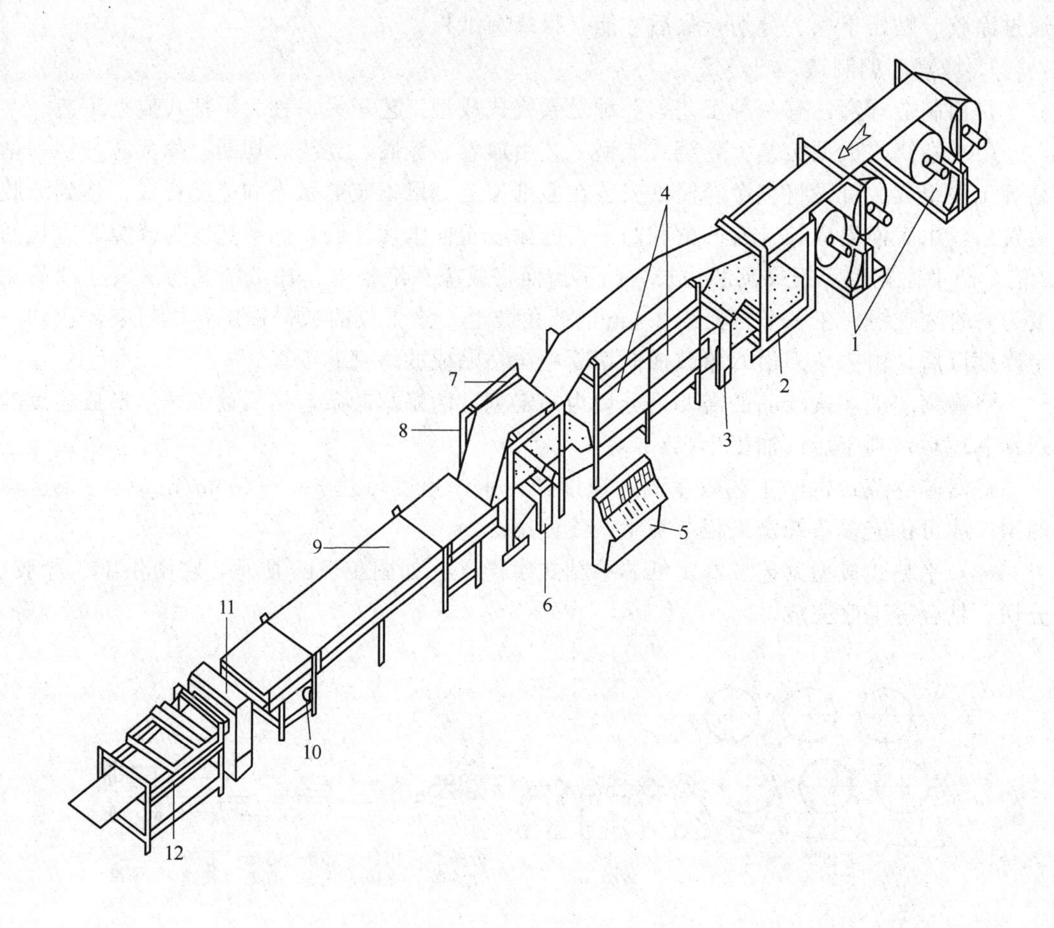

图 1-5-16　蜂窝纸板成型生产线

1—原纸架　2—蜂窝芯拉伸装置　3—蜂窝芯定型装置　4—干燥部　5—主电控柜　6—涂胶机　7—纠偏装置　8—控制装置　9—复合装置　10—主动力装置　11—纵切机　12—横切机

（3）涂胶机　涂胶机在拉伸定型后的蜂窝芯两面同时上胶，以便与面、里纸粘贴形成蜂窝纸板。为了提高纸板粘结强度，有的蜂窝纸板生产线上安装有打毛装置，在涂胶前将蜂窝芯两面打磨起毛，增加其与面、里纸的粘结面积。

（4）复合机　复合机将里纸、面纸和涂胶后的蜂窝芯贴压粘结在一起形成蜂窝纸板，有的生产线还带有干燥系统，用以提高生产速度和产品质量。

（5）裁切机　粘结成型后的蜂窝纸板最后被裁切成一定规格的平板，由于蜂窝纸板厚度较大，故一般采用圆锯裁切的方法，避免切口撕连或压扁。

三、蜂窝纸板包装制品

蜂窝纸板在包装上主要用于制作重型包装箱、托盘、缓冲衬垫等，图 1-5-17 是蜂窝纸板制成的包装制品。

蜂窝纸板加工成包装制品主要使用锯切机，因此将蜂窝纸板裁切成矩形块、条比较方便；而在蜂窝纸板上完成切角、压线、开孔等操作，还须开发相应的高效加工设备。

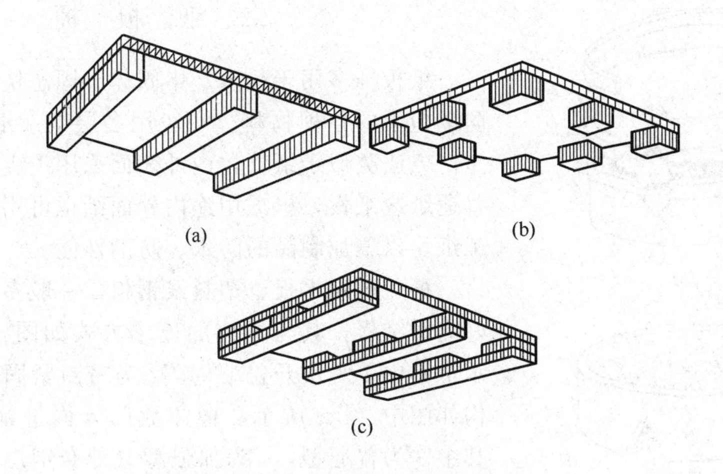

图 1-5-17　蜂窝纸板制成的包装制品

（a）一般双向入口型　（b）一般四向入口型　（c）标准四向入口型

第六节　其他纸包装制品

其他纸包装制品有纸杯、纸桶以及贴体裹包、扭结包装等，它们用于一些特定包装场合。

一、纸　　杯

纸杯是以漂白木浆制成的白纸板经印刷、涂蜡或树脂（如 PE）后模切、卷取成型的，它用于快餐、牛奶、冰淇淋、果冻等的包装，也作为一次性卫生饮料杯使用，具有轻便、成本低、废弃物易于处理的等优点。

纸杯以包装食品为主，如果流通期短，在薄纸板表面进行涂蜡处理即可；流通期长时，应采用浸蜡处理，浸蜡前应尽量除去纸板中的水分，以提高制品的刚性与耐水性。值得注意的是，浸蜡处理的纸杯较涂蜡的耐水性好，折曲时不会因蜡层破裂而影响防水性能。

盛装热饮料的纸杯，不能用涂蜡和浸蜡处理，而应涂布耐温较高的聚乙烯树脂，必要时采用复合纸板，这些纸板具有热封性，包装冰淇淋、果冻等食品后还可热合加盖。

纸杯的成型工艺过程：首先将印刷、耐水加工以后的纸板在模切装置上切出杯体和杯底纸片，制杯机将杯体接合处上胶，在杯状模具上卷取形成杯体；杯底经翻转后套入杯体底部，用黏合剂粘在杯体上，卷边模具将杯体与杯底结合的缘口部分翻卷并压紧，形成不透水不透气的密封底部，最后将杯口翻边形成弧形口缘，以增加杯口部刚度与耐水性，利于使用。

为美化杯体造型及增加杯体刚度，也可以将纸杯外部套接以波纹状筋板，俯视时形如梅花状结构，用作儿童食品或其他小型工艺品包装；此外采用多层结构也会提高纸杯的强度。

二、纸 板 桶

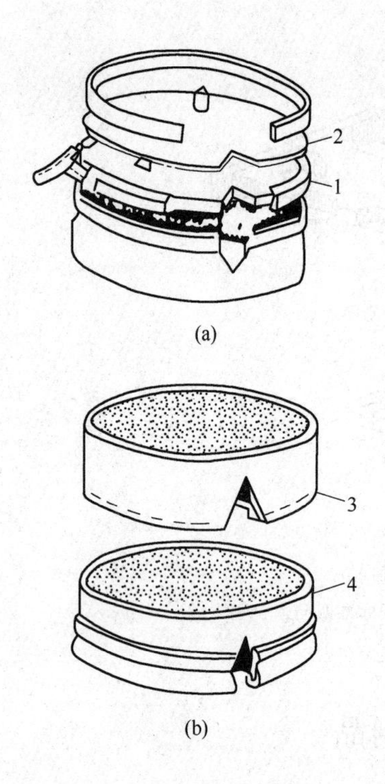

图 1-5-18 纸桶桶盖与桶底结构
（a）桶盖 （b）桶底
1—快开盖 2—密封盖
3—普通底 4—加强型底

纸板桶多用于粉末、半固体、固态块状商品及需要防潮包装的各种物料。一般用多层纸或纸板卷制而成，生产方法类似于纸管，内外表面采用牛皮纸，中间层用普通纸或纸板，根据用途内外面纸也可用浸渍或涂布加工纸，以增加制品的防水、防潮性能。

桶盖可用木板、塑料或钢板，一般多用价廉且性能好的纤维板，其与桶体的连结方式如图 1-5-18（a）所示，其中 1 为快开盖结构，2 为密封紧固结构。桶底结构如图中（b）所示，桶体面凹入嵌进桶体，以防潮，其中 3 为普通型，4 为加强型（外套钢皮环，便于叉车铲装运）。

多层纸板桶直径为 250～600mm，高度最大时为 1500mm，容积 25～250L。

单层纸板桶大多用一块纤维板卷成桶体，纵向直缝可用搭接压粘或用铁件钩连等方式制成圆桶型。桶体底部及口部的外侧滚压出凹槽，以便安放桶底板及加盖紧固。纤维板桶底部一般均套有金属加强箍，以便使桶体与桶底牢固联结。

纤维板桶的抗冲击性能，强度及接缝强度比多层纸板桶差，防水防潮性能也比较低，故一般只适合包装干燥粉粒状物料。

思 考 题

1. 简述纸盒生产原料、结构特征和生产工艺、设备。
2. 简述纸袋的种类、生产原料、工艺及设备，并指出它们的用途。
3. 简述复合罐的生产原料与工艺。
4. 简述纸浆模塑包装制品生产原料、工艺及设备。
5. 为什么提倡发展蜂窝纸板？简述蜂窝纸板的生产材料与工艺。

第二篇　塑料包装材料与制品

塑料是可塑性高分子材料的简称，它与合成橡胶、合成纤维等同属高分子材料。高分子材料的40%左右应用于包装，在包装行业中高分子材料主要以塑料、橡胶、纤维、黏合剂、涂料、油墨等形式使用，其中以塑料制品的应用最广。塑料薄膜及其软包装袋、中空容器（瓶、罐、桶等）、周转箱、片材的吸塑容器、泡沫塑料缓冲包装材料、编织袋、捆扎带等均是塑料制品。

第一章　塑料包装材料概述

第一节　塑料包装的特点及其制品

一、塑料包装的特点

塑料包装材料之所以发展迅速，是由于与其他包装材料相比，塑料有很多优点：

1. 质轻、机械性能好

塑料的相对密度一般为0.9～2.0g/cm^3，只有钢的1/8～1/4，铝或玻璃的1/3～2/3。按材料单位重量计算，强度比较高；制成同样容积的包装，使用塑料材料将比使用玻璃、金属材料轻得多，这对长途运输将起到节省运输费用、增加实际运输能力的作用。

塑料包装材料在其拉伸强度、刚性、冲击韧性、耐穿刺性等机械性能中，某些强度指标较之金属、玻璃等包装材料差一些，但较纸材要高得多；且在包装行业中应用的塑料材料，某些特性可以满足包装的不同要求，如塑料良好的抗冲性优于玻璃，能承受挤压；可以制成泡沫塑料，起到缓冲作用，保护易碎物品。

2. 适宜的阻隔性与渗透性

选择合适的塑料材料可以制成阻隔性适宜的包装，包括阻气包装、防潮包装、防水包装、保香包装等，用来制造易因氧气、水分作用而氧化变质、发霉腐败的食品等的包装材料。对某些蔬菜水果类生鲜食品，对包装要求有一定的气体和水分的透过性，以满足蔬菜水果的呼吸作用，用塑料制得的保鲜包装能满足上述要求。

3. 化学稳定性好

塑料对一般的酸、碱、盐等介质均有良好的耐腐蚀能力，足以抵抗来自被包装物（如食品中的酸性成分、油脂等）和包装外部环境的水、氧气、二氧化碳及各种化学介质的腐蚀，这一点较之金属有很强的优势。

4. 光学性能优良

许多塑料包装材料具有良好的透明性，制成包装容器可以清楚地看清内装物，起到良好的展示、促销效果。

5. 卫生性良好

纯的聚合物树脂几乎是没有毒性的，可以放心地用于食品包装。但个别树脂的（游离）单体（如聚氯乙烯的单体氯乙烯等）如果在用做食品包装容器时含量过高，超过一定浓度时，容易迁移到被包装的食品中，经食品进入人体后有一定的危害作用，如果在树脂聚合过程中尽量将游离单体控制在一定数量之下，则可确保其卫生性。

另外要指出的是用于食品包装的聚合物树脂其在聚合时所使用的各类助剂以及在后期加工过程中所添加的各类助剂的品种和数量都要符合相关法规和标准的要求。

6. 良好的加工性能和装饰性

塑料包装制品可以用挤出、注射、吸塑等方法成型，还能很容易地对所需要的颜色着色或印刷上装潢及说明图文。塑料薄膜还可以很方便地在高速自动包装机上自动成型、灌装、热封，生产效率高。

塑料材料虽然有上述优点，但同时也有许多缺点，如强度和硬度不如金属材料高，耐热性和耐寒性比较差，材料容易老化等，这些缺点使得它们的使用范围也受到一些限制。

二、塑料包装制品

1. 薄膜

包括单层薄膜、复合薄膜和薄片，这类材料做成的包装也称软包装，主要用于包装食品、药品等。单层薄膜的用量最大，约占薄膜的2/3，其余的则为复合薄膜及薄片。制造单膜最主要的塑料品种是低密度聚乙烯，其次是高密度聚乙烯、聚丙烯、聚酰胺、聚氯乙烯和聚对苯二甲酸乙二醇酯等。

薄膜经电晕处理、印刷、裁切、制袋、充填商品、封口等工序来完成商品包装。有的还需要在封口前，抽成真空或再充入惰性气体（氮气或二氧化碳），以提高商品货架寿命。薄膜经双轴（向）拉伸热定型，制成收缩薄膜，这种膜有较大的内应力，包装商品后迅速加热到接近树脂的黏弹态，则薄膜会产生30％～70％的收缩，把商品包紧（即热收缩包装）。

厚度为0.15～0.4mm的透明塑料薄片，经热成型制成吸塑包装，又称泡罩（或贴体）包装，在包装药片、药丸、食品或其他小商品方面已普遍应用。

2. 容器

（1）塑料瓶、桶、罐及软管容器　使用的材料以高、低密度聚乙烯和聚丙烯为主，也有用聚氯乙烯、聚酰胺、聚苯乙烯、聚酯、聚碳酸酯等树脂的。这类容器容量可小至几毫升，大至几千升。耐化学性、气密性及抗冲击性好，自重轻，运输方便，破损率低。如聚酯吹塑薄壁瓶，透气性低，能承受压力，已普遍用来盛装汽水等充气饮料和饮用水等。

（2）杯、盒、盘、箱等容器　以高、低密度聚乙烯、聚丙烯以及聚苯乙烯的发泡或不发泡片材，通过热成型或其他方法制成，主要用于包装食品。塑料包装箱的性能比纸箱或木箱好得多，用低发泡钙塑材作包装箱可降低包装商品的成本。用聚丙烯或高密度聚乙烯制成的各种周转箱，比木箱容易清洗、消毒，使用寿命长。

3. 防震缓冲包装材料

防震缓冲包装材料常用聚苯乙烯、低密度聚乙烯、聚氨酯和聚氯乙烯等泡沫塑料。泡沫塑料按其刚性高低，分硬质和软质两类；按泡沫结构，分闭孔和开孔两种。其密度为

0.02～0.06g/cm^3，具有良好的隔热和防震性，主要用作包装箱的缓冲内衬。

在两层低密度聚乙烯薄膜之间充以气泡制成的薄膜，称为气泡塑料薄膜或气垫薄膜，密度为0.008～0.03g/cm^3，适用于包装食品、医药品、化妆品和小型精密仪器等。

将聚苯乙烯或低密度聚乙烯在挤出机内通入加压且易于汽化的气体，经挤出吹塑而成低发泡薄片，称为发泡片材，再用热成型方法，可制成食品包装托盘、餐盘、蛋盒及快餐食品包装盒等。

4. 密封材料

包括密封剂和瓶盖衬、垫片等，是一类具有粘合性和密封性的液体稠状糊或弹性体，以聚氨酯或乙烯-醋酸乙烯酯树脂为主要成分，用作桶、瓶、罐的封口材料。橡胶或无毒软聚氯乙烯片材，可作瓶盖、罐盖的密封垫片。

5. 带状封缄材料

包括打包带、撕裂膜、胶粘带、绳索等。塑料打包带常用聚丙烯、高密度聚乙烯或聚氯乙烯树脂来加工，经单轴拉伸取向、压花而成宽13～16mm的带，单根抗拉强度在1300N以上，较铁皮或纸质打包带捆扎方便、结实。

第二节　高分子材料基础知识

高分子材料是以高分子化合物为主要组分的材料。相对分子质量大是高分子化合物最基本的特性，通常高分子的相对分子质量在5000～1000000，具有较好的强度和弹性。表2-1-1中列出了常见有机高分子化合物的平均分子量。

表2-1-1　　常见有机高分子化合物平均相对分子质量

天然有机高分子化合物		合成有机高分子化合物	
物质	平均相对分子质量/万	物质	平均相对分子质量/万
淀粉	约100	聚苯乙烯	≥5以上
蛋白质	约15	聚异丁烯	1～10
纤维素	约20	聚甲基丙烯酸甲酯	5～14
果胶	约27	聚氯乙烯	2～16
乳酪	2.5～37.5	聚丙烯腈	6～50

高分子化合物包括有机高分子和无机高分子化合物两大类。有机高分子化合物又可分为天然与合成的。例如，淀粉、纤维素、蛋白质和天然橡胶等，属于天然有机高分子化合物。由人工合成的方法制得的有机高分子化合物称为合成有机高分子化合物。例如，塑料、合成橡胶、合成纤维等，都属于合成有机高分子化合物。无机高分子化合物则在它们的分子主链组成中没有碳元素，例如硅酸盐材料、玻璃、水泥、陶瓷等。在没有特别说明时，“高分子”通常是指有机高分子。

一、高分子材料的分类

有机合成高分子化合物的品种和数量现在已经大大超过了天然有机高分子化合物和无机高分子化合物，而且随着合成工业的发展和新的聚合反应方法的出现，其品种和数量还将继续增加。高分子材料的分类方法有多种，可按反应类型、化学结构和所用原料类别等进行分类，但应用最多的是将高分子材料按其热行为分为热塑性高分子材料和热固性高分子材料两种。从材料的使用角度考虑，这种分类便于认识高聚物的特性。

1. 热塑性高分子材料

热塑性高分子材料本身多为长链大分子，线型或支链型聚合物。当加热此类材料超过一定温度时，材料就软化，进而产生流动，很少有化学反应发生，仅仅是物理的变化过程；当温度降至一定温度时，材料就硬化恢复原来的状态；再受热又可软化，冷却再变硬；这类材料在某些特定溶剂的作用下还可溶解，成为高分子溶液，溶剂挥发后，材料仍可回复到原来的状态。所谓热塑性塑料就是能反复进行上述熔融和溶解过程的塑料。包装上常用的聚乙烯、聚丙烯、聚氯乙烯、聚酰胺、聚碳酸酯、聚乙烯醇、聚偏氯乙烯等均为热塑性高分子材料。

2. 热固性高分子材料

热固性高分子材料本身原来是由较低分子量的物质构成，也为线型结构。但一经加热，材料首先软化，呈现出流动性，随即发生缩聚反应，脱出小分子物质并生成中间缩聚物，进而该中间缩聚物分子间发生交联反应，生成具三维交联的体型结构高分子化合物，最终固化成为不熔、不溶的高分子材料。酚醛树脂、脲醛树脂、环氧树脂等均为热固性高分子材料。

其次，还可以按下面的方法分类：

（1）按化学组成可分为碳链、杂链和元素有机高分子三类。它表示出大分子链组成的特点。

（2）按大分子链的几何形状分为线型和体型两大类。

线型是各链节连接成一长链（也可带支链）。体型是线型大分子间相互交联，形成网状结构的高聚物。

表 2-1-2 是热固性高分子材料和热塑性高分子材料的对比。

表 2-1-2　　热固性高分子材料和热塑性高分子材料的对比

	热塑性高分子材料	热固性高分子材料
分子结构	线型及支链型大分子	线型(大)分子，固化后成为三维交联的体型结构大分子
热行为	受热可融化，冷却又变硬，可反复此过程	制成制品后即成为不溶不熔的材料
溶解性	可溶于特定的溶剂	仅在某些溶剂中溶胀
成型方法	可用注射、挤出、压延、热成型等方法加工，也可用机械加工的方法加工	可用模压、层压成型、反应挤出与注射成型及机械加工等方法加工
透明性	多数材料能制成透明制品	少数制品透明，多数不透明
可回收性	大多数材料可回收再次使用	材料成型时已形成三维体型结构，不溶不熔，难以回收再次使用

二、高分子材料的命名

高分子材料的命名方法比较繁杂。有些以专用名称命名，例如蛋白、淀粉等；有些在单体名称前加“聚”字，例如聚乙烯等；有的在单体名称后加“树脂”或“橡胶”二字，例如酚醛树脂、顺丁橡胶等；一些结构复杂的高聚物为方便起见，还可以称呼其商品名称，如有机玻璃（聚甲基丙烯酸甲酯）。还有的以英文字母表示，如ABS等。如同多数科学领域的情况一样，这些名称多数是历史上沿用下来的，并没有全面的指导原则。加上高分子材料科学的内容广泛、庞杂，造成在高分子材料命名上五花八门。虽然国际纯粹和应用化学联合会（International Union of Pure and Applied Chemistry IUPAC）提出了高分子材料命名的方法，但很大程度上尚未为高分子科学界的许多人所接受。

在实际高分子材料命名中存在着各种各样的方法，但使用较多的有三种命名法：即习惯命名法、商品（或工业）命名法和IUPAC命名法，表2-1-3是用这三种方法命名的一些普通高分子材料的名称。

表 2-1-3　　**高分子材料不同命名法的比较**

习惯命名系统	工业命名系统	IUPAC命名系统
聚丙烯腈	聚丙烯腈	聚(1-腈基亚乙基)
聚(氧化乙烯)	聚氧化乙烯	聚(氧亚乙基)
聚(对苯二甲酸乙二醇酯)	聚对苯二甲酸乙二醇酯	聚(氧亚乙基对苯二酰)
聚异丁烯	聚异丁烯	聚(1,1-二甲基亚乙基)
聚(甲基丙烯酸甲酯)	聚甲基丙烯酸甲酯	聚[(1-甲氧基酰基)-1-甲基亚乙基]
聚丙烯	聚丙烯	聚亚丙基
聚苯乙烯	聚苯乙烯	聚(1-苯基亚乙基)
聚(四氟乙烯)	聚四氟乙烯	聚(二氟亚甲基)
聚(醋酸乙烯酯)	聚醋酸乙烯酯	聚(1-乙酰氧基亚乙基)
聚(乙烯醇)	聚乙烯醇	聚(1-羟基亚乙基)
聚(氯乙烯)	聚氯乙烯	聚(1-氯亚乙基)
聚(乙烯醇缩丁醛)	聚乙烯醇缩丁醛	聚[(2-丙基-1,3-二氧杂环,己烷-4,6二氧基)-亚甲基]

三、高分子材料的合成

1. 单体、聚合度、平均分子量的概念

高分子化合物的分子量虽然很大，但它的化学组成一般并不复杂。它们大多是由一种或几种简单的低分子化合物重复连接而成。高分子化合物又称为高聚物，物质由低分子化合物到高分子化合物的转变过程，称为聚合。聚合以前的低分子化合物称为单体。聚乙烯树脂的聚合可表示如下：

$$nH_2C{=\!=}CH_2 \longrightarrow \left[\begin{array}{c}CH_3\\|\\CH\end{array}{-}CH_2\right]_n$$

由此可见，高分子化合物是由特定的结构单位（单元）多次重复组成的。其中特定的结构单位，称为链节；特定结构单位的重复个数，称为聚合度。上例中聚乙烯的链节为$—CH_2—CH_2—$，聚合度为n。

在聚合过程中，要使同一种高分子化合物的各个分子所含链节数相等是很困难的，因此各个高分子的分子量也就不同，这样高分子化合物都是由许多化学结构组成相同、分子链链节数不等的同系高分子组成的混合物，我们把其称作高分子（分子量）的多分散性。

高分子化合物的相对分子质量=链节相对分子质量×聚合度

高分子化合物的相对分子质量，指的是平均相对分子质量。平均相对分子质量的大小及分布情况，对于高分子化合物的性质有很大影响，是高分子化合物的一项重要技术指标。在工业生产上需控制相对分子质量的大小及其分布情况以得到预期性能的高聚物。

2. 聚合反应类型

高聚物是由一种或几种被称做单体的简单化合物聚合而成。由低分子物质合成为高聚物的基本方法有两类：加成聚合反应（简称加聚反应）和缩合聚合反应（简称缩聚反应）。

（1）加聚反应　加聚反应的单体一般都是含有不饱和键（如双键）的有机化合物，例如烯烃和二烯烃等。

高聚物的原子是以共价键相连接的。高聚物经过光照、加热或用催化剂处理等引发作用，就可以把双键打开，第一个分子便和第二个分子以化学键连结起来，第二个分子又和第三个分子连结，一直连成一条大分子链。这样的化学作用使分子和分子一个一个键接起来成为一个大分子，所以称为加聚反应。例如，乙烯在引发剂的作用下，打开双键，逐个地连接起来便成为聚乙烯。

参加加聚反应的单体可以是一种，也可能是两种或多种。前者称为均聚，得到的产物是均聚物；后者称为共聚，生成的是共聚物。共聚物的多种单体的键接形式有以下几种：

① 无规共聚。AB两种结构单元无规排列；

------ABBBBAAABBBBBABAB-------

② 交替共聚。AB两种结构单元有规律地键接；

------ABABABABABABABABAB------

③ 嵌段共聚。AB两种不同成分的均聚链段彼此无规键接；

------AAAABBBBBAAAAAABBBBBBAAAAAABBBBBB----

④ 接枝共聚。在一种高聚物主链上键接另一种成分的侧链。

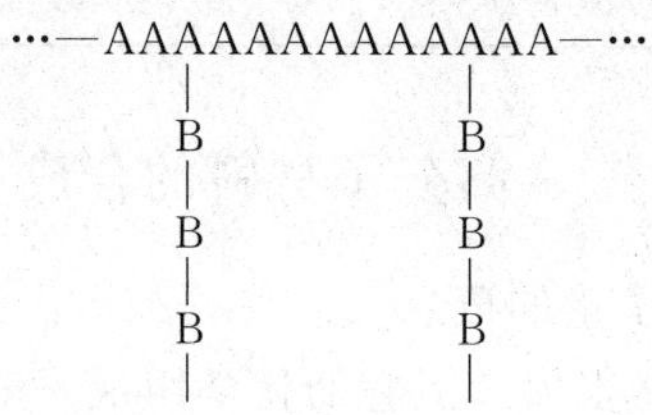

一般说来，凡是带有不饱和键的有机化合物，原则上都可以发生加聚反应。加聚反应是目前高分子合成工业的基础，约有80%的高分子材料是由加聚反应得到的，例如聚烯烃塑料、合成橡胶等。

（2）缩聚反应　缩聚反应是由相同或不同的低分子物质聚合，在生成高聚物的同时常有H_2O、NH_3、卤化氢、醇等低分子物质的析出。所得到的高聚物，其组成与原料物质的组成不同。例如，通过二元酸和二元醇的酯化作用，得到聚酯。

根据所用单体的不同，缩聚反应可分为均缩聚和共缩聚两种。

① 均缩聚反应。含有两种或两种以上官能团的一种单体进行的缩聚反应称为均缩聚反应。例如，氨基酸均缩聚得到聚酰胺。

② 共缩聚反应。含有不同官能团的两种（及两种以上）单体进行的缩聚反应称为共

缩聚反应。例如，己二胺和己二酸经共缩聚反应生成尼龙66。

缩聚反应有很大的实用价值，酚醛树脂、环氧树脂、聚酰胺和聚酯等都是用缩聚反应合成的。

四、高分子材料的结构和性质

1. 高分子链的组成与形态

高分子中各原子是由共价键结合起来的，称之为主价键。分子中两原子核间的位置决定了主价键的键长，分子形成能和离解能就是主价键的键能。键长和键能对高分子的性能，特别是熔点、强度有着重要影响。高分子是由原子以共价键相结合而成的长链大分子，它极少是伸展着的直链，而是具有各种不同的（卷曲）形状。由高分子链组成的高聚物，它的性质取决于它的化学结构、分子量的大小、链的形状和柔性以及分子链的结合力大小等因素。

按照高分子链的几何形状，可以分成线型和体型两种结构。聚乙烯就属于线型。这种结构是由许多链节联成一个长链，其分子直径与长度之比可达1∶1000以上。这样长而细的结构，如果没有外力拉直，是不可能成为直线状的，因此通常它们蜷曲成不规则的线团状。有一些高分子化合物的大分子链可以带有一些小的支链，但是这两种都是属于线型结构。具有线型结构的高分子化合物，它们的物理特性是具有弹性和塑性，在适当的溶剂中可以溶胀或溶解，升高温度时则软化、流动。

如果分子链和分子链之间有许多链节相互交联起来，成为立体结构，则称为体型（或交联）结构。体型结构的高分子的形成是按三维空间进行的，像一张不规则的网，因此也称为网状结构。具有体型结构的高分子化合物，主要特点是无弹性（特别是交联程度较高时）和塑性，脆性大，不溶于任何溶剂（交联程度不高时会有一些溶胀），分解温度低于熔化温度，因此熔融前就分解了。

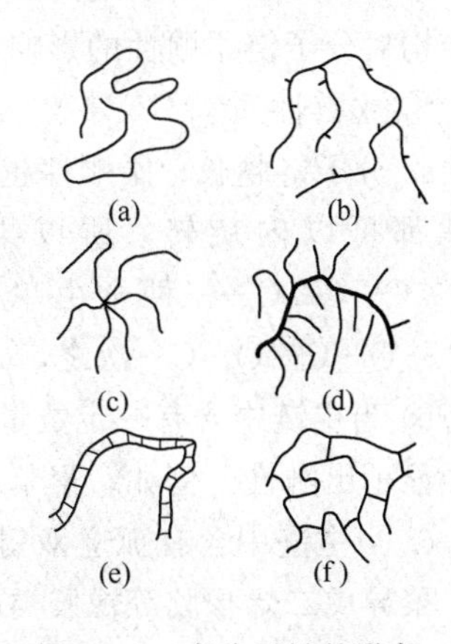

图2-1-1　高分子链的形态

（a）线型高分子　（b）支链大分子
（c）星型高分子　（d）接枝共聚高分子
（e）梯形高分子　（f）体型大分子

如果将高分子的结构再分的细一些，除了线型和体型大分子外，还有支链大分子、星型高分子、接枝共聚高分子、梯形高分子等，图2-1-1是高分子链的形态。

一个高分子通常含有不同的取代基。根据取代基所处位置的不同，高分子又有不同的立体构型。如乙烯类高分子链常有以下三种构型（见图2-1-2）：

① 全同立构。取代基R全部处于主链的一侧。

② 间同立构。取代基R相间地分布在主链的两侧。

③ 无规立构。取代基R在主链两侧作不规则的分布。

立体构型的不同对高分子化合物的物理、机械性能影响很大。例如，无规立构的PS由于结构规整性差而不能结晶，耐热性较差，80℃即开始软化，但是它的透明性好，易于加工应用比较广泛。全同立构的PS，结构规整，结晶度高，熔点高，综合性能较好，目前正在推广使用。

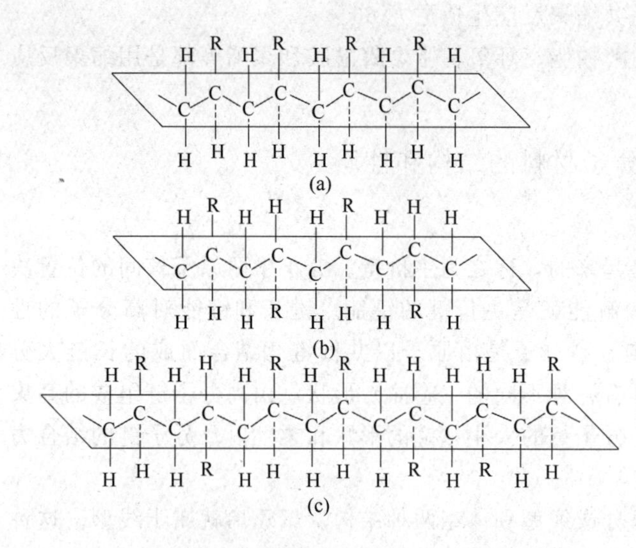

图 2-1-2 乙烯类高分子链的三种构型

（a）全同立构 （b）间同立构 （c）无规立构

2. 高分子链的柔顺性

（1）高分子链节的柔顺性 高分子化合物具有很长的分子链，这是它与低分子化合物的主要区别。它的另一特点，就是其分子链一般并不是伸直的，而是呈卷曲状态的，而且其形态可以随外界条件和环境的变化而变化。高分子链卷曲的原因与单键的内旋转能力有关，单键内旋转的能力越强，其分子链的柔顺性越良。我们把这种不规则地卷曲的高分子链的构象为无规线团。

（2）影响柔顺性的因素 热运动能使大分子从一种构象转变为另一种构象，温度高，分子热运动能量充分，便于内旋转，当逐渐冷却到一定程度时，内旋转就被冻结，内旋转异构体就被固定下来。外力也可以引起高分子构象的转变，并引起整个高分子材料在外形上的改变。化学结构对分子链柔顺性的影响比较明显。

① 主链性质

a. 分子链越长，柔顺性越好。当主链全部由单键组成时，由于这类主链上的每一根单键都可以内旋转，所以柔顺性比较好；以—O—Si—O—Si—、—O—C—O—C—、—C—C—C—C—三种全由单键连成的主链作比较，则—O—Si—O—Si—的柔顺性最好，—O—C—O—C—次之，—C—C—C—C—最差。

b. 当主链中含有一定数量的芳杂环时，由于芳杂环不能内旋转，分子链的柔顺性很低，显示出刚性。例如，聚苯就难溶难熔，这是由它的刚性分子链所决定的。

c. 当主链中含有孤立双键（即两个相邻双键间至少被两个以上的单键所隔开），例如，聚异戊二烯橡胶等橡胶类的分子链，它的单体为异戊二烯，这种分子链的柔顺性比不含双键时更好。因为出现双键，使两个碳原子都减少了一个侧基，这样围绕双键的邻近两个单键在旋转时受到的阻碍减少，所以，分子链表现出很好的柔顺性（双键本身是不会旋转的）。

② 侧基性质。主链上所带的不同侧基，对分子链的柔顺性有不同的影响。

a. 当侧基具有极性时，通常都使分子链之间的作用力增大；内旋转受到阻碍，使柔顺性下降。例如聚乙烯、聚氯乙烯、聚丙烯腈三种高聚物，它们侧基的极性依次递增，它们的柔顺性依次递减。

b. 侧基的大小也影响分子链的柔顺性。当侧基过于笨重和庞大时，主链进行内旋转时就会受到阻碍。例如，聚苯乙烯具有较大的苯基，内旋转比较困难，它的柔顺性就比聚乙烯要差得多。

c. 侧基的对称性对柔顺性的影响也很显著。例如，聚异丁烯的两个甲基在同一碳原子的对称位置上，它的单键内旋转比较容易，所以它的柔顺性比聚丙烯的柔顺性要好一些，又例如，聚偏氯乙烯的柔顺性比聚氯乙烯的柔顺性好。

3. 高分子聚集态结构与性质

(1) 高分子间的作用力　高分子之间的作用力主要有范德华力和氢键。范德华力是存在于分子间或分子内的非键结合的力，它是一种相互吸引的作用力，包括静电力、诱导力、色散力。上述这些分子间的作用力都是一些物理吸引力，称为次价力。它与发生化学作用而结合的力（主价键力）相比较要小得多。次价力虽小，但在高分子中却起相当大的作用。因为组成聚合物的分子非常大，若大分子链上每个结构单元产生的次价力等于一个单体分子的次价力，则10～100个结构单元连成的大分子，其全部次价力就等于甚至大于其主链键力的主价力了。通常聚合物的聚合度高达几千到几万，因此高分子的次价力常常超过主价力。所以在聚合物拉伸时，常常是先发生分子链断裂，而不是先发生分子链之间的滑脱。

(2) 高分子间作用力对聚合物性能的影响　高分子间的作用力影响聚合物的许多物理和化学性能。

① 极性较小的碳氢化合物，由于分子间力小（如聚乙烯、聚异戊二烯等）有良好的柔性。

② 如果在分子链上没有大的侧基，运动就比较自由，显示出较好的弹性。

③ 带有极性基团则分子间力大，如果又有大的侧基，影响了链的运动，因此就具有一定的硬度和强度。

④ 如果带有强极性基团则分子间力更大（如氢键），再加上分子结构比较规整，就使这样的聚合物具有很高的强度和其他力学性能。目前应用很广的尼龙就是这一类的高聚物。

(3) 高分子聚集态结构　按照大分子排列是否有序，高聚物可分为结晶型与无定形两类。结晶聚合物分子排列规整有序；无定形聚合物分子排列杂乱不规则。

① 结晶聚合物的结构

高聚物的结晶作用，只发生在线型高聚物或支链型高聚物和含交联键不多的网状高聚物内。结晶聚合物由“晶区”（分子作有规则紧密排列的区域）和“非晶区”（分子处于无序状态的区域）所组成，晶区所占的重量百分数，称为结晶度。例如低压聚乙烯在室温时的结晶度为85%～95%。图2-1-3为半结晶高聚物分子模型。

高聚物的结晶性与它的化学结构有如下的关系：

a. 高聚物的化学结构越简单，就越容易结晶。例如聚乙烯和聚氯乙烯相比，聚乙烯的化学结构较为简单，因此它的结晶性较聚氯乙烯（有取代基—Cl）好。

b. 如果在主链上带有侧基，侧基体积小、对称性高，就容易形成结晶。例如聚四氟乙烯是一种典型的结晶聚合物，因为C—F键的键能高，又是对称分布。

c. 在主链上带有庞大的侧基，或对称性差，就不容易结晶；例如聚苯乙烯的侧基是苯环，体积大，又

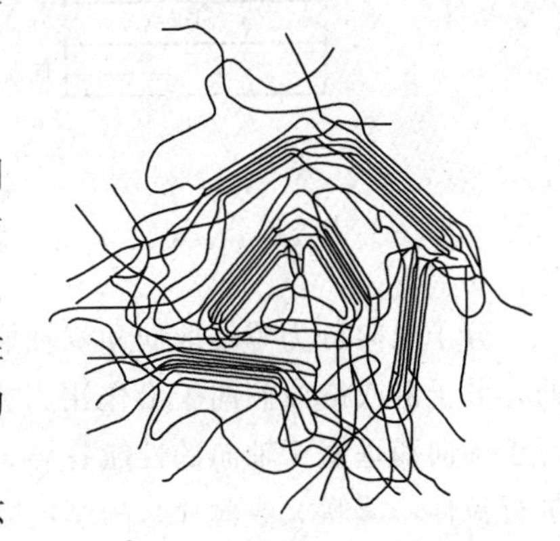

图2-1-3　半结晶高聚物分子模型

不对称，因此结晶性很差。又例如，聚甲基丙烯酸甲酯的侧基对称性低，结晶性也很差。除非在特殊条件下，例如拉伸这一类高聚物，才能使它们的大分子出现一定程度有顺序的排列，即出现一些晶区。

d. 分子链间的作用力的大小，对结晶性也有很大影响。分子间力大，使分子链相互之间容易接近，有利于结晶的形成。例如，聚酰胺的结构并不对称，也不简单，它却是一个典型的结晶聚合物。这是由于它的分子中存在很多的氢键，使分子间的作用力大大增加，因此它的结晶性很强。

e. 两种或两种以上的单体组成的无规共聚物，由于其组成不均一，一般难于结晶，如在乙烯中引入少量丙烯进行共聚，则大大地破坏了乙烯的结晶性。

对同一种聚合物来说，结晶度的大小对聚合物的机械性能有着重大影响。结晶性还与分子链中的化学键、分子链间引力、分子链的柔顺性等因素有关。

结晶使大分子呈现规整有序的排列。结晶度愈大，晶区范围愈大，分子间的作用力愈强，因此强度、硬度、刚度愈高、熔点愈高、耐热性和耐化学性愈好，而与链运动有关的性能如弹性、伸长率、冲击强度等则降低。

② 无定形聚合物的结构。无定形聚合物的结构曾经一直被认为其大分子排列是杂乱无章的，相互穿插交缠的。但是研究发现，无定形聚合物的结构只是大距离范围内无序，小距离范围内是有序的，即远程无序，近程有序。

③ 聚合物的取向态结构。高聚物在成型加工和使用时，在外力的作用下，高分子链会发生取向，即高分子链沿外力作用的方向排列。取向后的高聚物在力学性能、热性能和光学性能等方面都与未取向时有很大不同。正确地利用取向，可以提高高聚物的使用性能。

非晶态高聚物的取向是分子取向。即分子链或链段沿作用力方向占优势排列。如图2-1-4。结晶高聚物的取向可分为非晶区中的分子取向和晶区中的晶粒取向两部分。在外力作用下，首先发生的是非晶区中的分子取向，然后是晶区中的晶粒取向，原有的晶体被破坏，而沿外力作用的方向重新形成新的晶态取向结构。

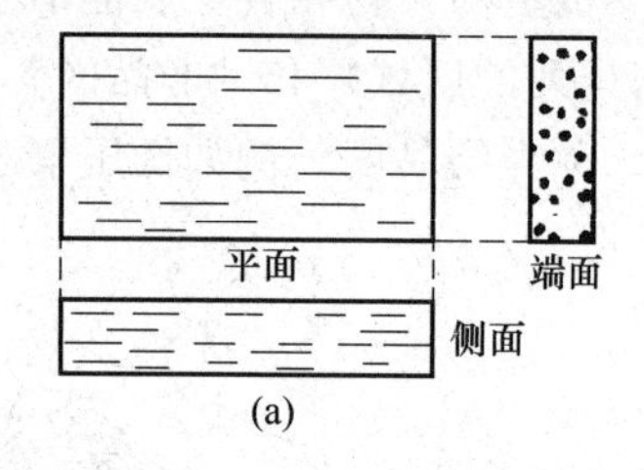

(a)

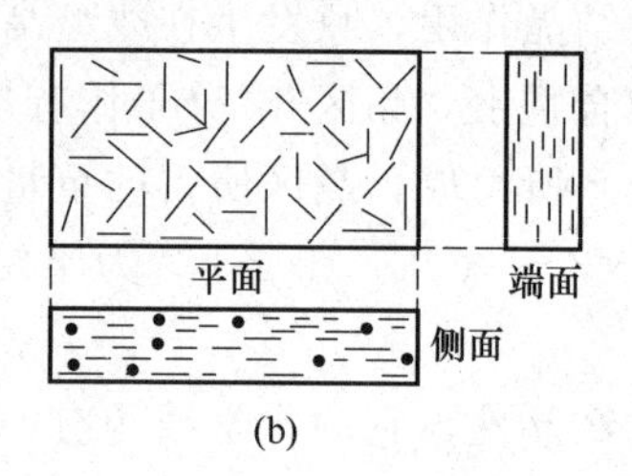

(b)

图 2-1-4　高聚物的取向

（a）单轴取向　（b）双轴取向

分子取向分为单轴取向和双轴取向。单轴取向是在单向拉伸或单向流动的情况下形成的，分子链或链段倾向于沿作用力方向排列，如图 2-1-4（a）。单轴取向的薄膜和纤维平行于轴向和垂直于轴向的性能各异。双轴取向是沿互相垂直的两个方向对薄膜（或薄片）进行拉伸，薄膜（或薄片）的厚度减小，面积增大，高分子链或链段趋向于与薄膜的平面平行地排列，但在该平面内的方向是无规律的，如图 2-1-4（b）。

取向态在热力学上是一个不平衡体系。分子的热运动总是倾向于紊乱无序的状态，所以非晶态高聚物的取向态在外力除去后，或在玻璃化温度（T_g）以上时会发生解取向。取向快的，解取向也快，收缩薄膜就是利用高聚物具有解取向的特点而成为特种功能的包装材料的。和非晶态高聚物不同，结晶高聚物的取向态比较稳定。这是因为只有在熔点以上才能破坏原有的晶相结构使之解取向。

高聚物经取向后，力学性能各向异性，沿取向方向的机械强度增加。如单轴拉伸薄膜在拉伸方向上的抗拉强度要大于垂直于拉伸方向的抗拉强度，这是因为与取向轴方向平行的应力 $\sigma_{/\!/}$ 作用在高分子链的化学键上，与取向轴垂直的应力 $\sigma_{\perp}$ 作用于高分子链间。高分子链间的范德华力小于化学键力，故 $\sigma_{/\!/} > \sigma_{\perp}$。双轴拉伸后的薄膜（或薄片）在取向轴方向上都具有单轴取向的优点，与未取向高聚物相比，在抗拉强度和抗冲强度方面都有明显的提高。

4. 高分子材料的温度-形变曲线

线型无定形高聚物在不同温度下表现出三种物理状态：玻璃态、高弹态和黏流态。各个状态的特征是在恒定载荷作用下，高聚物随温度的改变而表现出来的。因此，也称为高聚物的三种力学状态。表示这些特征的曲线称为温度-形变曲线，亦称为热-机械曲线。

（1）线型无定形高聚物的温度-形变曲线　在恒定应力下，线型无定形高聚物的温度-形变曲线如图 2-1-5 所示。具有柔顺性的高分子链，有两种运动方式，一种是大分子链的整体移动，另一种是分子链中个别链段的运动。从大分子的结构来看，大分子之间存在较大的范德华引力（和氢键力），大分子链是不容易整体运动的。这就使高聚物具有固体的特性。如果从链段的性能来看，由于各链段具有独立旋转的能力，使高聚物具有很好的弹性和一定的柔顺性。这种结构上的双重性，决定了高聚物的全部物理机械性能。

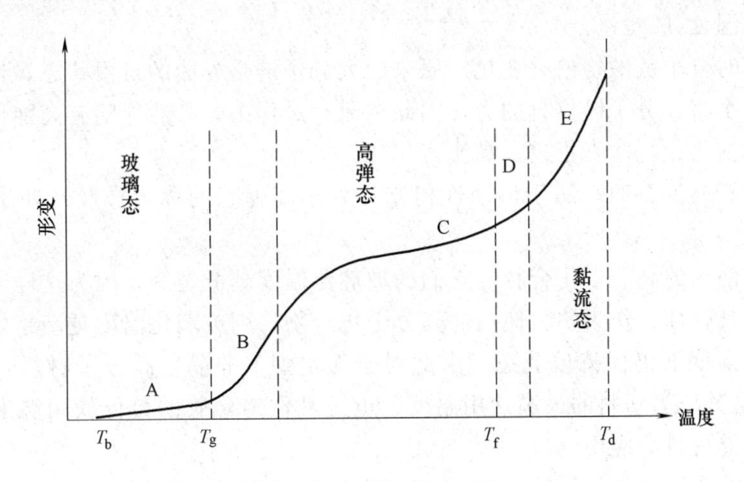

图 2-1-5　线型无定形高聚物在恒定应力下的温度-形变曲线

A—玻璃态　B—过渡区　C—高弹态　D—过渡区　E—黏流态

T_b—脆化温度　T_g—玻璃化温度　T_f—黏流温度　T_d—分解温度

① 玻璃态。在相对低的温度下，高聚物所有分子链之间的运动和链段的运动都被“冻结”。这时，分子所具有的能量小于使链段运动所需的能量，而分子间的作用力却相当大，整个高聚物表现为非晶相的固态，像玻璃那样，因此称这种状态为玻璃态；高聚物呈

现玻璃态的最高温度，称为玻璃化温度 T_g。不同的高聚物，其 T_g 也不同。处于玻璃态的高聚物是无序的，分子在自身平衡位置上作振动。如果施加一定的外力，链段可作瞬时的微量伸缩和微小的键角改变。当外力去除后，立即回复原状。这种形变是可恢复的，所以称为瞬时弹性形变（也称为普弹形变）。高聚物呈现玻璃态时具有较好的机械性能，因此凡 T_g 高于室温的高聚物均可作结构材料。

如果低于 T_g 以下的某一温度，由于温度太低，连分子的振动都被“冻结”，此时加以外力高聚物就呈现脆性，这个温度称为脆化温度 T_b。在此温度以下，大分子的柔顺性消失，高聚物处于脆性状态而失去使用价值。

② 高弹态。随着温度上升，分子动能逐渐增加。当温度上升超过玻璃化温度 T_g 后，高聚物开始变得柔软而呈现弹性。这时，加上外力即可产生缓慢的形变，除去外力后又缓慢地回复原状，这种状态称为高弹态。在高弹态范围内，分子之间没有发生相对滑动，而是链段在作旋转，使大分子链的一部分卷曲或伸展，高聚物呈现高弹性。高弹态的主要特点是能产生很大的弹性变形，例如橡胶一类的高弹形变物质，其相对伸长可达500％甚至更大，它的弹性形变是随时间逐渐增加的。一切高弹性物质产生高弹性能的根本原因是由于它具有柔顺的大分子链，因此只有高分子化合物才可能是高弹性物质。

③ 黏流态。温度继续上升，分子动能增加到使链段与整个大分子都可以移动，高聚物成为可流动的黏稠液体，称为黏流态。由高弹态转变为黏流态的温度，称为黏流温度 T_f。如果给以外力，分子间相互滑动而产生形变，外力去除后，也不能恢复原状，称为黏性流动形变。

链段的移动，对黏性流动的黏度影响不大。大分子链的移动，对黏度的影响很大，并与相对分子质量大小有很大关系。相对分子质量大的高分子化合物在黏性流动时的黏度大，它的黏流温度 T_f 也高。

黏性流动时分子链的构象有变化。原来的大分子链是卷曲的自由状态，当开始流动时相当于施加一个将大分子链拉直的力，因此在流动过程中，必然伴随有高弹形变，直到大分子链完全松弛为止，才真正进入黏流态。

在室温处于黏流态的是属于流动性树脂；处于高弹态的称为橡胶；处于玻璃态的是塑料。

作为橡胶使用的高分子化合物，它们的玻璃化温度越低越好，因为这样可以在温度很低时仍不失去其弹性；作为塑料使用的高分子化合物，则玻璃化温度越高越好，因为这样可以在较高的温度下仍保持玻璃态。由此对于无定型（非晶）高分子材料，可以总结为“玻璃化温度是其作为塑料的最高使用温度，也是其作为橡胶的最低使用温度”一句话来指导我们对这类材料的应用。

（2）线型结晶高聚物的温度-形变曲线　上述的无定形高聚物的物理状态可用脆化温度、玻璃化温度、黏流温度和分解温度来表示。而结晶高聚物的温度-形变曲线与无定形高聚物的不同，如图2-1-6所示。图中曲线1为结晶型高聚物；曲线2为分子量大的结晶型高聚物，在 T_m 以上出现高弹态；曲线3为无定形高聚物。结晶高聚物没有三态只有熔点 T_m，在 T_m 以上出现黏流状态。

结晶高聚物的熔点高于无定形高聚物的玻璃化温度。因此，结晶高聚物作为塑料使用时就可扩大使用的温度范围。而且结晶高聚物由于分子之间作用力较大，因此具有较高的强度。

结晶高聚物的分子链紧密的聚集在一起，妨碍了链段的移动，所以完全结晶的高聚物将一直保持没有链段运动的状态，直到晶体熔融。但是，实际上所有的结晶高聚物都是部分结晶的（也称半结晶），即仍有部分非晶相区的存在，这一部分如前所述仍有链段运动，仍保持有一些高弹区。特别是当相对分子质量很大时，在熔点 T_m 以上会有高弹态出现，称为皮革态（弹性玻璃态）。这种现象对成型加工是很不利的。因此，当高分子化合物的强度已经满足使用要求时，为了便于成型加工，一般选用相对分子质量小一些的材料以保证熔融后就成为黏流态。

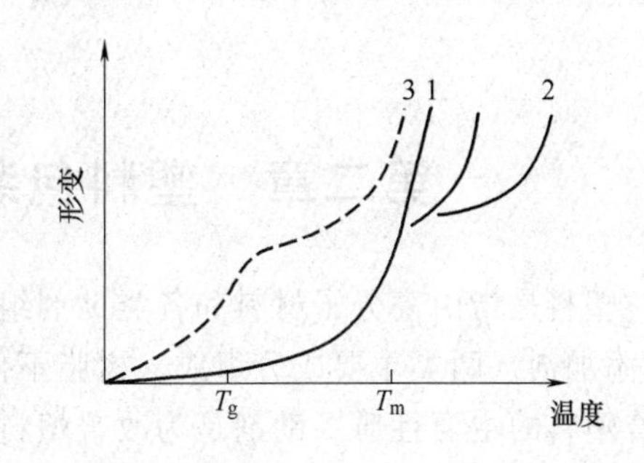

图 2-1-6　结晶聚合物与无定型聚合物的温度-形变曲线

T_m—熔点　T_g—玻璃化温度

1—相对分子质量较低的结晶聚合物

2—相对分子质量较高的结晶聚合物

3—无定型聚合物

（3）体型高聚物的温度-形变曲线　体型高聚物由于交联束缚着大分子链，使大分子链不能产生相互滑动，因此没有黏流态出现。体型高聚物受热后，尤其是交联程度较高时，仍保持坚硬状态，当加热到一定温度时，最后分解。它是不溶不熔的高分子化合物，例如酚醛塑料等热固性高分子材料。

思　考　题

1. 简述塑料包装材料的优缺点。
2. 塑料在包装材料方面的主要应用有哪些？
3. 用示意图表示：（1）线型聚合物，（2）短支链聚合物，（3）长支链聚合物，（4）低交联聚合物，（5）高交联聚合物。
4. 区别下列概念：单体与重复结构单元；加聚反应与缩聚反应；热塑性塑料与热固性塑料；平均聚合度与平均相对分子质量。
5. 聚合物常用的分类方法有哪些？
6. 写出六种你经常遇到的聚合物的名称，包括商品名称和工业命名名称。

第二章　塑料包装材料常用树脂和助剂

塑料是指由高分子材料和各类助剂组成的、并具有可塑性质的材料，它由树脂和助剂（或添加剂）两类主要成分组成。树脂不仅决定了塑料的类型（热塑性或热固性），而且影响着塑料的主要性质。助剂是为改善塑料的使用性能或加工性能而添加的物质，也称塑料添加剂，它在塑料制品中起着改性的作用，有时甚至是决定塑料材料使用价值的关键。助剂不仅能赋予塑料制品外观形态、色泽，而且能改善加工性能，提高使用性能，延长使用寿命，降低制品成本。

第一节　常用树脂

一、聚乙烯（Polyethylene，PE）

聚乙烯是包装中用量最大的塑料品之一，其分子结构式为：

$$\left[CH_2-CH_2 \right]_n$$

聚乙烯是乙烯通过加成反应得到的一组聚合体的总和。聚乙烯可以是均聚和共聚的，同时也可以是线性和非线性的。均聚聚乙烯大部分由乙烯单体聚合而成，在聚乙烯的共聚物中，乙烯能与一些小分子的烯烃或某些带极性官能团的单体共聚，例如醋酸乙烯、丙烯酸、乙基丙烯酸酯、甲基丙烯酸酯、乙烯醇。如果共聚物单体的摩尔分数少于10%，那么该聚合物既可称为共聚也可以称为均聚的。

聚乙烯为无臭、无毒、外观呈乳白色的蜡状固体。主要性质如下：

①分子结构为线型或支链型结构，结构简单规整、对称性好、易于结晶，柔韧性好，不易脆化；②分子中无活性反应基团又无杂原子，因此化学稳定性极好，在常温下几乎不与任何物质反应。常温下不溶于任何一种已知的溶剂，但对烃类、油类的稳定性较差，可能引起溶胀或变色。在70℃以上能溶于甲苯、二甲苯、四氢萘、十氢萘等溶剂；③优良的耐低温性能，且在低温下性能变化极小；④阻湿性好，但具有较高的透气性；⑤热封性好；⑥由于聚乙烯分子无极性，极性油墨等对其附着力较差，导致适印性不良，故在印刷前应进行电晕等表面处理。同样，在聚乙烯薄膜与其他薄膜进行干法复合前，也需要进行电晕等表面处理，以增加复合的牢度。

聚乙烯的品种类型有多种，在使用中通常将聚乙烯按密度和结构的不同分为低密度聚乙烯（LDPE）、中密度聚乙烯（MDPE）、高密度聚乙烯（HDPE）和线型低密度聚乙烯（LLDPE）等。

（1）低密度聚乙烯（LDPE）　是一种非线性热塑性聚乙烯，密度为0.915～0.942g/cm^3，熔体流动速率（MFR）为0.2～20g/min；结晶度低，在60%～80%；低密度聚乙烯中支链较多，并对透明性、柔软性、可热封性和易加工性有较大的影响，这些特性真正取决于相对分子质量的大小、相对分子质量的分布和分子的交联程度；其机械强度、阻气性、耐溶剂性都比高密度聚乙烯差；但它的柔软性、断裂伸长率、耐冲击性、透明度则比高密度聚乙烯好。

低密度聚乙烯加工方式有许多，可以吹膜、流延、挤出涂布、挤出吹塑和注塑。低密度聚乙烯的最大产品是薄膜，与其他材料相比，低密度聚乙烯具有优秀的阻湿性。

低密度聚乙烯可普遍运用于食品、服装包装袋、阻湿层、农用薄膜、日用品包装和收缩缠绕膜等，以及复合薄膜中的热封和黏合层。

（2）中密度聚乙烯（MDPE）　密度为 0.930～0.945g/cm^3，熔体流动速率为 0.02～20g/10min，相对低密度聚乙烯来说，有较好的强度、挺度和阻隔性能。中密度聚乙烯的加工生产过程类似于低密度聚乙烯，加工温度稍高于低密度聚乙烯。低密度聚乙烯和中密度聚乙烯主要的竞争对手是线型低密度聚乙烯（LLDPE），任意密度范围的 LLDPE 都有着更好的强度。

（3）高密度聚乙烯（HDPE）　含支链少，结晶度高达 90%，密度为 0.95～0.97g/cm^3。有些品种使用温度可达 120℃，耐寒性能良好。由于密度和结晶度较高，故其机械强度与刚度、阻隔性、耐热性等性能均优于低密度聚乙烯，而其透明度则低于低密度聚乙烯。多用来制造食品包装用瓶、罐、桶等中空容器，也可制成薄膜或复合膜。

（4）线型低密度聚乙烯（LLDPE）　是在结构上介于高密度聚乙烯和低密度聚乙烯之间的一种聚乙烯。高密度聚乙烯是由长链构成，没有或只有短的支链。由于高密度聚乙烯分子的立构规整性，不会因为支链影响其结晶度，而低密度聚乙烯支链多且较长，线型低密度聚乙烯介于二者之间。在相同相对分子质量时，线型低密度聚乙烯比低密度聚乙烯有更长的主链，更好的规整性，也表现出更优越的性能。所以实际上线性低密度聚乙烯有更高的结晶度，可以达到 70%～90%。与低密度聚乙烯和高密度聚乙烯相比，线型低密度聚乙烯有更好的热封性。三种聚乙烯的基本性能见表 2-2-1。

表 2-2-1　聚乙烯的基本性能

性　能	单位	LDPE	HDPE	LLDPE
相对密度		0.91～0.94	0.94～0.97	0.92
拉伸强度	MPa	7～16.1	30	14.5
冲击强度(缺口)	kJ/m^2	48	65.5	
断裂伸长率	%	90～800	600	950
邵氏硬度	D	41～46	60～70	55～57
连续耐热温度	℃	80～100	120	105
脆化温度	℃	−80～55	−65	−76

（5）茂金属聚乙烯（mPE）　它是以茂金属化合物为催化剂制得的聚乙烯树脂，它与线型低密度聚乙烯相比，分子具有更高的结构规整性，因而表现出更优良的物理力学性能。更好的抗穿刺性、更高的强度，使用茂金属聚乙烯生产的薄膜可以将膜做得更薄。达到节约原料、降低成本的效果。更好的热封性能（包括良好的夹杂物可封合性，较高的热封强度以及较低的起始热封温度，较宽的热封温度范围等），因而在替代昂贵的 EEA、离子型聚合物等热黏合性树脂。作为复合薄膜的热封层方面的应用，具有较高的实用价值。

茂金属聚乙烯的成膜性能较线型低密度聚乙烯树脂差一些，将茂金属聚乙烯与低密度聚乙烯树脂掺混使用是改善茂金属聚乙烯成膜性能的有效方法之一。茂金属聚乙烯与低密度聚乙烯的掺混使用。可在基本保持茂金属聚乙烯优良的物理力学性能的情况下，明显地改善成型性能。还可改善聚乙烯薄膜的透明性，生产出接近于低密度聚乙烯薄膜透明性的薄膜。因此生产薄膜时，常在茂金属聚乙烯中掺入 20%～30%的低密度聚乙烯。

（6）双峰聚乙烯　双峰聚乙烯是指相对分子质量分布曲线呈现两个峰值的聚乙烯树脂（普通聚乙烯包括普通的高密度聚乙烯、中密度聚乙烯，低密度聚乙烯以及线型聚乙烯、茂金属聚乙烯等，相对分子质量的分布只有一个峰值）。与普通聚乙烯相比双峰聚乙烯同时具备优良的物理机械强度和优异的加工性能：其中高相对分子质量部分用以保证其物理机械强度，低相对分子质量部分在树脂中起到润滑作用，用以改善产品加工性。这样的双峰聚乙烯在加工过程中，不仅加工性优于一般单峰相对分子质量分布的聚烯烃，更容易加工，产率高，能耗低；而且由于熔体流动扰乱的减少，具有良好的流动性，使产品性能更加稳定。双峰聚乙烯成膜（吹膜）性能极佳。耐应力开裂性能突出、机械强度高等。薄膜可做得很薄，气味低、卫生性能佳。其挺括性、开口性都优于普通薄膜，在性能相同的前提下，能比普通薄膜减薄 30%～50%，加工过程中的能耗低、产量高，制品成本可以大大降低，在包装行业具有很强的竞争力。主要缺点是薄膜的透明性较差。

二、聚丙烯（Polypropylene，PP）

聚丙烯属聚烯烃品种之一，也是包装中最常用的塑料品种之一，其结构式为：

$$\left[CH_2-\underset{\displaystyle CH_3}{\underset{|}{CH}} \right]_n$$

聚丙烯是以丙烯单体进行聚合的热塑性聚合物。聚丙烯外观与聚乙烯相似，但聚丙烯的相对密度为 0.90～0.91，是目前常用塑料中最轻的一种。通常有均聚聚丙烯和共聚聚丙烯二类。聚丙烯有良好的耐化学性及耐机械性能。聚丙烯树脂常用于制造薄膜和刚性容器。

（1）均聚聚丙烯　受结晶及聚合条件的影响，最终聚合物的分子结构存在等规、间规及无规三种不同的丙烯单体的立体构型。等规聚丙烯是最常用的聚丙烯形式，有很好的耐溶剂性能。等规聚丙烯的透明度可以通过添加某些助剂来阻止晶体的增大来增加。与低密度聚乙烯及高密度聚乙烯相比，聚丙烯密度低，熔点高；聚丙烯的机械性能好，拉伸强度、屈服强度、压缩强度、挺度、硬度等都优于聚乙烯，尤其是具有较好刚性和抗弯曲性；耐化学性极好，耐热性良好，在无外力作用下，加热到 150℃也不变形；并能耐沸水煮，能经受高温消毒；聚丙烯的阻湿性极好，阻气性优于聚乙烯，但耐低温性能远不如聚乙烯；由于同样的原因，聚丙烯的印刷性与粘合性不好，在印刷或粘合前多需进行表面处理。

聚丙烯的这些特性决定了均聚聚丙烯有很广的应用。例如，聚丙烯薄膜可以包装食品，其通过吹膜和流延两种方法制成，双向拉伸提高了薄膜的光学性能和强度。聚丙烯薄膜通常通过不同的涂层来改善其热封性、阻隔性及光学性能，同时镀铝聚丙烯膜有很低的透气及透湿性能。双向拉伸的聚丙烯薄膜（BOPP）其透明性、阻隔性等均优于未拉伸的聚丙烯薄膜（CPP）（如表 2-2-2 所示），从而广泛地应用于复合薄膜的制造。高挺度与易拉性能使均聚聚丙烯非常适合缠绕及拉伸应用；聚丙烯还可用来制造瓶、罐及各种形式的中空容器。利用聚丙烯的优良抗弯性和回弹性，可制作盖及本体和一的箱壳。同时其很好的耐热性则可以用这种材料制成的耐热的微波食品容器以及耐蒸煮容器。

均聚聚丙烯有极好的流变性和很好的加工性能。其熔体质量流动速率为0.5～50g/10min。较宽的MFR（或称熔融指数MI）材料容易用来作为注塑材料。但是，均聚聚丙烯在加工和使用中较聚乙烯更容易受光和热氧老化降解。因此，应该加一些抗氧剂来阻止老化。

表 2-2-2　　拉伸对 PP 性能影响对照表

指标名称	未拉伸聚丙烯	拉伸的聚丙烯
硬度	较低	高，接近于玻璃纸
撕裂强度	高	非常低
热封性能	能热封	不能
密度	0.902	0.910
光泽度	好	好
表面与油墨粘接力	低	非常低

(2) 无规共聚聚丙烯　无规共聚聚丙烯通常含有1.5%～7%的乙烯结构单元，在分子链上乙烯结构单元位置的无规律就阻碍了有规立构聚丙烯的分子链的规整性和高结晶，因此无规共聚聚丙烯就具有低结晶度，低熔点，高透明度及柔软性的性能。相对于均聚聚丙烯，无规共聚聚丙烯较轻，其密度为0.89～0.90g/cm³，具有更好的耐低温冲击强度。无规共聚聚丙烯对酸、碱、醇及低沸点的碳氢化合物有很好的耐化学性。无规共聚聚丙烯可用来吹膜或注塑，拉伸薄膜可以作为玩具等的收缩膜包装。防湿性能也好，在包装中的其他应用有医药、食品及服装的包装；7%的乙烯共聚物用于作热封层。

(3) 嵌段共聚聚丙烯　与均聚聚丙烯相比，其主要特点为：冲击强度提高，特别是低温冲击性能明显改善。它可在−30℃呈现出良好的冲击性能，拉伸屈服强度、刚性等机械性能不及均聚丙烯。但高于无规共聚丙烯，透明性欠佳。

聚丙烯的基本性能如表 2-2-3 所示。

表 2-2-3　　聚丙烯的基本性能

性　能	单位	指标	性　能	单位	指标
相对密度		0.90～0.91	冲击强度(缺口)	kJ/m²	4～5
拉伸强度	MPa	29.4～39.2	冲击强度(无缺口)	kJ/m²	>8
弯曲强度	MPa	41.2～54.9	布氏硬度		8.65
压缩强度	MPa	27.9～56.8	连续耐热温度	℃	121
断裂伸长率	%	>200	脆化温度	℃	−35

三、聚苯乙烯（Polystyrene，PS）

聚苯乙烯的分子结构式为：

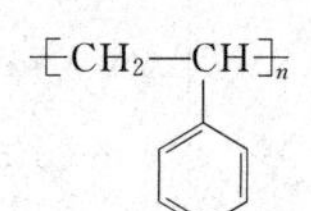

聚苯乙烯大分子主链上带有体积较大的苯环侧基，使得大分子的内旋受阻，故大分子

的柔顺性差，且不易结晶，属线型无定型聚合物。聚苯乙烯的一般性能如下：①机械性能好，密度低，刚性好、硬度高，但脆性大，耐冲击性能差；②耐化学性能好，不受一般酸、碱、盐等物质侵蚀，但易受有机溶剂如烃类、酯类等的侵蚀，且易溶于芳烃类溶剂；③连续使用温度不高，但耐低温性能良好；④阻气、阻湿性差；⑤具有高的透明度，有良好的光泽性，染色性良好，印刷、装饰性好；⑥无色、无毒、无味，尤其适用于食品包装。

聚苯乙烯有以下品种：

（1）通用聚苯乙烯（GPPS） 通用聚苯乙烯具有优良的光学性能。线形结晶聚苯乙烯聚合物的玻璃化温度（T_g）范围74～105℃，在室温下易脆和呈刚性。通用聚苯乙烯具有：耐热温度高、高流动性（易吹塑）、高刚性、高透明性和几乎不含添加剂等优良特性，它常被用来做发泡塑料和热塑成型原料，用于注塑透明商品盒、高品质化妆用品器皿和光盘包装、透明的食品盒、果盘、小餐具等。高流动性聚苯乙烯树脂的分子量较小，含3%～4%矿物油添加剂，从而使聚苯乙烯更加柔软。它的典型应用是医用器皿、餐具和热塑成型的共挤片材。中流动性聚苯乙烯树脂的分子量适中，含1%～2%矿物油添加剂，它常被用于吹塑瓶和食品医药包装。

（2）高抗冲聚苯乙烯（HIPS） 高抗冲聚苯乙烯是由弹性体改性聚苯乙烯制成的热塑性材料。由橡胶相（如聚丁二烯）和连续的聚苯乙烯相构成的两相体系，已发展为世界上重要的聚合物商品，这种通用产品在冲击性能和加工性能方面有很宽的范围，使其具有广泛的应用，如用于汽车、器械、电动产品、家具、家庭用具、电信、电子、计算机、一次性用品、医药、包装和娱乐市场。高抗冲聚苯乙烯呈乳白色的不透明状态，易热塑成型，典型的包装应用有冷藏奶制品。它的缺陷在于低温阻隔性差、高氧气透过率、易发生紫外光（UV）变质和耐油性、耐化学性差，容器对食品的保香性能也不好。

（3）可发泡聚苯乙烯（EPS） 可发泡聚苯乙烯是一些内部含有特殊低沸点低碳烷烃（如丁烷）的聚苯乙烯珠粒，主要应用于各类电器的缓冲包装、食品包装以及鲜鱼的活体包装箱等；聚苯乙烯的发泡制品还可用于保温及低发泡片材制一次性使用的快餐盒、盘。

聚苯乙烯薄膜经拉伸处理后，耐冲击性得到改善，可制成热收缩薄膜，用于食品的收缩包装。聚苯乙烯的薄膜的透气率介于聚丙烯与低密度聚乙烯之间，对水蒸气渗透率高，但当温度低于0℃时，水蒸气渗透率迅速下降，故非常适于食品包装后的低温储存，也适合于包装蔬菜等需要呼吸的生鲜食品。聚苯乙烯的基本性能见表2-2-4。

表2-2-4　　聚苯乙烯的基本性能

性能	单位	普通聚苯乙烯	改性聚苯乙烯
相对密度		1.04～1.09	1.04～1.10
洛氏硬度		65～80	20～90
拉伸强度	MPa	35～84	8.4～10.5
断裂伸长率	%	7.0～17.5	14.0～56.0
冲击强度(悬臂缺口)	kJ/m^2	0.54～0.86	1.1～23.6
压缩强度	MPa	80.5～112	28～112
连续使用温度	℃	60～80	60～80

四、丙烯腈-丁二烯-苯乙烯共聚物（ABS）

丙烯腈-丁二烯-苯乙烯共聚物（Acrylonitrile-Butadiene Styrene copolymer，ABS）俗称ABS树脂。ABS是在1940年代发展起来的三元共聚物，它的性能介于工程塑料和通用塑料之间，产量大、用途广、发展速度较快。其化学结构式为：

$$\left[\left(\underset{\displaystyle CN}{\underset{|}{CH}}-CH_2 \right)_x \left(CH_2-CH=CH-CH_2 \right)_y \left(CH_2-\underset{\displaystyle C_6H_5}{\underset{|}{CH}} \right)_z \right]_n$$

常用的ABS外观为无色或微黄色非透明状，分子链中的丙烯腈单元使共聚物具有极性和耐腐蚀性，丁二烯单元使其具有优良的韧性，苯乙烯单元使其具有良好的刚性和熔体流动性。与聚苯乙烯树脂相比，ABS有更高的冲击强度和耐腐蚀性能，更好的耐应力开裂性能，并保持其高表面硬度和良好的耐热性（可在80～100℃长期使用）。它有比聚苯乙烯更好的耐烃类溶剂和耐油性，化学稳定性更好。当然，ABS的性能将会随三种结构单元含量的变化而异。ABS在包装中可制造杯、盘、盒等餐具以及要求强韧性优良的包装容器等比聚苯乙烯产品要求更高的各种制品。ABS的基本性能如表2-2-5。

表2-2-5　　ABS的基本性能

性　能	单位	高强度型	耐热型	性　能	单位	高强度型	耐热型
密度	g/cm^3	1.05	1.07	冲击强度(带缺口)	kJ/m^2	24	25
断裂伸长率	%	10～80	10～30	洛氏硬度		6.0	24
拉伸强度	MPa	63	55	热变形温,(1.82MPa)	℃	120	110
拉伸弹性模量	GPa	2.9	2.5				

五、聚氯乙烯（Polyvinyl chloride，PVC）

聚氯乙烯树脂的化学结构式为：

$$\left[\overset{\displaystyle Cl}{\overset{|}{CH}}-CH_2 \right]_n$$

绝大多数聚氯乙烯塑料制品是多组分的，它包括聚氯乙烯树脂和多种助剂（如增塑剂、稳定剂、润滑剂、填料、颜料等多种助剂），各助剂的品种及数量都直接影响聚氯乙烯塑料的性能。

聚氯乙烯大分子中含有的C—Cl键有较强的极性，大分子间的结合力较强，故聚氯乙烯分子柔顺性差，且不易结晶。加入不同数量的增塑剂可将刚硬的聚氯乙烯树脂制成硬质聚氯乙烯（不加或加入5%左右的增塑剂）和软质聚氯乙烯（加30%～50%增塑剂）。聚氯乙烯的主要特性如下：

① 性能可调，可制成从软到硬不同机械性能的塑料制品。

② 化学稳定性好，在常温下不受一般无机酸、碱的侵蚀。

③ 耐热性较差，受热易变形。纯树脂加热至85℃时就有氯化氢析出，并产生氯化氢刺激气体，故加工时必须加入热稳定剂。制品受热还会加剧增塑剂的挥发而加速老化。在低温作用下，材料易脆裂，故使用温度一般为−15～55℃。

④ 阻气、阻油性好，阻湿性稍差。硬质聚氯乙烯阻隔性优于软质聚氯乙烯，软质聚

氯乙烯的阻隔性与其加入助剂的品种和数量有很大关系。

⑤ 聚氯乙烯树脂光学性能较好，可制成透光性、光泽度皆好的制品。

⑥ 由于聚氯乙烯分子中含有 C—Cl 极性键，与油墨的亲和性好，与极性油墨结合牢固，另外热封性也较好。

⑦ 纯的聚氯乙烯树脂本身是无毒聚合物，但若树脂中含有过量的未聚合的氯乙烯单体（游离单体）时，在制成食品包装后，若所含的氯乙烯通过所包装的食品进入人体，可对人体肝脏造成损害，还易产生致癌和致畸作用。因此，我国规定食品包装用聚氯乙烯树脂的氯乙烯单体含量应小于 5mg/kg，食品包装用压延聚氯乙烯硬片中未聚合的氯乙烯单体含量必须控制在 1mg/kg 以下。此外还要注意的是，聚氯乙烯在用于食品包装时，所加入助剂的品种和数量必须符合相关卫生安全标准。

在聚氯乙烯树脂中加入不同种类的增塑剂等助剂，可制得符合卫生要求、不同强度、透明或不透明的各种食品包装。因此，欲制得理想的制品，首先需合理地选择配方，按照国家规定的卫生安全标准，全面考虑制品的物理性能、化学性能、成型加工性能来选择各种助剂的品种与用量。

没有增塑剂的聚氯乙烯的玻璃化温度（T_g）是 82℃，增塑剂可降低聚氯乙烯的玻璃化温度，并降低加工温度。液态增塑剂使聚氯乙烯薄膜具有中等的氧气阻隔性，具有好的透明性，高耐穿刺性，坚韧和弹性。由于这些特性，聚氯乙烯薄膜可以用于食品包装，特别是新鲜的肉类。聚氯乙烯薄膜的氧气阻隔性适合维持肉类需要的氧气量，这对保持肉类的红色和新鲜外观是必要的，冷冻的家禽和托盘包装的家禽也用聚氯乙烯拉伸薄膜来包装。聚氯乙烯也用来包装新鲜的水果和蔬菜，制作用于牛奶、乳制品、食用油的包装瓶、用于鱼类和鱼类产品的包装。聚氯乙烯还可用于制造化妆品瓶、药品包装袋等。但是由于聚氯乙烯助剂的卫生性和迁移性的问题，以及废弃物在燃烧处理时易产生含氯化合物污染等问题，聚氯乙烯在包装尤其是食品包装领域的应用日趋减少。

聚氯乙烯的基本性能如表 2-2-6。

表 2-2-6　聚氯乙烯的基本性能

性　能	单　位	硬质聚氯乙烯	软质聚氯乙烯
相对密度		1.30～1.58	1.16～1.35
拉伸强度	MPa	4～52	10～24
断裂伸长率	%	2～40	100～450
冲击强度	J/m^2	21～1608	—
连续使用温度	℃	65～80	65～80

六、聚偏氯乙烯（Polyvinylidene chloride，PVDC）

聚偏（二）氯乙烯是偏氯乙烯的均聚物，分子结构式为：

$$\left[-\underset{Cl}{\overset{Cl}{\underset{|}{\overset{|}{C}}}}-CH_2- \right]_n$$

聚偏氯乙烯的分子结构的对称性使得它具高度的结晶性，并且软化温度高，接近其分解温度，再加上它与一般的增塑剂相溶性差，故难以加热成型，为克服此缺点，工业上常采用的氯乙烯或丙烯酸酯（或丙烯腈）与其共聚，起到内增塑的作用，从而达到适当地降低其软化温度，提高与增塑剂相溶性的目的，且不失聚偏氯乙烯固有的高结晶特征，故现在应用较多的聚偏氯乙烯实际上是偏氯乙烯与氯乙烯的共聚物（VC/VDC）。目前包装中应用的商品名为萨冉（Saran）的树脂就是偏氯乙烯和氯乙烯的共聚物，制造薄膜用的共聚物中的偏氯乙烯含量在80％～90％，多为悬浮法生产，其特点为杂质少，透明度好；用作涂料、黏合剂的共聚物中偏氯乙烯含量通常在70％以下，常采用乳液法生产。

聚偏氯乙烯树脂有如下的品种：F树脂（带丙烯腈的共聚物）、乳液和挤出树脂。挤出级的树脂在熔融下易加工，可以用于多层共挤容器、挤出薄膜和片材等，可以被用来涂布塑料薄膜（如聚酯和聚丙烯等），还可以被用于软包装的单层和多层（挤出和流延）结构中，阻隔性较F树脂和聚偏氯乙烯乳胶树脂的要差。聚偏氯乙烯HB薄膜（与丙烯酸的共聚物）较F树脂的阻隔性要好。聚偏氯乙烯乳胶可用于聚丙烯和聚乙烯塑料薄膜的涂布，还可用于聚对苯二甲酸乙二醇酯、聚苯乙烯、聚氯乙烯和聚乙烯刚性容器的涂布，阻隔特性与F树脂有些相似。

聚偏氯乙烯树脂有高的阻气、阻氧和阻水性能，故主要应用在要求高阻隔性能的场合，主要用于制造薄膜和热收缩薄膜来包装食品如肉类或其他食品、药品等。单层薄膜广泛用于日常家用包装，与聚烯烃通过共挤制成多层薄膜常用于包装肉类、奶酪和其他对水气较敏感的食品包装，这种结构通常包含10％～20％的偏氯乙烯共聚物，主要是提供材料的阻隔性能，还可与其他薄膜复合制成复合薄膜包装食品。偏氯乙烯共聚物还常被用来作半刚性热塑性容器的阻隔层。乳液法聚偏氯乙烯涂覆在其他纸张、薄膜或塑料容器的表面，提高了纸张和塑料薄膜甚至半刚性容器的聚对苯二甲酸乙二醇酯瓶的阻隔性能，延长食品的保存期。

需要注意的是纯的聚偏氯乙烯树脂和纯的聚氯乙烯树脂一样本身都是无毒的，但树脂中含有的偏氯乙烯单体对人体有害，长期接触有致癌和致畸作用。故当用其作食品包装材料时也要求其中的单体含量小于1mg/kg。此外，影响上述树脂用于食品包装卫生性的另一因素是为改善树脂加工应用性所加入的增塑剂、稳定剂、润滑剂、填料、颜料等组分的毒性。因此，在添加上述助剂时，应严格按照国家颁布的《食品容器、包装材料用添加剂使用卫生标准》内规定的种类和用量使用，以确保安全。表2-2-7为聚偏氯乙烯的基本性能。

表2-2-7　　聚偏氯乙烯的基本性能

性　能	单位	指标	性　能	单位	指标
相对密度		1.68～1.75	洛氏硬度		50～65
吸水率	%	<0.10	断裂伸长率	%	10～20
拉伸强度	MPa	34.50～69	平均使用温度	℃	75
冲击强度	kJ/m^2	100～150	脆化温度	℃	−40
压缩强度	MPa	60	软化温度	℃	100～130
弯曲强度	MPa	100～120	热分解温度	℃	170～200

七、聚酰胺（Polyamide，PA）

聚酰胺的商品名为尼龙（Nylon），是分子主链上含有酰胺基团的线型结晶聚合物，它是由内酰胺或由二元胺与二元酸缩聚而成，其名称是根据胺与酸中的碳原子数或内酰胺中的碳原子数来命名的，如：

$$\text{-}[HN\text{-}(CH_2)_5\text{-}\overset{O}{\overset{\|}{C}}]_n \quad \text{尼龙 6}$$

$$\text{-}[HN\text{-}(CH_2)_7\text{-}\overset{O}{\overset{\|}{C}}]_n \quad \text{尼龙 8}$$

$$\text{-}[NH\text{-}(CH_2)_6\text{-}NH\text{—}\overset{O}{\overset{\|}{C}}\text{-}(CH_2)_4\text{-}\overset{O}{\overset{\|}{C}}]_n \quad \text{尼龙 66}$$

$$\text{-}[NH\text{-}(CH_2)_6\text{-}NH\text{—}\overset{O}{\overset{\|}{C}}\text{-}(CH_2)_8\text{-}\overset{O}{\overset{\|}{C}}]_n \quad \text{尼龙 610}$$

$$\text{-}[NH\text{-}(CH_2)_{10}\text{-}NH\text{—}\overset{O}{\overset{\|}{C}}\text{-}(CH_2)_8\text{-}\overset{O}{\overset{\|}{C}}]_n \quad \text{尼龙 1010}$$

常用的尼龙是一种线性的、具有热塑性的缩聚聚酰胺，其分子链上均匀地分布着酰胺基化合物。通常情况下，具有透明性、热成型、强度高及在较宽的温度范围内保持很高的挺度的能力。然而，由于其结构组成的原因，尼龙表现出很强水蒸气敏感性，这一点就像乙烯-乙烯醇（EVOH）共聚物，在相同温度条件下，尼龙的吸水量与湿度存在一定的关系。不同种类的尼龙，由于其结构上的相似性，使其性能上有许多共同之处：①由于主链上有强极性的酰胺基团，可形成氢键，使分子间作用力变大，分子链较易整齐排列，故表现为机械性能优异，结晶度较高，表面硬度大，耐磨且有自润滑性和较高的冲击韧性；②耐低温性能好，又具有一定的耐热性；③吸水性大，环境湿度的变化易影响尼龙制品的尺寸稳定性和阻隔性能；④有较好的阻气性，但阻湿性差；⑤无毒、无臭、耐候性好而染色性差；⑥化学稳定性好，耐溶剂、油类及稀酸等。

由于C═O和NH基团之间存在较强的氢键作用，使得尼龙大分子链与链之间能紧密的结合在一起，形成高结晶度、高熔融温度的可塑性树脂，如尼龙66，其熔点为269℃，尼龙有很好的耐穿刺性能、冲击强度和热稳定性。常用尼龙的玻璃化温度一般在50℃左右，但由于它们易结晶，所以其耐温性较好。

尼龙在包装在主要以薄膜形式应用，为提高薄膜性能，一般对薄膜进行拉伸。由于尼龙的熔融加工性能好，在大多数的包装应用中，尼龙通常被用于制造挤出薄膜，这可以通过流延或吹胀的工艺得到。在整个薄膜加工过程中，通过不同温度的处理可以得到不同的结晶度的尼龙。当加大冷却率，使薄膜没有充足的时间形成结晶，可以得到更低结晶度的薄膜。在非定型加工过程中，这种处理可以得到高透明度和更易热塑的薄膜。尼龙可以与其他材料如聚烯烃进行共挤加工，聚烯烃在共挤结构中主要是提供热封性能、提高水蒸气阻隔性能以克服其易于吸水的缺点并降低成本。尼龙还用来与其他薄膜如聚乙烯薄膜等复合，在复合结构中，尼龙主要提供挺度和耐拉伸强度。

尼龙可以用来生产薄膜、工业容器、燃料罐和油罐。尼龙一般还用于医疗器械、肉类和奶酪包装及热成型填充包装。在大多数包装应用中，尼龙一般与其他薄膜复合成多层结构，其他树脂主要提供热封性能和阻水性能，如低密度聚乙烯、离子化合物和乙烯-醋酸乙烯共聚物。尼龙多层复合膜通常用于真空咸肉、干酪、大腊肠和其他肉类加工品的包装。聚偏氯乙烯涂布的尼龙具有更好的阻水、阻氧和阻油性能，双向拉伸的尼龙在耐撕裂性、加工性和阻隔性能方面都有优良的表现，包装常用尼龙的基本性能如表 2-2-8。

表 2-2-8　一些常用尼龙的基本性能

性　能	单位	尼龙 6	尼龙 66	尼龙 610	尼龙 1010
相对密度		1.13	1.15	1.07	1.07
拉伸强度	MPa	75	80	60	55
压缩强度	MPa	85	105	80	65
弯曲强度	MPa	120	60～100	90	80
冲击强度(缺口)	kJ/m^2	5.5	5.4	5.5	5
熔点	℃	215	252	220	210
热变形温度	℃	68	75	82	—
耐寒温度	℃	−30	−30	−40	−40

八、聚对苯二甲酸乙二醇酯（Polyethylene terephthalate，PET）

在包装行业中人们常将聚对苯二甲酸乙二醇酯简称为聚酯（PET）。聚酯化学结构式为：

$$\left[\overset{O}{\overset{\|}{C}} - C_6H_4 - \overset{O}{\overset{\|}{C}} - O - CH_2 - CH_2 - O \right]_n$$

聚酯树脂具性能优良，表现在：①力学性能好，其强度和刚度在常用的热塑性塑料中是最大的，薄膜的拉伸强度可与铝箔相媲美，耐折性好，但耐撕裂强度差；②耐油、耐脂肪、耐稀酸、稀碱，耐大多数溶剂，但不耐浓酸、浓碱；③具有优良的耐高低温性能，可在 120℃温度范围内长期使用，短期使用可耐 150℃高温，可耐－70℃低温，且高、低温时对其机械性能影响很小；④气体和水蒸气渗透率低，具有优良的阻气、水、油及异味性能；⑤透明度高，可阻挡紫外光，光泽性好；⑥无毒、无味，卫生安全性好，可直接用于食品包装；⑦双向拉伸可以使聚酯树脂薄膜的纵向和横向力学性能提高，因此，双轴取向薄膜聚酯（BOPET）成为该材料的重要产品。

聚酯树脂的应用范围主要在三大领域：纤维、片材和薄膜以及瓶用树脂。

（1）纤维　世界上约 1/2 的合成纤维是用 PET 制造的，通称涤纶纤维。

（2）片材和薄膜　PET 片材是继聚氯乙烯片材之后，用于医药品包装的片材，而在欧洲一些国家禁止聚氯乙烯用于一次性包装之后；它更成为主要的医药品包装用片材。PET 片材是用 PET 树脂，经干燥→挤出（或流延）铸片→拉伸而成。PET 薄膜用于医疗用器具、精密仪器、电器元件的高档包装材料和电影胶片及感光胶片的等的基材，还可以制成拉伸薄膜用于各类产品的包装，以及经过镀铝或涂覆聚偏氯乙烯再与其他薄膜复合，制成复合薄膜。

（3）瓶用树脂　PET 在包装中主要制成瓶类容器用于充气饮料及纯净水等的包装，其特点是重量轻、强度高、韧性好，透明度高，拉伸取向后可耐较高的内压，化学稳定性好，阻隔性高。结晶度较高的 PET 树脂是目前较好的耐热包装材料，适用于冷冻食品及微波处理的食品容器，以及热灌装食品的包装。但因 PET 的玻璃化温度不高（80℃左右），结晶能力不强，导致常见透明的 PET 制品（如拉伸吹塑的饮料瓶和食用油壶）的结晶度较低，所以它们的耐温性不良（如灌装热水时，易引起变形）。

PET 树脂的基本性能见表 2-2-9。

表 2-2-9　　聚对苯二甲酸乙二醇酯的基本性能

性　能	单位	指标	性　能	单位	指标
相对密度		1.30～1.40	吸水性	%	0.6
熔点	℃	265	拉伸强度	MPa	60～70
耐寒温度	℃	−70	断裂伸长率	%	60～110

九、聚萘二甲酸乙二醇酯（Poly ethylene naphthalene，PEN）

所谓聚萘二甲酸乙二醇酯就是 PET 的苯环置换成了萘环的聚酯，其结构式为：

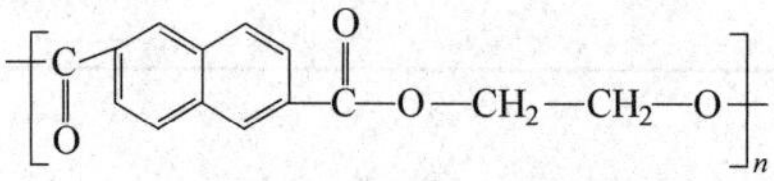

$$\left[\overset{O}{\overset{\|}{C}} - C_{10}H_6 - \overset{O}{\overset{\|}{C}} - O - CH_2 - CH_2 - O \right]_n$$

由于 PEN 有与 PET 非常类似的结构，所以在其性质上也有相同的特性，而且几乎在所有的方面都优于 PET。在 PET 树脂的阻隔性和耐热性达不到要求的应用领域，PEN 则显示出其卓越的性能：PEN 对 O_2 的阻隔性比 PET 高 4 倍，对 CO_2 的阻隔性高 5 倍，对水的阻隔性高 3.5 倍。PEN 的耐热性较好，其 T_g 为 121℃，而 PET 为 80℃左右，此外，PEN 的拉伸强度比 PET 高 35%，弯曲模量高 50%，且加工性能好，成型周期更快。

由于 PEN 具有较高的熔融温度，成型加工性能不如 PET 的，且价格较高，这就限制了其作为包装材料的广泛使用，一个较好的方法就是将 PEN 与 PET 共聚或者共混。

PEN 和 PET 虽然化学结构相似、性能相近，然而 PEN 和 PET 并不完全相容，引发并控制两组分的酯交换反应就可以达到增容 PEN 和 PET 的目的，所以通过酯交换反应，PEN/PET 共混物在熔融加工过程中由非均相体系变为均相体系。

PEN/PET 共混物的组成比在 15∶85～85∶15 的范围内，仍保持结晶聚合物的性能，共混物要求在高剪切下混合 1～10min 再加工。

PEN 以其较高的防水性、气密性、抗紫外线性以及耐热、耐化学、耐辐射而著称，目前在包装上的典型使用是生产医药和化妆品的吹塑容器和可蒸煮消毒的果汁、啤酒瓶等。

PEN 通常的热灌装温度可达 102℃，而 PET 则为 75～80℃。PEN 共聚物可在 85℃洗涤条件下不发生收缩，而 PET 则为 59℃。而且通过测试，装在 PEN 瓶与玻璃瓶的啤酒从口味上几乎没有什么差别。用 PEN 瓶装的啤酒其抗紫外线能力与厚度为其一倍玻璃瓶的效果是一样的，且啤酒中的 CO_2 含量也大致一样。表 2-2-10 为 PET 与 PEN 基本性能及对比。

表 2-2-10　　PET 与 PEN 基本性能及对比

性　能	单　位	PET	PEN
相对密度		1.30～1.40	1.33
熔点	℃	250	272
玻璃化温度	℃	75	121
拉伸强度	MPa	175	240
断裂伸长率	%	60～110	25

十、聚碳酸酯（Polycarbonate，PC）

聚碳酸酯的结构式如下：

$$\left[O-\langle\bigcirc\rangle-\underset{CH_3}{\overset{CH_3}{\underset{|}{\overset{|}{C}}}}-\langle\bigcirc\rangle-CH_2-\overset{O}{\overset{\|}{C}} \right]_n$$

聚碳酸酯为一种线型聚酯，是一种无色或呈微黄色透明的无定形塑料。主要特性如下：①优越的耐高温性能及在高温下的高强度，且耐低温性能也很好，脆化温度低于一100℃，由于它的玻璃化温度在150℃左右，所以可在130℃下长期使用。在常用的塑料中，其冲击韧性也较为优良，但耐应力开裂性差；②聚碳酸酯耐稀酸，耐脂肪烃、醇、油脂和洗涤剂，溶于卤代烃，易与碱作用；③薄膜对水、蒸气和空气的渗透率高，可用于蔬菜等需要呼吸的食品的包装，若需阻隔性时，必须进行涂覆处理；④无毒、无味、无臭具有透明性。透光率可达93%，作为透明材料，表面不易划伤；⑤耐候性能较好，对热、辐射、空气、臭氧有良好的稳定性，制品在户外暴露一年，性能几乎不变。

聚碳酸酯在包装上主要以薄膜形式用于蔬菜、肉类等需要呼吸及氧气的食品，还可制成纯净水桶、婴幼儿奶瓶以及瓶、碗、盘类食品包装，聚碳酸酯的基本性能如表2-2-11所示。

表2-2-11　聚碳酸酯的基本性能

性　能	单位	指标	性　能	单位	指标
相对密度		1.20	冲击强度(缺口)	kJ/m^2	50
拉伸强度	MPa	60	热变形温度	℃	126～135
断裂伸长率	%	70～120	长期使用温度	℃	−60～120
弯曲强度	MPa	91	脆化温度	℃	−100
压缩强度	MPa	70～80	黏流温度	℃	220～230

十一、乙烯-醋酸乙烯酯共聚物（Ethylene Vinylacetate Copolymer，EVA）

乙烯-醋酸乙烯酯共聚物（以下简写作EVA），实质上是一种改性聚乙烯，其分子结构式为：

$$\left[CH_2-CH_2 \right]_m \left[\underset{O-\overset{O}{\overset{\|}{C}}-CH_3}{\overset{}{\underset{|}{CH}}}-CH_2 \right]_n$$

EVA按其聚合工艺不同，所得产物可用于不同用途：高压本体法所制用于塑料；溶液法用于PVC加工助剂；乳液法用于制作黏合剂、涂料等。

EVA的特性主要取决于醋酸乙烯的含量。相对低密度聚乙烯来说，EVA树脂具有更好的柔软性、韧性和热封性，用作塑料的EVA相对分子质量为8000～50000的线型无定形聚合物，共聚物中VA的含量一般是5%～50%。在包装应用中，VA的含量最佳为5%～20%。当熔体质量流动速率一定时，醋酸乙烯酯含量增加则材料的密度增加，同时弹性、柔性、相容性、透明性、黏合性、溶解性等均有所提高，低温热封性能好，更好的耐穿刺性能，而结晶性降低，熔点下降；若醋酸乙烯酯含量减少则性能接近低密度聚乙烯，即刚性、耐磨性、化学稳定性能等提高。若醋酸乙烯酯含量一定时，熔体质量流动速率增大则软化点、强度下降，但加工性能和表面光泽度得改善；熔体质量流动速率变小则冲击强度、耐应力开裂性提高。

相对分子质量增加，黏合性、柔韧性、热封强度、热粘强度和柔软性能都有提高。因为有良好的粘接性和易加工性，EVA常用于挤出涂布，作为热封层与PET、OPP挤出复合，一般用来包装奶酪和药品。在低温下有很好的柔韧性，这种耐低温性优点，可用于冰淇淋、冷冻肉包装。

另外，EVA的阻隔性随醋酸乙烯酯的含量增加而增加，故可通过调节EVA中醋酸乙烯酯的含量来制成阻隔性不同的保鲜薄膜，用来包装要求有一定透过性的蔬菜、水果等。

十二、乙烯-丙烯酸乙酯共聚物（Ethylene/ethyl acrylate copolymer，EEA）

EEA是由乙烯和丙烯酸乙酯的共聚产物，常用的EEA为柔软的橡胶状半透明固体，其主要优点是在加工时热稳定性好，耐低温性能优良，脆折温度可低至－100℃，具有优良的耐弯曲开裂性，及耐环境应力开裂性，而且弹性较大，这是PE所不及的，此外还有优秀的热粘强度和粘接强度，EEA可用于铝箔和其他树脂的粘接层。

EEA具有广泛的用途，可以作为包材中的粘接层，也可以薄膜或容器的形式用于食品软包装、快餐食品、药品包装，挤出薄膜可用于无菌纸盒包装，复合罐，牙膏管和食品包装。

十三、聚乙烯醇（Polyvinyl alcohol，PVA）

聚乙烯醇化学结构式为：

$$\left[\begin{array}{c} OH \\ | \\ CH \end{array} - CH_2 \right]_n$$

聚乙烯醇的单体乙烯醇是不稳定的，因此聚乙烯醇不能由其单体直接聚合而得，而是先用醋酸乙烯酯聚合成聚醋酸乙烯酯，然后将其醇解，制得聚乙烯醇。通过控制醇解物上的乙酰氧基数量，可制得不同性能的聚乙烯醇，故实际上聚乙烯醇的化学结构式也可以为：

$$\left[CH_2 - \begin{array}{c} OH \\ | \\ CH \end{array} \right]_m \left[\begin{array}{c} O-\overset{\overset{\displaystyle O}{\|}}{C}-CH_3 \\ | \\ CH \end{array} - CH_2 \right]_n$$

聚乙烯醇中乙酰氧基含量的不同，影响最大的是它的溶解性能，如表2-2-12所示。聚乙烯醇大量地被用于制造涂料、黏合剂。当它做塑料使用时，通常以薄膜形式应用于食品包装，聚乙烯醇薄膜具有如下特性：①机械性能好，抗拉伸强度达34.3MPa，断裂伸长率取决于含湿量，平均可达450%，耐折、耐磨；②无毒、无臭、无味，化学稳定性好；③阻气性和保香性极好，但因分子内含有羟基，具有较大的吸水性，故阻湿性差，且随着吸湿量的增加，其阻气性能急剧下降，因此常与高阻湿性薄膜复合，用做高阻隔性食品包装材料；④未增塑的聚乙烯醇的使用温度达120～140℃；⑤透明度达60%～66%，光泽度达81.5%。

表 2-2-12　　聚乙烯醇中乙酰氧基含量及溶解性能

残存乙酰氧基含量/%	溶解性能	残存乙酰氧基含量/%	溶解性能
70 以上	在水中不溶，能溶于有机溶剂（如醇）	20	溶于冷水，部分溶于热水
60	在醇、丙酮中可溶，不溶于水	10	溶于热水，几乎不溶于冷水
40	在醇、丙酮及冷水中可溶，不溶于热水	5	在热水中溶，不溶于冷水

十四、乙烯-乙烯醇共聚物（Ethylene-Vinyl Alcohol Copolymer，EVOH）

乙烯-乙烯醇共聚物是乙烯和醋酸乙烯共聚物、经水解得到的。虽然聚乙烯醇具有特别高的气体阻隔性能，但它吸湿性强，有的品种还溶于水并难以加工。将乙烯聚合物的加工性和乙烯醇聚合物的阻隔作用相结合，乙烯-乙烯醇共聚物不仅表现出极好的加工性能，而且也对气体、气味、香料、溶剂等呈现出优异的阻隔作用。由于同乙烯结合而具有热稳定性，含有 EVOH 阻隔层的多层容器是完全可以重复利用的。正是这些特点，在食品包装方面使含有 EVOH 阻隔层的塑料容器能代替许多玻璃和金属容器。

乙烯-乙烯醇共聚物的分子结构式如下：

$$\left[CH_2-CH_2 \right]_m \left[\underset{\displaystyle |}{\overset{OH}{}} \!\!\! CH-CH_2 \right]_n$$

乙烯-乙烯醇共聚物的性质强烈地依赖于共聚单体的相对浓度，如果乙烯的成分增加，乙烯-乙烯醇共聚物的性能就趋近于聚乙烯，如果乙烯醇的成分增加，则乙烯-乙烯醇共聚物的性能就更趋近于聚乙烯醇的性能。

乙烯-乙烯醇共聚物树脂的最突出的特性就是能提供对 O_2、CO_2 或 N_2 等气体的高阻隔性能，使其在包装中能充分提高保香和保质作用。由于乙烯-乙烯醇共聚物分子中存在较多的羟基，因而材料是亲水和吸湿的。当相对湿度大于 80%时，其气体透过性会大大增加，这时可将乙烯-乙烯醇共聚物薄膜与高阻湿性薄膜（如聚烯烃薄膜）复合，则能使乙烯-乙烯醇共聚物薄膜仍保持最高的阻隔性。

乙烯-乙烯醇共聚物具有非常好的耐油性和耐有机溶剂能力，将乙烯-乙烯醇共聚物在 20℃下浸泡于一般溶剂中一年，其增重为零；在乙醇中增重 2.3%；在沙拉油中增重为 0.1%。乙烯-乙烯醇共聚物还有非常好的保香性能。它的这些性质使得它被优先选做油性食品、食用油等要求高阻隔性能的食品包装材料。乙烯-乙烯醇共聚物的其他基本性能见表 2-2-13。

表 2-2-13　　乙烯-乙烯醇共聚物的基本性能

性质	单位	乙烯含量/%(摩尔分数)					
		32	32	32	38	44	48
		片材、瓶	膜、瓶、片材	平挤膜	膜、瓶、片	平挤膜、片	双向拉伸膜
熔体质量流动速率	g/10min	0.6	1.3	4.4	1.5	5.5	15.0
相对密度		1.190	1.190	1.190	1.170	1.140	1.120
熔点	℃	181	181	181	175	164	156
玻璃化温度	℃	69	69	69	62	55	48
拉伸强度	MPa	81.3	77.4	73.4	68.1	58.8	—
极限伸长率	%	220	230	270	255	280	—
冲击强度(缺口)	J/m	128	91	53	80	53	—
洛氏硬度		100	100	97	95	88	—

十五、离子交联聚合物（Ionomer）

离子交联聚合物又称离子型聚合物（简称离聚物），是以乙烯为主体，加入1%～10%的丙烯酸（或甲基丙烯酸）等单体进行共聚并在共聚物主链上引入金属离子（如钠、钾、锌、镁等）进行交联而得的产品。其分子结构式如下：

$$
\begin{array}{c}
-CH_2-CH-CH_2-CH_2- \\
| \\
C{=}O \\
| \\
O \\
| \\
M^{+2} \\
| \\
O \\
| \\
C{=}O \\
| \\
-CH_2-CH-CH_2-CH_2-
\end{array}
$$

目前常用的离子交联聚合物是由乙烯和甲基丙烯酸的共聚物引入钠或锌离子进行交联而成的产品，商品名为萨林（Surlyn）。由于离子交联聚合物分子链间离子键的存在，使聚合物具有交联大分子的物理特性，强度更高，韧性更强，但这并不影响其再次熔融加工，原因是它的交联结构与共价键的交联不同，共价交联结构形成网状三维体后，便不能再产生熔融流动。而离子交联聚合物在加热时，其离子键作用变弱，离解，仍表现出热塑性，冷却后可再交联。所以它虽为交联合物，实际上是一种热塑性聚合物。离子交联聚合物的主要特性如下：①力学性能好，抗拉强度高于聚乙烯，在低温下性能也很好；表面硬度高，耐磨性好，韧性强、弹性好，具有优良的抗穿刺性和耐折叠性；②耐溶剂性好，耐一般无机酸、碱和油脂；不耐强酸及某些氧化剂和有机酸；某些芳香烃或脂肪烃会引起其溶胀；③热封合性能极好，相同条件下热封强度几乎是PE、EVA的十倍，且热封温度宽，在100～160℃的温度范围内皆可良好热封，使高速包装作业容易控制；④阻气性比PE好，但阻湿性低于PE，易吸水；阻油性好，钠型离子交联聚合物的阻油性是LDPE的30倍；⑤透明性好、光泽度好；⑥耐低温性好，但高温下易老化，最高使用温度为70℃左右；⑦对金属和其他极性材料的粘合性好，适宜作包装材料中极性材料（如铝箔、尼龙等）和非极性材料（如PE等）复合的中间层。

离子交联聚合物在包装行业中薄膜形式使用时，可用于包装形状复杂的或带棱角的物品、食品，特别是高油脂的食品，还可做普通裹包、弹性裹包及收缩包装，以及复合材料的中间粘合层或热封层，还可以制造盛装洗涤剂、食用油、机油、化妆品、药品食品的容器。

第二节　塑料助剂

通常塑料材料在加工和改性方面所用的助剂有十几类，随着塑料品种的增多、用途的扩大和加工技术的不断进步，助剂的类型和品种也日益增多。

在塑料加工和使用过程中加入塑料助剂是因为有些树脂或产品其固有性能不适应其产品所需的加工工艺和实用性能的要求，添加助剂仅仅是需要改变其加工性，这类助剂常称为加工型助剂；而有些材料其加工性能较好，而产品性能却达不到我们对实用性能的要求，这也要添加助剂，以改变其产品的实用性能，这类助剂常称为改性型助剂。对助剂的一般要求有：

（1）相容性　一般来说，助剂只有与树脂间有良好的相容性，才能使助剂长期、稳定、均匀地存在于制品中，有效地发挥其功能。如果相容性不好，则易发生“迁移”现象。但有时在对制品要求不太严格时，仍然可以允许其相容性欠缺一些，如填充剂与树脂间相容性不好，但只要填充的粒度小，仍然能基本满足制品性能要求，当然若用偶联剂或表面活性剂处理一下，则更能充分发挥其功能。但是有一些改善制品表面性能的助剂则要求其要稍微有一些迁移性，以使其在制品的表面发挥作用。

（2）耐久性　耐久性是要求助剂长期存在于制品中而基本不损失或很少损失，而助剂的损失主要通过三条途径：挥发、抽出和迁移。这主要与助剂的相对分子质量大小，在介质中的溶解度及在树脂中的溶解度有关。

（3）对加工条件的适应性　某些树脂的加工条件较苛刻，如加工温度高，此时应考虑所选助剂会否分解，助剂对模具、设备有无腐蚀作用。

（4）制品用途对助剂的制约　不同用途的制品对助剂的气味、毒性、电气性、耐候性、热性能等均有一定的要求。例如装食品的塑料包装制品，因要与食品接触，故对其卫生性要求很高，因此所用的助剂与一般包装用的塑料制品的助剂是不同的。

（5）助剂配合中的协同作用和反协同作用　在同一树脂体系中，两种或两种以上助剂并用，如果它的共同作用大大超过它们单独应用的效果的总和，就会产生“协同作用”。也就是比单独各用某一种助剂的加和作用大十几倍甚至几十倍。但如果配合不当，有些助剂间可能产生“对抗作用”，也称反协同作用。这样会削弱每种助剂的功能，甚至使某种助剂失去作用，这一点应特别注意，如炭黑与硫代酯类抗氧剂配合使用，对聚乙烯有着良好的协同作用，但与胺类或酚类抗氧剂并用就会产生对抗作用，彼此削弱原有的稳定效果。

一、增　塑　剂

增塑剂，即添加到树脂中，一方面使树脂在成型时流动性增大，改善加工性能，另一方面可使制成后的制品柔韧性和弹性增加的物质。

常用的增塑剂多半是各种低熔点的固体和高沸点的黏稠液体，它们应当与被添加的聚合物有良好的相容性，可以分布在高分子链之间，降低大分子之间的作用力，从而在一定温度和压力下使分子链更容易运动，达到改善加工成型性能的目的。增塑剂的特性是能够降低聚合物的成型熔融温度、弹性模量和二级转变温度，其降低值的大小与用量的体积分数成正比。但不影响大分子的化学本质。常用增塑剂有数百种，增塑剂一般要求无色、无毒、挥发性低、能和树脂混溶。就其分类来说，有很多种。按化学组成进行分类，可分为邻苯二甲酸酯、脂肪族二元酸酯、石油磺酸苯酯、磷酸酯、聚酯、环氧类、含氯化合物类。

增塑剂最基本的是要满足其与聚合物相容性好和挥发低的要求，所以在选择增塑剂时要先基于这两点，再具体选择。在一般情况下，采用几种增塑剂混合应用可以达到上述要求。

以 PVC 为例，常用增塑剂有：

1. 邻苯二甲酸酯类

邻苯二甲酸酯类增塑剂的产量占增塑剂总量80%，大部分为主增塑剂。主要是以碳原子数为4～11的脂肪醇与邻苯二甲酸合成的邻苯二甲酸酯类，他们以其原料成本较低，各种性能较平衡而使用的最多，其中又以邻苯二甲酸二辛酯和邻苯二甲酸二异辛酯用得最多。其中最重要的是邻苯二甲酸二辛酯（DOP），它被称为标准增塑剂，具有优良的综合性能，增塑效率高，挥发性小，耐紫外线，耐水抽出，迁移性小，而且耐寒性、柔软性和电性能等也都良好，广泛用于聚氯乙烯、氯乙烯共聚物、纤维素加工制造各种塑料制品。

2. 脂肪族二元酸酯类

它包括己二酸、壬二酸、癸二酸的酯类，硬脂酸酯和油酸酯类，大多耐低温性能很好，是优良的耐寒增塑剂。

3. 磷酸酯类

磷酸酯类一般都是与其他增塑剂共用，提高PVC耐热性，磷酸芳酯类还能使PVC具有持久性、性能稳定和耐油性。

常用的磷酸酯是磷酸三甲酚酯、磷酸二甲酚酯、磷酸二苯一辛酯、磷酸三丙烯酯的耐光性、耐燃性、耐污染性、耐油萃取都较好，这一类增塑剂具有阻燃效果，但与树脂相溶性略差，是副增塑剂，它与邻苯二甲酸酯类并用，均有一定毒性，不宜用于接触食品的制品。

4. 环氧化合物

这一类增塑剂对PVC等的增塑效果好，低温性能好并有稳定的作用，毒性小，均为低环氧值化合物。主要品种有环氧大豆油，环氧糠油酸酯，环氧蓖麻油酸酯、环氧妥尔油酯等。环氧油类挥发性低，耐热、耐光、不易萃出、相容性好，这类增塑剂用量不宜多，一般是与其他增塑剂并用。

以环氧大豆油为例，它是在酸存在下，大豆油中的长链脂肪的不饱和键（如C═C）环氧化制得的。环氧大豆油为PVC的增塑剂及热稳定剂，挥发性低，迁移性小，具有优良的热稳定性和光稳定性，可赋予制品良好的机械强度、耐候性及电性能。它适用于各种PVC制品，可与聚酯类增塑剂并用，减小聚酯的迁移，与热稳定剂并用有很好的协同效应，而且它的毒性极低，常做为食品包装材料的助剂。

5. 烷基磺酸酯类

这一类是副增塑剂，品种不多，且多为低熔点固体。典型产品为烷基磺酸苯酯(M50)，它能使制品有较好的耐候性。

6. 氯化石蜡类

这是一类副增塑剂，有臭味，工艺性能较差，使用量不宜多。其含氯量越高，使制品阻燃效果越好。

增塑剂的种类还有很多，如聚酯类，多元醇衍生物等，并且还在开发新的品种。在塑料工业中增塑剂的消耗量仅次于树脂，开发价低且使用效果好的增塑剂仍有重要意义。

关于增塑剂的用量，需要视选用什么样树脂、成型何种产品来定。对于硬质PVC，一般的低相对分子质量PVC，加少量（1%～2%）甚至不加增塑剂，而只加入一定量的稳定剂，就可以保证其正常加工过程中不至于分解。对于软质PVC，视其产品的要求可能会加到40%～50%。很多配方的综合效果、性能成本，都需要在经验和实验的基础上确定。

二、稳　定　剂

聚合物在外界环境作用下，使用性能发生不可逆劣变，这一现象被称为老化。在加工、贮存、使用过程中，聚合物经受热、氧、光、气候等条件作用，性能不断劣化，最后失去使用价值。聚合物稳定化的基本目的是阻缓老化速度，延长其使用寿命。聚合物的老化与抗老化（稳定）是一个非常复杂的问题，受到聚合物内在因素（结构）和外界条件的多方面影响。对聚合物添加稳定剂以求达到一定程度的抗老化性的方法是行之有效的。

1. 热稳定剂

热稳定剂是以改善树脂热稳定性为目的而添加的助剂。聚氯乙烯最明显的缺点是热稳定性差，聚氯乙烯分子中存在许多结构上的缺陷，如双键、支化点、残存的引发剂端基、含氧结构等，这些缺陷经热或光的活化很容易形成自由基，热降解中形成的自由基除了参与脱氯化氢反应外，还可能引起断链或交联等其他反应。与氧接触后，发生自动氧化过程，也会造成分子断裂或交联，而且脱出的氯化氢对聚氯乙烯还有催化降解的作用。聚氯乙烯的加工温度与其分解温度很相近，当在160～200℃的温度下加工时，聚氯乙烯会发生剧烈的热降解，从分子链上脱下HCl小分子，形成分子链上不稳定的自由基，给分子链造成双键、支化点等缺陷。脱下的HCl又加速其他分子链上的氯和氢脱出，成为热分解的催化剂。如不能排除脱下的游离HCl，则聚氯乙烯制品会迅速变色且性能恶化。因此我们在加工聚氯乙烯制品时，必须添加热稳定剂，使聚氯乙烯能够承受所需的加工温度。其实，聚氯乙烯的热降解过程十分复杂。聚氯乙烯在热降解过程中，几乎不产生单体，而是产生大量氯化氢。

热稳定剂的主要品种和特性如下：

（1）盐基性铅盐类　为带有PbO（俗称盐基）的无机酸（硫酸、亚磷酸、碳酸等）或有机酸（苯甲酸、马来酸等）的铅盐，如三盐基性硫酸铅（$3PbO \cdot PbSO_4 \cdot H_2O$）等。盐基性铅盐的优点是耐热性、电绝缘性好，吸湿性小，耐候性好，价廉等。其主要缺点是使制品不透明，有初期着色性，分散性差，有毒，易受硫化污染。由于它们分散性差，密度大，所以用量较大，常达5%或更多。另外，此类稳定剂都缺乏润滑性。

盐基性铅盐主要用于不透明硬质制品，通常并用金属皂，以改善润滑性。为改善初期着色，常与镉皂并用。

（2）金属皂类　多为脂肪酸（月桂酸、硬脂酸等）的二价金属（钡、镉、钙、锌、镁等）盐，如硬脂酸钡 $Ba(C_{17}H_{35}COO)_2$、硬脂酸锌 $Zn(C_{17}H_{35}COO)_2$ 等。金属皂都具有润滑性，其中一些是无毒的，大多数能用于半透明制品。少数易受硫化污染，有喷霜现象，对热焊和印刷性有影响，因此在配方中应注意用量。金属皂不单独使用，而是几种皂或与其他稳定剂以及环氧物，亚磷酸酯组成协同体系，主要用于各种软质透明或半透明制品，一般在配方中金属皂总用量2%～3%。

（3）有机锡化合物　一般为带二个烷基的有机酸、硫醇的锡盐，如二丁基锡二月桂酸盐等。工业上用作稳定剂的有机锡大部分是液体，少数是固体。一般很少用纯品，而采用添加了稳定化助剂的复合物。有机锡化合物虽然价格较贵，但其稳定效果好，用量很少，且具有透明性好、加工性能优良的特殊优点，所以是PVC的主要稳定剂之一。有机锡化合物可以单独使用，用于既要求透明又要有良好的热稳定性场合，但多数是将它与抗氧剂甚至与钡、镉皂类混用，以获得协同效应。这类稳定剂的缺点是需要润滑剂多些。

（4）辅助稳定剂

① 环氧化合物。含环氧基的酯或油，包括环氧脂和环氧增塑剂（如环氧大豆油等），单独使用时耐热性和耐候性不好，但与含金属的稳定剂并用，有协同效应。特别对钙/锌、镉/钡稳定体系的配合，效果最为突出，能大大地改善其热稳定性和耐候性。

② 有机亚磷酸酯。它的代表性品种有亚磷酸三苯酯、亚磷酸一苯二异辛酯等。它们单独使用没有什么效果，但与金属皂类并用后，能络合金属氯化物，改善耐热性和耐候性，保持透明性（钙、钡之类的游离金属氯化物，因为与聚氯乙烯的相溶性不太好，会引起制品浑浊，如果有这类磷化物的存在，通过复合反应，将金属离子络合起来，就能恢复制品的透明性），它与其他金属盐类稳定剂，有机锡稳定剂，环氧化合物等并用亦显示协同效应。

2. 光稳定剂

高分子材料在阳光、灯光及高能射线的照射下，会迅速发生老化，表现为发黄、变脆、龟裂、表面失去光泽，机械性能和电性能也大大降低，甚至最终失去了使用价值。在这个复杂的破坏过程中，紫外线是对高分子材料起老化作用的主要原因。

各种聚合物对紫外线破坏的敏感波长不同。例如对聚碳酸酯破坏性最大的紫外光波长是λ=295nm；而对聚乙烯破坏性最大的是λ=300nm附近；对聚丙烯λ=310nm的光威胁最大；聚苯乙烯老化速率最大的紫外光是λ=318nm；聚氯乙烯老化最敏感波长是λ=320nm。有一些聚合物发生老化最明显的光波波长有两个到三个，例如聚甲醛老化最快的波长为λ=300nm和325nm；有机玻璃老化发生在λ=290nm和315nm。

聚合物的光老化是紫外线在氧参与下的一系列复杂反应的结果，由于聚合物材料的分子结构和化学行为极不相同，光氧化机理也各有差异，但一般认为它是一个由光能引发的自动氧化过程。在光氧化作用下，聚合物分子链断裂、交联，致使其物理力学性能发生劣变，同时，含碳基团分解产物和发色团的形成又加深了其颜色变化。

为了保护高分子材料制品免受紫外线与氧的破坏，延长它们的使用寿命，将光稳定剂添加于塑料材料中，使它们在树脂中吸收紫外线的能量，尤其是吸收波长为290～400nm的紫外线能量，并将所吸收的能量以无害的形式转换出来。以抑制或减弱光降解的作用，提高材料耐光性。由于光稳定剂大多数都能够吸收紫外光，故又称光稳定剂为紫外线吸收剂。

按照光稳定剂的作用机理，可将其分为四类：

（1）光屏蔽剂　这是一类能够吸收或反射紫外光的物质，它们在聚合物和光辐射之间设置了一层遮蔽物，使光不能直接射到聚合物内部，从而有效地抑制光老化。具有这种功能的物质主要是一些无机填料和颜料，如炭黑、二氧化钛、氧化钛等。

利用光屏蔽剂把有害的紫外光与聚合物隔绝开，是一种行之有效的防护措施，构成了光稳定化的第一个层次，但是它只适用于着色制品，不适于透明制品。

（2）紫外线吸收剂　这是光稳定剂的主体，能够强烈地吸收紫外光，并将其能量转变成无害的热能形式放出，这构成了光稳定化的第二个层次。按其结构可分为水杨酸酯类、二苯甲酮类。使用时要考虑各种聚合物的敏感波长和紫外线吸收剂的有效吸收波长范围的一致性。

(3) 紫外线淬灭剂　未被遮蔽或吸收的紫外光，被高聚物吸收后，使聚合物处于不稳定的“激发态”，为了防止其进一步分解产生自由基，紫外线淬灭剂能够从受激聚合物分子上将激发能消除，使之回到低能状态。这类光稳定剂对聚烯烃的稳定效果很好，多用于薄膜和纤维，它们在溶剂中的溶解性极小，用于纤维时耐洗性优良，并兼有助染剂的功能，这类光稳定剂多与二苯甲酮类、苯并三唑类等紫外线吸收剂并用，有良好的协同效应。

(4) 自由基捕获剂　这可以说是最后一道阻止光降解作用的防线。主要是有空间阻碍的哌啶衍生物，它特别适用于聚烯烃，其稳定效能很好，它的主要功能就是捕获自由基。即一旦聚合物吸收了紫外线并分解产生出了导致自动氧化反应的活性自由基后，它就可以捕获这种活性自由基，阻止链式反应继续下去，并生成稳定的化合物。

3. 抗氧剂

对于大多数塑料品种来说，在其制造、加工、贮存及应用过程中，对氧化降解都有一定的敏感性，氧渗入塑料制品中几乎与大多数聚合物都能发生反应而导致降解或交联，从而改变材料的性能。少量的氧就能使这些高分子材料的强度、外观和性能发生剧烈的变化。在热加工和日照之下，氧化速度更快。聚合物氧化是一种游离基连锁反应，在氧化降解中，塑料的氧化反应是一个自动催化过程，反应初期为氢过氧化物，它在一定条件下，分解成自由基，该自由基又能与大分子烃或氧反应生成新的自由基，周而复始，使氧化反应按自由基链式反应进行。绝大多数塑料的氧化都是按这一机理进行的。光能和热能既是产生初期自由基的能源，又能够加速氢过氧化物的分解，从而加快了氧化的进行。因此，通常又将聚合物的氧化分为热氧化和光氧化。最后这种反应的结果则是性能老化。这类反应如果不受阻止，可以很快使聚合物氧化并失去使用价值。不同的塑料对氧的稳定性是不同的，所以有些塑料中无需加入抗氧剂。有的则必须加入抗氧剂（参见表 2-2-14)。

表 2-2-14　常用聚合物的抗氧化性能

聚合物名称	抗光氧化	抗热氧化	聚合物名称	抗光氧化	抗热氧化
聚乙烯	劣	可	PET	可	良
聚丙烯	劣	劣	聚碳酸酯	可	良
聚苯乙烯	劣	良	ABS	劣	劣
聚氯乙烯	可	可	聚丙烯腈	可	良
PMMA	优	良	聚氨酯	可	可
尼龙-66	可	可	聚四氟乙烯	优	优

三、润滑剂和脱模剂

高聚物在熔融之后通常具有较高的黏度，在加工过程中，熔融的高聚物在通过狭缝、浇口等流道时，聚合物熔体必定要与加工机械表面产生摩擦，有些摩擦在对聚合物的加工是很不利的，这些摩擦使熔体流动性降低，同时严重的摩擦会使制品表面变得粗糙，缺乏光泽或出现流纹。为此，需要加入以提高润滑性、减少摩擦、降低界面粘附性能为目的助剂，这就是润滑剂。润滑剂除了改进流动性外，还可以起熔融促进剂、防粘连和防静电剂、脱模剂、爽滑剂等作用。

润滑剂可分为外润滑剂和内润滑剂两种，外润滑剂的作用主要是改善聚合物熔体与加工设备的热金属表面的摩擦。它与聚合物相容性较差，容易从熔体内往外迁移，所以能在塑料熔体与金属的交界面形成润滑的薄层。内润滑剂与聚合物有良好的相容性，它在聚合物内部起到降低聚合物分子间内聚力的作用，从而改善塑料熔体的内摩擦生热和熔体的流动性。常用的外润滑剂是硬脂酸及其盐类；内润滑剂是低分子质量的聚合物。

在塑料制品的生产中，经常会遇到一些粘连现象，比如在塑料薄膜生产中，两层膜不易分开，这给自动高速包装带来困难。为了克服它，可向树脂中加入少量增加表面润滑性的助剂，以增加外部润滑性，一般称作抗粘连剂或爽滑剂。一般润滑剂的分子结构中，都会有长链的非极性基和极性基两部分，它们在不同的聚合物中的相容性是不一样的，从而显示不同的内外润滑的作用。按照化学组分，常用的润滑剂可分为如下几类：脂肪酸及其酯类、脂肪酸酰胺、金属皂、烃类、有机硅化合物等。

1. 常用润滑剂

(1) 硬脂酸　又称十八烷酸，是用得比较多的塑料加工用润滑剂，主要用于 PVC 和 PE 加工，用量在 0.3～0.5 份，性能优良，并有防止层析结垢的效果，用量过多时制品易因表面挂霜而影响透明性。不过其凝胶化速度较慢，实际上多与其他内部润滑剂并用，最好和硬脂酸丁酯内润滑剂并用。在反应性的金属表面上，它可与金属形成金属皂膜，发挥润滑效果。

(2) 硬脂酰胺　适用于 PVC、PS、脲醛树脂等塑料加工用的润滑剂和脱模剂，主要用于 PVC 压延制品中，具有优良的外部润滑效果。一般用量为 0.3～0.8 份，可用于硬质透明挤塑制品，还能作为聚烯烃的爽滑剂和薄膜的粘连剂，以及橡胶类制品生产时的内部脱模剂和润滑剂，改善胶料的加工性，提高颜料等其他助剂的分散效果，赋予制品良好的光泽，但其持久性差，热稳定性不好，与少量高级醇配合，能得到改善。

(3) 硬脂酸丁酯　主要用于透明的软质和硬质 PVC 挤出，注塑等制品，用量 0.5～1 份。在其他塑料中适量加入硬脂酸丁酯也能改善加工性能。

2. 常用脱模剂

脱模剂是为了便于脱模，分布在制品和模具之间，特别是两者如果接触将发生反应时，就更缺不了脱模剂，它类似一种很好的外润滑剂。不管是热塑性或热固性塑料，是压制还是注射，都有可能使用脱模剂。脱模剂要求其耐热温度高，不会在加工时被蒸发，化学稳定性好，不会被制品吸收，而且还要便于使用。

脱模剂的种类很多，以有机硅脱模剂使用得最普遍。它们是一种黏稠的液体，使用温度范围广，广泛用作塑料等多种材料的脱模剂，具有优良的耐高、低温性能，透光性、电性能、憎水性、防潮性和化学稳定性。可用于大型制品的高温操作脱模。为方便使用，一般将其制成溶液、乳剂、膏体等。如二甲基硅油，它是无色透明的黏性液体，可在－50～200℃内使用。苯甲基硅油，它是无色或微黄色油状液体，可作高温脱模剂。二乙基硅油，它是无色或微黄色透明液体，可在－70～150℃内作脱模剂使用。它的表面张力小，无毒、无腐蚀性、耐老化，不挥发，电性能好，具有优良的润滑性和脱模效果。能与矿物润滑油互溶，进一步改善润滑性。其使用方法是将它配成 30%左右的二甲苯溶液，喷涂或刷涂于模具表面，溶液挥发后，就可得到一层隔离塑料与模具的薄层，可作为塑料、橡胶等工业用脱模剂。脱模剂也可经稀释，按不同要求使用。

四、着　色　剂

塑料着色在塑料加工过程中是很重要的一个步骤。塑料包装制品是否能受到消费者普遍欢迎，除看其各种性能是否优良之外，其外观也是一项重要因素。所以制品的着色可以使产品绚丽多彩，提高包装产品的商业价值，同时它还具备其他一些重要作用，如以不同色彩的制品区分其使用功能及性能，使之明晰可辨；着色剂选用合适，可以改善制品的耐候性、力学强度、电性能、光学性能及润滑性能等。所以在进行着色剂色彩搭配的同时，要注意其分子结构对制品性能的影响，在加工中，可以达到事半功倍的效果。

着色剂可分为染料和颜料两大类，其主要区别在于它们的溶解性及在塑料中的分散程度。染料可溶于水、油、有机溶剂等，分子内一般都含有发色基团和助色基团，具有强烈的着染能力，且色谱齐全。在塑料中呈分子状态分布。但因其耐热性、耐光性和耐溶剂性差，在塑料加工温度下容易分解、变色，甚至易从塑料中渗出、迁移而造成串色或污染，故用于塑料制品生产的不多。一般油溶性、醇溶性染料可酌情使用。染料着色的优点是色彩透明鲜艳、用量少。

颜料不溶于水和溶剂，在塑料中分散成细微颗粒，起遮盖作用而着色。颜料可分为无机颜料和有机颜料两类。无机颜料具有优良的耐热性、耐光性和耐溶剂性，原料易得且价廉，但其透明度和鲜明度差，色泽较暗淡。有机颜料则介于有机染料和无机颜料之间，其耐光、耐热和分散性虽不及无机颜料，但色彩艳丽、透明感强。

塑料着色时为了做到尽可能分散均匀，有时可先将着色剂与同树脂相容性好的溶剂或增塑剂研磨成糊状；也可将每批颜色先配成母料（浓缩色母料），它是由树脂和大量颜料（浓度5%～80%）预先混合后加工成片状、粒状。使用时，只需以适当的配比将其加入树脂中混合，即可成型。着色母料分散均匀，使用方便。按量取用。若能与树脂充分塑化，则着色剂也就在树脂中均匀分散开了。

常用着色剂

1. 无机着色剂

（1）二氧化钛　俗称钛白粉，为白色粉末，是白色颜料中着色力最强的品种。具有优良的遮盖力和着色牢度，用于不透明的白色制品。由于钛白粉价格较高，多将其与其他白色颜料配合使用，不过在混合颜料中钛白粉含量越小，着色力越低。

（2）氧化锌　锌钡白（立德粉），氧化锌的耐光性、耐热性、耐水性、耐碱性、耐溶剂性优良，但耐酸性差，着色力较低。锌钡白的遮盖力和着色力比锌白大，但不及钛白粉，且日晒会泛黄。它们都价格低廉，可做填料使用，适用于多种树脂。

（3）镉红　氧化铁红等是红色着色剂。镉红更鲜亮，价也高。它们的着色力都很强，耐光性、耐热性、耐水性等都不错，适用于各种塑料非透明制品，但铁红有促进PVC分解的副作用，而且不能用于电缆料。

（4）镉黄　主要成分是CdS，为淡黄色至橘黄色粉末，色泽鲜艳；化学性能好，但不耐酸，着色力不太强，可用于户外制品，铬黄依其色不同，其化学组成各异，但都含铅，遇硫化物有变黑趋势，配色时应注意。它分五种颜色，耐水性和耐溶剂性优良，但耐碱性差，多用于PVC、PS等热塑性塑料，在热固性塑料中色泽较暗。

2. 有机着色剂

（1）联苯胺黄G　常用于多种塑料中，但不适用于硬质聚氯乙烯、尼龙、聚碳酸酯、聚甲醛等。它耐热性、耐光性和耐溶剂性好，可着色为鲜艳的黄色。

（2）永固黄HR　透明性好，耐气候性、耐溶剂性优良，耐热性亦佳，无迁移性，遮盖力强，可以单独使用，也可拼色于透明制品中。一般用量为0.06phr左右，色泽美艳。

（3）永固橙G　也称联苯胺橙，坚牢橙G、永固橙黄G，和还原艳橙GR均为塑料的橙色着色剂。着色力强，耐光性、耐热性、耐酸性、耐碱性和遮盖力也较好，但透明性差，迁移性较大，特别是在高温下尤为显著，耐溶剂性较低。而后者用于聚乙烯、聚丙烯等中，色彩鲜艳，耐晒、耐热、耐气候、耐溶剂、耐迁移、耐酸碱等性能均较好。

（4）立索尔宝红BK（罗滨红）　为紫红色粉末，溶于热水。它是塑料用红色着色剂，着色力较强，透明性亦好，是目前国内主要的塑料着色剂之一。由于本品的耐光性与用量的临界浓度有关，一般不宜作浅色或拼色之用。用于透明制品时用量通常为树脂的0.08%。

（5）塑料紫RL（永固紫RL）和喹丫啶酮紫　均是塑料用紫色着色剂，两者耐热性、耐溶剂性、耐光性都优良，前者迁移性也较小，均适用于聚氯乙烯等多种塑料。

3. 荧光增白剂

简称荧光剂或增白剂。它的加入是消除塑料微黄色，增加色彩鲜明。荧光增白剂DBS，是绿黄色粉末，耐强酸、强碱，无毒，它用量低，适应性强，分散性好，可在加工或聚合时加入，被增白后带泛蓝紫光色调荧光，白度高，耐高温。适用于聚丙烯、聚乙烯、聚苯乙烯、聚氯乙烯、高耐冲聚苯乙烯、ABS树脂、不饱和树脂、聚甲醛、聚碳酸酯、尼龙等。

4. 珠光剂

它均匀地分布于塑料中后，能在一定角度上强烈反射光线，产生像珍珠一样的晶莹闪光。目前使用的珠光剂有天然珠光剂和合成珠光剂两类。天然珠光剂是由带鱼等的鱼鳞制得，一般配制成含鱼鳞35%左右的浆状物。合成珠光剂有酸性砷酸铅、碱性碳酸铅、酰氯化铋三种。近来还出现了一种珠光型颜料，它是由二氧化钛涂于云母表面所制成的，在塑料中有良好的着色力，又可赋予美丽的珠光。

色母料是由基本色料、载体塑料和添加剂组成。由于色母料中所含色料是经过研磨的超微颗粒，所以它的着色力强。色料分散在载体塑料中，可以保证色料在塑料制品中容易分散均匀。色母料中的色料微粒不会悬浮于空气之中，易保管和使用，可净化生产操作环境。

所有的塑料品种（如PE、PP、PVC、环氧、酚醛、聚酯等）都可以使用色母料着色。

五、抗静电剂

静电现象是在塑料材料的生产和应用中常常碰到的。当塑料制品因摩擦而产生静电时，由于其电阻很高，吸水性低，静电不易消去，积累的静电压很大，高达几千伏甚至几万伏，由此引起的放电对生产、生活是很不利的。如包装电子元件的塑料膜，由于静电而容易损坏元件。摩擦过程中电荷不断产生，也不断消失，其消散的主要途径有三个：即摩擦物的体积传导、表面传导和向空中辐射。

抗静电剂添加于塑料中或涂覆于制品表面，能够降低塑料制品的表面电阻和体积电阻，适度增加导电性，从而防止制品上积聚静电荷，也称作静电防止剂或静电消除剂。

抗静电剂在实际使用的多是表面活性剂，而且主要是离子型表面活性剂，又可分类为外涂型、内加型两类，外涂型抗静电剂通过刷涂、喷涂等方法涂敷于制品表面，它们见效快，但易被清洗、摩擦掉，只适合短期使用；另一种是将抗静电剂加入到塑料内部，使其均匀分散于整个聚合物中，成型后逐渐迁移到制品表面、形成抗静电层。在刚成型后，效果较差，经过一段时间后，效果逐渐增大，呈现永久性，不过抗静电剂的迁移性随聚合物种类和成型条件不同而有差异，而且与其他添加剂的相容性也不相同。内外两种抗静电剂之间并无明显界限，往往是一种化合物可两者兼用。

1. 抗静电剂消除静电的原理

① 抗静电剂的亲水基团，增加制品表面的吸湿性，形成一个单分子的导电膜。

② 离子型抗静电剂增加制品表面的离子浓度，从而增加导电性。

③ 介电常数大的抗静电剂可增加摩擦体间隙之间的介电性。

④ 增加制品表面的平滑性，降低其摩擦系数。

选择抗静电剂时，最重要的是注意其与塑料的相容性。相容性太大，抗静电剂向塑料表面的迁移太慢，难于形成抗静电层；对此，要达到所要求的效果则必须增大添加量，这样可能会影响塑料性能；反之，如果相容性太小，则抗静电剂向塑料表面迁移过快，对产品外观及对后加工工艺会产生不良影响。

抗静电剂的添加量与制品的厚度有关，对于 PVC 来说，厚度 1mm 时，抗静电剂添加 1.5～2 份即可，厚度 0.2mm 时，添加 0.3～1 份即可。

2. 常用的抗静电剂

① 硬脂酰胺丙基二甲基-β-羟乙基铵硝酸盐（抗静电剂 SN）。它是带有酰胺结构的阳离子表面活性剂，可增加制品表面的导电性，有效地消除静电积累，适用于 PVC、PS、PE、PP、PET 等多种塑料，一般用量 0.5%～2%。

② ECH 抗静电剂。是烷基酰胺类非离子型表面活性剂，外观是淡黄色蜡状物，耐热达 300℃，本品可作为软质、半硬质 PVC 塑料的内加型抗静电剂，主要用于薄膜、片材、半硬质钙塑 PVC 贴面材料等，可使塑料的表面电阻降低 6 个数量级。

③ 三羟乙基甲基铵硫酸甲酯盐（抗静电剂 TM）。它是季铵盐型阴离子表面活性剂，为浅黄色黏稠油状物。用量在 0.5%～2%。

六、防　雾　剂

透明的塑料薄膜、片材或板材，在潮湿环境中，当湿度达到露点以下时，会在其表面凝结一层细微水滴，使表面模糊雾化，阻碍了光波的透过。例如利用薄膜包装产品时，也会因结雾而看不见内装物，而且产生的雾滴还容易造成内装物的腐烂损坏。

防雾剂是一些带有亲水基的表面活性剂，可在塑料表面取向，疏水基向内，亲水基向外，从而使水易于湿润塑料表面，凝结的细水滴能迅速扩散形成极薄的水层或大水珠顺薄膜流下来。这样就可避免小水珠的光散射所造成的雾化，防止凝结的水滴洒落到被包装物上面，损害被包装物。

按照防雾剂加入塑料中的方式，可将防雾剂分为内加型和外涂型两类。内加型防雾剂是在配料时加入到树脂中，其特点是不易损失、效能持久，但对于结晶性较高的聚合物难以获得良好的防雾性；外涂型防雾剂是溶于有机溶剂或水中后，涂于塑料制品的表面，并使用简便、成本低，但耐久性差，易被洗去或擦掉，只有在内加型防雾剂无效的场合或不要求持久性时使用。

防雾剂的化学组成主要是脂肪酸与多元醇的部分酯化物。常用的多元醇是甘油、山梨糖醇及其酸酐，常用的脂肪酸是 C_{11}，C_{12} 的饱和酸或不饱和酸、碳原子数为 24 以上的脂肪酸也可使用。一般来说，中链脂肪酸的酯初期防雾效果好；长链脂肪酸的酯持久防雾效果好。实际上防雾剂往往是多种酸的混合酯，许多多元醇的脂肪酸酯缺乏亲水性，通过环氧乙烷加成，可提高亲水性，增大初期防雾性和低温防雾性。

常用防雾剂主要有：甘油单油酸酯、山梨糖醇酐单硬脂酸酯、聚环氧乙烷（20）、甘油单硬脂酸酯等。

思 考 题

1. 简述包装常用塑料材料的品种和性能。
2. 简述高密度聚乙烯和低密度聚乙烯的主要差别。
3. PVC 的性能与什么因素有关？
4. 塑料材料中为什么要加入助剂？按其作用可分为哪几种？
5. 什么叫做增塑剂？它是如何起增塑作用的？
6. 请以聚氯乙烯为例，说明热稳定剂的作用机理。
7. 抗氧剂和光稳定剂主要有哪些类型？试举例说明其稳定作用机理。

第三章　塑料包装材料的性能

近半数高分子材料都应用于包装领域，且主要以塑料包装制品的形式来应用，这主要是由于塑料材料的性能能够较好地满足包装的保护、方便等功能需要。本章主要介绍塑料材料的阻隔性、溶解性、卫生性能、力学性能、化学性质、光学性质和电学性质等。

第一节　塑料包装材料的阻隔性能

材料的阻隔性（也称阻透性）是指阻碍某种物质通过材料移动的能力。广义地讲，材料的阻隔性包括对光、热、气体和液体等物质的阻透性。在此主要讨论塑料材料对气体（如 O_2、CO_2、N_2、水蒸气和有机溶剂的蒸汽等）的阻隔性及其相关性质。

一、气体透过率

通常用气体透过率（简称透气率，对于水蒸气则简称为透湿率）来表征塑料包装材料对气体阻隔性的强弱或大小。可用渗透系数表示气体透过率，如式（2-3-1），

$$\overline{P}=\frac{QL}{At\Delta p} \tag{2-3-1}$$

式中　$\overline{P}$——渗透系数，单位为 $cm^3 \cdot \mu m/cm^2 \cdot s \cdot Pa$

Q——透过气体的量，单位为 cm^3 或 ml

L——材料厚度，单位为 μm 或 mm

A——透过材料的表面积，单位为 cm^2 或 m^2

t——时间，单位为 s 或 d（24h）

Δp——材料两面的分压压力差，单位为 Pa 或 kPa

式（2-3-1）是测定气体透过率的理论依据。对于凝聚性气体如水蒸气，渗透系数的单位为 $g \cdot \mu m/cm^2 \cdot s \cdot Pa$，即“在一定压力、温度和相对湿度条件下，一定厚度（μm 或 mm）的材料，单位面积（cm^2 或 m^2）、单位时间内（s 或 day）透过气体小分子的体积或质量”。渗透系数越小，表明塑料的阻隔性越强、渗透性越弱。在通常的研究和应用中，人们比较关注包装材料对 O_2 和水蒸气的阻隔性，尤其是关注对 O_2 的阻隔能力。在食品和医药包装中，高阻隔塑料（如 PVDC、EVOH 等）对 O_2 的透过率均小于 $10cm^3/m^2 \cdot d \cdot 101kPa$（25μm，23℃，相对湿度 0）；食品包装常用的阻隔性塑料（如 PA、结晶 PET 等）的 O_2 透过率在 $20 \sim 100cm^3/m^2 \cdot d \cdot 101kPa$（25μm，23℃，相对湿度 0）的范围内。对于有防潮要求的包装材料来说，透湿率则是其选择的主要依据。一些塑料材料的 O_2 透过率和透湿率如表 2-3-1 所示。

二、影响塑料阻隔性的因素

（一）气体在塑料中的渗透过程

如图 2-3-1 所示，塑料膜两面若存在浓度差的小分子物质，其从高浓度侧向低浓度侧

表 2-3-1　　常用聚合物的氧气和水蒸气透过率

序号	聚　合　物	氧气透过率 $cm^3/(m^2 \cdot d \cdot 101kPa)$ (25μm,23℃,RH0)	水蒸气透过率 $g/(m^2 \cdot d \cdot 101kPa)$ (25μm,38℃,RH 90%)
1	PVA	<0.2	>50
2	EVOH(PE 32%)	1～2	15～80
3	EVOH(PE 44%)	3～4	15～80
4	PVDC(VDC/MA)	1.6	1～3
5	PVDC(VDC/VC)	7.7～26.5	3～5
6	PEN	10～20	
7	PAN	12.5	775
8	PA	40	370～400
9	PET(结晶度 40%)	70～90	15～20
10	PET(无定形)	110～130	>20
11	PVC	78～20000	<50
12	HDPE	510～1875	<20
13	LDPE	3900～25000	<20
14	CPP	1000～1400	8～12
15	BOPP	2000～4000	4～10
16	BOPS	2600～7700	>100

的渗透过程为：首先小分子物质溶入聚合物内部，然后通过聚合物扩散，最后在另一边停止扩散。实际上，扩散移动是双向的，但最终效果是高浓度一侧移动到低浓度一侧。由此可见，气体在塑料中的渗透性能取决于气体分子在塑料中的溶解和扩散性能。

气体对塑料（膜）的透过率（式 2-3-1）可以通过小分子在固体中扩散的菲克（Fick）第一扩散定律导出，其影响因素也可以通过该定律来进一步理解。

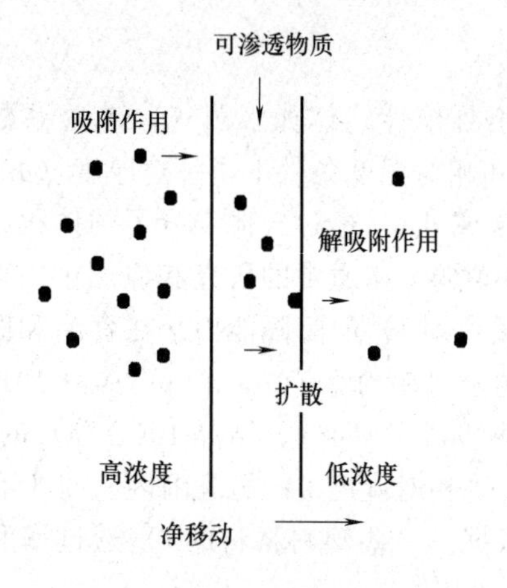

图 2-3-1　小分子物质通过塑料材料的渗透示意图

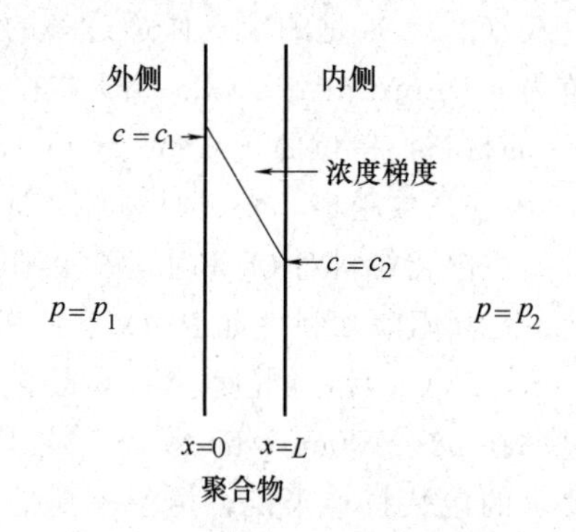

图 2-3-2　气体在塑料膜中的稳定状态扩散示意图

气体在塑料膜中的扩散示意图如图 2-3-2 所示，根据菲克第一扩散定律，气体在塑料膜中的扩散速率 J 可表示为式 2-3-2。

$$J=-D\frac{\partial c}{\partial x} \tag{2-3-2}$$

式中　J——气体扩散速率

D——扩散系数

c——气体的浓度

x——薄膜内的位置（$0 \sim L$）

$\frac{\partial c}{\partial x}$——沿渗透方向的气体浓度梯度

如果扩散系数 D 与浓度无关，则将式 2-3-2 积分得式 2-3-3：

$$J=-D(c_2-c_1)/L \tag{2-3-3}$$

式 2-3-3 中，c_1、c_2 是气体渗透物质在塑料膜两侧的浓度。

由于气体渗透物质浓度不易检测，需要将其转换为容易检测的分压，在此借用稀溶液中的分压与浓度关系——亨利（Henry）定律（如式 2-3-4），

$$c=Sp \tag{2-3-4}$$

式中　S——亨利定律常数（即溶解度系数）

p——渗透气体的分压

则得 $c_1=Sp_1$，$c_2=Sp_2$。

若假设：①扩散在稳态下进行；②渗透气体在塑料中的浓度与距离是线性的；③扩散只在一个方向进行。将式 2-3-4 代入式 2-3-3，得：

$$J=-DS(p_2-p_1)/L \tag{2-3-5}$$

由式 2-3-5，可以得到渗透系数 $\overline{P}$ 为扩散系数和溶解度系数的乘积（如式 2-3-6）。

$$\overline{P}=D \cdot S \tag{2-3-6}$$

综合式（2-3-5）和式（2-3-6）得：

$$J=-\overline{P}(p_2-p_1)/L \tag{2-3-7}$$

由式（2-3-6）可知，气体渗透物质在塑料中的渗透系数同时由其扩散系数和溶解度系数来决定。由此，小分子物质在塑料中的渗透可以用“扩散＋溶解”的机理来理解，即小分子在塑料中的渗透能力主要由它的扩散能力（扩散系数 D）和溶解能力（溶解度系数 S）来决定。利用此结果可以定性地判断具体塑料对不同性质气体的相对阻隔能力，或判断某种气体在不同结构和性质塑料中的渗透能力，也容易理解影响塑料阻隔性的主要因素。

由式（2-3-7）可知，气体渗透物质在塑料（膜）中的渗透速率与其渗透系数和扩散驱动力 $\Delta P=p_1-p_2$（即两侧的分压差）成正比，与塑料（膜）的厚度 L 成反比。鉴于此，我们容易理解常见的要求保质期较长的食品或医药软包装，不仅要选择高阻隔性包装材料，而且所用包装材料不能太薄，有些还要真空包装。

（二）塑料的渗透性

气体在塑料中的渗透性主要受到环境温度、相对湿度、气体种类、塑料的结构、组成和性质等因素的影响。

1. 环境温度的影响

依据 $\overline{P}=D \cdot S$，温度升高，气体在塑料中的扩散速率将随之增加，而其在塑料中的

溶解度将减小，塑料中固有组分的相溶性将增加。总的结果是随着温度的升高，气体的渗透性明显增强，塑料的阻隔性明显减弱。如在同一相对湿度下，25℃时，O_2 对 PET 的渗透系数为 $1.2\times10^4 cm^3\cdot\mu m/m^2\cdot d\cdot1.01\times10^5 MPa$，而温度升高到 35℃时，$O_2$ 对 PET 的渗透系数则为 $2.1\times10^4 cm^3\cdot\mu m/m^2\cdot d\cdot1.01\times10^5 MPa$，其渗透系数增大了 75%。因此环境温度对渗透系数的影响非常明显，在测试和选择渗透系数时，一定要注意温度条件。

由图 2-3-3 可以看出，当温度升高时，渗透系数明显增大。通常认为温度对渗透系数的影响遵循 Arrhenius 方程：

$$\overline{P}=\overline{P}_0\exp\{-E_P/RT\} \qquad (2\text{-}3\text{-}8)$$

式中 $\overline{P}_0$——一个与温度无关的常数

E_P——渗透活化能

R——气体常数

T——热力学温度

扩散系数和溶解度系数有类似的关系：

$$D=D_0\exp\{-E_D/RT\} \qquad (2\text{-}3\text{-}9)$$

$$S=S_0\exp\{-\Delta H_S/RT\} \qquad (2\text{-}3\text{-}10)$$

式（2-3-9）和式（2-3-10）中：E_D 是扩散活化能；ΔH_S 是溶解热。

对照式（2-3-9）、式（2-3-10）、式（2-3-6）可以得出：

$$E_P=\Delta H_S+E_D \qquad (2\text{-}3\text{-}11)$$

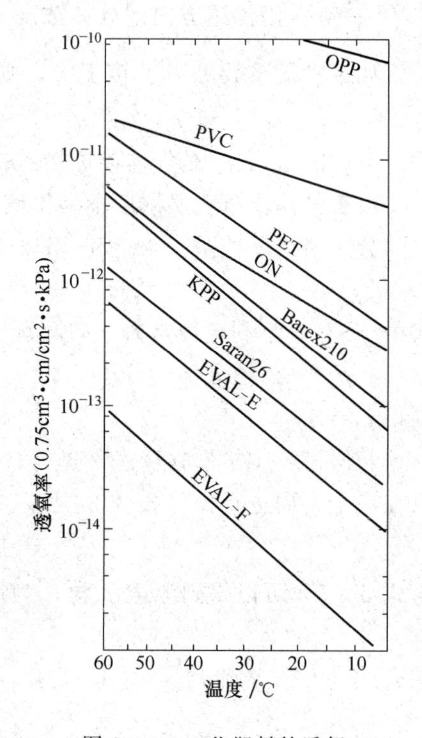

图 2-3-3　一些塑料的透氧系数随温度的变化

由 E_P、ΔH_S、E_D分别与温度的关系，可以讨论$\overline{P}$随温度的变化情况。对于 H_2、O_2、N_2 等非凝聚性气体，溶解热 ΔH_S 很小，但为正数，而扩散活化能 E_D总是正的，所以这时渗透活化能 E_P总是大于零的正数，根据式（3-2-8），$\overline{P}$将随温度升高而增大。对于可凝聚性气体，如水蒸气，有机化合物蒸气等，在渗透过程中可能发生凝聚，因而溶解热 ΔH_S 将变为负值。这时虽然 E_D仍为正，但 E_P则可能为正、负或 0，所以$\overline{P}$随温度变化出现较复杂的情况。当 E_P的值趋于 0 时，$\overline{P}$几乎不随温度变化，当水蒸气向聚苯乙烯的渗透时就观察到这种情况。

2. 相对湿度的影响

相对湿度对渗透系数的影响程度与组成塑料的树脂的吸湿性强弱密切相关。图 2-3-4 给出了一定温度下（35℃），一些常用塑料膜的透氧系数随相对湿度变化。由图可见，对于吸湿性强的树脂（如 EVOH、玻璃纸、尼龙等），相对湿度对渗透系数的影响较显著，即随着相对湿度升高，透氧系数迅速增加，对氧的阻隔性能迅速下降。而对于非吸湿性或吸湿性较弱的树脂（如 PE、PP、PS、PVC、PET 等），则透氧系数受相对湿度的影响较小。

3. 聚合物的结构与聚集态的影响

聚合物的结构与聚集态对渗透性的影响主要表现在以下两个方面。

（1）结晶与取向　对于同一种结晶性聚合物，其结晶度越大，则它对气体的阻隔性越强，渗透性较弱，如结晶 PET 较非晶（无定型）PET 的阻隔性强（如表 2-3-1 所示）。由于分子取向会增加结晶度，所以取向拉伸的材料能够改善对气体的阻隔性。

（2）支化或侧基　一般来说，具有较大支化度和侧基的聚合物，其渗透性较大。如支化度较高的 LDPE 的渗透系数大于支化度较低的 HDPE 的渗透系数（如表 2-3-1 和表 2-3-2 所示）。表 2-3-3 列出了乙烯基大分子中不同取代基（X 基团）对乙烯基树脂透氧系数的影响，表明不同取代基对聚合物的阻隔性影响较大。

多数对气体阻隔性能差的材料对水蒸气的阻隔性能较好，例如聚乙烯对水蒸气有很好的阻隔性，但对氧、氮等气体的阻隔性较差。但也有例外，如包装中常用的 PVDC 薄膜的阻气性和阻水蒸气性均极佳，所以它常用于要求保质期较长的熟肉食品（如火腿肠）包装的肠衣膜。

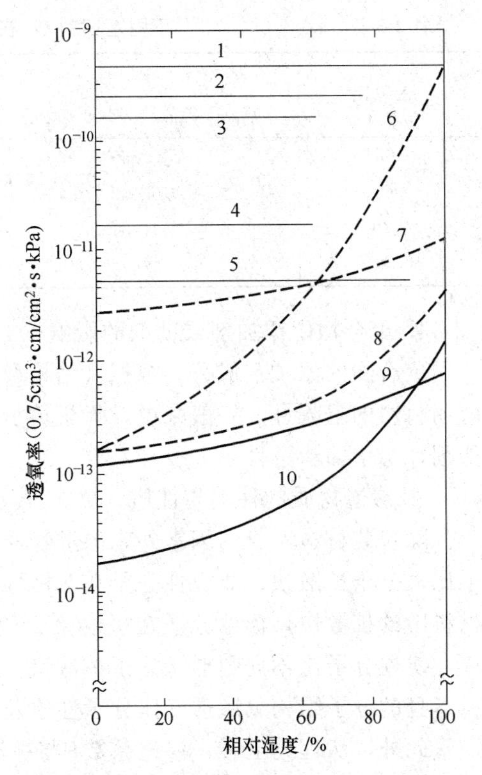

图 2-3-4　在温度 35℃时，一些聚合物膜的透氧率随相对湿度的变化曲线
1—LDPE　2—PP　3—HDPE　4—RPVC　5—BOPP　6—玻璃纸　7—BOPA　8—PVDC 涂布玻璃纸　9—E 级 EVOH　10—F 级 EVOH

表 2-3-2　　某些聚合物对不同气体的渗透系数*

聚合物	N_2 30℃	O_2 30℃	CO_2 30℃	H_2O RH 90%，25℃	$\frac{P_{O_2}}{P_{N_2}}$	$\frac{P_{CO_2}}{P_{N_2}}$	聚合物的形态
LDPE	14.25	41.25	264.02	600.05	—	—	半晶
HDPE	2.03	7.95	26.25	97.51	2.93	9.75	结晶
PP	—	17.25	69.01	510.04	—	—	结晶
U-PVC	0.30	0.90	7.50	1170.10	2.25	18.75	稍结晶
醋酸纤维素	2.1	5.85	51.00	56254.78	2.10	18.00	玻璃态
PS	2.18	8.25	66.00	9000.77	2.85	22.50	玻璃态
尼龙 6	0.075	0.285	1.20	5250.45	2.85	12.00	结晶
PET	0.038	0.165	1.15	975.08	3.30	23.25	结晶
PVDC	0.0071	0.0398	0.218	10.50	4.20	23.25	结晶
丁基橡胶	48.38	143.26	1035.09	—	2.25	15.75	橡胶态
天然橡胶	60.61	174.76	982.58	—	2.18	12.00	橡胶态

* 表 2-3-2 渗透系数的单位，$cm^3 \cdot mm/s \cdot cm^2 \cdot kPa$。

表 2-3-3　　不同基团对 O_2 在乙烯基树脂渗透性的影响

—X 基团	$\overline{P}_{O_2}$ /[cm³·μm/(m²·d·kPa)]	—X 基团	$\overline{P}_{O_2}$ /[cm³·μm/(m²·d·kPa)]
—OH	0.039	—$COOCH_3$	66.06
—CN	0.155	—CH_3	582.90
—Cl	31.01	—C_6H_5	466.32
—F	58.29	—H	1865.28

4. 聚合物中添加剂或助剂的影响

聚合物的添加剂成分，根据其结构及与聚合物分子的相互作用，既可以增强、也可以减弱材料的阻隔性。一般来说，无机填加成分能增大材料的密度，改善阻隔性；而有机增塑剂，会增加渗透性。

5. 渗透物质的种类与性质

除包装材料本身的因素外，渗透物质的种类也有很大影响。对于气体扩散来说，小分子比大分子扩散快，非极性分子在非极性聚合物材料中的扩散比极性分子在非极性聚合物材料中的扩散快，极性分子在极性聚合物中的扩散比非极性分子在极性聚合物中的扩散快，线性分子比不规则形状分子扩散快。所以在考虑影响渗透性因素时必须考虑聚合物材料本身的分子结构、渗透气体分子性质及二者之间的相互作用。

此外，从理论上讲，渗透系数$\overline{P}$与被测样品的厚度无关，但实际测量发现它与厚度有一定的关联。

第二节　聚合物的溶解性

如上所述，气体在聚合物中的渗透同时受扩散和溶解的影响（如式 2-3-6 所示的渗透系数$\overline{P}$等于扩散系数D与溶解度系数S之积，$\overline{P}=D\cdot S$）；又由于塑料包装材料经常涉及到耐溶剂性的问题，且许多包装辅助材料（如油墨、涂料和胶黏剂等）大多以聚合物溶液的形式呈现，这些均涉及到聚合物的溶解性问题。所以在此介绍与聚合物溶解性有关的知识，以供读者在设计和选用包装材料时参考。

聚合物以分子状态分散在溶剂中所形成的均相混合物称为高分子溶液。高分子溶液的性质随浓度的不同有很大的变化。从溶液的黏性和稳定性来看，浓度在 1%以下的稀溶液，黏度很小，而且很稳定。纺织时所需的溶液一般在 15%以上，属于浓溶液范畴，其黏度较大，稳定性也较差。尤其是作为黏合剂使用时，聚合物的浓度高达 60%，黏度更大。当溶液浓度变大时高分子链相互接近甚至相互贯穿而使链与链之间产生物理交联点，使体系产生胶冻或凝胶，呈半固体状态而不能流动。如果在聚合物中混入增塑剂，则是更浓的溶液（此时增塑剂相当于溶剂），呈固体状而且具有一定的机械强度。此外能相容的混合聚合物体系也可以看作是一种高分子溶液。

一、聚合物溶解过程的特点

聚合物相对分子质量大且具有多分散性，分子的形状有线型、支化和交联的不同，聚合物的聚集态又有非晶态与晶态之分，因此聚合物的溶解过程比小分子物质溶解要复杂得多。

首先，聚合物分子与溶剂分子的大小相差悬殊，两者的运动速度相差也很大，溶剂分子能比较快的渗透进入聚合物，而高分子向溶剂的扩散却非常慢。这样聚合物的溶解过程要经过“溶胀”和完全“溶解”两个阶段。而对于交联聚合物，与溶剂接触时也会发生溶胀，但不会溶解。

其次，溶解度与聚合物相对分子质量大小有关，相对分子质量大的溶解度小，相对分子质量小的溶解度大。对交联聚合物来说，交联度大的溶胀度小，交联度小的，溶胀度大。再次，非晶态聚合物容易发生溶胀和溶解，而晶态聚合物的溶胀和溶解较非晶态聚合物就困难得多。

二、聚合物溶解过程的热力学解释

聚合物溶解过程的自由能变化为：

$$\Delta G_m = \Delta H_m - T\Delta S_m \tag{2-3-12}$$

这里的 ΔG_m、ΔH_m、ΔS_m 分别为高分子与溶剂分子混合时的混合自由能、混合热和混合熵，T 为溶解温度。在聚合物与溶剂混合时，只有当 $\Delta G_m<0$ 才能溶解。在溶解过程中 $\Delta S_m>0$，因此 ΔG_m 的正负取决于 ΔH_m 的正负及大小。

对于极性聚合物在极性溶剂中，由于高分子与溶剂分子的强烈相互作用，溶解时放热即 $\Delta H_m>0$，使体系的自由能降低 $\Delta G_m<0$，即聚合物溶解。

对于非极性聚合物，若不存在氢键，其溶解过程一般是吸热的，即 $\Delta H_m>0$，所以要使聚合物溶解，$\Delta G_m<0$ 必须满足 $|\Delta G_m|=|\Delta H_m|-|T\Delta S_m|$。若假定两种液体在混合过程中没有体积变化（$\Delta V=0$），则混合热可通过下式计算

$$\Delta H_m = V_m\ [\varepsilon_1^{1/2}-\varepsilon_2^{1/2}]^2\phi_1\phi_2 \tag{2-3-13}$$

式中　V_m——混合后的总体积

ϕ_1、ϕ_2——分别为溶剂与聚合物的体积分数

ε_1、ε_2——分别为溶剂与聚合物的内聚能密度（$\varepsilon=\Delta U/\widetilde{V}$，即摩尔体积的内聚能）

定义溶解度参数 δ 为内聚能密度 ε 的平方根。所以：

$$\delta=\varepsilon^{1/2}=(\Delta U/\widetilde{V})^{1/2} \tag{2-3-14}$$

结合式（2-3-13），得式（2-3-15）

$$\Delta H_m = V_m\phi_1\phi_2(\delta_1-\delta_2)^2 \tag{2-3-15}$$

又因 $\Delta H_m>0$，要使 $\Delta G_m<0$，必须使 ΔH_m 越小越好，也就是说，ε_1、ε_2 或 δ_1、δ_2 必须接近或者相等。由此可知，溶剂与聚合物的溶解度参数 δ 越接近，两者的相溶性越良。这在一定程度上给我们选择聚合物的溶剂或非溶剂提供了参考依据。

一些常用的溶剂的溶解度参数、沸点、摩尔体积列入表 2-3-4 中。

一些聚合物的溶解度参数列入表 2-3-5 中。

表 2-3-4　　包装常用溶剂的沸点、摩尔体积、溶解度参数和极性系数

溶剂	沸点 /℃	摩尔体积 $\widetilde{V}$ /(mL/mol)	溶度参数 δ / $\sqrt{4.184J/cm^3}$	极性系数 P
正戊烷	36.1	116	7.05	0
异戊烷	27.9	117	7.05	0

续表

溶剂	沸点 /℃	摩尔体积$\tilde{V}$ /(mL/mol)	溶度参数 δ $/\sqrt{4.184\mathrm{J/cm^3}}$	极性系数 P
正己烷	69.0	132	7.3	0
正庚烷	98.4	147	7.45	0
二乙醚	34.5	105	7.4	0.033
正辛烷	125.7	164	7.55	0
环己烷	80.7	109	8.2	0
甲基丙烯酸丁酯	160	106	8.2	0.096
氯代乙烷	12.3	73	8.5	0.319
1,1,1-三氯乙烷	74.1	100	8.5	0.069
乙酸丁酯	126.5	132	8.55	0.167
四氯化碳	76.5	97	8.6	0
正丙苯	157.5	140	8.65	0
苯乙烯	143.8	115	8.66	0
甲基丙烯酸甲酯	102.0	106	8.7	0.149
乙酸乙烯酯	72.9	92	8.7	0.052
对二甲苯	138.4	124	8.75	0
二乙基酮	101.7	105	8.8	0.286
间二甲苯	139.1	123	8.8	0.01
异丙苯	152.4	140	8.86	0.02
甲苯	110.6	107	8.9	0.01
丙烯酸甲酯	80.3	90	8.9	
邻二甲苯	44.4	121	9.0	0.01
乙酸乙酯	77.1	99	9.1	0.167
1,1-二氯乙烷	57.3	85	9.1	0.215
苯	80.1	89	9.15	0
三氯甲烷	61.7	81	9.3	0.017
丁酮	79.6	89.5	9.3	0.510
四氯乙烯	121.1	101	9.4	0.010
甲酸乙酯	54.5	80	9.4	0.131
氯苯	125.9	107	9.5	0.058
苯甲酸乙酯	212.7	143	9.7	0.057
二氯甲烷	39.7	65	9.7	0.120
顺式二氯乙烯	60.3	75.5	9.7	0.165
1,2-二氯乙烷	83.5	79	9.8	0.043
萘	218	123	9.9	0
环己酮	155.8	109	9.9	0.380
四氢呋喃	64-65	81	9.9	
二硫化碳	46.2	61.5	10.0	0
二氧六环	101.3	86	10.0	0.006
溴苯	156	105	10.0	0.029
丙酮	56.1	74	10.0	0.695
硝基苯	210.8	103	10.0	0.625
四氯乙烷	93	101	10.04	0.092
丙烯腈	77.4	66.5	10.45	0.802
丙腈	97.4	71	4.7	0.753
吡啶	115.3	81	4.7	0.174
苯胺	184.1	91	4.8	0.063
环己醇	161.1	104	11.4	0.075

续表

溶剂	沸点 /℃	摩尔体积$\tilde{V}$ /(mL/mol)	溶度参数δ / $\sqrt{4.184J/cm^3}$	极性系数P
正丁醇	117.3	91	11.4	0.096
异丁醇	107.8	91	11.7	0.111
正丙醇	97.4	76	11.9	0.152
二甲基甲酰胺	153.0	77	12.1	0.772
乙酸	117.9	57	12.6	0.296
乙醇	78.3	57.6	12.7	0.268
二甲基亚砜	189	71	13.4	0.813
甲酸	100.7	37.9	13.5	
苯酚	181.8	87.5	14.5	0.057
甲醇	65	41	14.5	0.388
乙二醇	198	56	15.7	0.476
丙三醇	290.1	73	16.5	0.468
水	100	18	23.2	0.819

三、溶剂的选择

溶剂能否溶解聚合物，一般符合“极性相近”或“相似相溶”原则：即极性大的溶质易溶于极性大的溶剂；而极性小的溶质，则易溶于极性小的溶剂；溶质与溶剂的极性越相近，二者越易互溶。这种“极性相近”的溶解规律在一定程度上适用于聚合物的溶剂选择。

表 2-3-5　　聚合物的溶解度参数

聚合物	δ / $\sqrt{4.184J/cm^3}$	聚合物	δ / $\sqrt{4.184J/cm^3}$
聚甲基丙烯酸甲酯	9.0～9.5	聚三氟氯乙烯	7.2
聚丙烯酸甲酯	9.8～10.1	聚氯乙烯	9.5～10.0
聚醋酸乙烯酯	9.4	聚偏氯乙烯	12.2
聚乙烯	7.9～8.1	聚氯丁二烯	8.2～9.4
聚苯乙烯	8.7～9.1	聚丙烯腈	12.7～15.4
聚异丁烯	7.6～8.0	聚甲基丙烯腈	10.7
聚异戊二烯	7.9～8.3	硝酸纤维素	8.5～11.5
聚对苯二甲酸乙二酯	10.7	聚丁二烯-丙烯腈	
聚己二酸己二胺	13.6	82/18	8.7
聚氨酯	10.0	72/25～70/30	9.25～9.9
环氧树脂	9.7～10.9	61/39	10.3
聚硫橡胶	9.0～9.4	聚乙烯-丙烯橡胶	7.9
聚二甲基硅氧烷	7.3～7.6	聚丁二烯-苯乙烯	
聚苯基甲基硅氧烷	9.0	85/15～87/13	8.1～8.5
聚丁二烯	8.1～8.6	75/25～72/28	8.1～8.6
聚四氟乙烯	6.2	60/40	8.7

由聚合物溶解过程的热力学分析知道，只有当聚合物与溶剂的内聚能密度或溶解度参数接近或相等时，溶解过程才有可能进行。一般说来当$|\delta_1-\delta_2|>1.7\sim2.0$时，聚合物就不溶。因此可以从溶解度参数，判定溶剂对聚合物的溶解能力。

必须指出，对于结晶的非极性聚合物（如聚乙烯和聚丙烯等），即使依据“极性相近”或“相似相溶”原则选择的非极性有机溶剂（如甲苯或二甲苯），在室温下也不能溶解它们，只有将这类聚合物加热到其熔点附近（以使其结晶部分瓦解），才能使之溶解。这是由于这类聚合物的结晶热太大（大于溶解热 ΔH_m），从而造成在室温下难溶解的现象。

在选择聚合物溶剂时，除了使用单一溶剂，还经常使用混合溶剂。这是由于混合溶剂对聚合物的溶解能力往往比单独使用任一溶剂时的溶解能力强，而且混合溶剂还容易满足产品工艺适应性所需。混合溶剂的溶解度参数 $\delta_{混}$ 可由纯溶剂的溶解度参数 δ_1、δ_2 和体积分数 ϕ_1、ϕ_2 线性加和［如式（2-3-16）］计算：

$$\delta_{混}=\delta_1\phi_1+\delta_2\phi_2+\cdots+\delta_n\phi_n \tag{2-3-16}$$

总的来说，聚合物溶剂的选择目前还没有统一的规律可循，所以在实际工作中碰到这类问题要具体分析聚合物是结晶还是非结晶的，是极性的还是非极性的，以及分子质量的大小等，然后再试用上述经验规律去选择溶剂。

第三节　塑料包装材料的力学性能

不论是结构材料（或非结构材料），还是功能材料，力学性能（又称机械性能）是其最基本的性能，是确定各种工程设计参数的主要依据。大量的聚合物作为包装材料来应用，最主要的是它们的力学性能等能够满足包装的功能所需。塑料材料的力学性能是指它在不同环境（温度、介质、湿度）下，承受各种外加载荷（拉伸、压缩、弯曲、扭转、冲击、交变应力等）时所表现出的力学特征。在没有明确指出时，力学性能一般指材料在静载荷时呈现的力学特征，且最常用的一些力学性能参数（如拉伸强度、弹性模量、断裂伸长率等）就是在匀速拉伸（静荷载）下得到的。这些力学性能均需用标准试样在材料试验机上按照规定的试验方法和程序测定，并可同时测定材料的应力-应变曲线。而表征材料冲击韧性的冲击强度则是在高速冲击力的动荷载作用（或高速拉伸或压缩力作用）下得到的。

一、热塑性塑料的（拉伸）应力-应变曲线

热塑性塑料的力学行为通常用匀速静拉伸试验的方法进行研究，即通过单轴拉伸应力-应变实验实施。从应力-应变曲线可以得到常用的力学性能参数，如拉伸强度、屈服强度、杨氏模量、断裂伸长率和韧性等。这些参数可以判断塑料材料的强度、刚度和韧性等，从而帮助人们恰当地选择或设计所需的塑料（包装）材料。

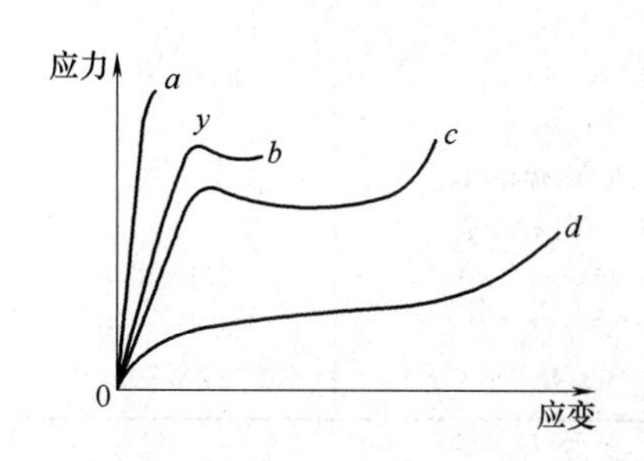

图 2-3-5　玻璃态聚合物在不同温度下的应力-应变曲线（$a\to d$，温度逐渐升高）

（一）玻璃态聚合物的应力-应变曲线

典型的玻璃态聚合物单轴拉伸时的应力-应变曲线如图 2-3-5 所示。

当温度很低时（$T \ll T_g$），应力 σ 和应变 ε 有单值线性的关系，最后应变不到10%就发生断裂（如图 2-3-5 中曲线 a 所示）；当温度稍稍提高时（$T < T_g$）应力-应变曲线上出现了一个转折点 y 称为屈服点，应力

在屈服点点达到了一个极大值，其对应的应力称为屈服应力，对应的应变称为屈服应变。过了 y 点应力反而下降，试样应变增大。继续拉伸，试样便发生断裂，总的应变也没有超过 20%（如曲线 b 所示）。如果温度在升高到 T_g 以下几十度的范围内时的应力-应变曲线（如图 2-3-5 中曲线 c 所示）在屈服点之后，试样在不增加外力或者外力增加不大的情况下能发生很大的应变。在后一阶段，曲线又出现比较明显地上升，直到最后的断裂。断裂点的应力称为断裂应力，对应的应变称为断裂伸长率。温度升至 T_g 以上，试样进入高弹态，在不大的应力下，便可以发生高弹形变，曲线不再出现屈服点，而呈现一段较长的平台，直到试样断裂前，应力才又急剧地上升，如曲线 d 所示。

同样是这种聚合物，当温度一定时，随着拉伸速率（或应变速率）的提高（相当于缩短观察时间），可以得到与图 2-3-5 相同的应力-应变曲线的结果。表明聚合物材料的力学行为具有对温度和时间明显的依赖性。

由图 2-3-5 可以看到玻璃态聚合物拉伸时，曲线的起始阶段是一条直线，应力与应变成正比，试样表现出虎克弹性的行为，在这段范围内停止拉伸，移去外力试样就立刻恢复原状。从微观角度来看，这种模量、小变形的弹性行为是由高分子的链长、键角变化引起的。在材料出现屈服之前发生的断裂称为脆性断裂（如曲线 a），而材料在屈服之后的断裂称为韧性断裂（如曲线 b 和 c）。材料在屈服之后发生了较大的应变，如果在试样断裂之前停止拉伸，除去外力，试样的大形变已无法完全的恢复，但如果让试样的温度升到 T_g 附近，则可发现，形状又恢复了。显然，是一种高弹形变。因此，此形变的分子机理主要是高分子链段运动，即在较大的外力作用下，玻璃态聚合物本来冻结的链段开始运动，高分子链的拉伸使材料产生大形变。这时由于聚合物处于玻璃态，即使外力去除后，也不能自发恢复。但当温度升高到 T_g 以上时，链段运动解冻，分子链卷曲起来，因而形变回复。

（二）结晶聚合物的应力-应变曲线

典型的结晶聚合物在单向拉伸时，应力-应变曲线如图 3-2-6 所示。整个曲线分为三段。第一段应力随应变线性地增加，试样的被均匀的拉长，伸长至 Y 点，试样的截面积突然变得不均匀，出现一个或几个“细颈”，由此开始进入第二段。在第二段，细颈和非细颈部分的截面积分别维持不变、而细颈部分不断扩展，非细颈部分逐渐缩短，直到整个试样完全变细为止。此段应力-应变曲线表现为应力几乎不变，而应变不断增加。第三段是全成细颈之后的试样重新被拉伸均匀，应力又随应变的增加而增大直到断裂点。

（三）聚合物力学性能常用参数

1. 拉伸强度

拉伸强度（又称极限强度）是指试样拉伸断裂前最大的应力，通常出现在材料的屈服点或断裂点（其对应的应力值即为材料的屈服强度或断裂强度）。拉伸强度是表示材料抵抗（拉伸）破坏能力大小的重要性能指标，其计算公式如式 2-3-17。

$$\sigma_t = F_{max}/A_0 \tag{2-3-17}$$

式中　σ_t——拉伸强度

F_{max}——试样断裂前最大的力

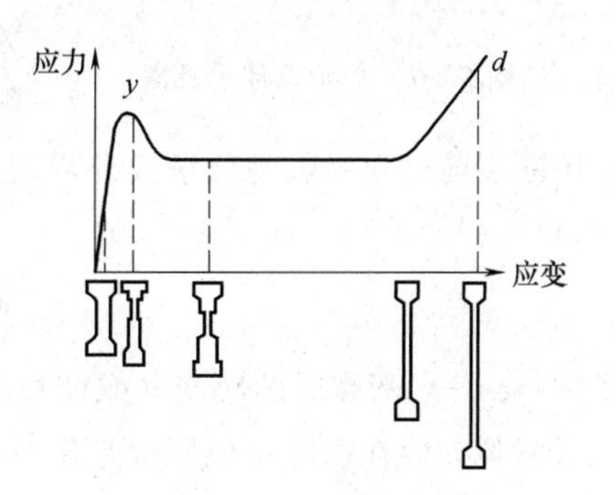

图 2-3-6　结晶聚合物的应力-应变曲线及试样外形变化示意图

A_0——试样初始截面积

拉伸强度的量纲与应力的相同，其法定计量单位为 Pa（N/m^2）或 MPa。

2. 杨氏模量

杨氏模量也称弹性模量，常用应力-应变曲线初始的直线斜率求得（如式 2-3-18）。它是表示材料刚度（抵抗变形能力）大小的物理量。

$$E=\frac{\partial\sigma}{\partial\varepsilon} \tag{2-3-18}$$

式中　E——杨氏模量

σ——应力

ε——应变

弹性模量的量纲与应力相同，常用单位为 MPa 或 GPa；

3. 断裂伸长率

即应力-应变曲线中试样断裂时对应的应变，其常用百分数来表示。由于韧性材料有较高的断裂伸长率，所以用它可以表示材料韧性的相对强弱。结合图 2-3-7，断裂伸长率的计算如式（2-3-19）。

$$\varepsilon_b=\frac{\Delta L_b}{L_o}\times 100\% \tag{2-3-19}$$

式中　ε_b——断裂伸长率

ΔL_b——断裂时试样沿拉伸方向长度的增量

L_o——试样初始长度

应变和断裂伸长率为无量纲量，在技术和工程中常用百分数来表示它们。

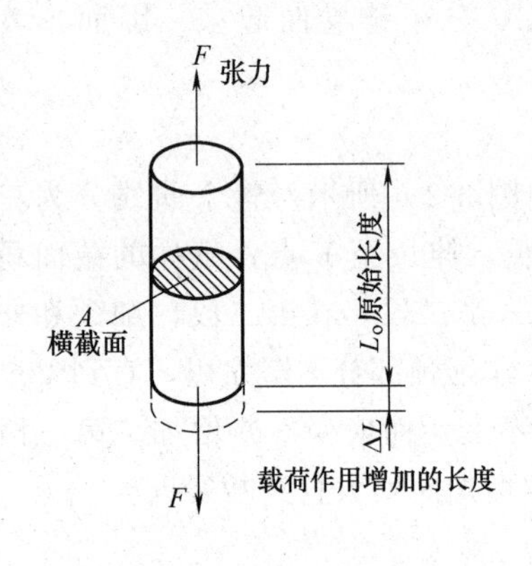

图 2-3-7　单轴拉伸示意图

4. 韧性

韧性是指材料在断裂前吸收能量和进行塑性变形的能力。与脆性相反，材料在断裂前有较大形变、断裂时断面常呈现外延形变，此形变不能立即恢复，其应力-形变关系成非线性，消耗的断裂能也很大。依据测试方法不同，表示材料韧性的参数常用断裂韧性、冲击韧性等。

（1）断裂韧性　断裂韧性是材料阻止宏观裂纹失稳扩展能力的度量，也是材料抵抗脆性破坏的韧性参数。韧性材料因具有大的断裂伸长率，所以有较大的断裂韧性；而脆性材料一般断裂韧性较小。断裂韧性常用断裂前材料吸收的能量或外界对它所作的功表示。断裂韧性可用应力-应变曲线下的（面积）积分求得（如式 2-3-20）。

$$\text{断裂韧性}=\int_0^{\varepsilon_b}\sigma d\varepsilon \tag{2-3-20}$$

式中　ε_b——断裂时的应变（或伸长率）

断裂韧性在国际单位制中是用每立方米焦耳（J/m^3）来测量。

（2）冲击韧性　冲击韧性常称为冲击强度，它反映材料对外来冲击负荷的抵抗能力，它是量度材料在高速冲击下的韧性大小和抵抗断裂能力的参数。

塑料材料冲击强度是指标准试样受高速冲击作用断裂时，单位断面面积（或单位缺口长度）所消耗的能量。冲击强度的单位分别有每平方米焦耳（J/m^2）和每米焦耳（J/m），其量值与试验方法和条件有关，因此表示冲击强度时，一定要说明实验方法和条件，只有在试验方法和条件相同时测得的冲击强度数据才具有工程应用意义上的可比性。

冲击强度常用的试验方法有悬臂梁法和简支梁法。它们都是用重锤冲击条状试样，所用仪器为摆锤冲击仪，不同之处为试样的规格和安装方法。悬臂梁法是试样垂直放置，固定一端，重锤冲击另一自由端；简支梁法则是试样水平放置，且试样不需夹住（固定），重锤冲击之。

测试材料的冲击强度时，常在其试样中部引入 V 型或 U 型的切口（通常称为缺口），在外力作用下，切口端部因应力集中而首先开裂，然后裂纹扩展至断裂，切口的深度及其端部的曲率半径对测试结果有重要的影响。

二、聚合物的黏弹性

不论是晶态还是非晶态聚合物在温度很低时都呈现玻璃态性质。在玻璃化温度以下聚合物的力学性质是弹性的，近似服从虎克定律。我们把符合虎克定律的物质称为虎克弹性体；而非交联的热塑性聚合物的力学性质明显偏离虎克定律，同时表现出弹性固体和黏流液体的两种特征，即弹性形变中伴随有黏性流动，其力学行为具有对温度和时间等明显的依赖性，我们把这种力学特性称为黏弹性。黏弹性是聚合物材料的重要特征，而黏弹性聚合物的力学性质随时间发生的变化统称为力学松弛。根据高分子材料受到外部作用情况不同，可以观察到不同类型的力学松弛现象。

（一）蠕变

在一定的温度和较小的恒定外力（拉力、压力或扭力等）作用下，材料的形变随时间的增加而逐渐增大的现象，称为蠕变。各种材料均可以呈现蠕变，但聚合物材料蠕变的现象更加明显。例如软聚氯乙烯丝或其薄膜制品，长期受到拉伸力的作用时就会慢慢地伸长，解除外力后，它们会慢慢缩回去，但它们一般不会恢复到原来的尺寸或形状，即存在残余形变或不可逆形变，这是“蠕变”造成的。

从分子运动和变化的角度来看，蠕变过程包括三种形变：①当高分子材料受到外力作用时，分子链内部键长和键角立刻发生变化，这种形变是很小的，称为普弹形变。外力去除时，普弹形变立刻完全回复。②高弹形变是分子链通过链段运动逐渐伸展的过程，形变量比普弹性变要大得多。外力去除时，高弹形变是逐渐回复的；③分子间没有化学交联的线性聚合物，也会产生分子间的相对滑移，称为黏性流动。外力去除后黏性流动是不能回复的，因此普弹形变与高弹形变为可逆形变，而黏性流动称为不可逆形变。上述的塑料制品出现的“残余形变”就是如此。若要避免不可逆形变，可以对聚合物采取交联，这也是许多橡胶制品均采用硫化（交联）工艺的主要原因。这种性质在诸如装有物品并有压力的塑料盘、箱、盒、桶等的应用中是必须考虑的。

高分子材料受外力作用时以上三种形变是一起发生的，其相对比例依具体条件不同而不同。

（二）应力松弛

在恒定温度和形变保持不变的情况下，聚合物内部的应力随时间增加而逐渐衰减的现象，称为应力松弛。例如拉伸一块未交联的橡胶到一定长度，并保持长度不变，随着时间的增长，这块橡胶的回弹力会逐渐减小，这是内部的应力慢慢地减小所致，甚至可减小到零。应力松弛与蠕变是一个问题的两个方面，都反映聚合物内部分子的三种运动情况。当聚合物一开始被拉长时，链段顺着外力的方向运动以减少或消除内部应力，如果温度很高（$T \gg T_g$），阻碍链段运动的内摩擦力很小，应力很快就松弛掉了，若温度太低（$T \ll T_g$），虽然链段受到很大的应力，但阻碍链段运功的内摩擦力很大，使得链段运动能力很弱，应力松弛极慢，不易察觉得到。只有在 T_g 附近的几十度范围内，应力松弛现象比较明显。

应力松弛意味着材料的强度和弹性模量随时间延长而减弱，相对于金属和陶瓷等，高分子材料的应力松弛现象更为明显。因此在设计寿命较长的塑料压力容器时（如高压罐和高压管等），必须考虑应力松弛问题。

（三）滞后与力学损耗

蠕变和应力松弛现象是应力和应变之一恒定的前提下另一方随时间的变化。我们称这种黏弹性现象为静态粘弹性。在实际应用中，材料有时受到大小和方向不断变化的外力作用（如交变应力），比如轮胎、传送带、齿轮等发生的运动就是这种情况。若材料受力状态是呈周期性的交变外力，这时应力与应变都是周期性变化的，所表现的粘弹性称之为动态黏弹性。

（1）滞后　上述的蠕变和应力松弛均是在静荷载的条件下呈现的。聚合物在交变应力作用下，形变落后于应力变化的现象称为滞后。滞后发生的原因是由于链段在运动时要受到内摩擦力的作用，当外力（的方向和大小）变化时，链段的运动跟不上外力的变化，所以形变落后于应力，二者存在一个相位差（如图 2-3-8）。聚合物的滞后现象与其本身的结构、组成和外界条件等影响因素有关。

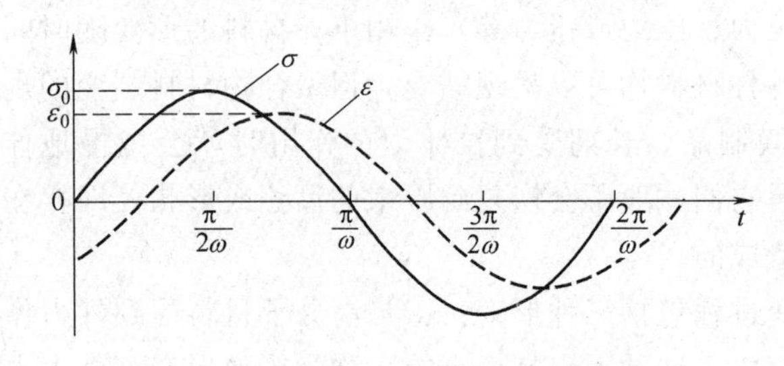

图 2-3-8　交变应力-应变相位关系图

（2）力学损耗　当应力的变化和形变的变化相一致时，没有滞后现象，每次形变所做的功等于恢复原状时取得的功，没有功的消耗。如果形变的变化落后于应力的变化，即发生滞后现象，则这一循环中就要消耗功（常以材料生热的现象呈现），称为力学损耗，有时也称为内耗。图 2-3-9 表示橡胶拉伸-回缩过程中应力-应变的变化情况。若应变完全跟得上应力的变化，拉伸与回缩曲线重合在一起。发生滞后现象时，拉伸曲线上的应变大于与其应力相对应的平衡应变值，而回缩时，情况正相反，回缩曲线上的应变大于与其应力相对应的平衡应变值，对应于某一应力 σ_i 有 $\varepsilon_1' < \varepsilon_i''$。在这种情况下，拉伸外力对聚合物体系做的功包括两部分：一部分用来改变链段使其顺着外力，另一部分用来提供链段运动时克服链段间的摩擦力。回缩时，伸展的分子链重新蜷曲起来聚合物体系对外做功，但分子链回缩时的链段运动仍需克服链段间的摩擦阻力。这样一个拉伸-回缩循环中，有一部分功被损耗掉，转化为热能。长时间高速行驶的汽车轮胎的发热升温现象的主要原因就是“内耗”造成的。因此在设计处于交变外力作用的聚合物制品时，必须考虑它的力学损耗所带来的生热问题，从而造成材料的强度和刚度明显下降等安全问题。但在包装行业，可利用包装材料的“内耗”来吸收包

装在运输和装卸过程的震动波。高分子类的缓冲包装材料就是利用这个特性来达到保护内装物的效果的。

（四）时-温等效原理

时-温等效原理又称时间、温度对应原理。观察高分子材料的某种力学响应（如力学松弛），既可在较低温度下通过足够长的观察时间来实现，也可在较高温度下短时间内观察来实现。简单地说，升高温度与延长观察时间具有相同的效果。时-温等效原理具有重要的实用价值。利用该原理，可以得到一些实际上无法从直接实验测量得到的结果。

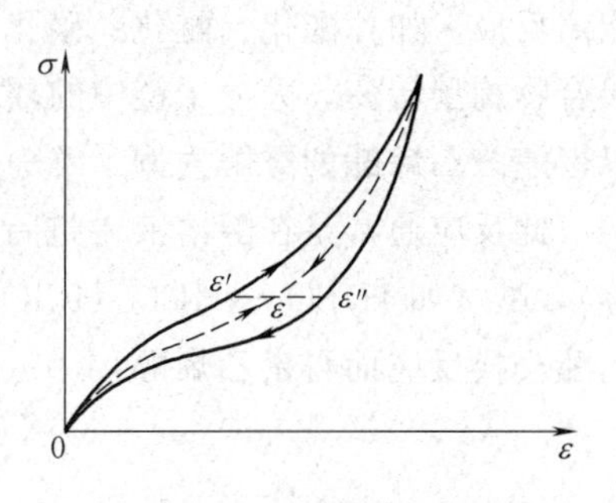

图 2-3-9　橡胶拉伸与回缩的应力-应变关系示意图

例如，要得到低温至某一指定温度下塑料或橡胶的应力松弛行为，由于温度过低，应力松弛进行得很慢，要得到完整的数据可能需要等待几个世纪甚至更长时间，这实际上是不可能的，利用该原理，可以在较高温度下测得应力松弛数据，然后换算成所需要的低温下的数据来指导应用。

又如耐压聚合物容器或管道，因应力松弛，即聚合物材料的强度和刚度等力学性质随时间的延长而逐渐变低将会引起安全与寿命的问题，必须获得材料较长服役期（如数十年）时的拉伸强度和弹性模量等参数值，以供工程的安全设计参考。但我们不可能用这类材料在常温下进行数十年的力学性能测试评价后再来设计和生产这类制品，而可以利用“时-温等效”，在较短时间内，对这类材料进行一些高温环境下的性能测试和评价的结果，来估算和预测所需的性能。

从另一方面也提示我们，在工程设计时，所用塑料材料的力学性能参数和测试这类材料的力学性能时，一定要注意其性能参数的应用条件或实验条件（如温度、外力作用速率等）。

第四节　塑料包装材料的化学性质

化学性质是物质在化学变化（化学反应）中表现出来的性质。聚合物或塑料的化学性质直接影响其加工性能和实用性能。聚合物的化学反应，按化学结构大致可分为两类：

其一是聚合度相似的化学反应。这种反应一般只引起聚合物链的侧基发生变化，而聚合度及主链结构基本上不改变。其反应通式为：

$$\mathrm{-\!\!\!\left[\underset{\displaystyle X}{\underset{|}{CH}}-CH_2 \right]\!\!\!-_n} \xrightarrow{n\mathrm{HY}} \mathrm{-\!\!\!\left[\underset{\displaystyle Y}{\underset{|}{CH}}-CH_2 \right]\!\!\!-_n} + n\mathrm{HX}$$

其二是聚合度明显改变的化学反应。这类反应是大分子链整体参加的化学反应，常引起聚合度发生变化，有时也改变其主链结构。这类反应又可分为两种类型：一是聚合度降低的化学反应，如大分子链的降解或裂解反应；二是聚合度变大的化学反应，如大分子链的交联、接枝等。

一、聚合物的官能团反应

聚合物的官能团反应又称为聚合度相似的化学变化。通常是指天然或合成聚合物的官能团反应。如：酯化、醚化、磺化、卤化、酰胺化、缩醛化、水解、醇解、中和反应等，聚合物构型转变，大分子链中的环化反应，以及缩聚分子中大分子链的交换反应等。下面以聚醋酸乙烯酯的醇解为例了解一下此类反应的应用情况。

此反应通常是在醇溶液中进行的，其醇解催化剂可以是碱（如 NaOH、NH_3、KOH 等），酸（如 H_2SO_4、HCl、$HClO_3$ 或有基磺酸等）或金属氧化物（PbO）等，通过甲醇的酯交换反应而得聚乙烯醇：

$$\left[\underset{\underset{O-\overset{\overset{O}{\parallel}}{C}-CH_3}{|}}{CH}-CH_2\right]_n + nHOCH_3 \xrightarrow{NaOH} \left[\underset{\overset{|}{OH}}{CH}-CH_2\right]_n + nH_3C-O-\overset{\overset{O}{\parallel}}{C}-CH_3$$

聚乙烯醇溶于热水或醇中，不溶于一般有机溶剂。它可做乳化剂、上浆剂和黏合剂等。由于它无味、无毒且能防霉、防菌，因此特别适用于食品、药品等的包装。聚乙烯醇具有低分子醇的一般化学性质，可以在羟基—OH 上发生以下反应：

$$\sim\underset{OH}{CH}-CH_2-\underset{OH}{CH}-CH_2\sim \xrightarrow{Na} \sim\underset{ONa}{CH}-CH_2-\underset{ONa}{CH}-CH_2\sim$$

$$\sim\underset{OH}{CH}-CH_2-\underset{OH}{CH}-CH_2\sim \xrightarrow{RX} \sim\underset{OR}{CH}-CH_2-\underset{OR}{CH}-CH_2\sim$$

$$\sim\underset{OH}{CH}-CH_2-\underset{OH}{CH}-CH_2\sim \xrightarrow{NH_2RX} \sim\underset{O-R-NH_2}{CH}-CH_2-\underset{O-R-NH_2}{CH}-CH_2\sim$$

聚乙烯醇是亲水性高分子，易溶于热水中。如果利用醛类的缩醛化反应，可以明显地改变聚乙烯醇的耐水性与拉伸强度，聚乙烯醇缩醛是性能优良的高分子材料。

$$\sim\underset{OH}{CH}-CH_2-\underset{OH}{CH}-CH_2-\underset{OH}{CH}-CH_2\sim + R-CH{=}O \xrightarrow{H^+}$$

$$\sim\underset{OH}{CH}-CH_2-\underset{O-\underset{R}{CH}-O}{CH-CH_2-CH}-CH_2\sim + H_2O$$

显然，缩醛化反应除了在大分子内进行外，还可以在大分子之间，形成交联结构：

$$\begin{matrix}\sim\underset{OH}{CH}-CH_2-\underset{OH}{CH}-CH_2\sim \\ \sim\overset{OH}{CH}-CH_2-\overset{OH}{CH}-CH_2\sim\end{matrix} \xrightarrow{RCHO} \begin{matrix}\sim CH-CH_2-\underset{OH}{CH}-CH_2\sim \\ | \\ O \\ | \\ RCH \\ | \\ O \\ | \\ \sim CH-CH_2-\overset{OH}{CH}-CH_2\sim\end{matrix}$$

缩醛化反应通常是在酸催化下进行的。聚乙烯醇缩甲醛有较高的耐热性和强度，因此制备维尼纶纤维一般用甲醛缩醛化。聚乙烯醇缩丁醛的耐寒性与高弹性好，适于做安全（防弹）玻璃中的中间粘合层和黏合剂的增韧组分。

二、聚合物的降解反应

降解反应一般是指聚合物的主链发生断裂的化学过程（有时降解反应也包括侧基的消除反应）。降解反应是聚合物使用过程中性能变坏，即老化的主要原因。但在实际应用中，它也有很多益处，例如：橡胶加工前的塑炼，处理及回收聚合物的单体，用机械降解法制备嵌段聚合物，用天然聚合物（如淀粉或蛋白质）的水解制造可贵的低分子物质（葡萄糖或各种氨基酸）等。降解反应还是研究聚合物化学结构（组成）的重要方法。应当指出，聚合物的降解，特别是由物理因素引起的降解反应往往也伴随大分子间的交联反应。

引起降解反应的因素很多，简述如下：

1. 化学降解

杂链聚合物容易发生化学降解，因为这类大分子链中含有大量的C—O、C—N、C—S、Si—O等杂原子极性键，它们在化学试剂作用下不稳定而易发生降解反应。例如纤维素、聚酯、聚酰胺以及硅树脂的水解、醇解、酸解、胺解或生物降解等。为了消除聚合物垃圾污染与公害，人们应用了生物可降解高分子材料（如，聚乳酸和聚己内酯等），即可在微生物催化下自行分解为二氧化碳和水。

2. 热降解与解聚

通常所说的聚合物热降解是指在无氧或极少接触氧的情况下，由热能直接作用而发生的断链过程。热的作用除使主链断裂外，还可以引起侧基的断裂（如消除反应）。

热降解反应的类型有：

（1）无规降解　在聚合物主链结构相同的键其断键活化能是相同的。因此，具有相同的断裂几率，即断裂的部位是任意的和无规的。它的特点是断裂具有任意性和独立性，服从统计规律；反应是逐步进行的，中间产物稳定，也就是说每一步反应都是独立的，可以利用不同的中间产物来研究高分子的结构；相对分子质量越高断链几率越大，因此随着降解反应的进行，聚合物的多分散性减小；产物的相对分子质量迅速下降，得到很多不同链长的低聚物，不一定解聚为原单体。例如聚乙烯、聚丙烯、聚丙烯酸甲酯的热裂解及杂链聚合物的化学降解等。

（2）链式降解　碳链聚合物在各种物理因素或氧的作用下，分子链的末端或中间链断后，很容易发生连锁降解反应。因此活性自由基一旦产生不会立即消失，它可以瞬时传递使大分子链连续断裂，直至单体为止。此种反应可视为自由基链式加聚反应的逆反应，故称为解聚反应。聚甲基丙烯酸甲酯（PMMA）的热降解是典型的解聚反应。

（3）消除反应　某些含有活泼侧基的聚合物，如聚氯乙烯、聚醋酸乙烯酯等，在热的作用下首先不是主链断裂而是发生侧基的消除反应进而引起主链结构的变化，如：

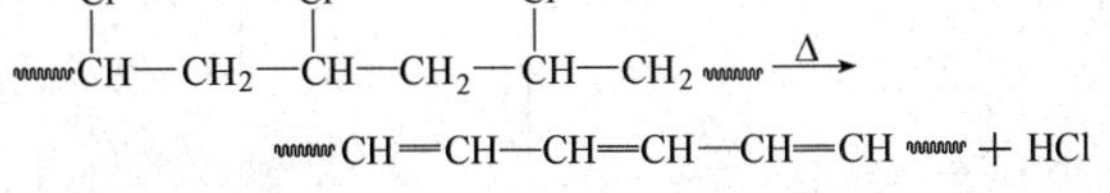

$$\sim\underset{\displaystyle Cl}{\overset{}{CH}}-CH_2-\underset{\displaystyle Cl}{CH}-CH_2-\underset{\displaystyle Cl}{CH}-CH_2\sim \xrightarrow{\Delta}$$

$$\sim CH{=}CH-CH{=}CH-CH{=}CH\sim + HCl$$

然后，分子间可以交联起来：

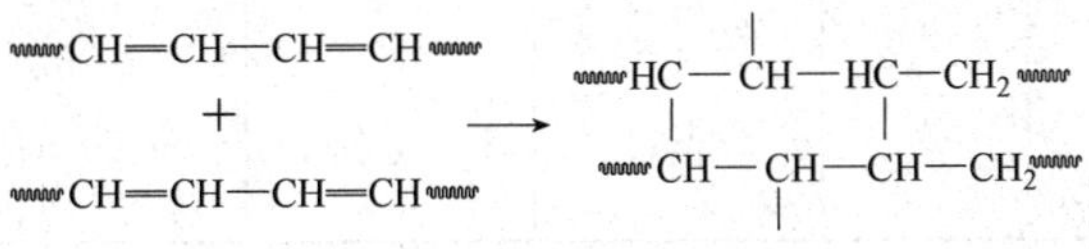

$$\begin{matrix}\sim CH{=}CH-CH{=}CH\sim \\ + \\ \sim CH{=}CH-CH{=}CH\sim\end{matrix} \longrightarrow \begin{matrix}\sim HC-\overset{|}{C}H-HC-CH_2\sim \\ | \qquad\qquad | \\ \sim CH-\underset{|}{C}H-CH-CH_2\sim\end{matrix}$$

长时间加热聚氯乙烯还可碳化。

聚合物热降解反应与它的热稳定性有关系，而聚合物的热稳定性又取决于它的化学结构。表 2-3-6 列出了常见聚合物的化学结构、热降解产物及热稳定性数据。其中 $T_{1/2}$ 是聚合物在真空中加热 30min 重量损失一半时所需要的温度。通常称半寿命温度。K_{350} 是聚合物在 350℃下的失重速率。显然 $T_{1/2}$ 越高或者 K_{350} 越小，聚合物的热稳定性就越好。

表 2-3-6　　常见聚合物的热裂解数据

聚合物结构	$T_{1/2}$ /℃	K_{350} /(%/min)	活化能 /(kJ/mol)	单体收率及热降解产物	热降解反应类型
$-[CF_2-CF_2]_n-$	509	0.00002	338.58	单体>95%	解聚反应
$-[C(CH_3)(COOCH_3)-CH_2]_n-$	327	5.2	217.36	单体>95%	
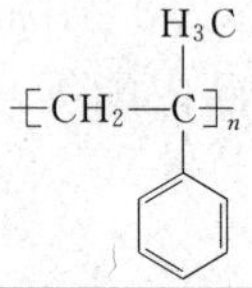 $-[CH_2-C(CH_3)(C_6H_5)]_n-$	286	228	229.9	单体>95%	
$-[CH_2]_n-$	414	0.004	300.96	单体<0.1%，分子量较大碎片	无规降解反应
$-[CH_2-CH=CH-CH_2]_n-$	407	0.022	259.16	单体～2%，分子量较大碎片	
$-[CH_2-CH_2]_n-$（支化）	404	0.008	263.34	单体<0.03%，分子量较大碎片	
$-[CH(CH_3)-CH_2]_n-$	387	0.069	242.44	单体<0.2%，分子量较大碎片	
$-[CF_2-CFCl]_n-$	380	0.044	238.26	单体～27%	
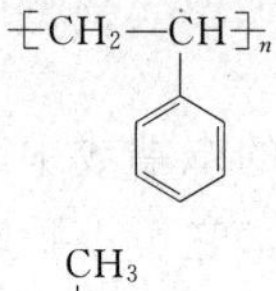 $-[CH_2-CH(C_6H_5)]_n-$	364	0.24	229.9	单体～65%，二、三、四聚体	
$-[C(CH_3)_2-CH_2]_n-$	348	2.7	204.82	单体～20%，二、三、四聚体	
$-[CH(COOCH_3)-CH_2]_n-$	328	10	142.12	单体 0，分子量较大碎片	
$-[HC(OCOCH_3)-CH_2]_n-$	269	—	71.06	单体 0，乙酸>95%	侧基消除反应
$-[CH_2-CH(OH)]_n-$	268	—	—	单体 0，析出水	
$-[CH_2-CH(Cl)]_n-$	260	170	133.76	单体 0，HCl>95%	

3. 氧化降解

在合成、加工、使用或贮存聚合物材料的过程中难免与氧气接触，以减少氧化作用的发生。聚合物的氧化作用主要表现为降解反应，但也常伴随有交联反应。氧化降解往往又与其他降解交错进行，如热、光或机械降解等。因此，它是影响聚合物耐老化性能最重要的因素之一。可见，聚合物的氧化作用不但重要，而且也复杂。聚合物氧化裂解是首先生成过氧化物，这些过氧化物不稳定，容易分解而产生自由基。如聚烯类在叔碳原子上容易生成过氧化氢基之后分解（如聚丙烯容易氧化裂解），通常光和热会加速这类聚合物氧化。

4. 辐射降解与交联

α、β、γ 射线以及加速电子等高能射线与物质作用时，会引起电离辐射，从而造成物质的物理和化学性质改变。其中 β 和 γ 射线常用于食品、医疗用品的灭菌（即辐射灭菌）。在辐射灭菌过程中，由于这些射线的能量很高（10^8eV 以上），可以引起电离辐射，使食品和医疗用品的各种菌被杀灭，同时也使这些制品的塑料包装材料发生交联或裂解。试验结果表明，高能辐射引起的聚合物化学变化，有的是以辐射裂解为主，有的是以辐射交联为主，见表 2-3-7。一般来说，对碳链大分子，若其亚甲基的 α 位置上的碳缺少一个氢原子，此类聚合物就以辐射交联为主；若 α 位置上的碳没有氢原子，如

$$\left[\begin{array}{c} X \\ | \\ C \\ | \\ Y \end{array} —CH_2 \right]_n$$

则以辐射降解为主，对于用辐射方式灭菌的产品，不应使用辐射降解为主的塑料包装。此外，工业上也常常采用辐射交联来改性聚合物。

表 2-3-7　高能辐射对聚合物反应的影响

	交联为主的聚合物	裂解为主的聚合物
碳链聚合物	聚乙烯 聚丙烯 聚苯乙烯 聚丙烯酸酯 聚氯乙烯 聚丙烯腈 聚乙烯醇 天然橡胶 合成橡胶(除丁基橡胶外)	聚四氟乙烯 聚异丁烯 聚 α-甲基苯乙烯 聚甲基丙烯酸酯 聚甲基丙烯酰胺 聚偏二氯乙烯 聚三氟氯乙烯 丁基橡胶(异丁烯与异戊二烯共聚物)
杂链聚合物	酚醛树脂 聚酯(涤纶) 聚酰胺 聚二甲基硅氧烷	纤维素及其衍生物 聚硫橡胶 聚间二酚甲醛

5. 光降解

在阳光，特别是紫外光的作用下聚合物同样可以发生降解与交联，从而导致聚合物老化。其基本规律是物质只有在吸收光能的条件下才可能发生化学反应。但有的物质在吸收了足够的光能之后，不一定发生光化学反应，而是将这部分能量以热能、荧光或磷光的形

式释放出来。实验表明，分子链中含有醛与酮的羰基、过氧化氢基或双键的聚合物，最容易吸收紫外线的能量，并引起光化学反应。例如，聚乙烯中含羰基可能引起如下光降解反应：

$$\sim CH_2-CH_2-CH_2-CH_2-CH_2-CH_2-\overset{O}{\overset{\|}{C}}-CH_2-CH_2-CH_3$$

$$\downarrow h\upsilon$$

$$H_3C-CH_2-CH_2-CH_2-HC(-H\cdots\cdots O=C(-CH_2-CH_2-CH_3)-CH_2)-CH_2 + CH_2$$

$$\downarrow$$

$$H_3C-CH_2-CH_2-CH_2-CH=CH_2 + H_2C=CH-CH_2-CH_3$$

$$\downarrow$$

$$H_3C-CH_2-CH_2-CH_2-CH=CH_2 + H_3C-\overset{O}{\overset{\|}{C}}-CH_2-CH_2\sim$$

6. 机械降解

机械降解过程通常是指聚合物主链在机械力的作用下发生断键的过程。故该过程又称为力化学过程。在实际中机械降解的例子并非罕见。如：橡胶的塑炼、聚合物的粉碎、塑料的混炼与挤出以及高分子浓溶液的高速搅拌和超声波处理等，都可能伴随着大量的断裂反应。

机械降解除用于改善聚合物的加工性能外，还可用来制造嵌段共聚物及改进聚合物的使用性能。利用机械共混制取“高分子合金”就是目前比较流行的改进方法。网状结构聚合物通过机械降解，可以产生流动，即化学流动。

总之，研究聚合物的降解过程有着重要的理论与实际意义。

三、聚合物的交联反应

交联反应可使线性聚合物变成网状或体型聚合物，从而很多性能也随着发生不同程度的变化。因此，交联反应是聚合物改性的一个重要途径。但交联必须适度，过度地交联作用必然导致聚合物性能变坏，如变脆等。

具体地讲，合成体型聚合物的方法主要有二种。一是要求单体至少要有一种是三或大于三官能度，经聚合可得网状或体型聚合物。此外通过多丙烯基或多乙烯基单体进行均聚或共聚反应，也能得到体型聚合物。但更多的体型高分子还是通过第二种方法制备的。即先合成线型大分子，然后再与低分子聚合（常称交联剂、固化剂或硫化剂）作用进行交联反应而得到的。聚合物的交联反应通常是在成型加工的过程中完成的。

聚合度变大的化学反应还包括大分子间的交联、嵌段共聚和接枝共聚。

四、聚合物的老化

在加工、贮存和使用的过程中，聚合物材料的物理、化学性质和机械性能变坏的现象称为老化。老化现象归纳起来包括材料表面外观上变得发黏、变软、变硬、变脆、龟裂、变形、出现斑点、光泽颜色的改变等。发生老化后，由于聚合物分子量和结构变化会引起溶解、溶胀和流变性能等物理性能上的改变，机械性能上也可发生抗张强度、伸长度、抗冲击强度、抗弯曲强度、压缩率等的改变，而在电性能上也会发生绝缘电阻、介电常数、介电损耗、击穿电压的变化等。

老化的原因是聚合物长期在光、水、热、电、氧、高能辐射和机械应力等作用下发生化学变化的结果。聚合物材料由于受到外界因素的影响，可使得大分子的分子链发生裂解，因而材料变软发黏，或大分子的分子链产生交联作用，而使材料变脆变僵丧失弹性，或者大分子的侧基官能团改变，使得材料的电性能、溶解性和吸湿性有所变化。一般认为老化机理主要是游离基的反应过程，当聚合物的材料受到大气中氧、光、热等作用时，使高分子的分子链产生活泼的游离基，这些游离基进一步能引起整个大分子链的降解、交联或侧基发生变化，导致聚合物材料变质。因此聚合物材料的老化，不能离开它所处的环境来讨论。聚合物本身的化学结构和物理状态是聚合物材料耐老化性能的基本因素。例如硅氧键结合的键能比较大，因此硅氧键结构的聚合物就比碳碳键结构的聚合物耐老化性能好。老化是聚合物材料的普遍现象，只是由于聚合物的组成结构、加工条件、使用环境等不同而使老化的速度和程度不同而已。

目前，聚合物材料防老化措施大致有以下三种：

（1）改进聚合物的结构和聚合方法　例如 ABS 塑料虽然性能很好，但耐光性差，因为主链中含有双键。若将它改成 A（丙烯腈）、C（氯化聚乙烯）和 S（苯乙烯）共聚，可明显地改进其耐光老化性能。再如，用悬浮聚合方法制的 PVC 不耐光，若采用三乙基硼作催化剂和低温下聚合可得几乎没有双键的全同立构的 PVC，因而耐热、耐光性能大为提高。

（2）在聚合物材料中加入防老剂　广义的防老化剂包括抑制聚合物材料老化的各种稳定剂，如抗氧剂、金属钝化剂、光稳定剂和热稳定剂等。目前，选择稳定剂多凭经验。除考虑它的稳定效力外，还应考虑与聚合物的相容性要好，可挥发性要低，尽可能无色、无味、低毒，对化学药品要稳定等。

（3）物理防老化　在聚合物制品的表面上采取金属镀层与防护涂层等防护方法。

第五节　塑料包装材料的卫生与安全性

食品与医药包装材料本身所含有的有毒有害物质及其迁移是导致安全问题的主要因素。与食品接触的包装材料作为食品与医药的贴身衣，其卫生性直接影响到食品与医药自身的安全。在这类材料中，塑料包装材料使用最为广泛，其引发的食品安全事件也最多，所以其卫生与安全性也最为引人关注。塑料包装材料对食品和医药的污染主要是材料内部残留的有毒有害化学污染物的迁移与溶出，从而对人体健康造成不同程度的危害。在此分别介绍构成塑料材料的树脂和助剂（添加剂）的卫生性问题，以供读者在选择和设计与卫生安全有关的塑料包装材料时参考。

一、树脂的卫生安全性

树脂是组成塑料的最主要的组分，树脂的卫生安全性主要体现在树脂中的残留单体（也称游离单体，即未聚合的单体）。原则上讲，一定聚合度的树脂对人体是安全的，但各种树脂中总是有残留的单体，而对人体的致毒程度与其残留的单体的品种和含量密切相关。常用于塑料包装的合成树脂的单体有：氯乙烯、偏二氯乙烯、苯乙烯、丙烯腈、二异氰酸酯、双酚 A（是合成聚碳酸酯和环氧树脂的主要单体）、三聚氰胺、甲醛、乙烯、丙烯等，这些单体大部分是有毒或低毒物质，其中氯乙烯、偏二氯乙烯、苯乙烯、丙烯腈、异氰酸酯、三聚氰胺、甲醛等毒性较强。因此，其相应的合成树脂作为食品和医药包装材料与制品应用时均有严格的规定，国内外对此已经颁布和实施了相应的卫生标准和法规。

氯乙烯和偏二氯乙烯可引起人体四肢血管收缩而产生疼痛感，同时具有致癌性和致畸性，我国规定其在成型品中含量不得超过 0.5～1.0mg/kg。丙烯腈也属于高毒类单体，大量接触可引起高铁血红蛋白血症，进入人体后可引起急性中毒和慢性中毒，属于致癌物质。美国、法国、德国和荷兰等分别对聚丙烯腈树脂和制品中的丙烯腈单体残留量均作了严格规定，如美国 FDA 禁止聚丙烯腈包装饮料，法国和德国规定丙烯腈单体在食品中的迁移量小于 0.05mg/kg。

苯乙烯单体具有一定的毒性，能抑制大鼠生育，使肝、肾重量减轻，并且苯乙烯单体容易被氧化生成一种能诱导有机体突变的化合物苯基环氧乙烷。许多国家对聚苯乙烯食品包装材料中的苯乙烯单体含量作了限量规定，如我国规定食品包装用聚苯乙烯树脂中苯乙烯的含量不能超过 0.5%。

双酚 A 是合成聚碳酸酯和环氧树脂的主要单体，它的存在可导致生物生殖功能下降，引起大脑生物化学物质改变，造成免疫力低下，并扰乱人体正常的内分泌功能。鉴于双酚 A 的安全隐患，为保证食品安全，世界各国对食品包装材料中双酚 A 的溶出量做了严格限制，美国规定双酚 A 最大剂量为 0.05mg/kg；日本规定聚碳酸酯食品容器中的双酚 A 溶出限量为 2.5mg/kg；欧盟于 2011 年也发布法令，禁止双酚 A 被用于婴儿奶瓶生产，同时要求所有塑料类食品接触材料中，双酚 A 允许迁移量不得高于 0.6mg/kg。异氰酸酯常被用于制作聚氨酯包装材料和复合包装的黏合剂，目前共有 12 种异氰酸酯被允许用于制作食品包装材料，异氰酸酯有强刺激性，是一种有毒化合物，可导致化学性肺炎与肺水肿等。因此国内外规定在食品接触材料和塑料制品中异氰酸酯残留物含量≤1.0mg/kg（以—NCO 计）。

此外，食品卫生级塑料包装材料的合成树脂中的催化剂残留问题也应引起重视。这是由于树脂合成常用的催化剂多含金属元素，若为重金属离子，则其毒性较强，因此西方发达国家规定，“聚合物用于食品接触材料时，催化剂的总含量不许超过 0.1%（以其氧化物计）”。我国规定食品包装材料中的重金属离子（以 Pb^{2+} 计）含量不许超过 1.0mg/kg。

二、塑料助剂或添加剂的卫生性

为了改善塑料的加工性能和成品的使用性能，在制造其成型品的过程中还要加入增塑剂、稳定剂、抗静电剂、爽滑开口剂、增强剂和填料等助剂或添加剂（见本篇中“塑料助剂”部分）。助剂一般为低分子化合物，在一定的介质和温度条件下，会从塑料中溶出，转移到食品或医药中去，从而污染它们。由于这些物质的释放和迁移大部分是隐、慢性的，并且有些包装材料或使用的添加剂只有在一定时间、温度、湿度、酸碱度等条件下才会释放有毒有害物质，因此不易被察觉。从食品与医药安全角度讲，与它们接触的包装有害物质存在的安全隐患会直接威胁到人们的健康，如导致各种慢性、亚慢性甚至癌症等疾病的发生，给人体健康造成危害。所以国内外均比较重视包装材料的助剂卫生性，大多都制订了严格的标准和法规。如我国政府发布的《食品容器、包装材料用添加剂使用卫生标准》（GB 9685—2008）列出了允许使用添加剂名单（900多种）、使用范围、最大使用量、特定迁移量或最大残留量及其他限制性要求。该标准明确强调“未在列表中规定的物质不得用于加工食品用容器、包装材料”。对适用于所有食品容器、包装材料用添加剂的生产、经营和使用者，特别是对食品接触用塑料（包括纸制品、橡胶等）材料中用到的增塑剂、稳定剂、填料、颜料、润滑剂和阻燃剂及有关胶黏剂、油墨等，都做出了明确的规定。

（一）食品包装用塑料添加剂的使用原则

（1）食品容器、包装材料在与食品接触时，在推荐的使用条件下，迁移到食品中的添加剂水平不应危害人体健康。

（2）食品包装容器、包装材料在与食品接触时，在推荐的使用条件下，迁移到食品中的添加剂不应造成食品成分、结构或色香味等性质的改变。

（3）使用的添加剂在达到预期的效果下应尽可能降低在食品容器、包装材料中的用量。

（4）使用的添加剂应在良好生产规范的条件下生产，产品必须符合相应的质量规格标准。

为了保证食品的安全性，在设计和应用食品包装材料与制品时，除了遵照以上原则外，还应符合相应食品接触材料及制品用添加剂的使用规定，同时还要复合国家食品安全的标准和法规。

（二）塑料添加剂的卫生性

1. 增塑剂的卫生性

在所有改善塑料食品包装材料性能的添加剂中，增塑剂的卫生安全性倍受关注。增塑剂的品种较多，其中邻苯二甲酸酯类（如邻苯二甲酸二丁酯和邻苯二甲酸二辛酯等）用量最大。而邻苯二甲酸酯则被限制使用，这是因为毒理实验表明它具有潜在的致癌作用。有报道称，邻苯二甲酸酯还可能减弱人的生育能力。因此，欧盟食品科学委员会就人们可以接受的邻苯二甲酸酯日摄入量作出了规定。英国、加拿大、香港和台湾等国家和地区也对大量包装和食品中邻苯二甲酸酯及其他增塑剂的含量做了调查，调查结果表明食品包装保鲜膜中主要含有增塑剂已二酸二（2-乙基）已酯（DEHA），它容易迁移到保鲜膜所包裹的肉类、鱼类和奶酪食品中，其中奶酪中DEHA的含量高达310μg/g；此外，几种邻苯二甲酸酯如邻苯二甲酸二（2-乙基）酯（DEHP）、邻苯二甲酸二丁酯（DBP）、邻苯二甲酸丁基苯基酯（BBP）和邻苯二甲酸二乙基酯（DEP）在塑料包装及其包裹的食品中均有检出，其中DEHP在食品中的浓度平均为0.29μg/g。

环氧植物油（如环氧大豆油，ESBO）（兼辅助稳定剂）和丁基硬脂酸酯、乙酰基三丁基柠檬酸酯、烷基癸二酸酯和已二酸酯等是几种常用的毒性较低的增塑剂。但它们用于食品包装材料时的用量有严格规定，如环氧大豆油，欧盟规定在聚偏二氯乙烯、聚氯乙烯和聚苯乙烯等材料中的质量分数不得超过2.7%，而我国规定按生产需要适量使用。

2. 稳定剂的卫生性

稳定剂是除增塑剂外塑料中最为常用的添加剂，几乎各种塑料制品均需要添加它，以改善其加工性能或/和使用性能。如本篇第二章第二节的“塑料助剂”中所述，依据稳定剂的功能或作用，可将其分为热稳定剂、抗氧剂、光稳定剂等。

（1）热稳定剂　热稳定剂常用的主要品种有铅盐类、有机锡、金属皂类、复合稳定剂和有机助剂等。而食品包装用塑料的稳定剂必须无毒，必须符合卫生要求。许多重金属离子化合物（如铅、钡、镉等的离子化合物）的热稳定效率较高，但因重金属离子的毒性，它们不许用于食品包装用塑料的稳定剂。大部分有机锡化合物的热稳定效率也较高，但它们也是有毒的，毒性较高的也不能用于食品包装用塑料的稳定剂，在必要的场合要用时（如要求透明的塑料食品包装），必须选择毒性较低、符合食品包装安全卫生的有机锡做稳定剂，但要控制其添加量。

钙、锌、镁等脂肪酸盐（如它们的硬脂酸盐）和上述的环氧大豆油是各国允许的无毒热稳定剂，但对它们对食品的迁移量有严格规定。

（2）抗氧剂　总体说来，大多数抗氧化剂无毒且具有良好的稳定效果。但一些苯基取代的亚磷酸酯被认为具有一定毒性。例如三苯基亚磷酸酯是毒性较强的物质之一，而一羟基、二羟基苯甲酮和苯并三唑衍生物可能的基因效应仍在研究当中。因此，只有当包装材料不直接与脂肪食品接触时，材料中才允许使用这些抗氧化剂。

（3）光稳定剂　光稳定剂按其功能分为光屏蔽剂（如炭黑、氧化锌和一些无机颜料）、紫外线吸收剂（如水杨酸酯类、二苯甲酮类、三嗪类等有机化合物）、自由基捕获剂（如受阻胺类衍生物）和淬灭剂（如镍的有机络合物）等。受阻胺类光稳定剂是当今性能最优异的光稳定剂，可有效提高聚合物的抗紫外线和抗γ辐射线的性能，其光稳定效果是传统吸收型光稳定剂的2～4倍，而且无毒、无色、原料易得，合成简便，是目前光稳定剂的主流产品。一些研究表明，部分紫外线吸收剂是有毒有害的。国外研究认为，一些光稳定剂能使小白鼠产生心脏中毒；发现紫外线吸收剂具有雌激素活性，并且它们的雌激素活性强于双酚A。

3. 着色剂和油墨的卫生性

（1）着色剂　塑料、化纤、橡胶和涂料等用的着色剂大多为颜料（包括有机颜料和无机颜料）。无机颜料（如 TiO_2、ZnO、Fe_2O_3、炭黑等）总体来说毒性较低，用于食品或医药包装材料时，主要控制的卫生指标为重金属含量。而有机类颜料则大多具有不同程度的毒性，有的甚至还具有强致癌性。因此，直接接触食品的塑料最好不着色；若需要着色，要选择一些无毒性的着色剂，且添加量要遵从相应的卫生安全标准。

（2）油墨　塑料用油墨的卫生性，除了涉及颜料的卫生性外，还涉及油墨中的连接料和溶剂或稀料。连接料主要为树脂，其卫生性可参照上述树脂的卫生性来控制，而溶剂或稀料残留的安全卫生问题则显得更加重要。目前塑料印刷油墨的绝大多数为油性型（即有机溶剂型，水性油墨因印刷适性等技术问题还很少使用），有机溶剂大多有毒性，如油墨中常用的甲苯、二甲苯等，所以油性油墨的有机溶剂在印刷包装品的残留是影响食品包装材料卫生性的重要因素，各国对食品用包装材料的有机溶剂残留指标均作了严格规定。

第六节　塑料包装材料的光学和电学性能

一、塑料包装材料的光学性能

光是一种电磁波，塑料的光学性能是指塑料对电磁波辐射、特别是对可见光的响应，主要是用塑料对电磁波的吸收、反射和透射等特性来衡量。在此介绍塑料包装材料的光学性能，以利于设计和应用与光学性能有关的塑料包装材料和制品。

此处讨论的光学性能主要涉及塑料对可见光的吸收、反射和透射等性能。当一束光入射到塑料薄膜中时，在材料的表面会发生光的反射，反射程度用反射率来表示。光也会透过塑料薄膜，常常透过的光的强度小于其入射强度，这是由于材料会吸收一部分光。另外，当光从真空进入较致密的材料时，其传播速度降低，且传播方向发生变化，即发生了折射，其折射程度用折射率来表示（用光在真空中的传播速度与在材料中的传播速度之比来表征材料的折射能力，称之为折射率，折射率永远大于1），如图 2-3-10。

（一）透明性

透明性（transparency）是透视透明塑料包装材料的基本性质，透明性强弱用透光率来表示，透光率越高，则透明性越强。

1. 透明原理

当光由空气入射塑料，其透射光损失由反射、吸收和散射 3 个因素所造成。光的反射率 R 与聚合物的折射率 n 有如式（2-3-21）的关系：

$$R=(n-1)^2/(n+1)^2 \qquad (2\text{-}3\text{-}21)$$

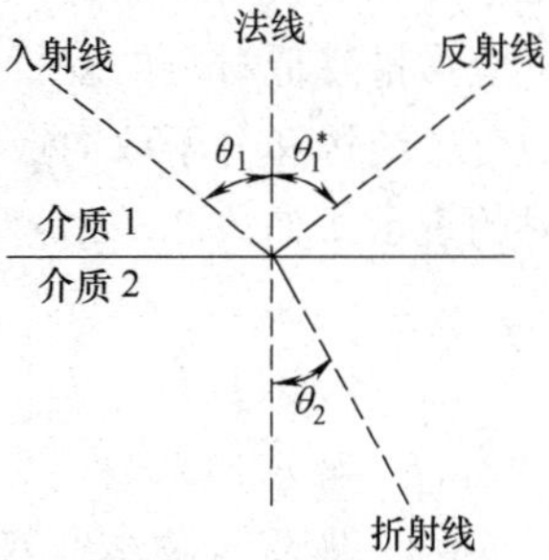

图 2-3-10　光路示意图

例如有机玻璃（甲基丙烯酸甲酯，PMMA）的 $n=1.488$，则 R 为 3.5%，表明聚合物与空气界面对透光率有极小的损耗。常用聚合物的折射率见表 2-3-8。

表 2-3-8　一些聚合物的折射率 n

非晶聚合物	n (25℃, λ=589nm)	结晶聚合物*	n (25℃, λ=589nm)
PMMA	1.49	PE	1.51-1.55
PVC	1.55	PP	1.50-1.51
PS	1.59	PVDC	1.60-1.63
PC	1.59	PET	1.64

* 结晶聚合物的折射率与结晶度有关。

当光从物质中透过时，透射光强 I 与入射光强 I_0 之间的关系可由朗伯-比尔定律描述（如式 2-3-22）：

$$I=I_0\exp(-\alpha b) \qquad (2\text{-}3\text{-}22)$$

式中　b——材料的厚度

α——吸收系数（absorptive index），它是物质的特征量，通常与波长有关

聚合物材料对光的吸收主要取决于它们的结构（如原子基团与化学键）和组成。聚合物主链中的单键（σ 键）受入射可见光的影响很小，而双键（π 键）易吸收可见光而产生能级转移。通常的乙烯基聚合物，大分子主链都是单键结构，无须考虑由于光吸收而影响其透明度。

散射的主要原因是聚合物结构的不均匀性，这种不均匀性主要包括分子量的不均一性和聚合物中非晶相和结晶相的共存等。作为透光率高的塑料透明材料，希望在 400～

800nm 可见光波长范围内透光率达到 90%以上，在设计和应用时，要考虑上述因素对透明性的影响。

塑料的颜色由其本身结构、组成和表面特征所决定。非晶塑料在可见光范围内没有特征的选择吸收，吸收系数 α 值较小，通常为无色透明的。部分结晶聚合物含有晶相和非晶相，由于光的折射和散射，透明性降低，呈现乳白色。聚合物中含有染料、颜料、杂质或填料时，均会产生颜色变化。此外，依据仿生呈色原理（如蝴蝶翅膀的显色），利用聚合物材料的表面规则纳米结构特征，也可以使聚合物材料呈现图案化的色彩等。

塑料的各向异性通常产生光学双折射现象，即光在塑料平行方向与垂直方向的折射率存在差异。双折射现象是产生图像歪影的直接原因，同时也降低了塑料的透光质量，因此，应尽量降低材料的双折射。双折射现象通常出现在结晶和取向聚合物材料中，由聚合物的分子结构和分子取向或结晶所决定，依赖于聚合物的结构、形态和成型工艺条件。双折射的表示式如式 2-3-23：

$$\Delta n = f\Delta n^{\circ} \quad (2\text{-}3\text{-}23)$$

式中　Δn——双折射

f——取向系数

Δn°——聚合物本征双折射

因此人们可以利用材料的双折射现象来研究高分子材料的取向程度和结晶形态等。一些塑料的双折射率见表 2-3-9。

表 2-3-9　一些塑料的双折射率（Δn°）

聚合物	PMMA	PC	PS	PVC	PE	PET
Δn°	−0.0043	0.106	−0.100	0.027	0.044	0.105

如聚碳酸酯（PC）、聚苯乙烯（PS）那样的具有芳香环结构的聚合物，其本征双折射较大，但是像聚乙烯（PE）等聚烯径，其本征双折射较小（见表 2-3-9）。为此，对本征双折射大的聚合物，要充分调节成型工艺条件，降低 f 值，使高分子材料达到光学材料的要求。

2. 结晶对塑料透明性的影响

非结晶的高分子材料具有高度的透明性，如聚甲基丙烯酸甲酯（PMMA）、聚苯乙烯（PS）、聚氯乙烯（PVC）、聚碳酸酯（PC）等，它们的透光率均达到 80%以上。这是由于它们呈非晶的均相结构和密度均一，对光的折射率均匀以及散射程度较低所致。

结晶的高分子材料一般为“晶相（区）＋非晶相（区）”的非均一结构，由于晶相（区）与非晶相（区）的密度不同、对光的折射率差异较大和光散射程度较高，从而导致它们一般不透明或呈现乳白色（半透明）的光学性质，如较厚的或结晶度较高的聚乙烯（PE）、聚丙烯（PP）、聚酰胺（PA）、聚偏二氯乙烯（PVDC）和聚酯（PET）等，通常呈现为乳白色的不透明性。改善这类结晶高分子材料透明性的常用途径：一是控制它们中的结晶尺寸不大于可见光的波长，二是降低它们的结晶度。这些措施均是为了减弱光折射和光散射的程度，从而提高其透明性。例如，一次性透明聚丙烯口杯等制品是在 PP 树脂中添加了结晶成核剂以减小结晶（晶粒）尺寸；透明 BOPET（膜、片材）、透明 PET 饮料瓶和食用油壶均是利用拉伸取向技术，减小结晶尺寸，和快速冷却以限制结晶度等成型工艺条件实现的。

对于透明性不高的结晶材料也可以用共聚的合成技术来改善其透明性。例如PE和PP的透明度不高，而透明性共聚PP（引入一定量的乙烯单元）和透明性乙烯-醋酸乙烯酯共聚物（EVA）、透明性乙烯-丙烯酸乙酯共聚物（EEA）等均为共聚材料。

（二）雾度

雾度（haze）是偏离入射光2.5°角以上的透射光强占总透射光强的百分数，雾度越大意味着材料的光泽以及透明度尤其成像度下降。用标准光源的一束平行光垂直照射到透明或半透明薄膜、片材、板材上，由于材料内部和表面造成光散射，使部分平行光偏离入射方向形成散射光，大于2.5°的散射光通量 T_d 与透过材料的光通量 T_2 之比即为雾度。雾度是透明或半透明材料光学透明性的重要参数之一。雾度和透光率都是透明塑料光学性能的重要参数。

必须指出，雾度和透光率是两个概念。雾度大的材料的透光率可以不很低。如果用雾度大的材料做窗玻璃，白天房间显得很明亮，但又有隐蔽性；如果做汽车挡风玻璃，那显然要求透光率高而雾度较低，以便于观察真切。

（三）光泽度

1. 光泽度

光泽度是表示材料表面光亮和光滑程度（粗糙程度）的参数。一般将标准玻璃镜面做参照物，在规定的入射角下（常用45°或60°），试样表面对光的反射率与同等条件下基准玻璃镜面的反射率之比即为光泽度（用百分数表示），即用百分数表示的物体表面接近镜面的程度（以镜面的光泽度为100％）。它是表征塑料、印刷品和涂料涂装品等表面光滑程度的常用性能指标。塑料制品表面的光泽度一般低于镜面的，所以高光泽度的塑料表面需要电镀、抛光等二次增亮加工处理。

依据表面的光泽度高低，将塑料表面分为高光、半光、亚光和消光表面等，见表2-3-10。

表2-3-10 塑料表面光泽度

高光表面	光泽度70％～90％	亚光表面	（也称为蛋壳光泽表面）光泽度10％～30％
半光表面	光泽度30％～70％	消光表面	光泽度2％～15％

人们依据对表面光泽的需要，对塑料（表面）进行增亮或消光改性。塑料的组成和成型模具对塑料制品的光泽性均有直接的影响。在此主要从组成塑料的树脂和助剂两方面来讨论塑料的增光和消光问题。

2. 树脂的选择

树脂本身的性质对塑料制品的光泽度有重要的影响。如PP、PS和ABS等的光泽性优于PE和PA等；对于同一种类聚合物，其结构组成对其光泽度有明显的影响，平均相对分子质量越小，其光泽度较大；对于PE，光泽度高低次序为LDPE＞LLDPE＞HDPE；对于PP，光泽度高低次序为无规共聚PP＞等规PP＞嵌段共聚PP。

3. 助剂或添加剂的选择

在所有助剂中，填料对塑料的光泽度影响最大。

（1）填料的品种　几种填料对光泽度的影响程度大小次序为：云母滑＞石粉＞玻璃纤维＞金属盐。

（2）填料的形状　填料几何形状对对光泽度的影响成度大小次序为：片状＞针状＞粒状＞球状。

（3）填料的粒度　对同一种填料，其粒度越小，填充塑料的光泽度下降幅度越小；其粒度尺寸分布越大，填充塑料的光泽度越低。

（4）填料的含量　填料的含量越大，填充塑料的光泽度越低。

二、塑料包装材料的电学性能

材料的电学性能是指在外加电场作用下材料所表现出来的介电性能、导电性能、电击穿性质以及与其他材料接触、摩擦时所引起的表面静电性质等。电学性能是材料最基本的属性之一，这是因为构成材料的原子和分子都是由电子的相互作用形成的，电子相互作用是材料各种性能的根源。电子的微观相互作用同时是产生材料宏观性能，包括电学性能的微观基础。在电场作用下产生的电流、极化现象、静电现象、光发射和光吸收现象都与其材料内部的电子运动相关。尤其是快速发展的智能包装大多融入了光电信息技术，所以学习塑料材料的电学性能，在包装材料（和制品）的设计、制备和应用等方面都具有重要的意义。

（一）聚合物的介电性能

聚合物的介电性是指在电场作用下，聚合物表现出对电能的储存和损耗的性质，通常用介电常数和介电损耗来表示。在力场或变化温度时产生电荷、显示极化的现象分别称为压电性和热电性（也称焦电性）。在此主要介绍介电常数和介电损耗的问题。

1. 介电极化与介电常数

聚合物在电场作用下会发生以下几种极化：电子极化、原子极化、偶极极化和界面极化等。如果在真空平行板电容器中加上直流电压 V，则两极板上将产生直流电荷 Q_0，电容器的电容为

$$C_0=Q_0/V \tag{2-3-24}$$

当电容器充满电解质（如聚合物）时，由于电介质的极化，两极板上产生感应电荷 Q'，极板电荷增加到 Q，$Q=Q_0+Q'$，此时电容也相应增加到 C

$$C=Q/V \tag{2-3-25}$$

定义含有电介质的电容器的电容与相应真空电容器的电容之比为该电介质的介电常数 ε，即

$$\varepsilon=\frac{C}{C_0}=\frac{Q}{Q_0} \tag{2-3-26}$$

式 2-3-26 中：C、C_0 分别为含有电介质电容器的电容与相应真空电容器的电容；Q_0、Q 分别为真空电容器和介质电容器的两极板上产生的电荷。

由式 2-3-26 可知，电介质的极化程度越大，Q 值越大，ε 也越大。所以介电常数 ε 是衡量电介质极化程度的物理量，它可以表征电介质储存电能的能力。

聚合物的品种较多，偶极矩（μ）大小不同，根据聚合物中各种基团的有效偶极距 μ，可以把高聚物按极性的大小分成四类：非极性（$\mu=0$）：聚乙烯、聚丙烯、聚丁二烯、聚四氟乙烯等；弱极性（$\mu\leqslant0.5$）：聚苯乙烯、天然橡胶等；极性（$\mu>0.5$）：聚氯乙烯、

尼龙、聚酯、有机玻璃等；强极性（μ>0.7）：聚乙烯醇、聚丙烯腈、酚醛树脂、氨基塑料等。一般地，极性越强，偶极矩越大，其 ε 也越大。

非极性分子只有电子和原子极化，ε 较小；极性分子除有上述两种极化外，还有偶极极化，ε 较大。此外还有以下因素影响 ε：

（1）极性基团在分子链上的位置　在主链上的极性基团活动性小，影响小；在柔性侧基上的极性基团活动性大，影响大。

（2）分子结构的对称性　分子结构对称的，极性会相互抵消或部分抵消。

（3）分子间作用力　增加分子间作用力（交联、取向、结晶）会使 ε 较大；减少分子间作用力（如支化）会使 ε 较小。

（4）物理状态　高弹态比玻璃态的极性基团更易取向，所以 ε 较大。

聚合物的介电常数 ε 在 1.8～8.4，大多数为 2～4。一些聚合物的介电常数见表 2-3-11。

表 2-3-11　　某些聚合物的介电常数 ε（24℃，60Hz）

聚合物	PE	PS	PTFE	PMMA	PVC	PA6
ε	2.28	2.5	2.1	3.5	3.0	6.1

2. 介电松弛与介电损耗

在交变电场作用下，由于聚合物介质的粘滞力作用，偶极矩取向落后于外加电场的变化，电位移矢量滞后于外加电场，存在相位差 δ，即称为介电松弛（dielectric relaxation）。聚合物在交变电场中伴随着能量损耗，使介质本身发热，这种现象称为聚合物的介电损耗。通常用介电损耗角正切 $\tan\delta$ 来表示介电损耗。一般高聚物的介电损耗值非常小，$\tan\delta=10^{-4}\sim10^{-3}$。

介电损耗主要是取向极化引起的，所以它与材料的 ε 密切相关。通常 ε 越大的也越会导致较大的介电损耗。理论上讲非极性聚合物没有取向极化，应当没有介电损耗，但实际上总是有杂质（水、增塑剂等）存在，其中极性杂质会引起漏导电流，而使部分电能转变为热能，称电导损耗。

除材料的结构和组成外，交变电场的频率、温度等均是影响介电损耗的重要因素。塑料软包装的高频热封技术就是利用聚合物的介电损耗生热原理而实现的。

（二）静电现象

静电现象在聚合物的生产、加工和使用过程中是非常普遍的。塑料的绝大多数是电绝缘性优良的材料，其表面电阻率达 $10^{14}\sim10^{17}\Omega$，且大多为憎水性材料，不易从环境中吸附水分而降低表面电阻，在接触、断裂、剥离、摩擦、压电、感应等状况下均能产生静电，积聚大量电荷，造成静电危害，轻则妨碍包装、吸尘，重则引起火灾、爆炸等事故。部分聚合物材料摩擦后产生的静电电压值见表 2-3-12。由此可知，它们的静电压均在千伏级。

表 2-3-12　　部分聚合物材料摩擦静电压值（20℃，RH65%）

材料	硬质 PVC	软质 PVC	HDPE	LDPE	PP
静电压/kV	2-4	1-3	1-3	0.4-0.8	2-4

根据抗静电效果和包装内容物对抗静电的要求，抗静电塑料材料可分为三类，见表 2-3-13。

表 2-3-13　　抗静电塑料的电阻率

种类	表面电阻率/Ω	体积电阻率/Ω·m
静电屏蔽材料	1×10^4 以下	1×10^{12} 以下
静电导电材料	$1\times10^3\sim1\times10^8$	$1\times10^2\sim1\times10^5$
静电扩散材料	$1\times10^5\sim1\times10^{12}$	$1\times10^4\sim1\times10^{11}$
绝缘材料	1×10^{12} 以上	1×10^{11} 以上

对于防静电阻隔性材料，我国于 1996 年颁布并实施国军标 GJB 2605—1996（可热封柔韧性防静电阻隔材料规范），该标准等效采用美军标 MIL—B—81705C，对阻隔包装材料的静电性能指标作出了明确的规定（均把阻隔包装材料分为三类：Ⅰ类：防水蒸汽、防静电和电磁屏蔽材料；Ⅱ类：透明、防水、防静电、静电耗散材料；Ⅲ类：透明、防水、防静电、静电屏蔽。），其性能要求见表 2-3-14。

表 2-3-14　　防静电阻隔包装材料性能要求

性能指标	适用类型	性能要求	检验条件
静电衰减	Ⅰ、Ⅱ、Ⅲ	≤2000s	$T=23\pm2$℃；RH=(12±3)%
电磁干扰衰减/dB	Ⅰ、Ⅱ	≥25、≥10	
表面电阻率/Ω	Ⅰ、Ⅱ、Ⅲ	$\geq10^5$、$\leq10^{12}$、$\leq10^{12}$	$T=23\pm2$℃；RH=(12±3)%
静电屏蔽/V	Ⅰ、Ⅱ	≤30	$T=23\pm2$℃；RH=(12±3)%

（三）导电性能

物质内部存在着传递电流的自由电荷，这些自由电荷通常称之为载流子，它们可以是电子、空穴，也可以是正、负离子。所谓电导，就是载流子在电场作用下通过介质的迁移。所以，材料导电性的优劣，与其所含载流子的密度以及载流子的运动速度有关。欲获得有机导体或导电聚合物，必须增加聚合物中的电子、空穴和正、负离子密度（含量）和加速它们迁移的速度。为此人们设计了这样一些导电聚合物材料：①具有共轭双键的聚合物；②电荷转移型聚合物；③离子电导聚合物；共轭双键的聚合物的掺杂（doping）；④共轭双键的聚合物的掺杂；⑤离子电导聚合物；⑥导电性复合材料等。

上述第六类导电性复合材料是指在聚合物原料中加入各种导电物质，分散复合构成的导电材料。导电物质通常为导电粒子或纤维。如各种金属粉末、石墨粉、碳纤维等。几乎所有的聚合物均可制成导电复合材料。现在已开发出导电塑料、导电橡胶、导电涂料、导电油墨、导电胶黏剂和导电薄膜等，并已经获得应用。

思 考 题

1. 气体透过率与渗透系数的含义是什么？影响塑料材料阻隔性的因素有哪些？试判断等厚度的 PP、BOPP、PA、BOPA 薄膜分别对 O_2 和水蒸气的阻隔性强弱，并说明原因。

2. 与小分子物质的溶解相比，聚合物溶解有什么特点？对于结晶的 PE 和 PP 等聚合物，在常温下没有溶解性，只有加热到它们的熔点附近才能使之溶解，为什么？

3. 作为固体材料，非结晶和结晶塑料的最高使用温度分别参考什么特征温度？

4. 什么是“时-温等效原理”？对于塑料材料的研究和应用，它有哪些实用价值？

5. 聚合物老化的含义是什么？引起聚合物老化的主要因素有哪些？

6. 影响塑料包装材料的卫生安全因素有哪些？并举例说明。

7. 常用的高透明性塑料品种有哪些？影响塑料透明性的因素有哪些？

8. 常用的塑料材料（如，PE、PP、PS、PVC等）为什么容易发生静电现象？举例说明静电现象的利与弊。

第四章　塑料包装制品的成型

包装是塑料材料的主要应用领域，且主要以一定结构形式的塑料制品（如薄膜、片材、板材、管、桶、箱、盒和瓶等）应用于包装，从而起到对产品的保护、方便使用和促销等功能作用。塑料包装制品的绝大多数均是通过塑料熔融加工而成型的。最基本的塑料加工成型方法有挤出成型、注射成型、模压成型等。

第一节　塑料包装制品的挤出成型

目前包装常用的塑料薄膜、片材、软管、异型材和线材的绝大多数制品的成型是通过挤出成型加工而成的。挤出产品约占整个塑料消耗量的50%。在此首先简要介绍挤出成型设备，进而结合一些产品介绍塑料包装制品的成型工艺。

一、塑料挤出成型设备

挤出成型是指用机械运动施加力迫使高分子材料流体通过成型装置（机头和口模）定型为连续制品的方法。由于挤出成型可实现连续性的自动化生产控制，产品为连续性的或任意长度的，横切面为简单几何形状的线、丝、膜、片、管、板、棒及异型材，因此，挤出成型生产的产量较高。

挤出成型设备由挤出机（又称主机）、机头或口模和辅机组成。挤出机的作用是计量、输送、塑化塑料原料，使其成为温度均匀、材质均匀的塑性体。机头或口模决定挤出成型品的初级截面结构与尺寸。辅机的作用则是将从口模输送来的初级塑性体成型为具有所要求的几何形状和使用性能的制品。

挤出机可分为单螺杆挤出机（如图2-4-1）和多螺杆挤出机（如图2-4-2），两者的基本功能相同，系统构成相似，但是各自的功效和用途有明显的差别。双螺杆挤出机是在单螺杆挤出机的基础上发展起来的，其输送效率、剪切混合能力和熔化效率较高，应用于对混合塑化要求高、低温成型、高压成型、高速成型的熔融挤出场合，如塑料合金、聚合物基复合材料、热敏性塑料PVC、超高分子量聚乙烯和氟塑料的熔融挤出成型。单螺杆挤出机主要用于组成单一的通用热塑性塑料的挤出成型，如PE、PP、ABS、PA管材、薄膜、片材、板材、单丝等。多螺杆挤出机中除双螺杆挤出机外，还有螺杆数多于二的相同直径和大小直径不同的螺杆挤出机，如三螺杆挤出机、七螺杆挤出机和星型螺杆挤出机，这类挤出机主要用于熔融混合、提供熔融塑化料和特殊改性料等，而非成型制品。

不论是单螺杆还是双螺杆挤出机，均由加料系统、挤压系统、加热冷却系统、传动系统组成等构成。其中挤压系统由料筒和螺杆组成，其结构形式决定挤出成型产品的内在质量和产量，是挤出机最重要的部件。

挤出模具也称为挤出机头或口模。不同的制品对应于不同的口模，同一挤出机可生产多种不同的制品。

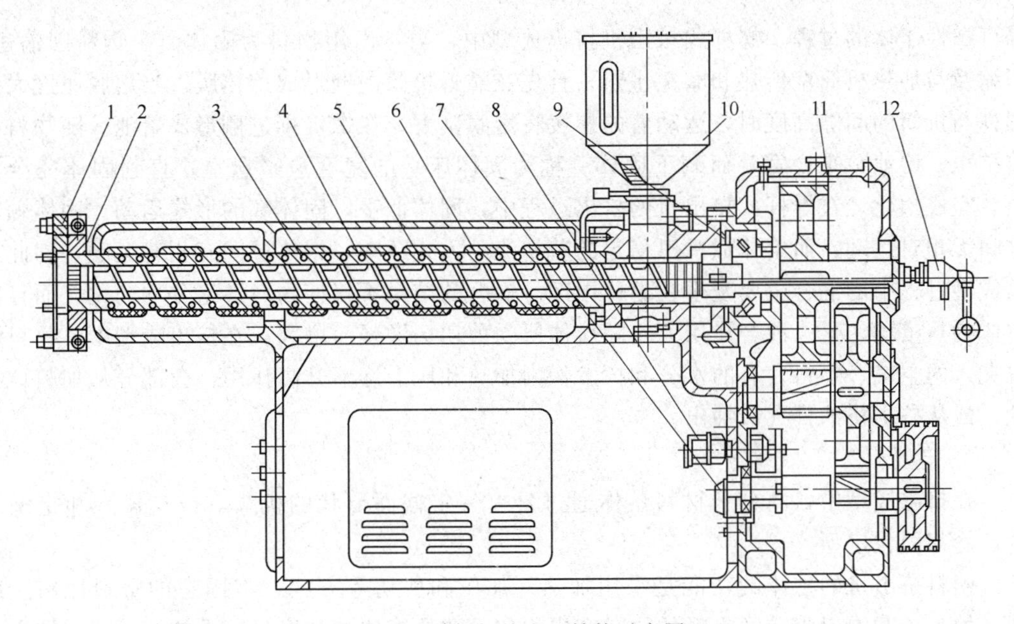

图 2-4-1　单螺杆挤出机结构示意图

1—机头连接法兰　2—滤板　3—冷却水管　4—加热器　5—螺杆　6—机筒　7—油泵　8—电机　9—直推轴承　10—料斗　11—减速箱　12—螺杆冷却装置

二、塑料挤出加工工艺过程

在挤出成型过程中，高分子材料一般将经历如下作用或工艺：

加料→输送→压缩→塑化→定型

这些作用或工艺均是通过挤出成型机（简称挤出机）来实现的。

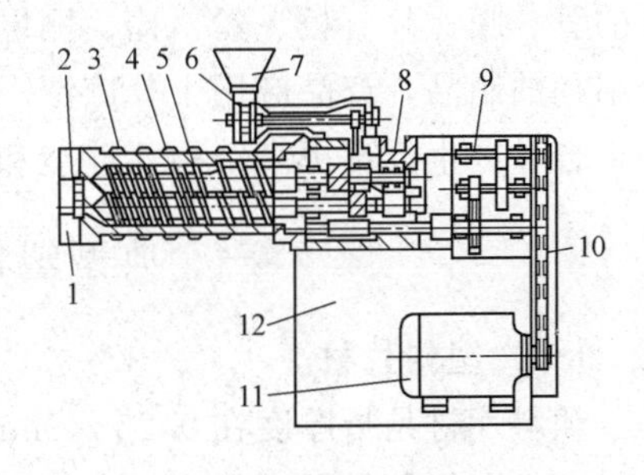

图 2-4-2　双螺杆挤出机结构示意图

1—连接法兰　2—分流板　3—机筒　4—电阻加热　5—双螺杆　6—螺旋加料装置　7—料斗　8—螺杆轴承　9—齿轮减速箱　10—传送带　11—电动机　12—机架

1. 加料

指粉料、粒料、聚合物分散体等性状的挤出用物料，通过加料斗，依靠自重或强制加料器作用，进入料筒与螺杆螺槽构成的空间，在螺杆旋转的推动下向前挤出。

2. 输送

指施力部件强制推进物料的作用。对于螺杆式挤出机，当螺杆旋转时，螺槽中的物料就会往前输送，使物料往前移动。

3. 压缩

指因施力部件强制推挤物料、流道的横断面积逐渐减小及机头处阻力元件增压作用，挤出机对物料产生的压实作用。在单螺杆挤出机中，螺槽受轴向上横断面积逐渐减小及机头处阻力元件增压作用，在螺杆螺槽中沿挤出方向建立起压力递增分布，使螺杆螺槽中的物料逐渐被压实。

4. 塑化

指将固体高分子材料转变为组成均匀、温度均匀、无可挥发性气体和空气的且具有良好可塑性流体的过程。螺杆式挤出机挤出成型中，当挤出用物料为固体时，物料因输送、压缩及与加热机筒壁传热和摩擦生热，首先在靠近机筒内壁形成熔体膜，当熔膜厚度大于螺杆与机筒的间隙高度时，运动着的螺棱将熔膜刮下，在螺棱推进侧形成熔池。随物料向前挤出，熔池愈来愈宽，而剩下固体（称为固体床）的宽度愈来愈窄，直到固体完全消失，完成塑化。在螺杆式挤出机的挤出过程中，固体似乎以固体塞的形式运动，固体颗粒之间无相对运动，而熔体似乎以稳定的剪切流动方式运动，熔体层间有相对运动，因此挤出成型过程中的混合主要发生在熔体内部。混合的结果不仅使物料各组分均匀化，而且使熔体的热量均匀化。混合作用大小随熔体所受剪切场增强而增大。在挤出成型中，物料颗粒夹入的空气、物料含有的水分和挥发物因加热和压力逐渐升高作用，会部分从加料口排除，或从挤出机的排气口抽出。

5. 定型

在挤出成型中，高分子材料熔体通过具有一定截面形状的机头（或口模）和定型装置，冷却固化定型。

塑料挤出机的主体的功能是采用加热、加压和剪切等方式，将固态的塑料原料、助剂、填料、共混树脂或回收料的物料变成均匀一致的熔体，并以足够大的压力将熔体送到机头，机头上有形成制品截面的口模，以形成具有固定截面的连续制品。挤出成型因机头口模及其辅机不同（如，牵引、冷却、定型、卷绕或切割、打印等），其制品可以为连续性的管、膜、片、板、丝、棒、网以及异型材，既可以生产单一塑料制品，也可以生产复合结构的制品，产品应用十分广泛。且挤出成型经常与其他加工技术（如吹塑、发泡等）相组合，以生产出更多结构、性能和用途不同的制品。

三、典型塑料包装制品的挤出成型工艺

（一）塑料片材

塑料片材是指厚度在 0.25～2mm 的软质平面材料和厚度在 0.5mm 以下的硬质平面材料，是人们接触较多的塑料产品。目前大部分塑料片材都采用挤出法生产，这种方法生产的特点是模具结构简单、生产过程连续、成本低。塑料片材被广泛地用作化工防腐、包装、衬垫、绝缘和建筑材料。制备片材的常用树脂有 PVC、PE、PP、ABS、PA、PC 等，其中前四种应用较多。片材的挤出成型特点是采用扁平狭缝机头，机头的进料口为圆形，内部逐渐由圆形过渡成狭缝形，出料口宽而薄，可以挤出各种厚度及宽度的片材。熔体在挤出成型过程中沿着机头宽度方向均匀分布，而且流速相等，挤出的片材厚度均匀，表面平整。

工艺流程及设备

（1）挤出片材生产工艺流程　挤出片材生产工艺流程如下：

物料配制→加料装置→挤出机→片机头→三辊压光机→冷却辊→牵引机→片材卷绕机→片材卷筒包装

图 2-4-3 为塑料挤出片材生产工艺流程示意图。挤出塑料片材可用双螺杆挤出机或单螺杆挤出机。当用双螺杆挤出机时，挤出物料多数情况为组分数较多的物料，以便于各种组分达到良好的分散性。当用单螺杆挤出机时，挤出物料多数为组分数相对较少的物料。

（2）挤出片材的生产装备　挤出片材制品的主要生产装备由挤出机、机头（口模）和

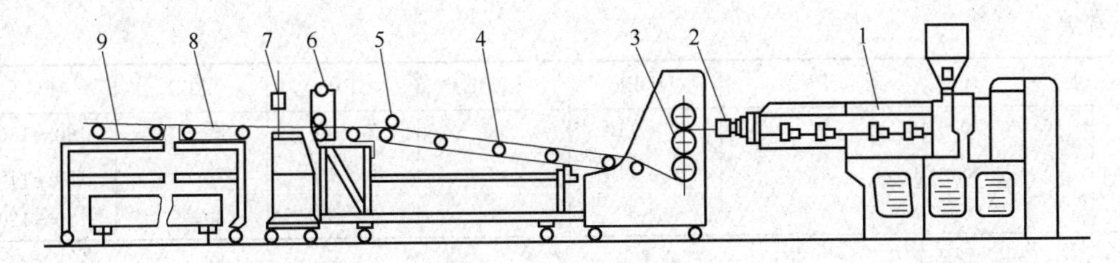

图 2-4-3　塑料挤出片材生产工艺流程示意

1—挤出机　2—机头　3—三辊压光机　4—冷却输送辊　5—切边装置　6—牵引辊
7—切割装置　8—塑料片　9—堆放

辅助设备［如，上料装置、三辊压光机、冷却输送装置、牵引装置、(修边)、切断装置、测厚装置以及卷取装置等］等构成。

机头模口（图 2-4-4）的狭缝开度（上、下模唇距离）决定所制片材的初级产品的厚度。三辊压光机主要起表面压光和逐渐冷却等作用，同时还起到一定的牵引作用，以保证片材的平直。然而不能靠压光辊决定其厚度，因三辊压光机结构不是很牢固，它对片坯只能有轻微的压薄作用，否则辊筒会变形损坏。

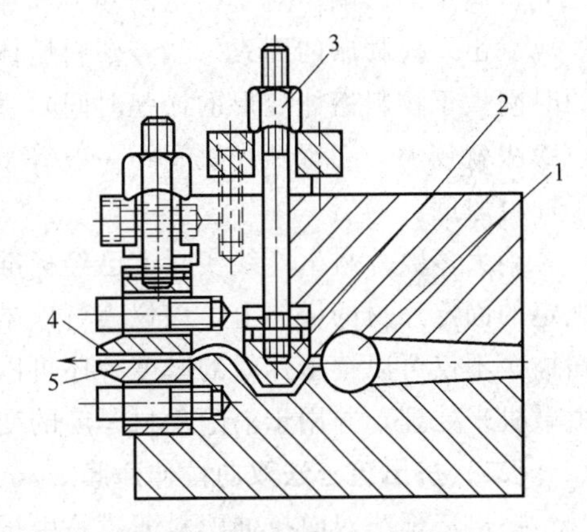

图 2-4-4　机头结构剖面示意图

1—支管　2—阻力调节块　3—调节螺丝
4—上模唇　5—下模唇

(3) 挤出片材的成型工艺控制

① 挤出温度。挤出温度应根据挤出物料的加工流变特性，热稳定性能（是否热敏性）和片材使用性能综合确定。挤出温度一般分 6～10 段控制，挤出料筒温度控制在满足均匀塑化物料的前提下应尽可能低，机头温度除了考虑挤出产量外，还要考虑制品表面质量要求及与结晶、取向有关的物理机械性能要求，一般比挤出料筒温度高 5～10℃。机头温度是挤出片材工艺温度的关键，应严格控制。

表 2-4-1 列出了几种塑料片材挤出温度的参考范围。

② 三辊压光机温度。三辊压光机温度直接影响片材的表面质量和冷却定型，温度一般控制在材料的玻璃化温度（T_g）附近。几种塑料的三辊压光机温度参考范围见表 2-4-1。

表 2-4-1　**几种塑料片材挤出温度参考范围**　单位：℃

主机		RPVC*	SPVC**	HDPE	LDPE	PP	ABS	PC
料筒	1	120～130	100～120	150～170	150～160	150～170	180～190	260～270
	2	130～140	135～145	180～190	160～170	180～190	190～200	270～280
	3	150～160	145～155	190～210	170～180	190～200	200～220	270～280
	4	160～180	150～160	210～220	180～190	200～205	220～230	280～290
连接器		150～160	140～150	210～230	160～170	180～200	220～230	260～280
机头	1	175～180	160～170	210～225	190～200	200～210	210～220	265～275
	2	170～175	160～165	210～220	180～190	200～210	200～210	250～270
	3	155～165	145～155	200～210	170～180	190～200	200～210	250～260
	4	170～175	160～165	210～220	180～190	200～210	200～210	250～270
	5	175～180	165～170	220～225	190～220	200～210	200～210	265～275

续表

主机		RPVC*	SPVC**	HDPE	LDPE	PP	ABS	PC
压光辊	1	70～80	—	95～110	85	70～90	85～100	160～180
	2	80～90	—	95～110	82	80～100	75～95	130～140
	3	60～70	—	70～80	50	70～80	60～70	110～120

* RPVC——硬质 PVC；* * SPVC——软质 PVC。

③ 牵引速度。挤片过程中，为了避免片材“冷拉”导致的表面不平整、内应力集中等缺陷，应保持牵引速度与挤出的线速度（主要由螺杆转速决定）基本相等，但是比三辊压光机快 5%～10%。

④ 片材厚度控制。片材厚度主要是由模口开度（狭缝大小）决定的，其次也受三辊压光机间距的影响。对于给定的塑料和加工工艺参数而言，一定要考虑塑料的黏弹性带来的离（出）模膨胀的因素。倘若塑料熔体表现的黏性远大于其弹性（或者说流经模口流道的时间大于物料熔体变形的松弛时间），那么塑料的离（出）模膨胀就很小；反之，则离模膨胀就较大。三辊压光机间距一般等于或稍微大于模口开度，而模口开度则等于或略小于片材厚度。

绝大多数片材生产线实际上已经标准化，可以在线实时地控制和测量片材的厚度。在规定的固定片材的横向上，该仪表可以是简单的滚动式表盘，但在一定范围内可以精密地扫描，不仅可以读出片材的厚度，还可以显示横向宽度的变化。来自这种装置的信息可以由微机来处理，并用于消除片材厚度的变化。

（二）挤出流延法双向拉伸薄膜

挤出流延法双向拉伸塑料薄膜是由挤出机将塑料原料熔融塑化，通过狭缝式机头挤出熔体片，浇注到冷却辊筒上，然后经加热、拉伸、定型、卷取等工序而形成。双向拉伸薄膜当其在纵、横两个方向的物理机械性能相同时，又称为平衡膜；当其一个方向的机械强度高于另一个方向，且呈现各向异性时，又称为强化膜或半强化膜。由于双向拉伸塑料薄膜再受热时分子取向松弛，薄膜发生收缩，故又称为热收缩薄膜。挤出流延法双向拉伸薄膜的拉伸强度、冲击强度、拉伸弹性模量、撕裂强度、疲劳弯曲性和表面光泽度等性能指标都比未拉伸的相应薄膜明显高，并且其耐热性、耐寒性、透明性、光泽、阻隔性、防湿性、电绝缘性、厚度均匀性和尺寸稳定性等性能均有改善，所以它们已经广泛用于食品、医药、服装、电子产品、香烟和礼品的包装，并大量作为复合包装材料的基材。目前，用挤出流延法生产的双向拉伸薄膜有：BOPP、BOPET、BOPA、BOPS、BOPVC、BOPVDC（聚偏二氯乙烯共聚物）、BOPVA（聚乙烯醇）等。当然，仅仅实施纵向（或横向）的一个方向拉伸的，就是单向拉伸膜工艺。

1. 工艺流程及设备

（1）工艺流程　双向拉伸薄膜的生产分为两大部分，一是制备厚片，二是双向拉伸。

挤出流延法双向拉伸薄膜拉伸工艺分为一步法（纵横向同时拉伸法）和二步法（纵、横向逐次拉伸法），现在工业上二步法用的比较多，在此主要介绍这种工艺。图 2-4-5 所示的是“先纵向、后横向”二步法拉伸薄膜工艺流程图。

（2）主要设备

① 挤出机。挤出流延法双向拉伸薄膜一般采用单螺杆挤出机。挤出机必须安装在可

以移动的机座上，其移动方向与生产设备的中心线一致。

② 机头。挤出流延法生产双向拉伸薄膜的机头设计的关键是使物料在整个机头宽度上的流速相等，从而获得厚度均匀、表面平整的薄膜，因而一般为扁平机头，模口形状为狭缝式。

③ 冷却装置。冷却装置主要由机架、冷却辊、剥离辊、制冷系统及气刀等组成。

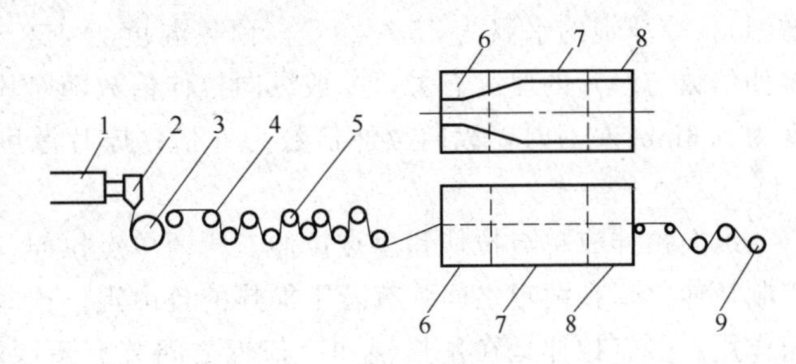

图 2-4-5　挤出流延法双向拉伸薄膜二步法生产工艺流程图

1—挤出机　2—机头　3—冷却辊　4—预热辊
5—纵向拉伸辊　6—横向拉伸辊　7—拉伸区
8—热定型区　9—卷取机

④厚度检测。检测薄膜厚度可用自动化线上的β-射线测厚仪自动监测和调节，也可人工用千分尺测量。

⑤ 切边。薄膜切边采用固定在刀架上的刀片剖切偏厚的薄膜边部，刀架位置应可调节。

此外，为改善非极性塑料膜的印刷适性，生产 BOPE 和 BOPP 等极性较弱的拉伸薄膜时，还应配有电晕装置。

2. 工艺控制

（1）塑料原料　挤出流延法双向拉伸薄膜所用原料是根据薄膜用途选定薄膜级树脂，树脂的 MFR（熔体流动速率）越高，即相对分子质量越小，熔体流动性越好，同时还应考虑原料的结晶性与否和结晶能力，若相对分子质量越小，结晶能力越强，生产工艺控制越困难，故其 MFR 应选择适当。

（2）温度

① 挤出成型温度应根据原料确定。挤出机的料筒温度和机头温度要比吹塑同类型薄膜时高 20～30℃，要比挤出同类塑料管材时高 30～40℃。机头温度控制比挤出机料筒低 5～10℃。在机头宽度方向上的温度设置为中间低、两端略高，因为从挤出机料筒挤出的熔融料流到机头两边的距离比流到中心位置的距离要长。

② 冷却辊内部通冷却水的水温以 15～20℃为宜。由机头浇注到冷却辊上的厚片厚度大致为拉伸薄膜的 12～16 倍，若树脂是结晶的，其厚片中的结晶度应控制在 5%以下。

③ 拉伸预热温度比拉伸温度低 5～10℃，拉伸温度在玻璃化转变温度与熔点（或软化点）之间。拉伸后的薄膜进入冷却辊冷却，同时张紧厚片，避免发生回缩。冷却辊温度控制在塑料的 T_g 附近。

④ 热定型温度控制在至少比聚合物最大结晶速率温度高 10℃（对于结晶塑料）。薄膜进入热定型段之前，必须先经过缓冲区，缓冲区温度略高于拉伸温度。在热定型过程中薄膜应处于张紧状态，以免变形收缩。热定型后的薄膜要立即冷却至室温。冷却后的薄膜需经切边后再由卷取装置卷取。

3. 典型塑料包装薄膜的成型工艺

下面以包装常用的两种双向拉伸薄膜 BOPP 和 BOPET 为例，具体介绍其生产工艺。

（1）BOPP 薄膜　生产 BOPP 膜时，挤出机温度控制在 190～260℃（从机身后向前增温），冷却辊的水温为15～20℃，预热温度为150～155℃，拉伸温度为155～160℃。拉伸倍数与厚片的厚度有关，一般纵向拉伸倍数随厚片厚度的增加而适当提高，如厚片厚度为0.6mm左右时，纵向拉伸倍数为5倍；厚片厚度为1mm左右时，纵向拉伸倍数为6倍。

纵向拉伸有单点拉伸和多点拉伸。所谓单点拉伸，是靠快速辊和慢速辊之间的速差来控制拉伸比，在两辊之间装有若干加热的自由辊，这些辊不起拉伸作用，而只起加热和导向作用。多点拉伸是在预热辊和冷却辊之间装有不同转速的辊筒，借助于每对辊筒的速差，使厚片逐渐拉伸。

横向拉伸是指经纵向拉伸后的膜片进入拉幅机中拉伸，拉幅机分为预热区（165～170℃）、拉伸区（160～165℃）和热定型区（160～165℃）。膜片由夹具夹住两边沿张开一定角度的拉幅机轨道被强行横向拉伸，拉伸倍数为5～6倍。

经过纵横两向拉伸定向的薄膜要经热定型处理，以减小内应力，稳定薄膜尺寸，然后冷却、切边、卷取，如果需印刷还需电晕处理等工序。现在生产幅宽5～10m的BOPP膜的设备与工艺已经非常成熟。

（2）BOPET薄膜　BOPET薄膜是由挤出流延法制成厚片，然后经一步或二步法双向拉伸而制得。BOPET薄膜是现有热塑性塑料中最强韧的一种，具有良好的透明性、绝缘性、防湿性和力学性能，其拉伸强度是聚乙烯膜的9倍，是PC、PA薄膜的3倍，广泛用作电器绝缘材料和磁带基材、真空镀铝膜、绘图膜片和包装印刷薄膜。

生产BOPET薄膜的单螺杆挤出机、转鼓式冷却成型机、拉幅机及其辅助装置与上述BOPP薄膜相同。但是纵向拉伸都采用单点拉伸法，因此在两个速度差很大的拉伸辊之间，装有若干速度相同的加热辊。

生产BOPET薄膜采用薄膜级聚酯树脂，这种树脂的相对分子质量为2万～4万，密度为1.385g/cm^3，特性黏度为0.73～0.85Pa·s。

挤出逐次（两步）拉伸法生产BOPET薄膜的工艺流程为：

聚酯原料→干燥→挤出片材冷却→预热→纵向拉伸→冷却预热→横向拉伸→热定型冷却→切边→卷取→检验包装

生产工艺控制条件：干燥温度90～100℃，时间2～4h；挤出温度240～280℃，厚片挤出后应快速冷却至80℃以下，得到密度约为1.33g/cm^{3}的玻璃态片材，便于拉伸处理；拉伸预热温度85～95℃，拉伸温度95～110℃，拉伸倍数为2～4倍；横向拉伸在拉幅机中以同步速度进行，预热温度95～100℃，拉伸温度100～110℃，拉伸倍数为2～4倍。拉伸后的BOPET薄膜必须进行热定型，热定型是在拉幅机的热定型区内进行，热定型温度为230～240℃。热定型后用冷风对薄膜上下进行冷却、切边、卷取，最后经检验包装得到BOPET薄膜成品。

（三）塑料管材

1. 工艺流程及设备

（1）管材生产工艺流程　挤出管材生产工艺流程如下：

物料配制→加料→挤出机→管材机头→定径定型→冷却→牵引→（软管）→卷绕（机）→（卷筒包装硬管）→切割（机）→堆放→包装

图2-4-6为塑料挤出管材生产工艺流程示意。与硬管生产工艺有所不同的是，塑料软

管经牵引后一般不进行切割，而是卷绕成卷筒。另外，对于尺寸精度要求较高的管材，其内径或/和外径的尺寸控制（即定径）显得非常重要。

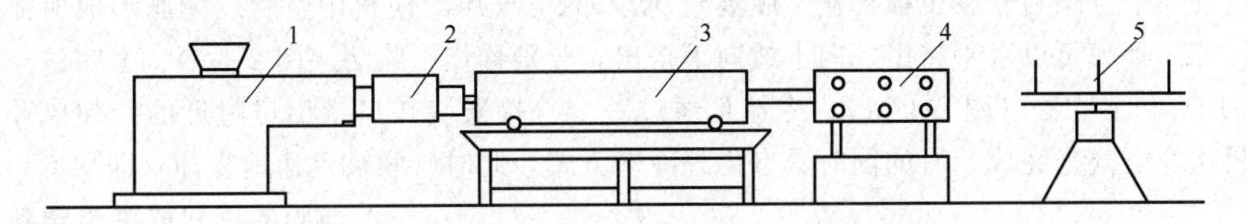

图 2-4-6　为塑料挤出管材生产工艺流程

1—挤出机　2—管材机头　3—冷却、定径装置　4—牵引装置　5—切割、卷取装置

(2) 管材生产设备　管材生产的设备与前述片材的类似，即由挤出机、口模机头和辅机构成。与片材设备不同的是，它的机头模口是圆环状的（图 2-4-7），且辅机要有定径定型装置（以保证管材的形状、直径和壁厚尺寸精度等）。依据管材的性能和质量要求，“定径”可分为“内定径”、“外定径”和“内外（同时）定径”（图 2-4-8）。

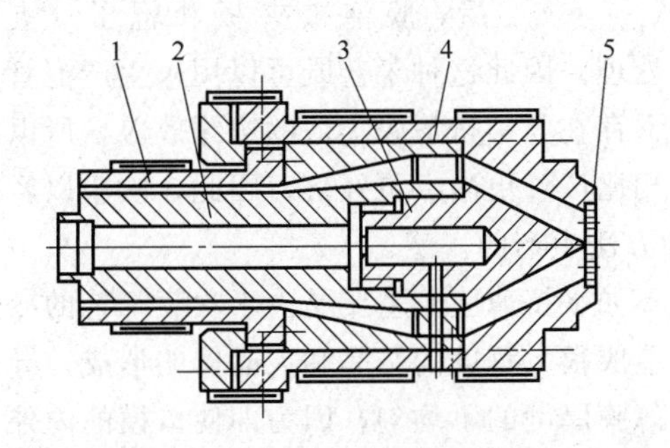

图 2-4-7　RPVC 管材挤出机头

1—口模　2—芯模　3—分流器

4—分流器支架　5—多孔板

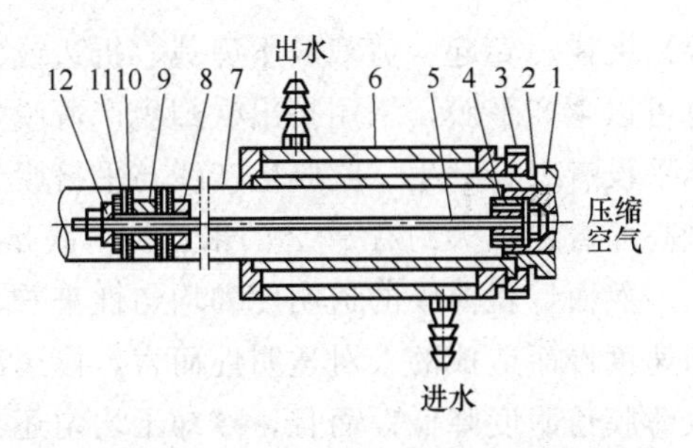

图 2-4-8　RPVC 管材冷却定型装置

1—模口　2—芯模　3—螺纹法兰　4—闷头

5—气塞棒　6—定型套　7—PVC 管

8—气塞螺帽　9—垫圈　10—气塞螺丝

11—压圈　12—橡皮圈

2. 工艺控制

(1) 挤出温度　挤出温度应依据所加工原料的特性（如流变性能、热稳定性等）、管材的应用性能综合考虑。常用塑料管材（如 PE、PVC、PP、ABS 等）的挤出温度的控制可以参考上述片材所述的工艺条件（见表 2-4-1 几种塑料片材挤出温度参考范围）。

(2) 管材的拉伸比　管材的拉伸比，是指环形模口截面积（即口模和芯模之间的环形截面积）与管材截面积之比。因塑料熔体离开模口经冷却有所收缩，所以管材的拉伸比一般≥1.0，其大小因所用树脂特性和管材性质的不同而有所不同（一些塑料管材的拉伸比可参考表 2-4-2）。

表 2-4-2　　一些塑料管材成型时的推荐拉伸比

材　料	拉　伸　比	材　料	拉　伸　比
LDPE	1.2～1.5	PVC	1.0～1.5
HDPE	1.0～1.2		

(四) 挤出吹塑薄膜

挤出吹塑薄膜是用塑料挤出机将熔融的塑料通过环形口模再对其吹胀而制成，因此挤出过程的中空塑料管膜也被称作“膜泡”。吹入的空气压力使得中空管膜膨胀形成所需要的尺寸。管膜可以水平挤出、向上或向下挤出，分别称作平吹法（图 2-4-9）、上吹法（图 2-4-10）和下吹法（图 2-4-11）。冷却是通过一个直接安装在口模出口附近的冷却风环向薄膜吹冷空气来完成，有的同时具有内外冷却方式，此时管膜被迅速地冷却（即骤冷）。

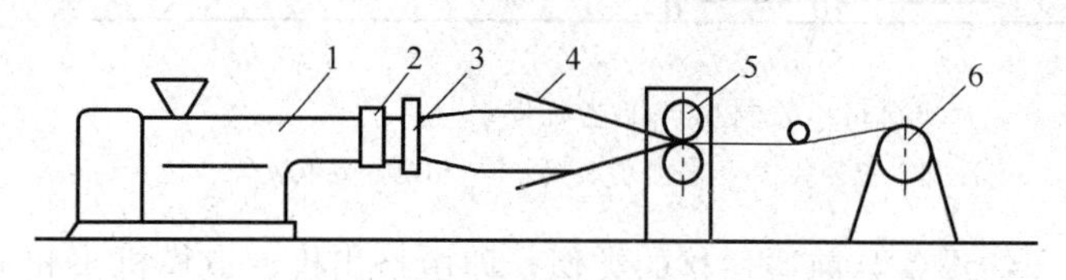

图 2-4-9　挤出塑料薄膜的平吹工艺流程

1—挤出机　2—机头　3—风环

4—夹板　5—牵引机　6—卷取辊

薄膜的尺寸取决于塑料挤出机及口模的大小和吹膜时的空气压力，通过“吹胀比”（即吹胀薄膜的直径和口模直径的比值）来衡量薄膜从口模出来后尺寸的变化。

当薄膜被充分地冷却以后，膜泡被夹板和辊子（夹辊）夹住、卷起、剪裁或不剪裁、折边或作其他处理。因此这种工艺既可以用来生产泡管也可以生产平膜，采用挤出吹塑生产薄膜，因为不存在与平挤薄膜类似的边缘效应，所以几乎没有废料产生。吹膜生产线与平挤膜生产线相比产量更高、更经济，因此，吹膜以产量高而著称，大约有 90％的聚乙烯薄膜是用这种方法生产的。

然而，就薄膜的透明度和均匀性来看，吹膜不如平挤薄膜，主要是由于吹膜工艺的冷却速度慢而造成的。对透明性而言，慢速冷却会造成很大程度的结晶和大晶体的形成，导致薄膜透明度降低。而且，冷却不均匀还会导致薄膜厚度的不均匀，因为即使口模的内外模有一点点的偏心或口模开口处的一点儿缺陷，将会导致膜卷外形的显著不均匀，这时可以将口模内外模套制成相互逆向旋转形式的旋转式机头，在挤出时使口模旋转，从而使厚度的变化随机化，即可生产出厚度均匀的膜卷。当然也可以不使用旋转口模，而在卷取时旋转管膜。

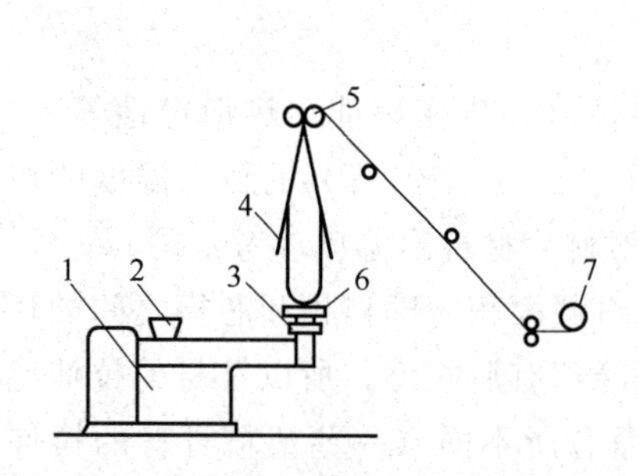

图 2-4-10　挤出塑料薄膜上吹工艺流程

1—挤出机　2—加料斗　3—机头

4—人字形夹板　5—牵引辊　6—风环　7—卷取

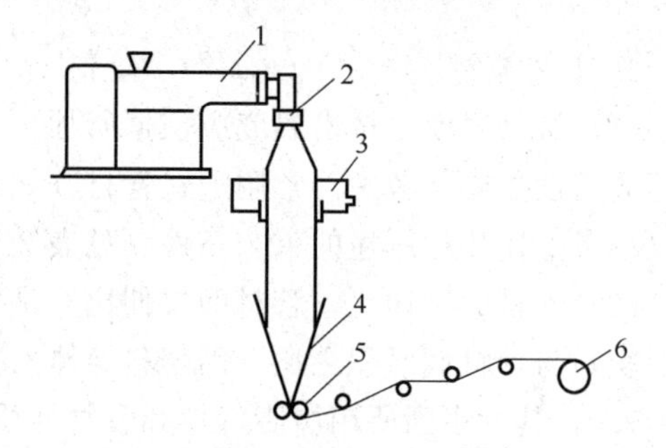

图 2-4-11　挤出塑料薄膜下吹工艺流程

1—挤出机　2—机头　3—水环

4—夹板　5—牵引辊　6—卷取

在吹膜中，可以在口模和夹辊间拉伸薄膜而形成沿机器方向纵向拉伸取向，同时也在膜泡扩张时横向拉伸薄膜获得取向。因此，所生产的薄膜是双向拉伸取向的，可以生产热收缩薄膜。

第二节　塑料包装制品的注射成型

注射成型又称注射模塑成型，它是塑料成型加工中一种主要方法。注射成型适用于绝大多数热塑性塑料和部分品种的热固性塑料制品的加工成型。注射成型适用性强，注射制品应用广泛，注射制品约占塑料制品总产量的30%。其成型周期短、效率高，且易于实现全自动生产。

注射成型是将粉状或粒状塑料从注射机料斗送入料筒中加热熔融塑化，在螺杆的旋转与移动或柱塞挤压作用下，物料被压缩并向前移动，通过料筒前端的喷嘴以很快的速度注射入温度较低的闭合模具内，经一定时间冷却和保压定型后，开启模具即得注射塑料制品。

与挤出成型的产品与工艺的连续性相比，注射成型是间歇操作，每完成一个操作周期需经过塑化、注射和定型等几个步骤。但注射成型能制得外形复杂、尺寸精确较高和可以生产带有嵌件的塑料制品。

一、注射成型设备

注射成型设备主要由注射机和塑模组成。

（一）注射机

注射机又称注塑机，按其塑化结构不同分为柱塞式和移动螺杆式注射机（如图2-4-12）两类。柱塞式注射机现在已经很少使用，现在几乎全用移动螺杆式注射机来制造注塑制品。按加工制品的尺寸或重量，可分为普通和微型注射机（可成型制件的件重达毫克级，壁厚为0.01mm，尺寸公差达到±0.005mm）等。在此主要介绍应用广泛的普通移动螺杆式注射机。

一般一台通用注射机包括注射系统、合膜系统、液压传动系统和电器控制系统。

1. 注射系统

它是注射机最主要的部分。其作用是将塑料均匀地塑化，并以足够的压力和速度将塑化好的定量塑料熔体注射到模具的型腔中。注射系统主要由加料器、塑化部件（如螺杆、料桶、喷嘴及加热器等）、计量装置、传动装置等组成。

2. 合膜系统（锁模机构）

合膜系统的作用是实现模具的启闭，在注射时保证成型模具可靠地锁紧，以及顶出制品等。它主要由固定模板、移动模板、合膜机构、顶出机构、调模装置、拉杆和安全保护装置等组成。

3. 液压传动和电器控制系统

注射机的液压传动是注射机的动力系统，主要由各种液压元件和回路及其他附件所组成；而注射机的电器控制系统则是各动力液压缸完成开启、闭合和注射等动作的控制系统，主要由各种电器元件和仪表组成。液压系统和电器控制系统有机地组织在一起，对注射机提供动力和实现控制，以保证注射机按工艺过程预定的要求（温度、压力、速度和时间）和动作程序准确有效地工作。

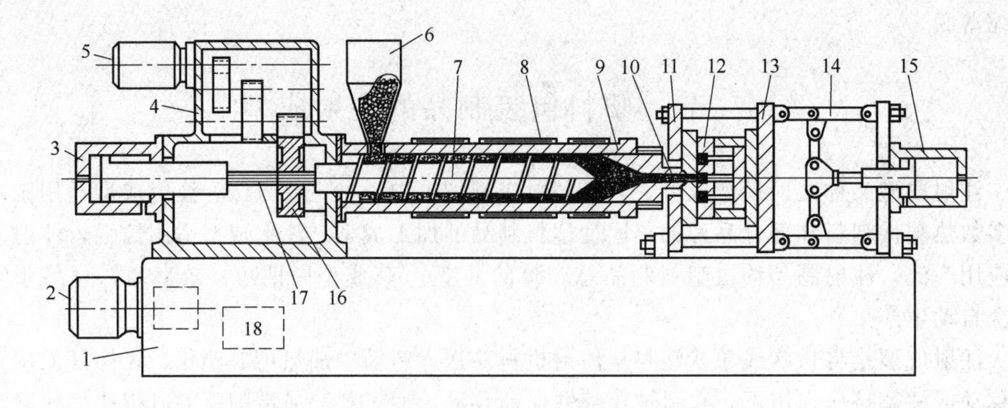

图 2-4-12　卧式螺杆注塑机结构示意

1—机座　2—电动机及油泵　3—注射油缸　4—齿轮箱　5—齿轮传动电动机　6—料斗　7—螺杆　8—加热器　9—料筒　10—喷嘴　11—定模板　12—模具　13—动模板　14—锁模机构　15—锁模（副）油缸　16—螺杆传动齿轮　17—螺杆花键槽　18—油箱

（二）注射成型模具

成型模具决定制品的结构、形状和尺寸，其因制品的形状和结构不同而不同，但其基本结构和组成是相近或相同的。注射模具主要由浇注系统、成型零件和结构零件三大部分所组成。其中浇注系统和成型零件是与塑料直接接触部分，是模具中最复杂、变化最大、要求加工精度最高的部分。浇注系统是指塑料从喷嘴进入腔前的流道部分，通常包括主流道、冷料穴、分流道和浇口等。成型零件是指构成制品形状的各种零件，包括动模、定模和型腔、型芯、成型杆以及排气口等。此外，注射膜的模腔数量，可以是“一模一腔”，也可以“一模多腔”

典型注射模结构如图 2-4-13 所示。对于壳状制品，模腔决定注射成型塑料制品的结构形状和大小。其中，凹模决定制品的外部形状和结构，凸模决定制品的内部的结构和形状。

二、注射成型工艺

（一）注射成型工艺过程

注射工艺过程包括成型前的物料准备、注射成型过程和制件的后处理等。具体工艺过程为：

塑料塑化→塑料熔体→熔体注入模具→冷却保压→脱模→修正→后处理→质量检测→产品包装

它是将粉状或粒状塑料从注射机的料斗送入加热的料筒，加热熔化呈流动状态后，借助螺杆的推力使其通过料筒前端的喷嘴，注入温度较低的闭合模腔中，经冷却定型后开模即得制品。每完成一个操作周期需经过塑化、注射和定型等几个步骤。

（二）注射成型工艺控制

注射成型较为重要的工艺参数包括影响熔体流动和冷却的温度、压力及相应的作用时间。

1. 温度

在注射成型过程中需要控制的温度有料筒温度、喷嘴温度、模具温度等。前两种温度

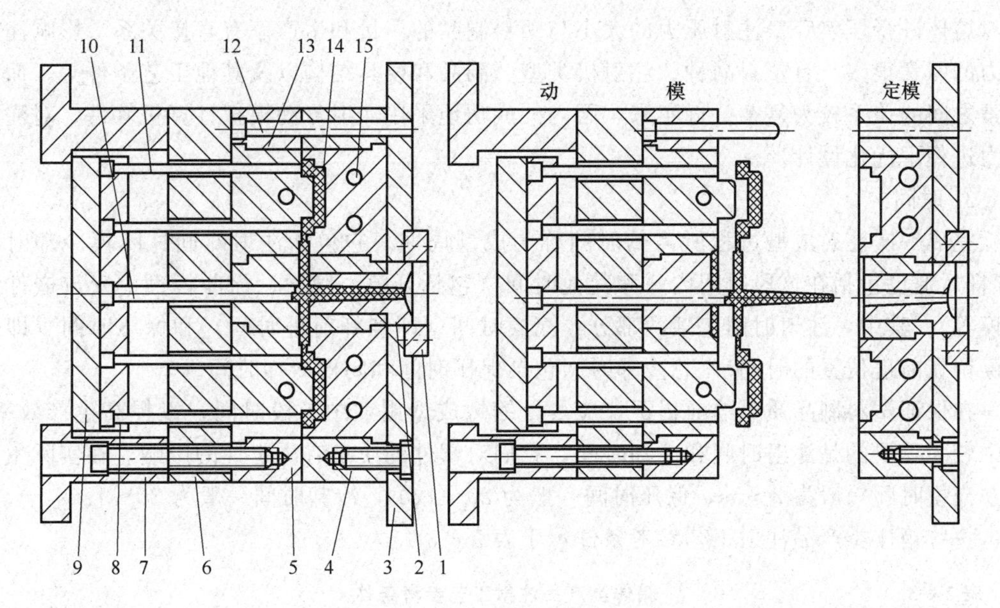

图 2-4-13　典型注射模具结构图

1—定位环　2—主流道衬套　3—定模底板　4—定模板　5—动模板　6—动模垫板　7—模座　8—顶出板　9—顶出底板　10—回程杆　11—顶出杆　12—导向柱　13—凸模　14—凹模　15—控温流道

主要影响塑料的塑化和流动；而后一种温度主要影响塑料的流动和冷却。

（1）料筒温度　料筒温度的选择与所要成型的塑料特性有关。每一种塑料均具有不同的黏流温度 T_f，为了保证塑料熔体的正常流动，不使塑料在料筒中发生热分解，料筒温度需控制在 T_f 与热分解温度 T_d 之间。料筒温度的分布，一般是从料斗（后端）到喷嘴（前端）逐步升高，以使塑料温度平稳的上升以达到均匀塑化的目的。对于螺杆式注射机，因剪切摩擦热有助于塑化，因而前端的温度也可略低于中段，以防止塑料的过热分解。

（2）喷嘴温度　喷嘴温度一般略低于料筒的最高温度，以防止直通式喷嘴发生“流涎现象”。由喷嘴低温产生的影响可以从塑料注射时发生的摩擦热得到补偿。但应注意，喷嘴温度过低可能导致熔体早凝而将喷嘴堵死。

料筒和喷嘴温度的选择不是孤立的，与其他工艺条件存在一定关系。如注射压力的大小对温度有直接影响，在保持同样的流速下，较低的注射压力，一般对应较高的温度；反之，较高的注射压力，对应于较低的温度。

（3）模具温度　模具温度对塑料熔体的充型能力及塑件的内在性能和外观质量影响较大。模具温度的高低决定于塑料结晶性的有无、塑件尺寸和结构、性能要求要求以及其他工艺条件（熔体温度、注射速度、注射压力及成形周期等）。

2. 压力

注射成型过程中的压力包括塑化压力和注射压力两种。

（1）塑化压力　塑化压力又称背压，是指注射机螺杆顶部的熔体在螺杆转动后退时所受到的压力。增加背压能提高熔体温度并使温度均匀，但会降低塑化的速度。背压可以通过液压系统中的溢流阀来调整。注射中，塑化压力的大小是随螺杆的设计、塑件的质量要求以及塑料的种类不同而异。

（2）注射压力　注射压力用以克服熔体从料筒流向型腔的流动阻力，提供充模速度以及对熔体进行压实等。注射压力的大小与塑料制品的质量和生产率有直接关系。影响注射压力的因素很多，有塑料品种、注射机类型、制品和模具结构以及其他工艺条件等，而各因素之间的关系较为复杂。近年来，国内外成功地采用注射流动模拟计算机软件，对注射压力进行了优化设计。

3. 时间

完成一次注射成型过程所需的时间称为成型周期。它包括注射时间、闭模冷却时间（螺杆后退也包括在这段时间内）和其他时间（包括开模、脱模、涂脱模剂、安放嵌件和合模等）。其中，注射时间包括两部分：充模时间（即螺杆前进时间）和保压时间（即螺杆停留在前进位置的时间）。总冷却时间包括保压时间和闭模冷却时间。

在保证塑料制品质量的前提下，应尽量缩短成型周期中各段时间，以提高生产效率。其中较为重要的是注射时间和冷却时间，它们对塑件的质量有决定性的影响。在实际生产中，充模时间一般为3～5s，保压时间一般为20～120s，冷却时间一般为30～120s。

一些箱体类产品注射工艺参考条件示于表2-4-3。

表2-4-3　　箱体类产品注射工艺参考条件

工艺条件 \ 塑料品种			PP周转箱	HDPE周转箱	PP洗衣机内桶
温度/℃	机筒	后	180～190	150～170	180～190
		中	220～240	200～220	240～260
		前	220～230	200～210	230～240
	喷嘴		170～200	160～190	180～200
	模具		60～80	40～60	70～90
压力/MPa	塑化压力		0.5	0.5	1～2
	注射压力		70～110	60～110	100～140
周期/s	总周期		30～65	30～65	40～50
	注射时间		3～10	3～10	8～10
	保压时间		4～15	4～15	4～5
	冷却时间		20～40	20～40	30

第三节　塑料包装制品的热成型

塑料包装制品的热成型是利用热塑性塑料片材作为加工对象来制造壳状（立体）塑料制品的一种常用方法。其工艺是先对热塑性片材进行加热，使其软化到近熔融的高弹状态，借助片材两面的压力差使其贴覆在模具型面上，制得与模面相仿的形样，经冷却后定型，形成热成型制品。依据成型时对塑料片材的作用力形式，将热成型工艺分为真空吸塑、压塑空气加压和机械拉伸等三种方法。其中真空吸塑成型最为常见，人们常将此种成型方法叫做真空成型或吸塑成型。

热成型制品在包装应用中占据相当的分量，尤其是一次性壳状（如泡罩或贴体）包装物。常将热成型的塑料杯、盘、碗、盒、桶等壳状制品用于食品和冷冻食品的包装及用于工业制品的泡罩或贴体包装等，还可用于制造冰箱内衬、仪器设备罩盖、仪表外壳、洗涤槽、洗浴槽、灯具配件、汽车操作台和广告牌等。

热成型容器的生产工艺比较简单，设备造价低，生产效率高，成本低，而且几何尺寸精度要求不高，是此类容器产量迅猛增长的重要原因。

一、真空热成型方法

真空或吸塑成型是先将热塑性片材固定到成型模具上，再把片材加热，然后用真空泵把模具与塑料片材之间的空气抽走。依靠抽真空形成的压差使塑料片材在模腔上紧贴，然后使之冷却，硬化后进行脱模，修饰余边，便得到所要求的壳状制品。依据模具几何和外力作用形式，真空成型又分为：凹模真空成型、凸模真空成型、凹凸模先后真空成型和吹泡真空成型等多种方法，依次分别如图 2-4-14 至图 2-4-17 所示。

1. 凹模真空成型

凹模真空成型是最简单和最常用的热成型方法，如图 2-4-14 所示。它是把片材固定并加紧密封在模具型腔的上方，将加热器移到板材上方加热片材至其达到软化温度，如图 2-4-14（a）所示；然后移走加热装置，型腔内抽真空，塑料片材就贴覆在型腔上，如图 2-4-14（b）所示；冷却后，由抽气孔通入压缩空气，将所成型的制品吹出，如图 2-4-14（c）所示。

凹模真空成型的制品外表面的尺寸精度较高，一般用于成型深度不大的制品。如果制品的深度很大，尤其是小制品，其底部转角处会明显变薄。这是由于在成型过程中，靠近制品口径的部位先于底部接触模腔，而由于模腔温度较低，使得靠近制品口径部的部位不易拉伸变薄，而靠近底部的则容易拉伸变薄，所以造成制品底部转角处会相对较薄。

2. 凸模真空成型

凸模真空成型过程如图 2-4-15 所示。即被夹紧的片材在加热装置的加热下受热软化，如图 2-4-15（a）所示。接着软化的片材因重力作用下移，覆盖在凸模上，如图 2-4-15（b）所示。最后抽真空，塑料片材紧贴在凸模上成型，如图 2-4-15（c）所示。这种方法多用于制造有凸起形状的薄壁制品，成型塑件的内表面尺寸精度较高。

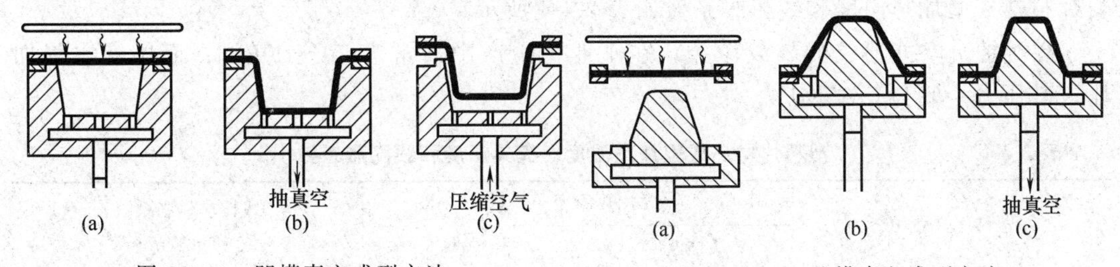

图 2-4-14　凹模真空成型方法　　图 2-4-15　凸模真空成型方法

3. 凹凸模先后真空成型

凹凸模先后真空成型如图 2-4-16 所示。先把片材固定在凹模上加热，如图 2-4-16（a）所示。软化后将加热器移开，然后通过凸模吹入压缩空气，而凹模抽真空使塑料片材鼓起，如图 2-4-16（b）所示。最后凸模向下插入鼓起的塑料片材中并且抽真空，同时凹模通入压缩空气，使塑料片材紧贴在凸模的外表面而成型，如 2-4-16（c）所示。

与凹模和凸模真空成型相比，这种成型方法由于加热软化了的塑料片材吹鼓，使片材延伸后再成型，所以制品壁厚比较均匀，可用于成型较深的型腔制品。

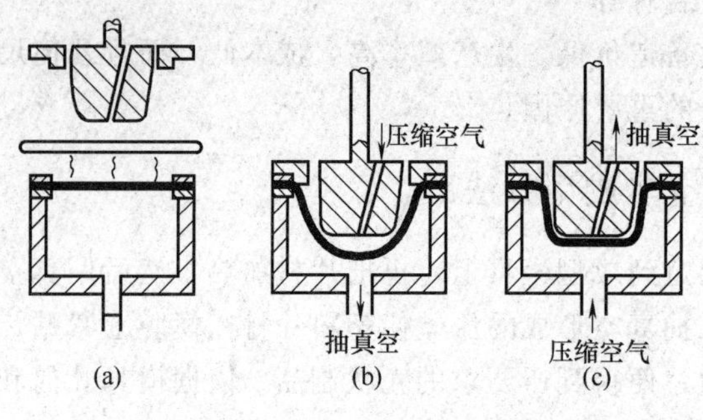

图 2-4-16 凹凸模真空成型方法

4. 吹泡真空成型

吹泡真空成型过程如图 2-4-17 所示。先把片材固定在模框上加热，如图 2-4-17（a）所示。待片材加热软化后移走加热器，压缩空气通过模框吹入将塑料片材吹鼓后将凸模顶起，如图 2-4-17（b）所示。停止吹气，凸模抽真空，塑料片材贴附在凸模上成型，如图 2-4-17（c）所示。这种成型的特点与凹凸模先后真空成型的基本类似。

二、真空热成型工艺条件

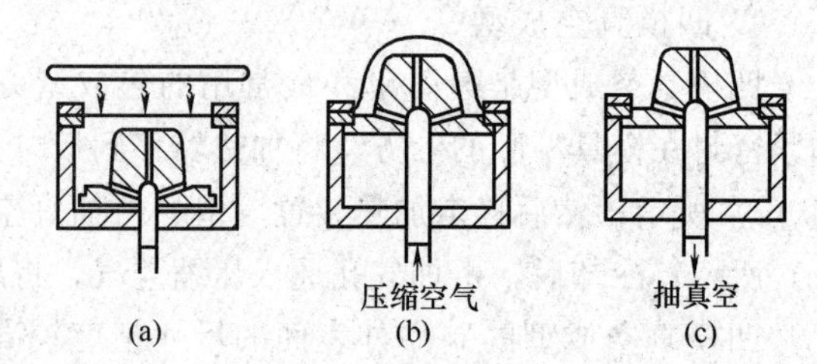

图 2-4-17 吹泡真空成型方法

具有良好的热强度（即加热到熔融温度以下，玻璃化温度以上，塑料具有类似橡胶的高弹性和良好延伸性能）的热塑性塑料都可以用于制造热成型制品，如常用的热塑性塑料 PVC、PP、PE、PA、ABS、PC、PS 和醋酸纤维素（CA）等片材。其加工原理是利用能够呈现高弹态或皮革态的热塑性塑料具有良好的延伸性，从而利用片材两面的压力差，使受热片材贴服于模具而成型。因此适宜的塑料片材的加热温度及其均匀性和片材两面的压差是保证热成型的重要因素。模具温度对其制品的性能也有一定的影响。

为保证热成型过程中塑料片材的均匀延伸，片材加热必须均匀，升温速度缓慢均衡，片材加热方式一般有红外线辐射加热、烘箱热空气对流加热和电热板对流加热等。常用塑料片材热成型加热温度和线膨胀系数如表 2-4-4 所示。

单纯抽真空能形成的最大压差，在工业化生产中通常为 70～90kPa；而压缩空气加压，其压力一般为 0.35MPa。

表 2-4-4 塑料片材热成型加热温度，模具温度和线膨胀系数

塑料片材品种	加热温度/℃		线性热膨胀系数/(10^{-6}cm/cm·℃)
	最佳温度	模具温度	
硬质 PVC	135～180	41～46	6.6～8
LDPE	121～191	49～77	15～30
HDPE	135～191		15～30
PP	149～202		11
BOPS	182～193	49～60	6～8
ABS	149～177	72～85	4.8～11.2
PMMA(浇铸)	143～182		
PMMA(挤出)	110～160		7.5～9
CA	132～163	52～60	8～16
PA-6	216～221		10
PA-66	221～246		10

真空成型法的优点是：①种成型法均可得到最薄（0.05mm）的制品的；②成型制品尺寸可大可小，大的可达2m直径；③适合从少量到大批量的生产，少量生产时，可使用廉价的模具；④片材厚薄变更自由；⑤从制品设计图到制出成品的周期短；⑥设备投资少，金属模较便宜，修改也容易；⑦塑料片材能延伸，增加强度，可得到耐冲击性高的成型品；真空成型法也存在一些缺点：①材厚度不均匀的地方，调整困难；②在单方面上带有模痕，手感不均匀；③要制作像注塑成型之类的复杂结构的制品较困难；④尺寸精度低，成型深度有限；⑤不易制得带锐角形状的制品；⑥制品需要修理加工，边料多、消耗大；⑦成型时的嵌入和穿孔不能一次完成。

第四节　泡沫塑料成型

泡沫塑料，又称发泡塑料、微孔塑料或多孔塑料是以树脂为基础制成的内部含有无数微小泡孔的塑料制品。现代技术几乎能把所有的热固性和热塑性树脂加工制成发泡塑料及其制品，其主要品种有PVC、PE、PS、PP、EVA、PU等发泡塑料。由于它们具有轻质化、减震隔音、绝热绝缘、高比强度、高比模量等特性，且成型工艺简便易行、制品制造成本较低等优越性，所以广泛用于包装、建材、汽车、化工和日用制品等领域，并发挥了积极作用，成为国民经济各个行业不可缺少的重要材料和制品。

泡沫塑料按制品的软硬程度不同可分为硬质、软质和半硬质三种。硬质泡沫塑料具有较高的硬度与刚度，如缓冲减震包装用的PS发泡材料和PS发泡保温箱等；软质泡沫塑料具有较低硬度、刚度和高的复位弹性，如用于床垫的海绵——软质PU泡沫塑料。按泡孔结构的不同又可分为开孔和闭孔泡沫塑料。凡是泡孔互相接通、能互相通气的称为开孔泡沫塑料，其具有良好的吸收声波和缓冲性能。凡是泡孔不互相连通的称为闭孔泡沫塑料，其具有良好的保温性（很低的导热系数）、缓冲性和低的吸水率。按其发泡倍率的不同，可分为低发泡、中发泡和高发泡泡沫塑料（表2-4-5）。

表2-4-5　泡沫塑料发泡类型及密度

泡沫塑料类型	密度/(g/cm³)	固体/固体比	泡沫塑料类型	密度/(g/cm³)	固体/固体比
低发泡塑料	>0.4	<1.5	高发泡塑料	<0.1	>9
中发泡塑料	0.1～0.4	1.5～9			

根据其制造方法可将泡沫塑料分成三类：热塑性塑料熔融料制成的泡沫塑料（如用于缓冲减震的PE、PVC泡沫塑料等），可膨胀微粒制成的泡沫塑料（如保温和减震用的可发性PS和PP等泡沫塑料），液态初始组分制成的泡沫塑料（如PU海绵和酚醛树脂PF泡沫塑料等）。

一、泡沫塑料的发泡工艺

在制造泡沫塑料时，常用发泡剂产生气体使树脂与气体形成蜂窝状的结构。如果发泡剂产生气体过程是一个物理过程，此类发泡剂为物理发泡剂，其相应的发泡工艺称作物理发泡；如果小气泡的产生是组分的化学反应的结果，则此类发泡剂称作化学发泡剂，相应的发泡工艺为化学发泡。此外，若气孔靠机械作用（如搅拌）产生，则此种工艺称作机械发泡。

（一）物理发泡工艺

物理发泡是指泡沫塑料的气泡产生和泡孔形成过程中，没有发生化学反应，是物理过程。物理发泡有两类工艺：

1. 可发性珠粒法

将低沸点惰性液体（如戊烷、空气等）压入聚合物中或在一定的压力、温度下，使液体溶入聚合物颗粒中，然后将聚合物加热软化，液体也随之蒸发气化而发泡，此法又称可发性珠粒法。采用此法最常见的是可发性 PS 泡沫塑料和可发性 PP 泡沫塑料。

2. 热塑性塑料熔融法

在加压下把惰性气体压入熔融聚合物或糊状复合物中，然后降低压力，升高温度，使溶解的气体释放膨胀而发泡（如目前常用的 CO_2 做发泡剂生产的 PS 发泡片材）。

（二）化学发泡工艺

化学发泡的发泡气体是由混合原料中的某些组分在成型过程中发生的化学作用而产生的，包括以下两种：

1. 发泡剂分解法

发泡气体是由加入的发泡剂受热分解而产生的，发泡剂的分解温度和发气量，决定其在某一塑料中的应用。理想的发泡剂应具有以下性能：发泡剂分解温度范围应比较狭窄；释放气体的速率必须能控制并且能合理地加速，不应受压力的影响；放出的气体应无毒、无腐蚀性和具有难燃性；发泡剂分解时不应大量放热；发泡剂在树脂种具有良好的分散性；价廉、在运输和储藏中稳定；发泡剂及其分解残余物应无色、无味、无毒，残余物应对发泡聚合物的物理性能和化学性能无影响；发泡剂分解时的发气量应较大。PE、PVC 泡沫塑料常用此法生产。

2. 液态初始组分反应法

此法是利用发泡体系中的两个或多个组分之间发生化学反应，生成惰性气体而使聚合物膨胀发泡。聚氨酯 PU 泡沫塑料常用此法生产。

（三）机械发泡工艺

机械发泡是采用强烈地机械搅拌使空气卷入树脂乳液、悬浮液或溶液中成为均匀的泡沫体然后在经过物理或化学变化使之凝胶、固化成为泡沫塑料。由于该法工艺稳定性不良，所以在实际生产中应用较少。

二、发泡塑料容器制品的成型工艺

发泡塑料容器及其他发泡制品的成型工艺实质上是一类塑料成型技术与发泡技术的组合工艺。前面所述的塑料模压、注射、挤出成型等成型工艺分别与塑料的发泡技术相结合（组合），即可分别形成相应的发泡塑料容器、制品的制造技术。如模压发泡成型、注射发泡成型和挤出发泡成型等。可以制造多种发泡塑料制品与多种结构类型的发泡塑料容器（图 2-4-18），在此不再详述。

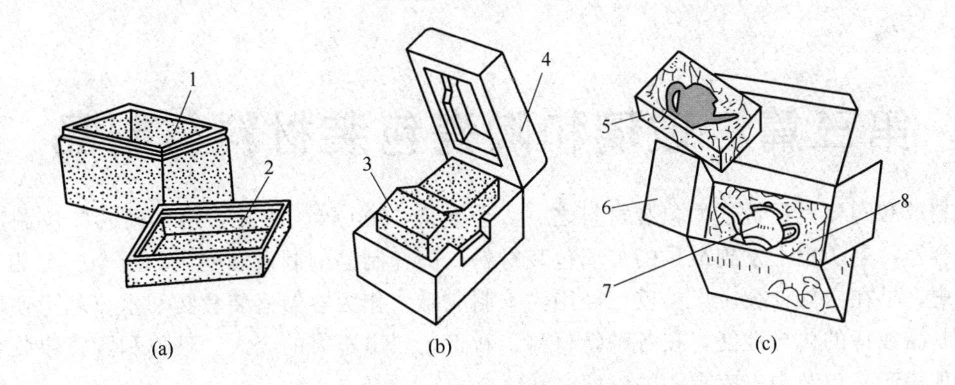

图 2-4-18　发泡成型包装制品

(a) 保温箱　(b) 缓冲箱　(c) 现场发泡缓冲包装

1—保温箱体　2—保温箱盖　3—产品　4—发泡成型箱　5—现场发泡上块

6—瓦楞箱　7—被包装物　8—现场发泡下块

思　考　题

1. 分别指出结晶和非结晶塑料的最低挤出或注射成型的最低温度。

2. 以 PE 薄膜和 PP 周转箱为例，分别简述挤出（吹膜）成型、注射成型的工艺过程及其工艺特点。

3. 以一次性 PP 饮水杯为例，简述真空（吸塑）成型工艺过程和特点。

4. 分别简述 PS 泡沫塑料的化学发泡和物理发泡成型工艺过程。

5. 现有 PC、PP、PVC 三种树脂，欲分别制造一次性医用检验用透明敞口杯、透明耐摔打旅行杯和饮料吸管：①请在这三种树脂中选择，适合制造符合产品特性要求的相应塑料制品的树脂，并说明理由；②请指出相应制品的成型方法或工艺。

第三篇　玻璃和陶瓷包装材料与制品

玻璃和陶瓷是最古老的包装材料之一。公元前1500年，埃及人用“砂芯”法制造出玻璃容器，是历史上发现最早的玻璃包装材料。陶瓷制品的制造和使用，距今已有几千年的历史，早在氏族社会，人类就已经用黏土制成罐，作为容器盛装食物和水。基于玻璃和陶瓷制品独特的优异性能，在各种新材料、新工艺层出不穷的今天，玻璃和陶瓷包装容器仍在现代产品包装中占有重要的一席之地。

第一章　玻璃的原料与结构

传统的玻璃是指无机玻璃，我国关于玻璃的定义为：玻璃是介于晶态和液态之间的一种特殊状态，由熔融体过冷而得，其内能和构形熵高于相应的晶态，其结构为短程有序和长程无序，性脆透明。

作为包装材料，玻璃具有一系列非常可贵的特性：透明，坚硬耐压，良好的阻隔、耐蚀、耐热和光学性质；能够用多种成型和加工方法制成各种形状和大小的包装容器；玻璃的原料丰富，价格低廉，并且具有回收再利用性能。玻璃材料的不足主要是较低的耐冲击性和较高的比重，以及熔制玻璃时较高的能耗。

由于玻璃包装材料的优异特性，它是食品工业、化学工业、医药卫生等行业的常用包装材料。

第一节　玻璃的原料

一、主要原料

无机玻璃的种类很多，根据生产玻璃原料的组成不同，玻璃主要可以分为：氧化物玻璃、元素玻璃、卤化物玻璃、硫属玻璃等。工业生产的商品玻璃主要是氧化物玻璃，它们由各种氧化物组成。

氧化物玻璃主要由各种氧化物组成。按氧化物在玻璃中的作用，可分为玻璃形成体氧化物、改变体氧化物、中间体氧化物。玻璃形成体氧化物是指可以单独形成玻璃的氧化物，如 SiO_2，B_2O_3，P_2O_5。改变体氧化物不能单独形成玻璃，但可以改变玻璃的性质，主要是碱金属氧化物和碱土金属氧化物，如 Na_2O，K_2O，CaO 等。中间体氧化物在一定条件下可以单独形成玻璃，如 Al_2O_3、ZnO 等。

一般常用硅砂（又称为石英砂）、砂岩、石英岩等为引入 SiO_2 的原料。硅砂的化学成分主要是 SiO_2，还含有少量的 Al_2O_3、K_2O、Na_2O、CaO 等。

B_2O_3 的原料为硼酸和硼砂（$Na_2B_4O_7 \cdot 10H_2O$）。B_2O_3 以［BO_4］结构为单元，与硅氧四面体共同构成结构网络，因此 B_2O_3 也是玻璃形成体氧化物。在玻璃中适量加入 B_2O_3

能降低玻璃的热膨胀系数，提高热稳定、化学稳定性和机械强度。

Al_2O_3 的原料有：长石、黏土等天然矿物，也有用氧化铝、氢氧化铝等原料。长石有钾长石（$K_2O \cdot Al_2O_3 \cdot 6SiO_2$）、钠长石（$Na_2O \cdot Al_2O_3 \cdot 6SiO_2$）、钙长石（$CaO \cdot Al_2O_3 \cdot 6SiO_2$）。黏土的化学成分为 $Al_2O_3 \cdot 2SiO_2 \cdot 2H_2O$。

一价金属氧化物 Na_2O 原料有纯碱（碳酸钠）、芒硝（硫酸钠）、硝酸钠；K_2O 原料有硝酸钾、碳酸钾等。

二价金属氧化物 CaO 原料有方解石、石灰石、白垩、沉淀碳酸钙；MgO 原料有白云石、菱镁矿、沉淀碳酸镁等。

二、辅助原料

1. 澄清剂

澄清剂的作用是高温时本身汽化或分解放出气体，促进排除玻璃中的气泡。

常用的澄清剂有白砒、三氧化二锑、硫酸盐（硫酸钠等）、氟化物、氯化钠等。

2. 着色剂

着色剂是使玻璃着色的物质，主要是某些过渡或稀土金属的氧化物。

常用玻璃着色剂见表 3-1-1。

表 3-1-1　常用的玻璃着色剂及对应的颜色

着色剂	颜色	着色剂	颜色	着色剂	颜色	着色剂	颜色
钴化合物	蓝色	MnO_2	紫色	FeO	蓝绿色	磷化物	乳白色
硒化合物	红宝石色	CrO_2	绿色	CuO	湖蓝色	氧化锰和铁	橙黄到暗紫色
银化合物	黄色	ZnO	白色	Cu_2O	红色	FeS 和硫磺	琥珀色
镉化合物	黄色	Fe_2O_3	黄绿色	氟化物	乳白色	Mn^{3+} 和 Fe^{3+}	深琥珀色

3. 脱色剂

脱色剂能减弱铁化合物对玻璃着色的影响。

化学脱色剂（硝酸钠、硝酸钾、硝酸钡、白砒、氧化锑等）：氧化作用使着色能力强的 FeO 氧化为着色能力弱的 Fe_2O_3。

物理脱色剂（二氧化锰、硒、氧化钴等）：互补色的着色剂。

生产中物理脱色与化学脱色常常结合使用。

4. 助熔剂

助熔剂是指能降低玻璃熔融温度，加快熔融速度的一类物质。最常用的有氟化合物、硝酸盐和硫酸盐等。

5. 乳浊剂

乳浊剂是使玻璃呈不透明乳白色的物质。常用乳浊剂是冰晶石、氟硅酸钠、萤石等。

三、玻璃原料的质量要求

对于玻璃原料的质量要求，一般从下面四个方面来控制。

1. 纯度

原料的化学成分，应当符合要求，所含有害杂质如 FeO、Fe_2O_3、Cr_2O_3、TiO_2 等要求尽量少，无害杂质如 SiO_2、Al_2O_3、CaO、MgO、Na_2O、K_2O 等也要求含量稳定，一般采用化学分析方法对其纯度进行控制。

2. 颗粒组成

原料的颗粒度大小及其比例，对于玻璃的熔制和质量都很重要，各种原料对颗粒组成的要求不同，一般采用筛分法进行控制。

3. 矿物组成

原料中不希望含有重矿物及难熔的矿物，一般借助于偏光显微镜、X 射线仪及差热分析等方法进行检验。

4. 水分

原料所含水分各有一定的规定，而且要求稳定。

第二节　玻璃的结构

玻璃的物理化学性质不仅取决于其化学组成，也与玻璃的结构密切相关。认识玻璃的结构，有助于掌握玻璃成分、结构、性能三者之间的关系，更好地选择和利用玻璃。

一、晶体结构与玻璃结构

晶体结构中，原子、离子或分子的空间排列规则有序。

微观尺度（几个原子间距）和宏观尺度（微米、米）上观察，都由最小结构单元（晶胞）重复周期性排列构成。如石英晶体，硅氧四面体排列规则有序，“短程”和“长程”都有很好的重复性和周期性。

玻璃结构中，从几个原子间距的微观尺度来看，原子排列规则有序；但从较长的距离观察，原子排列无规则。这种结构特点称为短程有序、长程无序。

如石英玻璃，硅氧四面体排列短程有序、长程无序。石英晶体与石英玻璃结构示意见图 3-1-1。

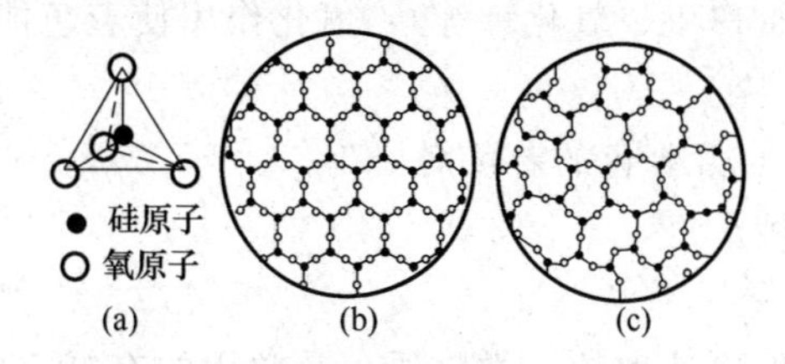

图 3-1-1　石英晶体与石英玻璃的院子排列

（a）硅氧四面体模型　（b）石英晶体　（c）石英玻璃

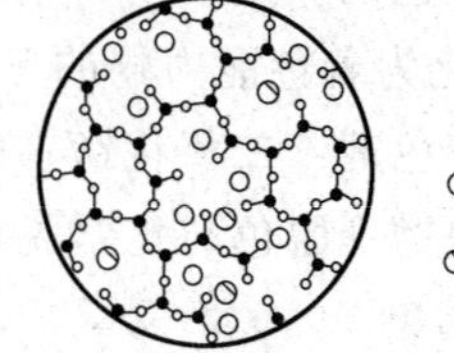

图 3-1-2　钠钙硅酸盐玻璃结构示意图

二、钠钙玻璃的结构

钠钙玻璃是最常见的玻璃材料，主要由氧化硅、氧化钙和氧化钠等组成。钠钙玻璃中含有较多的 Na_2O 和 CaO，使玻璃的结构大有改变，如图 3-1-2 所示。金属氧化物的加入改变了石英玻璃中单一的化学组成和 Si/O 的比例，氧的比值增加，玻璃中已不可能每个氧都为两个硅原子所共用，因此，硅氧四面体网络中部分硅氧桥梁断裂，“桥氧”变为

“非桥氧”。非桥氧只与一个硅离子相连，金属离子在非桥氧附近，处于网络所形成的孔穴中，以平衡氧离子的负电荷。Na_2O、CaO 等氧化物的加入，使原来的四面体网络结构改变，玻璃的许多性质也随之改变：化学稳定性降低、抗热冲击性能下降、硬度和强度降低，同时玻璃的熔融温度也降低，但加工性能提高。这主要是由于非桥氧的出现，使硅氧四面体失去原有的完整性和对称性，使玻璃结构改变所致。Na_2O 加入量越多，这种变化越明显，加入 CaO 后，每个钙离子与两个非桥氧结合，结构较只加入 Na_2O 时紧密，性能也较只加入 Na_2O 时有所提高。Na_2O 和 CaO 等一价、二价氧化物处于玻璃网络体外的孔穴中，使玻璃的性能有很大改变，故它们属玻璃改变体氧化物，也称为网络外体氧化物。

三、硼硅酸盐玻璃的结构

硼硅酸盐玻璃中，B_2O_3 有两种可能的存在形式，即硼氧四面体［BO_4］和三角平面结构［BO_3］。以哪一种结构存在则取决于玻璃中 Na_2O 相对于 B_2O_3 的含量。当 Na_2O 提供的游离氧足够时，B_2O_3 在系统中以［BO_4］结构存在，并与玻璃网络中的［SiO_4］四面体连接，参与到玻璃网络中共同形成玻璃的骨架，其多余负电荷由网络体外的 Na^+ 平衡。此时玻璃体系中各组分混熔性好，形成连续均匀的单相体。［BO_4］参与到网络中，加强了网络结构，增加了玻璃的紧密度，降低了热膨胀系数，提高了抗热冲击强度、化学稳定性、机械强度，性能明显高于钠钙玻璃。而当体系中 Na_2O 提供的游离氧数量不足时，部分或全部 B_2O_3 则以［BO_3］三角平面结构存在。由于［BO_3］是平面结构，不能与［SiO_4］相连接，甚至不能与［SiO_4］四面体混熔，在玻璃形成降温的过程中，便富集成一个硼氧体系，与玻璃主体网络离析，产生分相。分相导致玻璃性能极度恶化，这种现象也称为硼反常性。研究表明，硼硅酸盐玻璃体系中，当 Na_2O/B_2O_3 的摩尔比大于 1 时，B_2O_3 以［SiO_4］结构形式存在，而摩尔比小于 1 时，就会产生［BO_3］三角平面结构，进而产生分相。

思　考　题

1. 名词解释：

玻璃的料性　氧桥与非氧桥

2. 石英晶体与石英玻璃在结构上有什么不同?

3. 简述玻璃形成体氧化物、玻璃网络外体（或改变体）氧化物、玻璃中间体氧化物的含义？请举例说明它们的作用。

4. 熔制玻璃的主要辅助原料有哪几类?

5. 简述钠钙玻璃的组成和结构。

第二章　玻璃的性质

第一节　玻璃的物理性质

一、密　　度

密度主要决定于构成玻璃的原子质量、原子堆积和配位数。普通玻璃密度为 2.5g/cm^3 左右，石英玻璃为 2.21g/cm^3，特种玻璃可高达 8.0g/cm^3。

二、硬　　度

硬度主要决定于构成玻璃的原子半径、电荷大小和堆积密度。石英玻璃硬度最大。加入钠、钾、铅等离子使玻璃硬度降低。

三、导 热 性 能

玻璃的导热性很小，导热系数一般为 0.004～0.012J/(cm·s·℃)。所以一般玻璃不耐温度急剧变化。玻璃的热膨胀系数较小，一般在 5.8×10^{-7}～150×10^{-7}之间。玻璃的热膨胀性决定于化学组成及其纯度，纯度越高热膨胀系数越小。玻璃的热稳定性决定玻璃在温度急剧变化时抵抗破裂的能力。玻璃的热膨胀系数越小，热稳定性越高。热稳定性还与导热系数的平方根成正比。凡玻璃制品越厚、体积越大、热稳定性也越差。玻璃制品抵抗温度急剧上升的热稳定性比急剧下降时大。玻璃常含有游离的 SiO_2，具有残余膨胀的性质，会影响制品的热稳定性。因此须用热处理的方法加以消除，以提高制品的热稳定性。

四、玻璃的热膨胀性

1. 线膨胀系数和体膨胀系数

由于玻璃温度变化时结构单元的振幅有一定的差值，会导致玻璃的体积发生变化。玻璃的热膨胀性通常以线膨胀系数和体膨胀系数来表示，膨胀系数的单位是 K^{-1}。

玻璃的线膨胀系数用 α 表示，由下式定义：

$$\alpha=\frac{1}{l_0}\cdot\frac{(l-l_0)}{\Delta T} \tag{3-2-1}$$

式中　l_0——原长度，cm

l——温度变化后的长度，cm

ΔT——温度差，K

玻璃的体膨胀系数用 β 表示，由下式定义：

$$\beta=\frac{1}{V_0}\cdot\frac{(V-V_0)}{\Delta T} \tag{3-2-2}$$

式中　V_0——原体积，cm^3

V——温度变化后的体积，cm^3

ΔT——温度差，K

玻璃的线膨胀系数和体膨胀系数之间有如下近似关系：$\beta \approx 3\alpha$。测定线膨胀系数比体膨胀系数简便得多，结果也精确得多。因此，在讨论玻璃的热膨胀性质时，主要采用线膨胀系数。

2. 热膨胀系数的影响因素

玻璃的线膨胀系数 α 变化范围很大，其数值大小主要取决于玻璃的化学组成，并受所处的温度范围及玻璃热性能的影响。

温度也是玻璃热膨胀系数的影响因素之一。在转变温度 T_g 以下，玻璃已经成为固体，α 值随温度变化比较小，可近似看作常数。玻璃制品成型后，经退火与经淬火的玻璃，α 值也有所不同。

3. 玻璃热性能与线膨胀系数的关系

玻璃的线膨胀系数影响玻璃的热稳定性以及玻璃的熔化、冷却和成型性。玻璃的热稳定性，常以其所能承受的温度差 ΔT 来衡量。利用下面的经验公式，可根据玻璃的热膨胀系数 α 来估算玻璃的热稳定性：

$$\alpha \times \Delta T = 1150 \times 10^{-6} \quad (3\text{-}2\text{-}3)$$

由式（3-2-3）可见，玻璃的 α 越小，玻璃耐温度变化性能越好，反之亦然。例如，即使将加热到几百度的石英玻璃放入冷水中也不会炸裂。在玻璃熔制工艺中，两种玻璃的热膨胀系数差值 $\Delta\alpha < 3 \times 10^{-7} K^{-1}$时，才可以互熔或互接，否则冷却后会炸裂。

玻璃的导热性指玻璃将热量从高温侧向低温侧传递的能力，通常以导热系数来表示。由于玻璃结构的无序性，其导热性较差，高温时主要是辐射传热，低温时则以热传导为主。在导热系数一定的情况下，导热量与导热面积、玻璃厚度、温差有关。当玻璃两侧温度不同时，通过玻璃某一方向上传递的热量可通过下式计算：

$$\frac{\partial Q}{\partial t} = -\lambda_w F \frac{\partial T}{\partial X} \quad (3\text{-}2\text{-}4)$$

式中　Q——传递的热量

t——时间

F——面积

T——温度

X——玻璃厚度

λ_w——导热系数，W/mK

若取单位时间，热传递方向取垂直于玻璃表面方向，则可得：

$$q = \frac{\lambda_w F \Delta T}{X} \quad (3\text{-}2\text{-}5)$$

式中　q——单位时间内通过的热量

X——玻璃的厚度

F——与热源方向垂直的玻璃横截面积

ΔT——玻璃两侧表面的温度差

由式（3-2-5）知，当玻璃一侧遇急冷或急热时，导热系数越大，热传递越快，可迅速降低玻璃两侧温度差，玻璃的耐热性能就好。玻璃的导热系数与组成和温度有关。一般

在玻璃中引入 SiO_2、Al_2O_3、B_2O_3 等氧化物时，导热性增加；引入一价和二价金属氧化物时，导热性降低。玻璃的导热系数随温度的增加而增加。在绝对零度时，玻璃的导热系数为零。随着温度的升高，λ_w 值增大。0℃时，石英玻璃的 $\lambda_w=1.39$，钠钙玻璃的 $\lambda_w=0.91$，K_2O-Pb-SiO_2 玻璃的 $\lambda_w=0.82$。石英玻璃的导热系数较大，故耐热性好。同样由式（3-2-5）可知，玻璃的导热系数一定时，玻璃厚度越小，越有利于提高传热速率，因此，当玻璃种类一定时，适当减小玻璃容器的壁厚可以提高玻璃容器的耐热性。

五、光 学 性 能

玻璃具有高透光率等优异的光学性能。

为了保护内容物，可以加入某些过渡金属或稀土金属离子，制成有色玻璃。

六、高 阻 隔 性

对于所有的气体、溶液或溶剂，玻璃几乎是完全不渗透的。经常把玻璃作为气体的理想包装材料。玻璃作为包装容器，其气密性能是无与伦比的。

第二节　玻璃的机械强度

包装工业中，玻璃瓶罐除要求具备良好的物理性能和一定的化学稳定性外，还要求其具备较高的强度性能。

玻璃抵抗机械破坏的能力，统称为机械强度。玻璃的机械强度，一般用抗张、耐压、抗弯、抗冲击强度等指标表示。玻璃的强度与组成、表面和内部的状态、温度、热处理条件等因素有关。对玻璃瓶罐，其力学性能除与玻璃本身强度有关外，还受到容器形状、壁厚、所受外力种类等诸多因素影响，因此目前还很难精确地计算。

一、玻璃的强度

1. 理论强度与实际强度

玻璃强度分为理论强度和实际强度。理论强度是根据玻璃各组分之间的键强度计算出来的理想强度值。

理论强度是指玻璃不存在任何缺陷的理想情况下，能承受的最大负荷。理论强度由玻璃各组分之间的键强决定，可由格里菲斯公式计算：

$$\sigma=\sqrt{2E\alpha/(\pi l)} \tag{3-2-6}$$

式中　σ——玻璃的断裂应力即断裂强度

E——为玻璃的弹性模量

a——为比表面能

l——为裂纹长度

如果将裂纹长度用分子间的距离代入，玻璃的理论强度大约为 10000MPa。但实际上，玻璃的抗张或抗折强度却不到理论强度的1%。二者之间存在着显著差别，其原因主要是由于玻璃结构存在缺陷、组成不均匀及玻璃表面存在裂纹等。

温度、组成及表面状态对玻璃强度影响很大。根据在-200℃至500℃范围内的实验，强度最低点位于200℃附近。不同组成的玻璃中，石英玻璃强度最高，含 M^{2+} 的玻璃次之，含大量 M^{+} 的玻璃强度最低。

在比较小的范围内，玻璃强度与组成有线性加和关系，可用下列公式近似计算：

$$\sigma=f_1w_1+f_2w_2+f_3w_3+\cdots f_nw_n \tag{3-2-7}$$

式中　　σ——玻璃的抗张强度或抗压强度；

f_1，f_2，$f_3\cdots f_n$——各组成氧化物的抗张强度或抗压强度；

w_1，w_2，$w_3\cdots w_n$——各组成氧化物的质量分数。

2. 影响玻璃强度的主要因素

（1）缺陷　玻璃制造过程中的缺陷如气泡、微不均匀区和杂质等，会引起应力的局部集中，导致产生和增长微裂纹，是制品被破坏时的主要断裂源。格里菲斯认为，当玻璃被加上载荷时，在裂纹的尖端处产生应力集中，故断裂过程首先从裂纹开始。根据计算可知气泡边缘部分的最大应力将超过平均应力数倍，造成局部区域的应力集中，当气泡边缘的最大应力达到强度极限时，就会使玻璃断裂。有些部分与主体玻璃组成不一致，易造成应力集中，也是强度上的薄弱区域。

（2）表面裂纹　一般玻璃表面都存在着宽10～20nm，深度不小于100nm的裂纹，显微镜下可以看到，是一种宏观缺陷。与玻璃内部的缺陷相比，表面微裂纹要脆弱得多，玻璃的破坏是从表面微裂纹开始的，当玻璃制品在受热或受载荷作用时，裂纹就会向纵深发展，从而导致整体的破裂。当玻璃表面与活性介质如水、酸、碱及某些盐类接触时，微裂纹会因这些活性介质的渗透而进一步扩展，造成强度进一步下降。玻璃表面的擦伤与磨损对强度有很大的影响，伤痕越大、越尖锐，强度降低就越显著。

（3）组成　在玻璃组成中CaO、BaO、ZnO、Al_2O_3、B_2O_3（<15%）等氧化物对提高强度的作用较大，各种氧化物对玻璃抗张强度的提高作用可按下式排列：CaO>B_2O_3>Al_2O_3>PbO>K_2O>Na_2O，各类氧化物对玻璃耐压强度的提高，按Al_2O_3>SiO_2>MgO>ZnO>B_2O_3>Fe_2O_3>BaO、CaO、PbO的顺序排列。在不同组成的玻璃中，石英玻璃强度最高，含二价金属离子的玻璃次之，含大量一价金属离子的玻璃强度最低。由于玻璃强度主要受外界环境和本身表面状态的影响，因此组成对强度的影响程度不如玻璃内部缺陷和表面状态的影响显著。

（4）温度和周围介质　根据从－200～500℃范围内对玻璃强度的测定，玻璃的强度值最低点位于温度200℃左右。低于200℃时，可解释为随着温度的升高，出现了一些表面损伤的热起伏现象，使应力在缺陷处易于集中，增加了破裂的几率；而高于200℃时，可解释为随着温度的升高产生塑性变形的可能增加，从而缓和了裂纹尖端应力的集中。

玻璃在湿空气或水中会降低强度。降低的程度取决于水与玻璃的反应速度。例如预先在真空中加工的玻璃试样，当相对湿度由0增加到100%时，可使强度降低15%。在含有CO_2等气体的作用下，可使玻璃表面的碱含量降低，减弱了水对玻璃的作用，从而也可使玻璃的强度提高。

二、玻璃的强度指标

1. 内压强度

瓶子盛装充气饮料时，其内压力在常温下为0.2～0.4MPa，若温度上升到40℃，内压力就会上升到0.35～0.6MPa，玻璃瓶必须能承受住这个压力，这个压力即为内压强度。

一般说瓶形越复杂，其内压强度就越低，以圆形截面瓶子的内压强度为1MPa的话，则长短轴为2∶1的椭圆形截面瓶子的内压强度仅为0.5MPa，正方形截面的瓶子内压强度仅有0.1～0.25MPa。

圆柱形瓶子其瓶表面应力S与受内压力的关系如下：

$$Sp=\frac{D}{2t} \tag{3-2-8}$$

式中　S——瓶子表面圆周方向应力

p——瓶内压力，MPa

D——瓶体直径，cm

t——瓶壁厚度，cm

由上式可知，壁厚对瓶表面应力有一定的影响。

我国规定，充气酒瓶内压强度不低于1.0MPa，不充气酒瓶不低于0.5MPa，啤酒瓶大于1.2MPa.

2. 热冲击强度

温度发生变化时，玻璃瓶罐就会发生热胀冷缩，瓶表面受热或受冷时，由于瓶各部位的膨胀或收缩程度不同，而瓶子的形状又不能变，这样使得各个部位不能自由伸缩，就产生复杂的应力，当其应力超过玻璃强度时，瓶子就破裂。温度变化时，玻璃瓶所受张应力大致可用下式计算：

$$S=3.5\Delta T\sqrt{t} \tag{3-2-9}$$

式中　S——张应力，Pa

ΔT——温差，℃

t——瓶壁厚，cm

由上式可知，壁厚越大，其受急冷急热时产生的张应力越大，因而也越易破碎，其热冲击强度就越低。玻璃瓶的急热冲击强度与急冷冲击强度不同，急热时压应力为主，急冷时则相反，以张应力为主。由于瓶子破裂往往由张应力引起，因此各国的热冲击标准试验方法都采用急冷进行试验。

3. 机械冲击强度

玻璃瓶在生产和使用过程中要经受多次的冲击和划伤，这些机械冲击是引起玻璃瓶破裂的直接原因。由于冲击部位、冲击性质、瓶子状态与所造成的破损有关，因而不能制定出定量的机械冲击强度标准。在玻璃瓶生产中，一般采用适当地增加瓶子壁厚的方法来提高机械冲击强度。

4. 翻倒强度

翻倒强度指瓶子放在某一平面上倒下时的强度。瓶子翻倒时所受到的冲击力与瓶子质量、重心位置和瓶子形状关系很大。设计瓶形时应使之稳定性高，即使其瓶底加大，重心降低以提高翻倒强度。

5. 垂直荷重强度

瓶子运输时，下层的瓶子受到上面瓶子重力的垂直荷重。其荷重强度较差的有4000N，好的瓶子可达50000N。一般瓶子受垂直荷重时，瓶肩处产生一个最大的张应力，因而瓶肩的形状不同，其垂直荷重强度也不同。另外垂直荷重强度也与瓶身和瓶底直径有关。

上述的种种强度中，内压强度、机械冲击强度是最重要的。

第三节　玻璃的化学性质

一、玻璃的侵蚀机理

1. 酸对玻璃的侵蚀

SiO_2 是酸性氧化物，以其为主体物质形成的硅酸盐玻璃，对一般酸性介质（氢氟酸和磷酸例外）均有良好的抗侵蚀能力。氢氟酸对玻璃有很强的溶解能力，磷酸对玻璃的作用在于磷酸能将二氧化硅转化成可溶性的水化硅磷酸，因而对玻璃的侵蚀作用很大。其他的酸一般并不直接与玻璃起反应，它们是通过酸性溶液中水的作用侵蚀玻璃。

酸的浓度大，则水的浓度低，因此，浓酸对玻璃的侵蚀能力低于稀酸。水对硅酸盐玻璃侵蚀的产物之一是金属氢氧化物，这一产物要受到酸的中和。中和作用导致两种相反的结果，一种是使玻璃和水溶液之间的离子交换反应加速，从而加重对玻璃的侵蚀；另一种是降低溶液的 pH，使 $Si(OH)_4$ 的溶解度减小，从而减少对玻璃的侵蚀。当玻璃中 Na_2O 含量较高时，前一种结果是主要的；反之，当玻璃含 SiO_2 较高时，则后一种结果是主要的。就是说，高碱玻璃的耐酸性低于耐水性；而高硅玻璃耐酸性好于耐水性。

2. 碱对玻璃的侵蚀

硅酸盐玻璃的耐碱性能远不如耐酸性能和耐水性能。碱对玻璃的侵蚀不需由水引发而是直接通过 OH^- 破坏硅氧骨架，造成硅氧键断裂，从而使网络破坏，SiO_2 溶解在溶液之中。在侵蚀过程中，不形成硅酸凝胶薄膜，而是造成玻璃表面层全部脱落，这意味着碱溶液有能力将玻璃完全溶解。随着与碱接触时间的延长，玻璃的侵蚀程度呈线性增长。

玻璃的溶解度随碱溶液 pH 的增大而增加。在溶液 pH 相同的条件下，不同氢氧化物对玻璃侵蚀的强弱顺序为：

$$NaOH > KOH > LiOH > NH_4OH > Ba(OH)_2 > Sr(OH)_2 > Ca(OH)_2$$

3. 环境与湿度对玻璃的侵蚀

玻璃在某些气体和湿度较大的环境中侵蚀的现象称为风化，风化实际上是水汽、CO_2、SO_2 等对玻璃作用的总和。首先，玻璃表面某些离子吸附空气中的水分子，这些水分子以 OH^- 形式覆盖在玻璃表面，并不断吸收水分子或其他物质形成约数十个分子厚的薄层。若玻璃组成中碱性氧化物含量较少，这种薄层形成后就不再发展；若玻璃组成中碱性氧化物含量较多，则这层水膜可以逐渐转化为浓的碱性玻璃溶液，进而侵蚀玻璃。由于潮湿空气中含有 CO_2、SO_2 等酸性氧化物气体，可以在玻璃表面与浓的碱性溶液发生中和反应，形成 $NaHCO_3$ 或 Na_2CO_3，这些化合物在玻璃表面上产生白色的斑点，使玻璃表面呈现雾状。在雾状层的下面，则是因金属离子过多浸出而形成的富含 SiO_2 的薄层，易和水形成含水的无定形色斑层。玻璃被湿空气侵蚀一段时间后，一般能生成一定厚度的表面保护层，使侵蚀作用明显减轻。

组成不同的玻璃吸水性也不同，一般在玻璃中加入 TiO、PbO、Al_2O_3、B_2O_3、CaO 能降低吸水性，提高抗风化能力。玻璃中含少量的 BaO 和 MgO 也能降低吸水性，但含量过大时，反而会提高吸水性。另外，玻璃制品的风化程度也取决于其所处的空气环境。

二、影响玻璃化学稳定性的因素

1. 化学组成的影响

玻璃的化学稳定性与组成密切相关。硅酸盐玻璃的耐水性和耐酸性主要决定于硅氧和碱金属氧化物的含量。硅氧含量越高，硅氧四面体［SiO_4］互相连接的程度越高，玻璃的化学稳定性就越高。反之，碱金属氧化物的含量越高，则硅氧网络断裂越多，玻璃的化学稳定性越差。金属离子与非桥氧的键力（R—O）的强弱，决定了金属离子的浸析速度，其化学稳定性随阳离子半径的增加而下降。碱金属氧化物使玻璃化学稳定性降低程度大小排列为：$K_2O > Na_2O > LiO$。在硅酸盐玻璃中引入 CaO，由于钙离子可以和 2 个非桥氧结合，与 Na_2O 相比，化学连接强度增加，玻璃结构紧密度也增加，化学稳定性提高。二价金属氧化物使玻璃的抗水、抗酸性下降程度的次序为：BaO＞CaO＞MgO＞ZnO。在玻璃中引入适量的 Al_2O_3 和 B_2O_3 都能提高玻璃的化学稳定性，但加入过多会使玻璃强度降低。在所有玻璃原料中，ZrO_2 的耐碱、耐水、耐酸性最好，含有 ZrO_2 的玻璃具有优异的化学稳定性。

2. 表面状态的影响

介质对玻璃的侵蚀首先从表面开始，因此玻璃表面状态对化学耐蚀性有很大的影响。通过表面处理可以改善玻璃的表面状态以提高其化学稳定性。常用的表面处理方法有：

① 从玻璃表面层移除对侵蚀介质具有亲和力的成分（如 Na_2O、K_2O 等），一般用水和酸等处理，使玻璃表面生成有一定厚度的高硅氧膜，以提高其化学稳定性。

② 对玻璃表面进行涂膜处理，例如在玻璃表面涂覆有机硅或有机硅烷类物质，使其在玻璃表面生成一层有机聚硅氧烷憎水膜，可以减缓水对玻璃表面的水化作用，有利于提高玻璃的化学稳定性。

3. 热处理的影响

热处理是将已成型的玻璃制品在适当的高温环境下保持一段时间，以消除玻璃制品内部应力的一个工艺环节，这个工艺环节也称为退火。良好的退火可以增加玻璃的均匀度，减少表面裂纹，提高玻璃瓶的化学稳定性。可以在热处理前后进行一些表面处理，如酸性气体处理、冷涂和热涂、离子交换等。所以，通过退火并伴有适当的表面处理，会使玻璃瓶的化学稳定性显著提高。

4. 温度和压力的影响

介质对玻璃的化学侵蚀速度，随着环境温度的升高而加剧。在 100℃以下，温度每升高 10℃，侵蚀速度增加 50%～150%。100℃以上时，多数玻璃的化学稳定性都很差，只有含锆多的玻璃有较好的化学稳定性。压力对玻璃化学稳定性的影响也很大，环境压力越高，玻璃的化学稳定性越差。

三、玻璃化学稳定性的测试

玻璃化学稳定性常用粉末法和表面法进行测试。

1. 粉末法

用水、酸或碱溶液对一定颗粒度和一定质量的玻璃粉末进行浸蚀，然后再选择适当方法测定其浸蚀量，称为粉末法。粉末法是对玻璃新的断面的浸蚀，能较客观地反映玻璃本身的化学稳定性。玻璃颗粒的洁净度、大小及热处理过程都会影响测量结果。粉末浸蚀量可用称量法测定，浸蚀液可用滴定、比色、电导等方法测定。

2. 表面法

对一定表面积的玻璃试样或容器，用水、酸或碱溶液进行浸蚀的测定方法，称为表面法。表面法具有与实际使用条件接近的优点，但玻璃表面状态会随时受到周围气氛的影响。

3. 加速试验

由于玻璃浸蚀是一个相当缓慢的过程，在实际应用中常采用加速试验方法进行测试。加速试验的理论依据是莱尔方程（如式 3-2-10）：

$$a\lg N=\lg\theta-\frac{b}{T}+c \tag{3-2-10}$$

式中　N——每升 NaOH 的浸蚀量，mg

θ——时间，h

T——热力学温度，K

a、b、c——根据具体条件而定的常数

对于瓶罐玻璃，$b=5080$。为了建立加速试验与真实使用条件相联系的测试方法，莱尔方程改写为如式 3-2-11：

$$\lg\theta_1-\lg\theta_2=5080\frac{T_2-T_1}{T_1T_2} \tag{3-2-11}$$

式中　θ_1、T_1——真实条件下的时间和温度

θ_2、T_2——加速试验测试条件下的时间和温度

例如欲确定某玻璃瓶罐在 30℃ 的水中 1 年的化学浸蚀量，可在 1h 内进行加速测试。为应用式（3-2-11），需先进行单位变换：

$$1\text{a(年)}=8760\text{h}$$

$$30℃=303\text{K}$$

代入莱尔方程（3-2-11）得：

$$\lg 8760-\lg 1=5080\frac{T_2-303}{303T_2}$$

解方程得：$T_2=396(\text{K})=123(℃)$。

在 123℃进行加速试验 1h，即可确定温度为 30℃时 1 年的化学浸蚀量。

玻璃的加热过程对化学稳定性有一定影响。急冷的玻璃比退火玻璃密度小。在退火时，气氛中的 CO_2、SO_2 等气体与玻璃表面的 Na_2O 会发生反应，从而使表面上的 Na_2O 含量减少。在进行化学稳定性测试时，需要考虑这些因素的影响。

思　考　题

1. 什么是玻璃的理论强度？为什么玻璃的实际强度远远小于理论强度？

2. 玻璃瓶罐的强度指标主要有哪些？它们的主要影响因素是什么？

3. 为什么要对玻璃容器进行表面处理？主要的处理技术和处理原理是什么？

4. 欲确定某玻璃瓶罐在 25℃水中 2 年的化学侵蚀量，利用莱尔方程计算在 1h 加速测试的温度是多少？

第三章 玻璃包装容器的制造

一般来说，玻璃包装容器是将熔融的玻璃料按一定成型工艺制成的一种透明容器，按照成型工艺不同，可以将其分为模制瓶和管制瓶。普通玻璃瓶都属于是模制瓶的范畴，可以广泛应用于医药、化工与食品等领域，而管制瓶有安瓿和管制药瓶，专门用于医药包装领域。玻璃容器的制造过程主要包括玻璃料的熔制、成型、退火、表面处理、成品检验与包装等工序，可以说每一道工序的操作都对玻璃包装容器的质量和性能有很大的影响。

第一节 玻璃瓶罐的制造

一、玻璃液的制备

1. 配合料的制备

瓶罐玻璃配合料一般由石英砂、纯碱、石灰石、白云石、长石、硼砂、铅和钡的化合物等几种主要原料组成，此外，为满足性能需要还会在基础玻璃中添加澄清剂、着色剂、脱色剂、乳浊剂等辅助材料。

瓶罐玻璃的化学组成按其使用要求、成型方法、成型速度、工艺特点和原料品种等而有差异。绝大多数瓶罐采用钠钙硅酸盐玻璃，其主要成分为 Na_2O、CaO 和 SiO_2，为了改善瓶罐玻璃的性能，通常要添加 B_2O_3、Al_2O_3、MgO、K_2O、BaO 等。盛装药品的玻璃瓶罐要求具有较高的化学稳定性，需要用硼硅酸盐玻璃制造，高档化妆品瓶常用含铅、钡或锌的晶质玻璃制造，有时可以在玻璃中添加氟化物作为乳浊剂制备乳浊玻璃。

石英颗粒太粗，不利于玻璃料的熔化；而石英颗粒太细又容易在熔制过程中产生浮渣和粉尘，不仅影响熔化，而且易堵塞熔窑蓄热室，因此一般选择石英颗粒适宜粒度为 0.25～0.5mm。为利用废旧玻璃，一般还加入 20wt%～35wt%碎玻璃，其用量最高可达 90wt%。

从原料仓库取出原料后，按照设计玻璃配方准确称量；然后送至配合料混合机内进行混合 3～6min；再加入一定量碎玻璃进行二次混合均匀后，送样抽检；最后将检验合格的配合料输送至窑炉中进行熔制。

2. 玻璃的熔制

(1) 玻璃熔窑　熔窑有坩埚窑和池窑之分，坩埚窑是间歇操作设备，具有体积小的特点，主要用于小批量有特殊要求的玻璃熔化，而工业化生产的大规模瓶罐玻璃的熔化则多用池窑。池窑是由一个长方形熔化池和一个半圆形工作池组成，并设有换热室或蓄热室以利用烟气余热。通常钠钙硅酸盐玻璃的熔制温度为 1400～1580℃，所以，玻璃熔窑都是用耐火砖砌筑而成的。图 3-3-1 是一个典型的熔制瓶罐玻璃的玻璃熔窑，熔窑的不同部位要使用不同类型的耐火砖，与玻璃液接触的耐火砖都是耐化侵蚀的材料，它们一般采用电熔锆刚玉（AZS）或铬刚玉砖，火焰空间选用优质硅砖，熔窑外侧则选择隔热性好的耐火砖，耐火砖层都被围绕熔炉的钢框架固定着。

（2）玻璃熔制过程　把配制合格的玻璃料加入到熔窑内，配合料在高温下形成符合要求的玻璃液的过程称为玻璃的熔制过程。

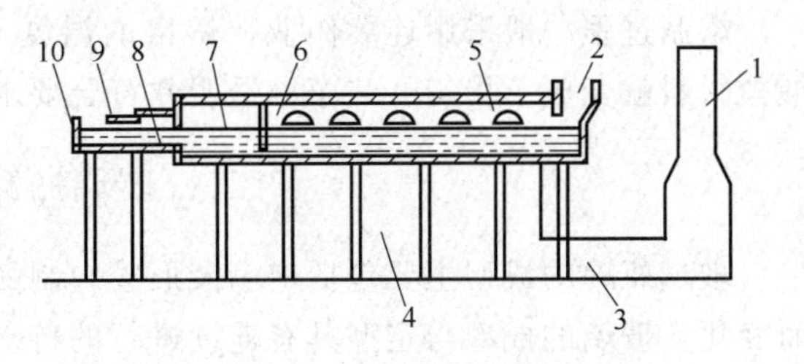

图 3-3-1　熔制瓶罐玻璃的玻璃熔窑

1—烟道　2—料斗　3—隧道　4—蓄热室　5—火焰喷射口　6—挡火墙　7—澄清池　8—供料槽　9—供料机　10—料盆

高温下玻璃的熔制包括物理、化学、物理化学反应，玻璃配合料在高温反应过程中，使各种原料的机械混合物转变为质地均匀、符合成型要求的玻璃液。玻璃液质量的好坏与熔制温度、原料性质、配合料制备质量、熔窑耐火材料品质与少量添加物等因素密切相关。玻璃的熔制主要包括硅酸盐形成、玻璃形成、澄清、均化、冷却等五个阶段。

① 硅酸盐形成阶段。硅酸盐的生成反应在很大程度上是在固体状态下进行的，配合料在加热过程中经过了一系列的物理变化与化学变化。主要的固相反应包括配合料中水分的蒸发；具有多种晶型原料的晶型转变；硅酸盐的相互反应生成碳酸复盐；碳酸复盐和碳酸盐的分解并与硅砂反应生成不透明烧结物，同时放出大量 CO_2 气体；芒硝的熔融、分解与硅砂反应生成偏硅酸钠，以及氧化铝与二氧化硅生成硅酸铝等。在这一阶段结束时，配合料变成由硅酸盐和尚未发生反应的硅砂组成的含有大量气泡的烧结物。普通瓶罐玻璃的硅酸盐形成阶段在 800～900℃前基本结束。

② 玻璃形成阶段。玻璃的形成就是硅酸盐形成的继续，随着温度继续升高，烧成物的低熔点共熔物首先熔化，硅砂等其他硅酸盐随之溶解，最后形成玻璃液。到这一阶段结束时，烧结物变成了玻璃态熔融物，不再有未溶解的原料颗粒。不过玻璃熔融体中仍带有大量气泡和条纹，化学组成也不均匀。这一阶段比硅酸盐形成要慢得多，特别是硅砂颗粒的溶解需要较长的时间。一般瓶、罐玻璃的形成在 1200～1250℃时结束。

③ 澄清阶段。一般来说，澄清与均化是在玻璃的熔制过程中同时进行的。玻璃液中夹杂的气泡破坏了玻璃液的均匀性、透明性和热稳定性等性能。如果在玻璃器皿中出现大量气泡则说明澄清不好，有时要被迫暂停生产，所以严格控制澄清过程是玻璃熔制的关键环节。这一阶段的温度是玻璃熔制的最高温度，普通容器玻璃的澄清阶段温度在 1400～1580℃，其黏度约为 10Pa・s。

④ 均化阶段。玻璃液的均化过程实际上是在玻璃形成时就开始有不同程度的均化，但主要是在澄清过程的后期与澄清一起进行和完成的。该阶段使玻璃熔体处于比澄清温度稍低的温度下，通过对流和扩散作用，消除玻璃中的条纹和节瘤，使玻璃的化学组成趋向一致，变成均匀一致的熔体。

⑤ 冷却阶段。玻璃液的冷却是玻璃熔制的最后一个阶段。冷却阶段使均化后的玻璃液温度降低（一般比澄清温度降低 200～400℃，为 1200～1150℃）以达到成型要求的黏度（一般为 100Pa・s）。在冷却过程中不能再产生气泡并尽可能地保持玻璃液温度均匀。冷却时温度不能太低，以防止玻璃产生析晶。不同的成型方法所要求的黏度值不同，因而冷却的温度也大不相同。

熔制过程一般采用连续作业，熔窑的温度不低于1300℃，经过以上5个阶段后，硅酸盐材料就变成了均匀、纯净、透明并符合要求的玻璃液。

二、玻璃瓶罐的成型

玻璃瓶罐的成型主要包括玻璃液形成与制品定型两个阶段，由于玻璃液的黏度随温度而变化，玻璃的成型与定型具有连续进行的特点。玻璃容器的成型先后经历了人工吹制成型、半机械化成型，目前达到了全机械化成型。玻璃瓶罐的成型主要采用模制法，应用吹-吹法成型小口瓶，压-吹法成型广口瓶，较少采用管制法。现代玻璃瓶罐的生产广泛采用自动制瓶机高速成型，这种制瓶机对料滴的重量、形状和均匀性都有一定的要求，因此要严格控制供料槽中的温度。自动制瓶机类型较多，其中以行列式制瓶机最为常用。这种制瓶机料滴服从制瓶机，而不是制瓶机服从料滴，因而没有旋转部分，作业安全，且任一分部都可以单独停车进行维修而不影响其他分部作业。行列式制瓶机制造瓶罐的范围广，灵活性大，已发展为12组、双滴料或三滴料成型以及进行微机控制。机械化成型主要有供料和制瓶两个环节。

1. 供料

供料就是将熔窑中熔制好的玻璃液连续不断、定时定量地供给成型机。玻璃瓶成型的供料方式，主要可分为真空吸料和滴料两大类。真空吸料是在真空作用下，直接在玻璃液中吸料制成容器雏形。由于吸料温度较高，没有析晶危险，制品的质量较好；但存在着制瓶机体积大、占地多、雏形模使用寿命短、供料转炉燃料消耗大等缺点。所以，现在已很少采用这种供料方法。

滴料供料方法是目前机械化制瓶采用的方法。滴料供料是使熔窑中的玻璃液由料道流出，并使之达到成型所要求的温度，再由供料机械制成一定质量和一定形状的料滴，经导料器送入制瓶机的初型模中。滴料供料机构主要包括料道、冷却和加热系统、料盆、料碗、供料机与导料器等。

2. 制瓶

制瓶工业大多数采用行列式制瓶机。按照型坯制造方法的不同，制瓶机的制瓶方法分为吹-吹法和压-吹法两种。

（1）吹-吹法　吹-吹法是行列式制瓶机生产小口瓶的方法，生产工艺过程主要包括装料、瓶口成型、吹成型坯、型坯翻送、吹气成型，见图3-3-2。图3-3-2（a）装料：由料碗落下的料滴，装入初型模中。为了使入料准确，在初型模上方放置接料漏斗。图3-3-2（b）瓶口成型：料滴落入初装模型中后，让闷头落在漏斗顶部，进行补气。初型模中的料滴被来自上方的压缩空气压入下面的口模内，冲头自下而上升到规定的位置，形成瓶口和瓶颈。图3-3-2（c）吹成型坯：补气完毕后，退出冲头，从下面向上吹入压缩空气（称为倒吹气），一直到玻璃紧贴初型模和闷头，得到中空的型坯。图3-3-2（d）型坯翻送：移开闷头，打开初型模，用翻转机构把型坯翻转180℃转移到成型模中。图3-3-2（e）吹气成型：向成型模内吹压缩空气（正吹气），使玻璃紧贴成型模壁。吹气之前，还要对型坯加热以软化型坯因与初型模壁接触而产生的硬化层。最后，打开成型模，用钳瓶机把已成型的瓶子从成型模中取出放在停置板上。

（2）压-吹法　压-吹法即可用于制造大口瓶也可制造小口瓶，取决于口模的直径和冲

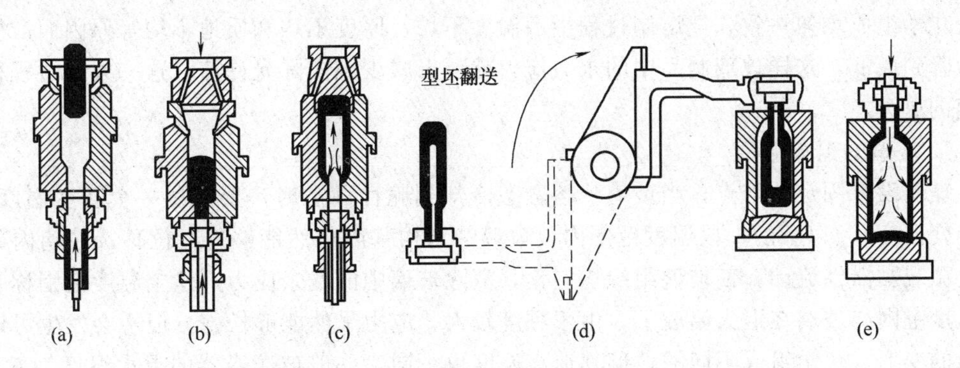

图 3-3-2　行列式吹-吹法制瓶机生产小口瓶工艺

（a）装料　（b）瓶口成型　（c）吹成型坯　（d）型坯翻送　（e）吹气成型

头的粗细。生产小口轻量瓶时，多采用小口压吹法，可制得比吹-吹法壁厚均匀的玻璃瓶。生产工艺过程见图 3-3-3，主要包括：

图 3-3-3（a）装料：料滴通过漏斗落入初型模中；图 3-3-3（b）压成型坯：闷头下落到初型模的顶部，冲头上升，顶压玻璃使其紧贴闷头和初型模腔壁，模腔被玻璃填满以后，余下的玻璃料被向下挤入口模中，形成瓶口和瓶身雏形；图 3-3-3（c）冲压：冲头开始压制冲程，玻璃把口模、冲头、初形模型形成的空间填满，当冲头处于压满位置时，冲压完成；图 3-3-3（d）型坯翻送：冲头下降，打开初型模，用翻转机构把型坯转移到成型模中；图 3-3-3（e）重热伸长成型：均匀加热，制成需要形状。

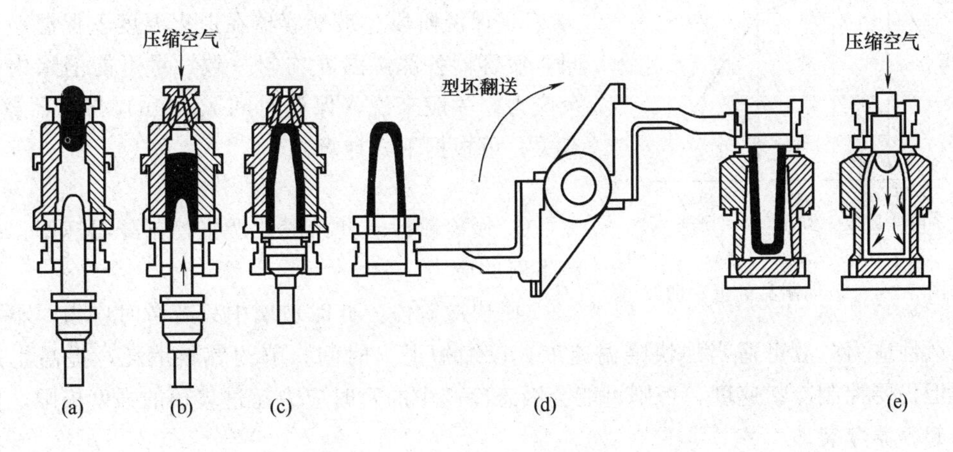

图 3-3-3　压-吹法生产口瓶工艺

（a）装料　（b）压成型坯　（c）冲压　（d）型坯翻转　（e）重热伸长成型

三、退　　火

玻璃器皿常常由于厚度不均、形状复杂，因而在成型后从高温冷却到常温过程中，如冷却过快，则玻璃制品内外层温度差和由于制品形状关系而产生的各部位温差会使玻璃制品产生效应力。尤其是当制品遇到机械碰撞或受到急冷急热时，该应力将造成制品破裂。为了消除玻璃制品中的永久应力，就需要对玻璃制品进行退火处理。退火是先把玻璃制品进行加热，然后按照规定的温度制度进行保温和冷却，使玻璃容器在其中通过高温调整，各处化学组成均匀一致，把熔制过程中因温度不均，厚度不均和质地不均等原因而产生的应力降到最低，这样玻璃制品中的永久应力就可以减少到实际允许值，这一处理过程称为玻璃的退火。

1. 玻璃的退火温度

玻璃没有固定的熔点，当玻璃从熔融态冷却到脆性固态时，要经过一个转变温度区。在转变温度 T_g 以下的一段温度范围内，玻璃的结构基因仍然能够进行位移，玻璃内部可产生微观黏滞性流动，使玻璃组织均匀化，消除玻璃中的残余应力，这个温度范围称为退火温度范围。玻璃在退火温度下，由于黏度较大，应力虽然能够松弛，但不会发生可以测得出的变形。化学组成不同的玻璃其退火温度也不同，一般玻璃容器的退火温度为520～600℃。另外玻璃的退火温度还分为最高退火温度和最低退火温度，最高退火温度是指在此温度经过3min能消除应力95%，一般相当于退火点（$\eta=10^{12}$ Pa·s）的温度；最低退火温度是指在此温度经过3min能消除应力5%。

2. 玻璃容器的退火工艺

玻璃容器的退火是在退火炉中进行的，退火炉的长度一般为25～35m，宽度为3～4m，退火时间30～45min。玻璃容器在退火炉中经历加热、保温、慢冷却及快冷却四个阶段，如图3-3-4所示。

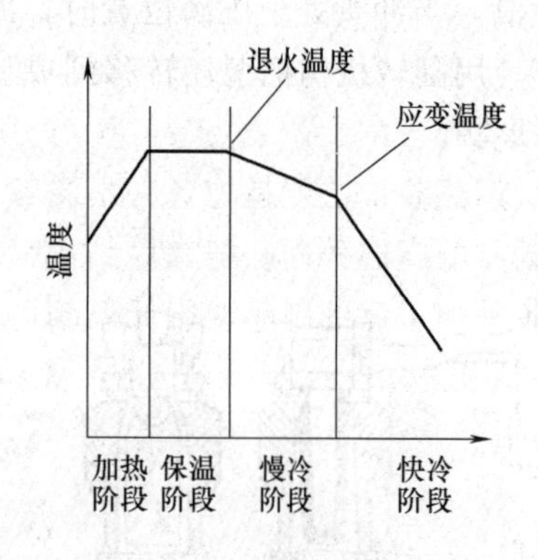

图 3-3-4　玻璃制品的退火曲线

① 加热阶段。玻璃容器进入退火炉中以一定的速度被加热到退火温度，通常选为比上限退火温度低20～30℃的温度。

② 保温阶段。玻璃容器在退火温度下保温一段时间，使容器各部位温度均匀一致，尽可能消除内部剩余应力。一般来说，保温时间 t（min）与容器壁厚 δ 有关，可根据下式计算：

$$t=102\delta^2$$

③ 慢冷阶段。此阶段要严格控制降温速率，以免产生新的应力。

④ 快冷阶段。此时玻璃中只有暂时应力，不再产生永久性应力，故可适当加快降温速度，以缩短退火时间，节约燃料消耗，提高生产效率。但仍要控制冷却速度，否则可能会因急冷产生的暂时应力超过玻璃的强度极限，而引起引起容器爆裂。

四、显色与装饰

瓶罐玻璃除了采用无色明料玻璃以外，还有不少玻璃品种采用颜色玻璃与乳浊玻璃。颜色玻璃又称有色玻璃，其特征是在可见光部分内，玻璃对单色光具有一定的选择性吸收。不同颜色的玻璃，吸收的光波不同，玻璃的光谱透过曲线是不一样的。对各种不同颜色玻璃的透过光谱曲线进行分析，就可大概判断出该玻璃的着色剂种类。

根据着色剂在玻璃中存在的状态和着色机理不同，颜色玻璃可分为离子着色和胶体着色两种。离子着色的玻璃主要以二价和三价的过渡金属元素或稀土元素的氧化物作为着色剂，例如 CoO、CuO、Cr_2O_3、NiO、MnO、Fe_2O_3 等为离子着色；氧化铷（RbO）、氧化铈（CeO_2）、氧化镨（Pr_2O_3）、氧化铒（Er_2O_2）等为稀土着色。这些着色剂氧化物的着色能力符合加和性法则。离子着色的颜色玻璃，颜色的深浅除决定于着色剂含量外，其颜色的纯正性还与离子在玻璃中的原子价和配位数有关，例如三价铁（Fe^{3+}）使玻璃着成黄色和黄绿色，二价铁（Fe^{2+}）则着成蓝绿色。钴在一般玻璃中总是以二价的形态存在，当其配位数为 4 时，着色成蓝色，而在硼硅酸盐玻璃中，当配位数为 6 时，则着成紫红色。

由于颜色的种类繁多，所以各种颜色玻璃的化学组成也是有所不同的。常见的离子着色玻璃化学组成见表 3-3-1。

表 3-3-1　　离子着色的颜色玻璃的化学组成　　单位：%

SiO_2	Al_2O_3	Na_2O	K_2O	CaO	B_2O_3	ZnO	BaO	着色剂(100kg 玻璃外加)	颜色
74	1	15.5		7.5	0.5		1.5	CoO,(0.0005);CuO,(0.15)	蓝色
74	1	15.5		7.5	0.5		1.5	Cr_2O_3,(0.02)	绿色
75	0.5	17.5		6			0.25	$KMnO_4$(0.01)	紫色
74	1	15.5		7.5	0.5		1.5	CoO,(0.024);CuO,(0.0075); Cr_2O_3,(0.01);NiO,(0.022); Fe_2O_3,(0.075)	灰色

有时为了美化玻璃瓶罐制品和提高制品的艺术性，有些玻璃瓶罐制品需要进行各种装饰，因此装饰也是玻璃瓶罐制品生产的重要环节。根据玻璃瓶罐的装饰工艺特点，可分为成型过程的热装饰方法和加工后的冷装饰方法两大类。所谓热装饰法就是把各种不同颜色的易熔玻璃制成各种图案、颗粒、粉体等，利用成型时制品的高温作用，把其黏结或喷撒在制品表面，使其产生装饰效果。冷装饰法是把已完成各种加工后的制品，用低温颜色釉料、玻璃花纸、有机染料等，通过彩绘、印花、贴花、喷花、移花等装饰工艺，使制品达到装饰效果。除此外还常采用刻花、磨花和蒙砂装饰工艺也能使玻璃瓶罐达到特殊的装饰效果。

五、玻璃瓶的表面处理

为了保持玻璃容器的强度并增加其表面光滑性，提高玻璃瓶罐的耐化学腐蚀性，使容器在检查和包装中更方便地在瓶子厂进行输运，方便瓶子在客户的加工线上搬运，常在瓶罐退火前后对它进行表面处理。

1. 涂布法

涂布法是对玻璃外表面进行增强保护的处理方法，经过涂布增强处理的玻璃瓶，其涂层很薄，涂布材料用量极微，因此作为回收利用碎玻璃使用时，对玻璃成分影响不大，按涂覆材料与工艺不同，主要可以分为：

（1）金属氧化物涂敷　又称热端涂布，通常是在退火窑进口端使玻璃瓶在 500～600℃下通过一个充满四氯化锡（$SnCl_4$）蒸气的罩子，在玻璃表面形成一层二氧化锡为主的薄膜，其厚度为 5～80nm。除四氯化锡外，四氯化钛（$TiCl_4$）、二氯化二甲基锡［$(CH_3)_2SnCl_2$］和钛的有机化合物［$Ti(OR)_4$］也可作为热端涂布材料。这种涂布常与下面的冷端涂布结合施行。

（2）有机物涂敷　也称冷端涂布，是在退火炉的出口端，在瓶温为100℃左右时，对玻璃瓶喷涂有机硅（硅烷或硅酮）、聚乙烯、油酸、硬脂酸等，在玻璃瓶表面形成一层具有耐磨性和润滑性的有机物保护层，以防止各种操作过程中的表面擦伤。

（3）冷、热双层涂敷　即冷涂和热涂配合使用的涂布方法。热涂形成的金属氧化物起底层作用，提高了冷端涂料的附着性能。其机理为金属氧化物涂层比原来的玻璃表面要粗糙，增大了有效表面积，有利于有机涂料的附着。另外，氧化物与玻璃表面原子形成化合键，产生与玻璃表面稳定结合的涂层，然后有机涂料再与此涂层形成牢固结合。因此，双层涂敷能防止玻璃表面损伤，增加表面润滑性，能大大提高玻璃的抗冲击性能和化学稳定性。双层涂敷可使同样厚度的玻璃瓶表面强度提高30%。也可以说，利用双层涂敷工艺可使瓶壁厚度减少30%而保持原来的机械强度，这不但减少了因热冲击引起的破碎，而且使瓶重大大减轻。因而双层涂敷工艺也是高强度轻量玻璃容器制造技术中的重要工艺。

2. 起霜法

起霜法是一种对玻璃瓶内表面进行增强处理的方法，用于医用药液包装的瓶罐通常用此法进行表面处理。在退火炉热端向瓶子内表面喷吹SO_2气体，SO_2是酸性气体，可与瓶子表面的Na^+发生化学反应，生成Na_2SO_4；生成的Na_2SO_4以浊白粉霜状覆盖在玻璃表面，经水冲洗即可脱落；洗去粉霜后，玻璃表面称为缺Na^+而富集SiO_2的中性表面，从而提高了玻璃的化学稳定性。粉霜的冲洗工序在药液罐装前由灌装厂负责完成。

3. 粒子交换法

离子交换法也称为化学强化、化学钢化。玻璃瓶罐表面处于张应力状态时很容易使表面裂纹扩展，导致瓶罐破裂。从玻璃的网络结构来看，Na^+填充在［SO_4］四面体网穴中，如用离子半径较大的元素取代钠离子，则玻璃表面网络结构会发生挤压，从而形成均匀的压应力。当玻璃瓶使用中受到拉应力作用时，这种预先埋置的压应力可以部分抵消拉应力，达到玻璃强化的目的。此法一般都是在退火炉热端，将玻璃瓶置于熔融的硝酸钾中，即用K^+（半径为0.133nm）取代玻璃表面的Na^+（0.098nm）。实际应用的压应力层厚约为50μm。当使用硝酸钾熔盐进行处理时，一般处理温度不应超过400℃。温度低，会使粒子交换速度降低，温度过高会使玻璃网络结构扩张，达不到应有的压应力。这种处理方法所需时间长、成本高。

4. 物理强化法

物理强化法是对玻璃进行先加热后急冷的一种处理方法，这是一种较早采用制造钢化玻璃的方法，也叫物理钢化法和风冷强化法。基本方法是将刚从制瓶机上脱模的玻璃瓶，立即送入钢化炉内均匀加热到接近于玻璃的软化温度，然后转入钢化室，用多孔喷嘴的风栅向瓶的内、外壁上喷射冷空气，将瓶内、外表面快速冷却，使瓶表面产生收缩，获得均匀分布的压应力。此时玻璃内部仍然处于高温可塑状态，随着进一步冷却，玻璃内部也逐渐变硬并产生一定的收缩。这也是一种预先埋置压应力的方法，使玻璃能抵抗更高的拉应力。

5. 辐射固化涂敷

辐射固化涂敷是采用射线对涂层进行固化的涂敷技术的总称。它们是一类省资源、无公害、节能的新型涂敷技术。

（1）紫外线固化涂敷 一般在退火后进行，从退火窑钢网上捡拾整行容器，将它们提起并浸入到装有液态紫外线固化涂料的池子中，这样，玻璃容器的整个外壁、包括颈部（除收口处）都镀上聚合物膜。然后将容器从浸泡池中取出。经过初步处理去除溶剂和过量涂料后，送往固化站，固化站发射紫外光使液态聚合物固化在容器表面。

涂料液由三个主要成分组成：具有官能团的预聚物（主要为丙烯酸低聚酯）、活性稀释剂（乙烯基单体和光聚合引发剂）以及改善涂层性能的添加剂及颜料等。其固化原理为吸收光能而引发交联反应，产生快速固化。值得注意的是如果涂料中含有有机溶剂，则必须在固化前将其除去。

（2）电子束固化涂敷 电子束固化涂料与紫外线固化涂料的反应形式和聚合物类型相同，但前者在聚合时不需要引发剂，且不受涂料中颜料的影响。

辐射固化涂敷具有很大的优势，涂敷常温固化，瞬间干燥，不易粘污灰尘，干燥设备体积小、操作简单、生产效率高，固化时没有挥发性物质逸出，环保性好，而且涂层既能耐磨防破碎，还具有装饰性能。

6. 粒化强化

采用滚花、刻痕等方式，在玻璃瓶上面形成密集粒状花纹，可以减轻冲击的破坏性，并提高玻璃瓶的耐内压强度。经过粒化处理后的玻璃瓶受到冲击时，冲击应力首先发生在粒面的峰顶上，经过峰、谷间的斜面得以分解，使其冲击破坏性得到缓和。采用此法处理的玻璃瓶强度约增加50%，但质量也相应增大。

六、检验、包装

在玻璃瓶罐的成型过程中，由于料滴温度不均匀，模具温度太低，模具不够精确等原因会在玻璃瓶罐上产生各种各样的缺陷。因此，同其他产品一样，玻璃瓶罐出厂前必须经过严格的检验。

（1）外观检验 除特殊要求外，玻璃容器应是透明的，色泽为无色或浅蓝色，半百色或无色玻璃容器的转角处允许有轻微的色调，着色玻璃允许色调有轻微的深浅不匀。

瓶体不得有开口气泡、杂志、结瘤及裂纹。瓶各处壁厚均匀，不得有任何裂纹。瓶的外形匀称、表面光滑、合缝线合乎要求。

（2）尺寸检验 对注有公差和影响玻璃容器使用功能的有关尺寸，如瓶口内、外径，瓶高，瓶身内、外径等，可用相应标准中规定的塞规、环规、样规等检测量具检测。瓶子的外形可用投影仪检验。

（3）物理检验

① 热稳定性检验。玻璃容器的热稳定性可以表征容器的耐内压性能，一般按GB/T 4547中规定的玻璃瓶罐耐热及变形实验方法进行检验。

② 着色玻璃透光性检验。对于青色、茶色等玻璃瓶，用分光光度计检验其对可见光谱内各波长光线的透过率，然后与标准谱图对照。

（4）化学稳定性检验 可分为对玻璃本身的化学稳定性和对玻璃瓶的化学稳定性的检验。

① 粉末法。将玻璃粉碎，制成一定粒度的粉末试样（直径为0.25～0.42mm）。称取一定量的粉末试样，在加酸的蒸馏水中以一定温度加热侵蚀，经过一定时间后，检测其碱

浸析量来评定其化学稳定性，检测方法可用比色法、滴定法或电导法。粉末法是对玻璃瓶断面的侵蚀，能较客观地反映玻璃的化学稳定性。

② 表面法。表面法是针对玻璃容器，用水、酸或碱溶液进行侵蚀的测定方法，一般按 GB/T 4548 提供的方法进行检验。

（5）强度检验

① 残余应力按 GB/T 4545 玻璃瓶罐内应力检验方法的规定进行，即在偏光仪下使用一套标准光程差片，采用比较法活直接测定测量玻璃容器的内应力等级，最后换算成实际应力；

② 耐内压检验可按 GB/T 4546 玻璃瓶罐内压力试验方法检测，即在相应的试验机上，使玻璃容器内水压达到规定值时保持 1min，容器不破裂为合格；

③ 抗压冲击强度一般用摆锤撞击固定的试样瓶来测定，结果以冲击能（N・cm）表示；

④ 承受垂直荷重强度的检验可再材料试验机上进行，对此并未指定标准。

玻璃瓶罐常用的包装形式有：厚纸板箱、木箱、塑料箱、收缩包装和托盘式包装。

第二节　安瓿与管制玻璃药瓶的制造

安瓿和管制玻璃药瓶是用于医药品包装的玻璃容器，如：10～20mL 的抗菌素药瓶、1～100mL 用于包装注射剂的安瓿。

药用玻璃的质量等级在国际上是以耐水级别和含硼量来划分的，一般分为四类：钠钙、低硼硅、中性硼硅、高硼硅玻璃。

药用中性硼硅玻璃是当今世界上公认的最好的药用包装材料，其化学性能稳定，耐水一级、耐酸一级、耐碱二级，并且具有较强抗冷热冲击性、很好的二次加工性能和很高的机械强度，成为国际上药用玻璃包装的首选。

一、拉制玻璃管

安瓿和管制玻璃药瓶的生产工艺流程与瓶罐玻璃相似：

原料混合、熔化→流料槽→拉管机→玻璃管→管制药瓶成型（或安瓿成型）→退火→成品

在医用玻璃拉管加工，丹纳法（见图 3-3-5）和维罗法（或下拉法，见图 3-3-6）玻璃拉管工艺沿用至今。在一般情况下，维罗法用于高产量应用比较好，而丹纳法用于精确度要求比较高的小尺寸的玻璃管更理想。

熔化的玻璃液，流经料槽和供料机调节温度，使黏度约为 $10^{2.5}$ Pa・s，以带状流落到耐火材料制成的旋转筒上。旋转筒置于马弗炉中，与水平成 15°～20°倾斜角，固定在传动机构上，由电机驱动以 5～10r/min 的速度匀速转动。马弗炉温度低于旋转管上玻璃的温度，玻璃降温黏度逐渐增大到 10^4 Pa・s 左右，在旋转筒表面逐渐形成均匀的玻璃层。玻璃层由水平放置的拉管机以一定的速度牵引，并由空心轴腔吹入 600～1200Pa 的压缩空气，可以连续不断地生产玻璃管。玻璃管的管径和壁厚玻璃的流量、黏度、充气量和拉管速度决定。丹纳法可以拉制外径为 2～70mm 的玻璃管。将拉好的玻璃管进行退火处理，

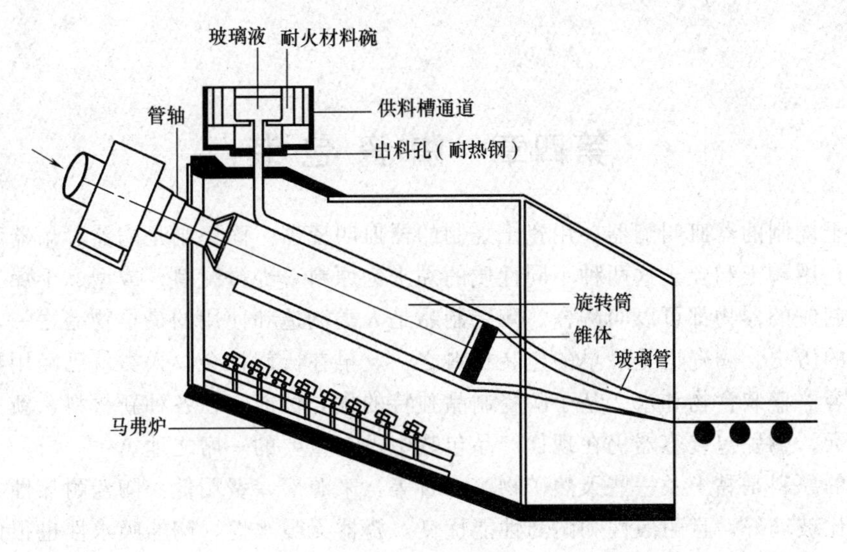

图 3-3-5　丹纳法工艺示意图

然后切割成适当长度，便可用于制造安瓿和管制小药瓶。

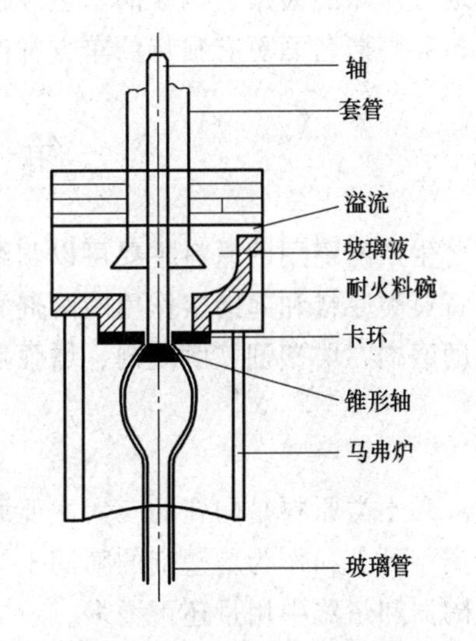

图 3-3-6　维罗法工艺示意图

二、制　　瓶

首先将玻璃管洗净、干燥，然后放入安瓿自动成型机上，在夹具夹持下，用氧气喷灯加热至半熔状态，同时在旋转模具上进行肩部成型和头部的收缩成型，最后，还要在 450～500℃温度下退火，再经检验，即为成品。

管制药瓶的成型方法与安瓿相似，也是在立式成型机中制成的。首先用喷灯加热使底部开口，然后用模具成型肩部和瓶口。瓶口的内径和口内形状则用一柱形塞来控制。最后用喷灯分开小瓶和玻璃管。将小瓶送到二次成型机上进行尺寸调整，再经退火处理，最后进行包装。

思　考　题

1. 玻璃的熔制分为哪几个阶段？各阶段的温度、黏度大致为多少？
2. 玻璃瓶罐的缺陷有哪些？怎样才能提高玻璃瓶罐的强度？
3. 玻璃瓶罐的着色机理是怎样的？着色处理的技术要点是什么？

第四章 陶瓷包装

用陶土烧制的器皿叫陶器，用瓷土烧制的器皿叫瓷器。陶瓷则是陶器、炻器和瓷器的总称。凡是用陶土和瓷土这两种不同性质的黏土为原料，经过配料、成型、干燥、焙烧等工艺流程制成的器物都可以叫陶瓷。陶瓷制品是人类制造和使用的最早物品之一，距今已有几千年的历史。陶瓷也是最早的包装材料之一，早在氏族社会，人类就已经用黏土制成罐，作为容器盛装食物和水。基于陶瓷制品独特的优异性能，在各种新材料、新工艺层出不穷的今天，陶瓷包装容器仍在现代产品包装中占有重要的一席之地。

陶瓷的原料是黏土及一些天然矿物、岩石等，来源广，费用低。陶瓷耐热性、耐火性与隔热性比玻璃好，且耐酸性和耐药性能优良，瓷器无吸水性，陶器吸水性也很低，陶瓷容器透气性极低，历经多年不变形、不变质，是理想的食品、化学品的包装容器。我国一些地方风味的酱菜、调味品，至今仍然采用古色古香、乡土气息浓厚的陶器包装。采用瓷器包装高档名酒更有独特的东方神韵。

第一节 陶瓷原料

生产陶瓷用的原料主要可以归纳为三大类，即具有可塑性的黏土类原料、起骨架作用的石英类原料和起助熔作用的溶剂类原料，此外，还常需要用到各种特殊原料作为助剂，如助磨剂、增塑剂、解凝剂、增强剂等等，以及作为陶瓷釉料的各种化工原料。

一、黏土类原料

黏土类原料是陶瓷的三大主要原料之一，包括高岭土、多水高岭土，烧后呈白色的各种类型黏土和作为增塑剂的膨润土等。在细瓷配料中黏土类原料的用量常达40%～60%，在陶器和炻器中用量还可增多。

1. 黏土的组成

黏土是多种微细矿物组成的混合体，是一种土状岩石，其粒径多数小于2μm。随着黏土原料所含的矿物种类和组成的不同，以及杂质矿物含量的多寡，其化学组成变化很大。但主要的黏土矿物都是含水的铝硅酸盐，因此其主要化学成分为 SiO_2、Al_2O_3 和 H_2O，随着质地生成条件的不同，还会含有少量的碱金属氧化物 K_2O、Na_2O，碱土金属氧化物 CaO、MgO 以及 Fe_2O 和 TiO 等。

2. 黏土在陶瓷中的作用

① 坯体的成型是借助于黏土的可塑性，注坯泥浆则赖于黏土的细分散性而获得良好的悬浮性与稳定性，故配料中必须用一定量的黏土。

② 黏土是瓷坯组成中 $A1_2O_3$ 的主要来源，是坯体耐火性质的主要依靠。焙烧后，黏土成为多孔性材料。黏土制品的性能与黏土的成分、原材料颗粒的大小、形状和尺寸分布有密切关系。不同成分的黏土可以制造不同品种的陶瓷制品，如陶瓷、粗陶瓷和瓷器。

③ 黏土具有可塑性，在瓷坯中用以对一些非可塑性原料产生结合能力，使瓷坯在干燥过程中避免变形与开裂的缺陷，并产生了强度。同时因黏土的粒子很细，而非可塑性原料的粒子较粗，二者相混，可得堆积密度很高的坯体结构。

④ 坯泥在加热到1000℃以上时，由于脱水后黏土矿物——高岭石分解，而有莫来石结晶生成，并赋予坯体的强度，并能赋予瓷器以很好的机械强度、介电性能、热稳定性和化学稳定性。

二、石英类原料

自然界中的二氧化硅结晶矿物统称为石英，有多种状态和不同纯度。陶瓷工业中常用的石英类原料有脉石英、砂岩、石英砂、燧石等。石英属于瘠性材料（减粘物质），可降低坯料的黏性，对泥料的可塑性起调节作用。在烧成时，黏土因失水而收缩很容易产生龟裂，石英对黏度的降低和加热膨胀性可部分抵消坯体收缩的影响。在瓷器中，大小适宜的石英颗粒可以大大提高坯体的强度，还能使瓷器的透光度和强度得到改善。一般在日用陶瓷中，石英类原料占25%左右。

三、长石类原料

长石的主要成分是钾、钠、钙的铝硅酸盐。长石则属于溶剂原料，高温下熔融后可以溶解一部分石英及高岭土分解产物，形成玻璃状的流体，并流入多孔性材料的空隙中，起到高温胶结作用，并形成无孔性材料。在日用陶瓷中，长石类原料占25%左右。

四、辅助原料

除以上三类主要原料外，有时还加入一些其他功能添加剂与色料等，如烧制骨瓷时要加入动物的骨灰，它可以增加半透明性和强度。碳酸盐类辅料如石灰水、菱镁矿可降低烧结温度，缩短烧结时间，也有增加产品透明度的作用。滑石等含水碳酸镁盐类辅料在降低烧结温度的同时，还能改善陶瓷的性能，如白度、透明度、机械强度、热稳定性。原料中的铁杂质是非常有害的，要预先净化除去。

第二节 陶瓷包装容器

一、陶瓷包装容器的分类

1. 缸

敞口，造型为上大下小，内外施釉，属大型容器。

2. 坛

造型为两头小中间大，在外表面可制作结构性附件，如：耳、环等，以便于搬运，是一种可封口且容积较大的容器。

3. 罐

罐在造型上与坛相像，也是上下两头小中间大，可封口，但容器较小。

4. 瓶

是一种长颈、口小体大的容器，主要用于酒类的包装。

二、陶瓷包装容器的制造工艺

陶瓷包装容器的制造工艺为：首先根据陶瓷的种类和用途制造坯料，通过不同的成型方法制成具有一定形状和大小的坯体（也叫生坯），即成型；生坯经过干燥、修整后可施釉装饰，经高温烧成，检验合格后成为陶瓷包装容器。

1. 备料

首先，原料车间按要求制备坯料。成型对坯料提出细度、含水率、可塑性、流动性等性能要求，因此，各配料的质量、配比和加水量都应严格准确。在黏土中加入适量水后黏土便具有可塑性。加水量对混合物性能有很大影响。水量过低，混合物之间的强度变弱易碎，因此，水量必须满足一个最低限。这一最少量的水，就是所谓塑性极限。可以加入稍多于这个限度的水，当加入的水达到了上限，即所谓水限后，过多的水则将使黏土变湿、变稀、变黏。黏土所需水的准确数量，在很大程度上取决于黏土的类型和黏土颗粒的表面状态。

2. 成型

陶瓷包装容器的成型方法有可塑成型法、注浆成型法两大类。

（1）可塑成型法　可塑成型法是利用模具或刀具等运动造成的压力、剪力、挤压等外力对具有可塑性的坯料进行加工，迫使坯料在外力作用下发生可塑变形而制成坯的成型方法。可塑成型法坯料含水量一般在18%～26%。这种方法主要用于盘、杯状的陶瓷包装容器的成型，且多采用滚压法，主要有两种滚压成型方法：

① 盘类陶瓷包装容器的滚压成型。如图3-4-1所示，坯料放入石膏制成的旋转模具上，以旋转的滚压头滚压成盘状的坯体。

② 杯类陶瓷包装容器的滚压成型。如图3-4-2所示，滚压头为圆柱形，可再阴模内径方向滚压，将坯料滚压成深度较大的杯状坯体。

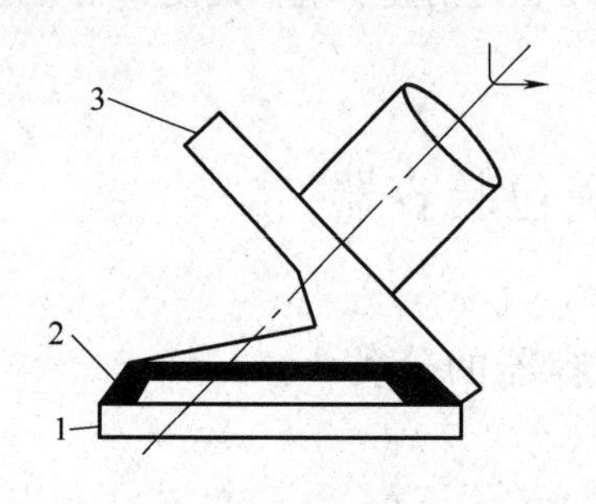

图3-4-1　浅盘的滚压成型

1—模具　2—坯体　3—滚压头

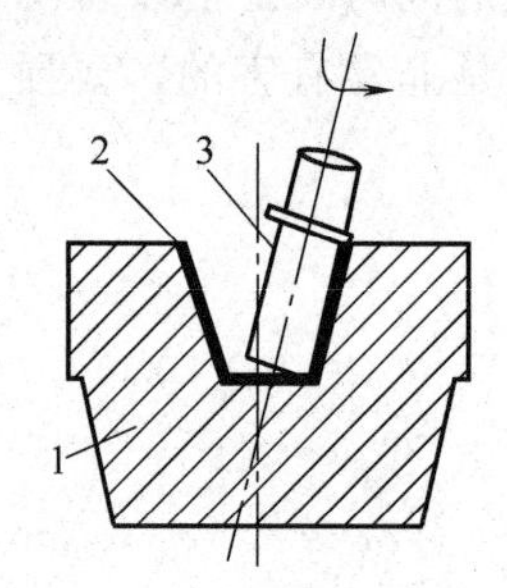

图3-4-2　杯具的滚压成型

1—模具　2—坯体　3—滚压头

（2）注浆成型　这种方法坯料含水量较高，为30%～40%，适合于制造外廓复杂或呈细颈瓶型类陶瓷包装容器。注浆成型是基于石膏模能吸收水分的特性。先将泥浆注入石膏模具中，靠近模壁处的泥浆水分被石膏模型吸收而形成泥层，待泥浆在模型中停留一段时间，形成坯体所需厚度时，倒出多余的泥浆，随后带模干燥，待注件干燥收缩脱模后，取出注件。用这种方法注出的坯体，注件的外形取决于模型工作面的形状，而内表面则与外表面基本相似。坯体的厚度取决于操作时泥浆在模型中停留的时间。

成型后的坯体只是半成品，后面还要经过干燥、上釉、装坯、烧成等多道后续工序，还要经过多次人手或机械手取拿放下，所以成型应满足坯体干燥强度、坯体致密度、坯体入窑含税率、器型规整等装烧性能要求。

3. 干燥和烧成

排除坯体中水分的工艺过程称为干燥。通过干燥，坯体获得一定的强度以适应运输及修坯、粘接、施釉、烧成等加工的要求。干燥工程中，坯体内间隙处的水分蒸发了，颗粒间隙缩小，坯体收缩。干燥速率很重要，如干燥过快，表面水分蒸发速度大于内部水分扩散速度，则表面先收缩，就会造成龟裂。所以必须控制表面排水速率，使它大致与坯体内部水的扩散速率相等。

在干燥以后要进行烧成。所谓烧成，是指对成型干燥后的陶瓷坯体进行高温处理的工艺过程。烧成分为以下四个阶段：

（1）低温阶段（室温～300℃）　由于干燥时不可能完全排除水分，所以烧成的第一步要排除坯体中的残余水分。坯体在本阶段只发生物理变化：重量减轻，气孔率增大。体积有微小收缩，强度略有增加，而不发生化学变化。严格控制坯体入窑水分含量不得过高（一般小于2%）；升温应均匀、平稳，速度不能过快；加强窑内通风，使坯体内蒸发出来的水汽及时排除，避免水汽在坯体表面冷凝。

（2）分解及氧化阶段（300～950℃）　在600～800℃时，坯体矿物中的化合水要排除，故这个阶段也要把握加热速率，以保坯体收缩均匀，不产生龟裂；此阶段还发生有机物、碳素和无机物等氧化、碳酸盐、硫化物等的分解。本阶段的主要作用是：继续提高坯体的温度，为坯体充分进行氧化分解反应创造有利条件。本阶段发生的主要物理变化有：坯体重量急速减轻，气孔率进一步增大，硬度与机械强度增加，体积稍有变化。

石英一般在配方中的用量最多，它在烧成过程中会发生复杂的晶型转变并伴随有较大的体积变化，是引起制品开裂的因素之一。573℃时β-石英快速转变为α-石英，体积膨胀0.82%；867℃时α-石英缓慢转变为α-磷石英，体积膨胀14.7%。573℃时石英晶型转变，由于体积膨胀速度较快，在升、降温时容易在这个温度点上出现开裂。因此在烧成操作时应特别注意。867℃时石英晶型转变伴随发生的体积膨胀虽然很大，但反应速度很慢，加上一部分为本阶段氧化分解反应引起的体积收缩所补偿，如果烧成操作得当，窑内温度均匀，一般不会发生大的问题。

（3）玻化成瓷阶段（900℃～烧成温度）　上述氧化、分解反应继续进行，在900℃时原料开始熔融，即玻璃化，熔融产生的玻璃液可流动填充干燥颗粒的空隙。在这个阶段，玻璃化程度要适当，适当的玻璃化不但可以增加制品强度，还可以使制品变为半透明，表面光滑，密度增加，使多孔制品变为无孔瓷器。但过度的玻璃化易使制品在高温下变软和塌陷。玻璃化程度与组成、时间和温度有关。加入助熔剂可降低液相形成温度。此阶段结束后，釉层玻化，坯体瓷化。

（4）冷却阶段（烧成温度～室温）　冷却初期，瓷胎中的玻璃相还处于塑性状态，可快速冷却，此时由快速降温而引起的热应力在很大程度上被液相所缓冲，不致产生有害作用。但降到固态玻璃转变温度附近时，必须缓慢降温，使制品截面温度均匀，尽可能消除热应力。随着温度的下降，坯体内玻璃相粘度逐渐增大，并由塑性状态转化为固态，坯体硬度与强度增至最大；与此同时发生晶型转化和体积收缩，冷却过程控制不当，极易出现制品开裂缺陷。

不同的陶瓷制品，烧成温度相差很多，可在1000～1400℃之间变化。陶器通常在1100℃左右，粗陶瓷和瓷器要求更高的玻璃化，特别是瓷器，软瓷器可达1300℃，硬瓷器可高达1460℃。

一般陶瓷的烧成工艺分为一次烧成和二次烧成两大类。一次烧成就是将生坯施釉后入窑经高温煅烧一次制成陶瓷产品的方法；二次烧成是在施釉前后各进行一次高温处理的烧成方法。二次烧成法通常有两种类型：一是将未施釉的生坯烧到足够高的温度使之成瓷，然后进行施釉，再于较低温度下进行釉烧；另一种是先将生坯在较低温度下焙烧（素烧）然后施釉，在较高温度下再次进行烧成。

近年来发展的低温快烧工艺可以有效提高单窑的产量和单位有效容积的产量，有利于降低燃料消耗，有利于延长窑炉寿命，有利于降低生产成本，有利于环境保护。实现低温快速烧成关键在于：①寻求适合于低温快烧的陶瓷坯料和釉料的原料配方及制造工艺；②改进传统窑炉使其能够适应快速烧成所需要的条件；③低温快速烧成应满足陶瓷坯体物化反应速度的要求，同时限制制品内的应力，不致造成坯体开裂和变形，以提高烧成质量。一般低温快速烧成对窑炉的要求是：①窑内温度、气氛均匀一致，温差一般＜10℃；②制品最好是单层通过，明焰裸装且不用窑具，但卫生洁具等复杂形状的制品目前还离不开垫板；③要有高的对流传热系数；④预热带由于气体温度低，传热慢，在预热带安装高速调温烧嘴也是低温快烧窑炉经常采用的方法；⑤降低入窑坯体的水分含量，快速烧成要求≤0.2%。

4. 施釉

釉是熔融在陶瓷制品表面上一层很薄而均匀的玻璃质层，陶瓷制品施釉的目的在于改善制品的技术性质及使用性质，以及提高制品的装饰质量。以玻璃态薄层施敷的釉层，可提高制品的机械强度，防止渗水和透气，赋予制品以平滑光亮的表面，增加制品的美感并保护釉下装饰。釉料用量一般占烧成制品量的5%～9%。

成型后的卫生瓷素坯经过干燥，使其含水率低于3%以下，即可进行施釉。施釉前应对素坯进行仔细检查，用压缩空气吹去坯体表面灰尘。对外观尺寸和形状不符合产品标准（或图纸）要求的半成品，应重新修理或报废，同时还应检查是否存在坯裂缺陷，以保证良好的釉层黏附。施釉方法有浸釉法、喷釉法、烧釉法、刷釉法和荡釉法等。在烧成时，坯体表面的釉料熔融为完全的液体，冷却以后为一层坚固的玻璃。

釉料的化学成分与玻璃相似，是硅石、硼酸等酸性化合物与氧化铝、石灰、矾土、碳酸钾（钠）等碱性化合物生成的硅（硼）酸盐。釉的种类很多，只有釉与施釉坯体的具体性质很相近时，釉的宝贵性质才能得以利用，如陶器要施以陶釉，瓷器要施以瓷釉。在釉料中配以不同的物料，还可使釉层具有各种不同的性质，如透明釉、乳浊釉、结晶釉、无光釉等。

三、陶瓷包装容器的检验与验收

陶瓷包装容器的检验项目主要有：

(1) 外观与表面光洁度 陶瓷包装容器的外观、色彩、表面光洁度等外观质量，目前仍凭肉眼观察和触摸感觉来评定。

(2) 尺寸精度和表面形状精度 陶瓷容器存在着干燥收缩与焙烧收缩，且纵横向收缩度不一致，一般纵向收缩比横向收缩大1.5%～3%。不同的泥料收缩范围相差很大，需靠实验数据和经验来掌握和控制，以达到要求的准备尺寸。陶瓷容器直线型面直线的平直度可用钢尺以贴切的方式检验，弧线型形面则用样板贴切检查。GB/T 3301中规定了日用陶瓷的容积、口径误差、高度误差、重量误差、缺陷尺寸的测定方法。

(3) 相互位置精度 同轴度、平行度可用百分表检验，具体指标由供需双方商定。

(4) 铅、镉溶出量 按照GB 14147陶瓷包装容器铅、镉溶出量允许极限中规定检测。

(5) 釉面耐化学腐蚀性 日用陶瓷器釉面耐化学腐蚀性的测定按照GB/T 5003规定进行。

有关陶瓷容器的验收、包装、标志、运输和储存可参见GB/T 3302。

思考题

1. 陶瓷包装容器的原料有哪些？它们在陶瓷中主要起什么作用？

2. 简述陶瓷容器在包装上的应用。

第四篇　金属包装材料与制品

金属是最古老的包装材料之一，金属容器的加工与应用距今已有 5000 年的历史。金属包装具有良好的阻隔性、抗冲击能力和保护性能，特别适合于食品、工业产品的销售包装及运输包装。

第一章　金属包装材料

金属包装材料是指将金属压延成薄片，用于商品包装的一种材料。与其他包装材料相比，金属包装材料具有极高的强度、刚度、韧性，组织结构致密性和良好的加工性等特点，此外金属包装材料易于印刷、装潢性能优异，同时也是一种优良的可循环再生材料，环保性能好。所以，金属材料在现代商品包装中仍然获得广泛应用。

第一节　金属包装材料的性能与分类

一、金属包装材料的性能特点

1. 具有极佳的阻隔性能

金属包装材料具有极佳的阻隔性能，包括阻气性、防潮性、阻光性、保香性等，能长期保持食品的质量和风味不变。因此，在食品包装中应用可使食品具有较长的货架寿命，并且更好地保持其原有风味。

2. 优良的力学性能

金属包装材料具有较高的强度，即使壁很薄时也不易破损，同时还表现为耐高温高湿、耐虫害、耐候性等。这些特点使得用金属容器包装的商品便于运输、贮存和装卸，使商品的销售半径大为增加。

3. 优良的加工性能

金属材料具有较好的延展性，加工性能好，加工技术工艺比较成熟，可以轧成各种厚度的板材、片材和箔材，板材还可以通过冲压、轧制、拉伸、焊接等方式加工成各种形状的包装容器，能满足消费者的各种需求；箔材还可以与塑料、纸等包装材料进行复合，并且适于机械化连续自动生产，生产加工效率高，如马口铁三片罐生产线，速度可达 1200 罐/min，铝质两片罐生产线的速度可达 3600 罐/min。

4. 表面装饰性好

金属材料本身具有较好的光泽度并且易于印刷装饰，还可以通过表面设计、印刷、装饰提供理想美观的包装形象，使商品包装外表华贵富丽，同时又具有较强的质感，能够有效吸引消费者，起到促进销售的作用。

5. 废弃物可回收利用

金属包装容器由于其耐用性通常在使用后可进行二次利用，例如作为盛放容器使用。

消费者废弃的金属包装容器一般可以回炉再生，循环使用，既回收资源又能够节约能源，减少环境污染，属于绿色环保包装材料。

6. 原料资源丰富

铁和铝作为主要的金属包装材料在自然界中含量极为丰富，且已大规模工业化开采和生产。

7. 化学稳定性差

表现为自然环境中易锈蚀，耐酸碱的能力较小，耐蚀性不如玻璃和塑料，因此金属包装材料通常需在表面覆盖一层防护物质，以防止来自外界和被包装物的腐蚀破坏作用，同时也要防止金属中的有害物质迁移对商品的污染。

8. 相对成本较高

与纸、玻璃、塑料和复合包装材料相比，金属包装容器的价格较高，所以通常不用于低价商品的包装。

二、金属包装材料的分类

金属材料的种类很多，但用于包装的金属材料品种并不多，包装用金属材料的品种主要有：钢铁、铝、铜、锡、锌等。其中使用较多的主要是钢材、铝材及其合金材料。包装用金属材料的形式主要有金属板材、带材、金属丝、箔片等。板材和箔材可按厚度来区分，一般将厚度小于 0.2mm 的称箔材；大于 0.2mm 的称板材。金属板材和带材多为厚度小于 1mm、大于 0.2mm 的薄板材料。金属薄板主要用于制造罐、盒、筒、桶类包装容器；金属薄带主要用于包装捆封；金属丝用于捆扎或制作包装用钉；金属箔材具有金属组织致密度高的特定性能，主要为铝箔，箔材主要用于与纸、塑料等材料制成具有特殊性能的复合包装材料，应用于各种商品包装。钢材和铝材根据涂层和厚度又可分为以下几类：

1. 钢材

包装用的钢材主要是低碳薄钢板，具有良好的塑性和延展性，制罐工艺性好，有优良的综合防护性能，但冲拔性能没有铝材好。钢质包装材料的最大缺点是耐蚀性差，易锈，必须采用表面镀层和涂料等方式才能使用。按照表面镀层成分和用途的不同，钢质包装材料主要有下面几种：

（1）低碳薄钢板　是指碳含量小于 0.25％的薄钢板，可直接制成金属容器，表面涂层处理后可用于食品和饮料罐。

（2）马口铁（镀锡薄钢板）　是一种双面镀有纯锡的低碳薄钢板，根据镀锡工艺不同，又可分为热浸镀锡和电镀镀锡板，是制罐的主要材料，大量用于罐头工业，也可用来制作其他非食品罐。

（3）白铁皮（镀锌薄钢板）　是在低碳钢板上镀一层 0.02mm 以上厚度的锌保护层而构成。致密的锌层使钢板防腐能力大大提高，是制罐材料之一，主要用于制作工业产品包装容器。

（4）无锡钢板（镀铬薄钢板）　是一种双面镀有铬和铬系氧化物的低碳薄钢板。作为马口铁的替代材料，其耐蚀性和焊接性等均比马口铁差，但其价格低，故大量用于腐蚀性要求较小的啤酒罐、饮料罐以及食品罐的底盖等。

（5）运输包装用钢材　主要用于制造运输包装用大型容器，如集装箱、钢罐、钢桶等以及捆扎材料。

2. 铝材

铝材的主要特点是质量轻、无毒无味、可塑性好，延展性、冲拔性能优良，在大气和水汽中化学性质稳定，不易生锈、表面洁净有光泽。但是在酸、碱、盐介质中不耐蚀，故表面也需要涂料或镀层才能用作食品容器。而且它的强度比钢低，成本比钢高，故铝材主要用于销售包装，很少用在运输包装上。包装用铝材主要以下面几种形式使用。

（1）铝板　为纯铝或铝合金薄板，是制罐材料之一，可代替部分马口铁，主要用于制作饮料罐、药品管、牙膏管。

（2）铝箔　采用纯度在99.5%以上的电解铝板，经过压延制成，厚度在0.2mm以下，一般包装用铝箔都是和其他材料复合使用，作为阻隔层，提高阻隔性能。

（3）镀铝薄膜　基材主要是塑料薄膜和纸张，在其表面镀上极薄的铝层。可成为铝箔的代用品而被广泛地使用。因为是在塑料膜和纸上镀上极薄的铝层，所以其隔绝性能比铝箔差，但耐刺性优良，在实用性能方面超过了铝箔。这种镀铝薄膜材料常用于制作衬袋材料。

第二节　常用金属包装材料

一、铁基包装材料

1. 低碳薄钢板

低碳薄钢板是指厚度小于3mm，碳含量小于0.25%的钢板。常用的薄钢板厚度为0.5～2mm，要求表面平整、光滑，厚度匀称，允许有紧密的氧化铁薄膜，不得有裂痕、结疤等缺陷。工艺分为热轧薄钢板和冷轧薄钢板。具有良好的加工性、连接简单、安装方便、质轻并具有一定的机械强度及良好的密封效果。

2. 镀锡薄钢板

镀锡薄钢板（也称镀锡板、马口铁）是传统的制罐材料，它有光亮的外观，良好的耐蚀性和制罐加工性能，易于焊接，适于表面装饰和印铁。但其冲拔性能不如铝板，因此大多制成以焊接和卷封工艺成型的三片罐结构，也可以做成冲拔罐。镀锡薄钢板除大量用于罐头工业外，还可制作用于包装化妆品、糖果、饼干、茶叶、奶粉等的罐、听、盒。另外它也是玻璃、塑料等瓶罐的良好制盖材料。

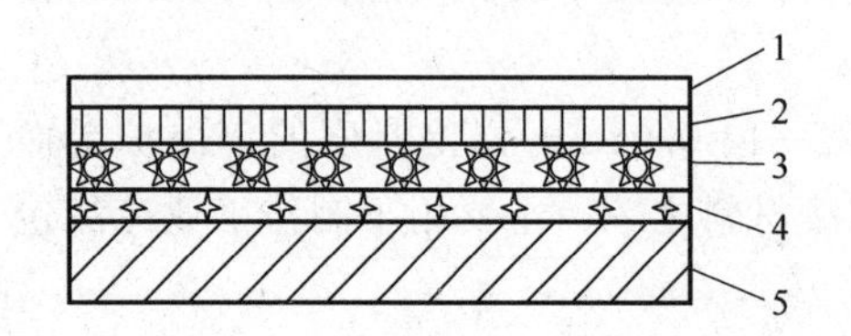

图4-1-1　镀锡薄钢板结构图
1—油膜　2—氧化层　3—锡层
4—锡铁合金层　5—钢基板

（1）镀锡薄钢板的结构和性能特点　镀锡薄钢板结构由钢基板、锡铁合金层、锡层、氧化层和油膜构成。各层的厚度、成分因生产方法的不同有一定差异，见图4-1-1。

镀锡板分类与代号见表4-1-1，各构成部分的厚度、成分和性能特点见表4-1-2。由于锡的电极电位比铁高，且化学性质稳定，因此镀锡层对铁起到一定保护作用，一般物品可直接用镀锡薄钢板罐包装。但锡的保护作用有限，腐蚀性较大的物品，会对镀锡薄钢板罐产生腐蚀作用。决定镀锡薄钢板耐蚀性的重要因素是镀锡层和表面处理。表面镀锡纯度越高、露铁点越少、经铬酸处理的钝化膜铬含量越高则耐蚀性越好，一般镀锡厚度为0.4～1.5μm，镀锡层越厚，耐腐蚀性越好，但成本也会相应增高。所以应根据包装的用途、保质期、制罐方法等不同情况正确选择镀锡量。不能直接使用镀锡薄钢板容器的物品，应使用涂料镀锡薄钢板制罐，涂料是一种有机化合物，主要成分是油料和树脂。涂料层将物品与镀锡层隔绝，与物品直接接触，故罐内涂料必须满足如下要求：无毒、无臭、无味；涂膜致密，基本无孔隙，耐蚀性好；涂膜在经受冲击、折叠、弯曲等加工时不脱落；高温焊接时不变焦脱落，无有害物溶出。

表 4-1-1　　镀锡板分类与代码

分类方法	类　别	符　号
按镀锡量	等厚镀锡　E_1,E_2,E_3,E_4 差厚镀锡　$D_1,D_2,D_3,D_4,D_5,D_6,D_7$	
按硬度等级	$T_{50},T_{52},T_{57},T_{61},T_{65},T_{70}$	
按表面状况	光面 石纹面 麻面	G S M
按钝化方式	低铬钝化 化学钝化 阳极电化钝化	L H Y
按涂油量	轻涂油 重涂油	Q Z
按表面质量	一组 二组	Ⅰ Ⅱ

表 4-1-2　　镀锡板各层厚度、成分和性能特点

结构名称	厚　度		成　分		性能特点
	热浸镀锡板	电镀锡板	热浸镀锡板	电镀锡板	
油膜	$20mg/m^2$	$2\sim5mg/m^2$	棕榈油	棉籽油或癸二酸二辛酯	润滑和防锈
氧化膜	$3\sim5mg/m^2$	$1\sim3mg/m^2$	氧化亚锡	氧化亚锡、氧化锡、氧化铬、金属铬	电镀锡板表面钝化膜是经过化学处理生成的，具有防锈、防变色和防硫化斑作用
锡层	$22.4\sim44.8mg/m^2$	$5.6\sim22.4mg/m^2$	纯锡		美观、易焊、耐腐蚀且无毒
锡铁合金层	$5g/m^2$	$<1g/m^2$	锡铁合金		耐腐蚀，若过厚则可使加工性和可焊性不良
钢基板	0.2～0.3mm		低碳钢		加工性能良好

（2）镀锡薄钢板的主要技术指标

① 钢基种类。不同种类的钢板在成分、质量和应用方面均有不同。

② 规格尺寸。主要包括厚度、宽度和长度，使用时可根据用途、罐型等要求选择适当的尺寸。

③ 镀锡量。一般镀锡厚度为0.4～1.5μm，镀锡层越厚，耐腐蚀性越好，但成本也会相应增加。所以应根据包装的用途、保质期、制罐方法等不同情况正确选择镀锡量。

④ 涂料。镀锡薄钢板根据表面是否涂布涂料，可分为素铁和涂料铁两类。素铁没有涂料，主要用于不与内容物直接接触的包装。涂料铁则是在内壁一侧涂布了有机物涂料的镀锡薄钢板，适用于大部分食品包装。涂料由有机高分子树脂（如环氧树脂、酚醛树脂）和溶剂（如二甲苯、环已酮等）及少量添加剂按一定比例制成的具有适当黏度的糊状物，用辊筒印涂到镀锡薄钢板的内壁表面，经200℃以上的温度烘烤。涂料的作用是隔离罐壁与内容物，防止腐蚀和阻止溶出的重金属离子对食品等内容物的污染。

3. 镀锌薄钢板

镀锌薄钢板（俗称白铁皮）是制罐材料之一，它主要用于制作工业产品包装容器；还可用于制作某些油类、油漆、化学品、洗涤剂等方面的包装容器。

(1) 镀锌薄钢板的结构组织　镀锌薄钢板是在酸洗薄钢板表面上镀上一层厚度为0.02mm以上的锌保护层而成。镀锌板厚度在0.44～1mm。镀锌薄钢板结构见图4-1-2。

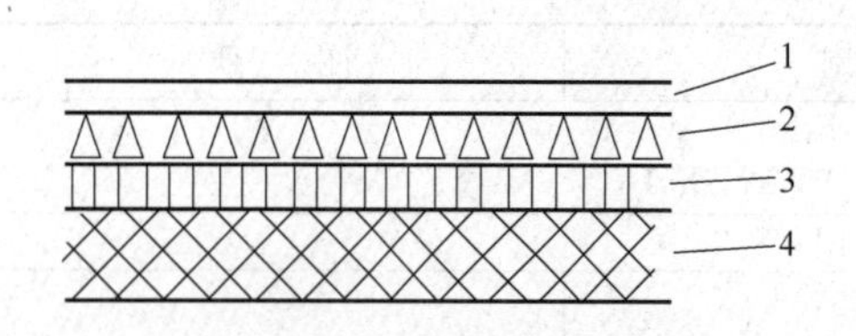

图4-1-2　镀锌薄钢板结构图
1—氧化层　2—锌层
3—锌铁合金层　4—钢基板

镀锌薄钢板的生产工艺，按镀锌方法分热镀法和电镀法两种。热镀锌板产量占绝大部分，是用于包装的主要镀锌板。热镀锌板的生产工艺流程为：

轧制薄钢板→电解清洗→退火→平整→剪切→酸洗处理→熔融液态锌中浸镀→水洗→风干→镀锌薄钢板

镀锌薄钢板常见的尺寸规格为：厚度有0.44～0.88mm系列，幅面尺寸为1800mm×900mm。

(2) 镀锌薄钢板的性能及用途　镀锌薄钢板的机械性能和镀锡板、镀铬板相近，表面光亮，强度、韧性良好；耐腐蚀性能较镀锡板、镀铬板差，价格较低。镀锌板是应用较多的金属包装材料，多用于制造中型和大型容器，适宜盛装中性食品及其原料，或盛装粉状、浆状和液状等其他物料。因为锌的电极电位比铁低，化学性质比较活泼，在空气中能很快生成一层氧化锌薄膜，这层氧化锌薄膜非常致密，保护里面的锌和钢板不受腐蚀，即使擦破了镀锌层，由于锌先发生氧化而保护了铁，这样大大提高了钢板的耐腐蚀性能。用镀锌板制成容器后就不必再进行表面防腐处理，因此镀锌薄钢板广泛用来制作金属包装容器，特别是镀锌板所制的容器还具有强度高、密封性能好等特点，是工业产品包装中应用较多的一种包装容器。

4. 镀铬薄钢板

镀铬薄钢板又称无锡钢板，是镀锡薄钢板（马口铁）的替代材料，其耐蚀性和焊接性等均比马口铁差，但其价格相对较低。

镀铬薄钢板是表面镀有铬和铬的氧化物的低碳薄钢板，它的结构由钢基板、金属铬层、水合氧化铬层和油膜构成，如图4-1-3所示。

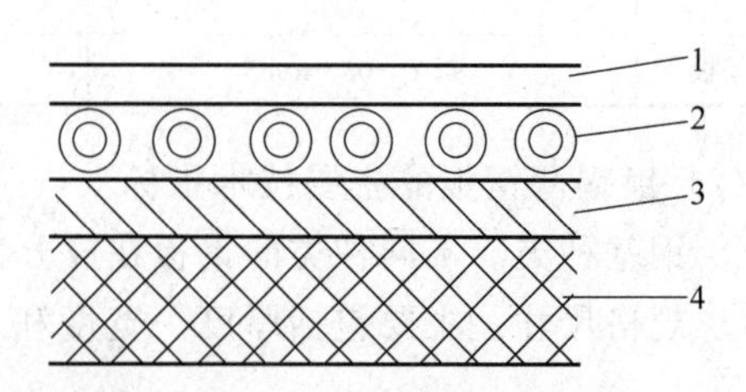

图4-1-3　镀铬薄钢板结构图
1—油膜　2—水合氧化铬层
3—铬层　4—钢基板

镀铬薄钢板和镀锡薄钢板的钢基相同，

因此它们的强度和加工性能也基本相同。镀铬板耐腐蚀性不如镀锡薄钢板，镀层只能在弱酸弱碱下起保护作用。为提高耐腐蚀性，使用前必须对罐内外涂布涂料层。镀铬薄钢板对有机涂料的附着力特别好，是马口铁的3～6倍，因此适合于制造二片拉伸罐和三片罐的罐底和罐盖，如美国两片罐90%以上采用镀铬薄钢板。镀铬薄钢板各部分的厚度、成分及作用见表4-1-3。

表4-1-3　　镀铬薄钢板各部分厚度、成分及作用

名　称	厚　度	成　分	作　用
油膜	4.9～9.5mg/m^2	癸二酸二辛酯	防锈、润滑
水合氧化物铬层	7.5～27mg/m^2	水合氧化物铬	保护金属铬层，便于涂料和印铁，防止产生孔眼
金属铬层	32.3～140mg/m^2	金属铬	耐腐蚀
钢基板	0.2～0.3mm	低碳钢	提供良好的加工性和强度

二、铝基包装材料

1. 铝基包装材料的特点

铝材是钢以外的另一大类包装用金属材料。由于它除了具有金属材料固有的优良阻隔性能、气密性、防潮性、遮光性之外，还有许多其他特点，所以在某些方面已取代了钢质包装材料。近年来，铝材在包装方面的用量越来越大，铝质包装材料主要有纯铝板、合金铝板、铝箔和镀铝薄膜等。

铝作为包装材料与其他金属材料相比还具有如下特点：

(1) 密度小　铝的相对密度为2.7g/cm^3，仅为镀锡薄钢板的1/3，便于运输和贮存，可节约运输费用。

(2) 加工性好　铝具有很好的延展性，非常适合于各种冷、热加工，冲拔压延成薄壁容器或薄片，并且具有二次加工性能和易开口性能，易于冲压成各种复杂的形状。

(3) 表面性能好　铝材料表面光泽，光亮度高，不易生锈，易于印刷，具有良好的装潢效果。

(4) 热传导率高　铝的热传导率仅次于金、锡、铜，适合于热加工食品包装和冷冻食品包装。

(5) 再循环性能好，再加工能耗低。

(6) 应用范围广　能与其他材料如纸、纸板及塑料薄膜等复合成复合材料，如镀铝薄膜等。

铝质包装材料除了上述优点外，在使用中也存在一些不足，例如，耐腐蚀性差，酸性食品如水果等会与铝发生化学反应；焊接性能差，容器成型加工局限性大；机械强度相对较低，铝的薄壁容器受碰撞时易于变形；非磁性金属，在制罐过程中不能有效使用磁力进行高速机械传送；相对成本较高。

2. 常用铝基包装材料

(1) 铝和铝合金薄板　工业纯铝的铝含量在99%以上，纯铝板质软，强度低，使用受到限制，故较少作为包装材料，由于其富有延展性，适于生产很薄的铝箔、包装铝管等。铝板是一种新型的制罐材料，加工性能优良，但焊接较困难，因此铝板均制作成一次冲拔成型的两片罐。铝罐轻便美观，外壁不生锈，罐身无缝隙不泄漏，且由单一金属制成，保护性能好，用于鱼、肉类罐头无硫化斑，用作啤酒饮料罐无风味变化等现象。铝罐的一个缺点是强度较低，较易碰凹。现在铝冲拔罐在欧洲应用较多，约占金属罐的1/3，主要用于销售量巨大的啤酒饮料罐，一般制成易开罐形式。非食品包装的喷雾罐中也有部分为铝罐。为了改善其强度和硬度，工业上多采用以铝为基材，加入一种或多种其他元素组成的铝合金，常用的有铝镁合金和铝锰合金，又称为防锈铝合金，其特点是耐蚀性强、抛光性好、能保持长期光亮的外观，故广泛用于制作金属容器。铝合金薄板生产工艺流程为：

铸造→热轧→冷轧→退火→冷轧→热处理→矫平→钝化处理→涂料→铝合金薄板

铝合金薄板基本相当于低合金钢的强度，可用于生产冲拔罐和薄壁拉伸罐等两片罐和易开盖和饮料瓶盖等。铝合金薄板的力学性能，会影响其加工性能和容器的使用性能。所以在生产容器时，要根据容器的结构选择材料的加工性能，如抗拉强度、塑性、伸长率等；根据容器的使用情况来选择材料的厚度、强度、硬度等。

（2）铝箔　铝箔是应用于包装的金属箔中最多的一种。铝箔是采用纯铝板压延而成，厚度在0.2mm以下。在包装领域中具有十分广泛的应用，常用于包装糖果、香烟、食品、药品等。通常与其他包装材料复合使用可提高包装材料的阻隔性能，充分发挥各自的长处，取得最佳的包装效果。在包装中应用铝箔具有以下特性：

① 安全性。金属铝无味、无臭、无毒，因此铝箔在食品包装行业得到了广泛的应用。

② 机械特性。用作包装的铝箔强度较差、延伸率小。铝箔厚度为0.007～0.012mm，其拉伸强度为40～50MPa，延伸率为1.5%～2.7%；即使将铝箔的厚度增加到0.05mm，也难有令人满意的机械特性。因此，一般铝箔不单独使用，而是与其他材料配合或制成复合材料使用。

③ 针孔特性。一般认为铝箔是无孔的，然而事实并非如此。随着铝箔厚度的降低会出现不同数量的针孔，并且随厚度的减小，针孔迅速增加。例如当铝箔厚度为0.009mm时，针孔为400～500个/m^2；厚度为0.007mm时，针孔可达1000个/m^2以上，这是铝箔的缺点之一。

④ 透湿性。一般地说，铝箔具有优良的防湿性能，但是铝箔的防湿性和防水性与铝箔的针孔数有着密切的关系。均匀分散的针孔，增加了铝箔的透湿效应。

⑤ 保香性和防臭性。保香性和防臭性是防湿性之外的重要特性，用于食品包装尤为必要。保香和防臭性能与透湿性相似，取决于针孔数量的多少。

⑥ 光反射性。铝箔有悦目的银白色金属光泽，是铝箔在包装中成为重要包装材料的原因之一，它的热传导率很高、散热性优良；此外，由于铝箔的热膨胀系数较小，因而成为较好的复合材料基材。

⑦ 化学特性。铝箔的原始材料是铝金属，一般纯度为99.4%～99.7%。而制造铝箔需要的纯度应在99.7%以上。出于安全的需要，要求铝箔含Fe、Si总量要低于0.7%；含Cu量应低于0.1%。另外铝箔的耐腐蚀能力也是有限的，一般情况下在pH为4.8～8.5范围内是安全可靠的，如超过这样的范围，就必须采取涂敷保护层的措施。实际上，即使在pH为4.8～8.5的范围内，也常加涂保护层来增强铝箔的耐蚀能力，以保证应用的安全性。

（3）铝箔复合薄膜　铝箔复合薄膜属软包装材料，是由铝箔与塑料薄膜或薄纸复合而成。常用的塑料薄膜有聚乙烯、聚丙烯、聚酯、聚偏二氯乙烯、尼龙等。铝箔的厚度多为0.007～0.009mm或0.012～0.015mm，复合后具有足够的阻隔作用。据统计，铝箔复合薄膜70%用于食品包装，17%用于香烟包装，13%用于药品、洗涤剂和化妆品包装等。

（4）镀铝薄膜　镀铝薄膜是镀金属薄膜中应用最多的一种，此外还有镀银、铜、锌薄膜等。镀铝薄膜是采用真空镀膜法在塑料薄膜或纸张表面镀上一层极薄的金属铝，厚度约30nm。镀铝薄膜具有铝箔复合材料相同的优良性能，但其铝用量大幅减少，所以成本也随之减低，目前在许多包装中已经取代了铝箔复合材料，例如香烟包装中的铝箔纸正在逐步被镀铝纸所取代。

思　考　题

1. 金属包装材料有何特点？
2. 常见铁基金属包装材料有哪些？并举例说明其应用领域。
3. 常见铝基金属包装材料有哪些？并举例说明其应用领域。
4. 含碳量对铁基金属包装材料性能有何影响？
5. 马口铁和白铁皮材质及用途有何不同？
6. 包装用铝箔有何特点？
7. 与铝箔复合的常用包装材料有哪些？
8. 镀铝薄膜与铝箔复合薄膜相比有何特点？

第二章　金属包装容器

金属包装容器与其他包装容器相比具有更高的力学性能，抗冲击能力强，且不易破损，同时又具有完美的阻隔性能，良好的加工性能。目前在金属容器中占比例较大的是金属罐，传统的金属罐由罐身、罐盖和罐底三部分组成，通常称为三片罐。20 世纪 40 年代出现了两片罐，并快速发展，目前两片罐在食品、饮料及其他行业得到了广泛的应用。最初的两片罐制造材料主要为铝，随着工艺技术的不断发展，镀锡薄钢板等金属材料也可用于两片罐的制造。

第一节　金属包装容器的种类

一、金属包装容器分类

金属包装容器的分类方法很多，可根据结构形状和容积大小、材质等不同分类，金属包装容器常见类型、结构特点、工艺特点及用途等见表 4-2-1。

表 4-2-1　　金属包装容器常见类型特点及用途

类型	结构特点	形　状	工艺特点	用　途
金属罐	三片罐	圆柱形、方形或异形	电阻焊接	饮料罐、食品罐
			压接	食品罐、化学品罐
			粘接	饮料
	两片罐	圆柱形	冲拔罐	罐头
			深冲罐	
			薄壁拉伸罐	饮料
金属箱	三片或两片	长方体	电阻焊接	多用于贵重物品的运输包装
			压接	
			粘接	
金属桶	三片或两片	圆柱形、方形等	电阻焊接	食品原料及中间产品、化工原料等
			压接	
			粘接	
金属盒	两片	圆形、方形或异形	电阻焊接	日用化学品、食品
			冲压拉制	
金属软管	单片	管状（一段折合封闭，另一端为螺纹管口）	冲模挤压成型	日用品（牙膏等），食品
其他类型	各种结构	喷雾容器、盘状等	各种工艺	各种用途

二、金属罐罐型与规格

金属罐在金属包装容器中所占比重最大，根据其组成结构可分为三片罐和两片罐，其代表性结构形状如图 4-2-1。

1. 三片罐的罐形及规格

三片罐是由罐盖、罐底和罐身三个主要部分连接而成的金属罐。三片罐根据罐身接缝处的连接方式又可分为锡焊罐、电阻焊罐、粘接罐。由于金属罐的使用量大、使用范围广，因此国家制定了相应的标准，用于规范金属罐的设计、制造、使用和流通。金属罐的截面除了圆形以外，还有椭圆形、方形、矩形、梯形等，但圆罐所占比重最大，表 4-2-2 是通用圆罐规格尺寸。方罐、椭圆形、马蹄形罐、梯形规格系列分别见表 4-2-3、表 4-2-4、表 4-2-5 及表 4-2-6。

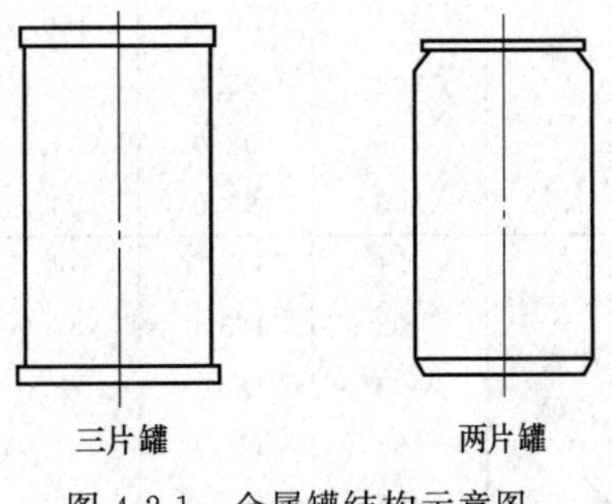

图 4-2-1　金属罐结构示意图

表 4-2-2　　部分通用圆罐规格尺寸

罐　　号	成品规格/mm			计算容积/cm^3
	公称内径	空罐内径	外高	
5267	153	153.4	267	4823.72
1561			61	1016.49
10189	105	105.1	189	1587.62
10120			120	989.01
1068			68	537.88
9124	99	98.9	124	906.49
980			80	568.48
962			62	430.20
8160	83	83.3	160	839.27
8101			101	517.73
860			60	294.29
7127	73	72.9	127	505.05
783			83	321.39
751			51	187.83
6101	65	65.3	101	314.81
672			72	221.04
668			68	207.64
5133	52	52.3	133	272.83
539			39	70.89

注：各种罐型的外高允许有±0.3mm 公差；有加强筋的大型罐外高允许有±1mm 公差；直径 52.3～83.5mm 的罐内径允许有±0.1mm 公差；直径 98.9～153.4mm 的罐内径允许有±0.2mm 公差。

表 4-2-3 方罐及冲底方罐规格系列

名称	罐号	成品规格/mm						计算容积/cm^3
		外长	外宽	外高	内长	内宽	内高	
方罐	301	103.0	91.0	113.0	100.0	88.0	107.0	941.60
	302	144.5	100.5	49.0	141.5	97.5	43.0	593.24
	303	144.5	100.5	38.0	141.5	97.5	32.0	441.48
	304	96.0	50.0	92.0	93.0	47.0	86.0	375.91
	305	98.0	54.0	82.0	95.0	51.0	76.0	368.22
	306	96.0	50.0	56.5	93.0	47.0	50.5	220.74
冲底方罐	401	144.5	100.5	35.0	141.5	97.5	32.0	441.48
	402	133.0	88.0	32.0	130.0	85.0	29.0	320.45
	403	126.0	78.0	32.0	123.0	75.0	29.0	267.52
	404	119.0	81.0	24.0	116.0	78.0	21.0	190.01
	405	109.0	77.5	22.0	106.0	74.5	19.0	150.04

表 4-2-4 椭圆形罐及冲底椭圆形罐规格系列

名称	罐号	成品规格/mm						计算容积/cm^3
		外长径	外短径	外高	内长径	内短径	内高	
椭圆形罐	501	148.2	73.8	46.5	145.2	70.8	40.5	327
	502	148.2	73.8	35.5	145.2	70.8	29.5	238.18
冲底椭圆形罐	601	162.5	110.5	37.5	159.5	107.5	34.5	464.60
	602	178.0	98.0	36.0	175.0	95.0	33.0	430.89
	603	168.0	93.5	34.5	165.0	90.5	31.5	369.43
	604	128.5	86.0	31.0	125.5	83.0	28.0	229.07

表 4-2-5 马蹄形罐规格系列

罐号	成品规格/mm					
	外长	两腰最大外宽	外高	内长	两腰最大内宽	内高
801	193.0	146.5	90.0	190.0	143.5	84.0
802	165.5	119.5	67.0	162.5	116.5	61.0
803	165.5	119.5	51.0	162.5	116.5	45.0
804	147.5	101.5	49.0	144.5	98.5	43.0
805	126.0	90.0	48.0	123.0	87.0	42.0

表 4-2-6 梯形罐规格系列

罐号	成品规格/mm										计算容积/cm^3
	盖外长	盖外宽	底外长	底外宽	外高	盖内长	盖内宽	底内长	底内宽	内高	
701	77.3	54.3	81.0	64.0	92.0	74.3	51.3	78.0	61.0	84.0	367.98

注：冲底罐外高较内高高出 3mm；梯形罐之内外高指垂直高；罐头的测量以内径和外高为标准。

2. 两片罐的罐形及规格

两片罐根据拉伸制造方法及罐高与罐径之比又可分为浅冲罐、深冲罐、变薄拉伸罐。两片罐由于其生产工艺特点，罐形种类较少，圆形两片罐最为常见，其规格尺寸见图

4-2-2 和表 4-2-7。易开盖的主要尺寸和极限偏差见表 4-2-8。

表 4-2-7　两片罐罐身主要尺寸和极限偏差单位：mm

规格		206 型		209 型	
尺寸名称	符号	基本尺寸	极限偏差	基本尺寸	极限偏差
罐体外径	*D*	66.04	±0.18	66.04	±0.18
罐体高度	*H*	122.22	±0.38	122.22	±0.38
缩颈内径	*d*	57.40	±0.25	62.64	±0.13
翻边高度	*B*	2.22	±0.25	2.50	±0.25

表 4-2-8　　易开盖主要尺寸和极限偏差　单位：mm

规格		206 型		209 型	
尺寸名称	符号	基本尺寸	极限偏差	基本尺寸	极限偏差
钩边外径	*D*	64.82	±0.25	72.00	±0.25
钩边开度	*B*	≥2.72	—	≥3.07	—
埋头度	*H*	6.35	±0.13	6.35	±0.13
钩边高度	*h*	2.01	±0.20	2.36	±0.20
每 50.08mm 盖钩边的重叠个数	*E*	26±2		22±2	

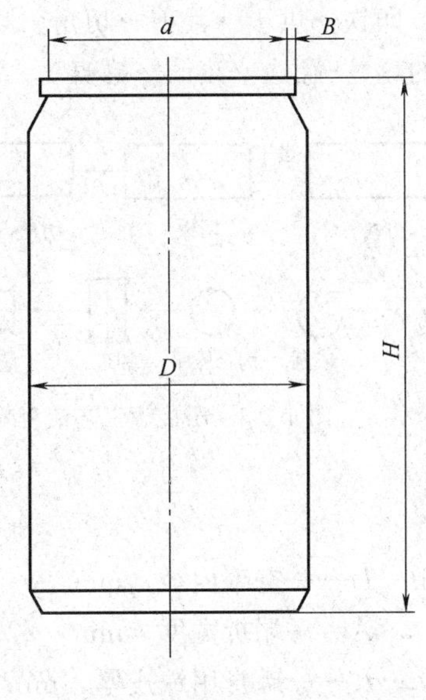

图 4-2-2　两片罐尺寸代号

第二节　金属三片罐

三片罐的应用历史已近 200 年，虽经多次改进，但其基本由罐身、罐底和罐盖三片金属薄板（多为马口铁）制成，故得名三片罐。三片罐有圆形罐和异形罐两大类，其成型制造工艺基本相同。罐身纵缝的密封形式主要有：压接、锡焊、熔焊和粘接。根据罐身制造工艺的不同，可分为压接罐、粘接罐和焊接罐三种。这三种罐的区别在于罐身侧缝的结合方法不同，而罐盖、罐底，以及罐盖和罐底与罐身的结合方法基本相同。最初三片罐的罐身采用压接的方式，这种工艺主要用于对密封性要求不高的食品罐。随后开始使用锡焊罐（即罐身接缝处铁皮搭接采用锡焊而成的三片罐），但由于焊锡中含有铅，已呈淘汰之势，逐步被目前的电阻焊接工艺所替代。熔焊可避免铅污染，能耗低、材料消耗少，但生产设备复杂。目前又在电阻焊接工艺的基础上，开拓出更新的边缝搭接技术，主要有：激光焊罐（即罐身边缝处，铁皮之间的搭接采用激光来焊接罐身）和粘接罐（即罐身接缝处铁皮搭接采用胶黏剂黏结而成）。

空罐生产的主要任务是把金属板制成符合规格要求的空罐容器，要求不漏气，有良好的密封性，如果空罐封底、卷边有缺陷、漏气，则商品装罐后会产生变质、渗漏、胖听等质量问题，所以空罐质量的优劣会直接影响实罐成品质量的好坏。

一、压　接　罐

压接罐的罐身是沿用传统的切角、端折、成圆、压平等工艺制造，主要用于对密封要求不高的食品罐，如茶叶罐、月饼罐、糖果巧克力和饼干罐等；如果是对密封要求较严格的包装，则要增加一道焊锡工序，以确保罐身侧缝的密封性能。以圆形罐为例，其典型制造工艺过程为：

印铁→烘干→裁剪→切角、切缺→去应力→端折→成圆→压平→焊锡（对密封要求严格的罐）→翻边→滚筋→罐身

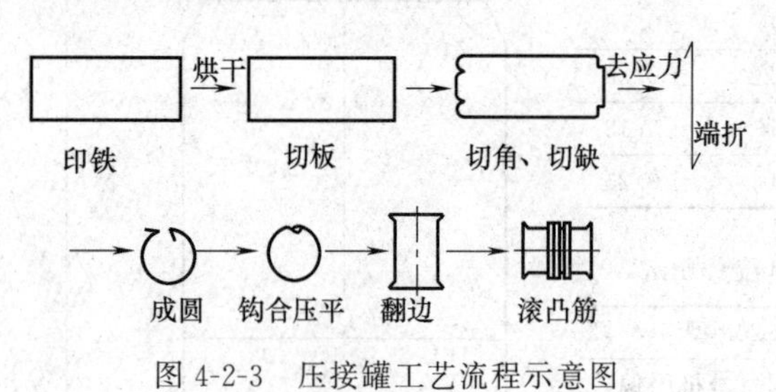

图 4-2-3　压接罐工艺流程示意图

压接罐的制造工艺流程示意图见图 4-2-3。

1. 裁剪工序

裁剪的目的是将检验合格的马口铁按罐型规格及用铁条件的规定，裁成一定尺寸的长方形铁片，供制造罐身使用。

（1）罐身板落料尺寸的计算（如图 4-2-4所示）

$$身板长度\ L=\pi(D+t_b)+3A\pm0.25 \tag{4-2-1}$$

式中　D——空罐内径，mm

A——端折宽度，mm

t_b——罐身用铁皮厚，mm

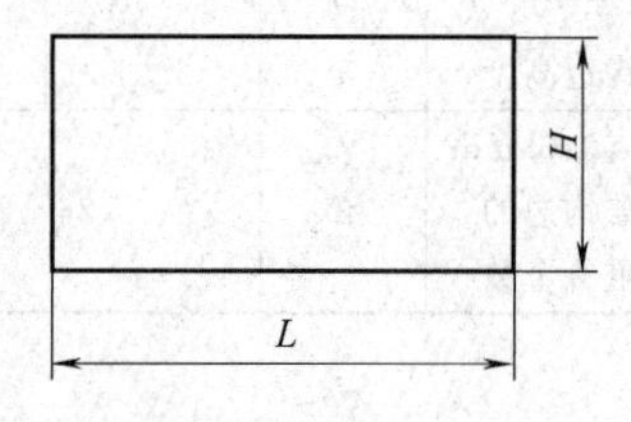

图 4-2-4　裁切（切板）

生产任何一种罐型，当罐内径和用铁厚度、端折宽度确定后，即可按上式进行计算，然而在实际生产中，由于模具使用过程中有一定的磨损，故落料长度必须进行必要的修正，一般身板宽度（H）等于罐型外高加 3～3.5mm，对于罐身滚压加强筋的大包装容器，其身板落料宽度为罐型外高加 4～5mm。

（2）罐型排料方式及套裁时应注意事项　由于镀锡薄钢板在钢板轧制过程中，有一定的方向性，因而马口铁的纵向、横向理化性能存在一定的差异，为了使空罐加工更加顺利进行，一般要求罐身成圆的方向和钢板轧制的方向相同，使罐身翻边方向和压延方向垂直，特别是小罐型、方罐，因罐径较小，翻边时所受应力较大，采用此种排料方法，可防止铁皮裂口，使镀锡板处于最好的加工状态。

（3）质量标准要求

①罐身板切口必须平齐、无毛口，四角必须垂直，切斜误差不得超过 0.25%；

②影响制罐质量的锡边，应予切除；

③在裁剪过程中必须避免铁皮将镀锡层、内涂料、彩印层等划伤。

（4）切板机械车间裁切罐身用的裁剪设备一般可分为闸刀式切板机和圆刀式切板机。

2. 罐身成型

罐身成型包括切角、端折、成圆、踏平等工序，罐身板通过成型工序以后，基本上成为罐身。罐身成型的每一道工序都有专用的机械设备来完成，如切角机、端折机、成圆机、踏平机等。

（1）切角　切角的目的是将身板一端的两角切去，另一端切去两个锐角或切开，便于罐身两端端折。使身板钩合后，两端铁皮重叠减少，便于翻边和封底，根据切角形状可分为 V 形和 U 形，如图 4-2-5 所示。

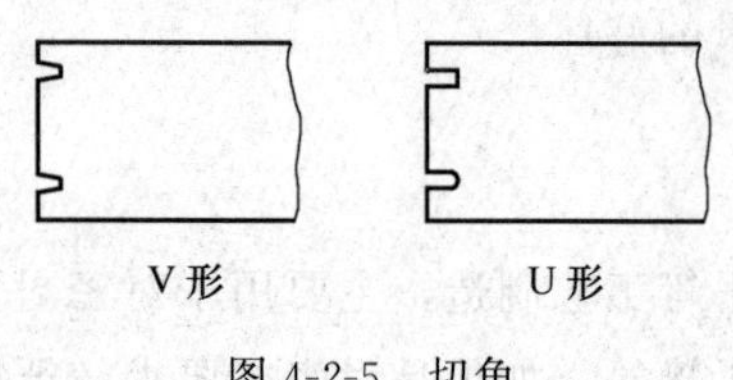

图 4-2-5　切角

（2）去应力 由于罐身板原料一般是处于平直状态，所以对其罐身板成圆比较困难，往往形成的罐身不圆。为此，在成圆之前，要使罐身板经过一组滚筒和楔形钢块的挠曲处理，可打乱罐身板内部的晶体结构，消除内部的应力，便于成型，且成圆后的罐身筒稳定。

（3）端折 端折的作用主要是为罐身的合缝创造条件，折边的形成是通过机器的冲折作用把已经切好角及缺口的身板两端折成钩形，一端向上，一端向下，便于踏平前的钩接，为踏平操作做好基础，如图 4-2-6 所示。

（4）成圆 成圆的目的是将端折后的身板通过机械的作用，把身板卷成圆筒形，使罐身两端折边容易钩接和合缝，成圆后的身板基本成为圆柱体。

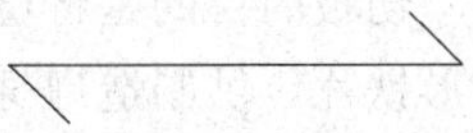

图 4-2-6 端折

（5）压平 压平的目的是使罐身圆筒端折边互相钩合，并压紧纵缝。纵缝由四层铁皮厚度组成，纵缝宽约为 3.1mm，缝的凸起部分一般在罐的内壁，罐身部分仅留一线缝沟，如图 4-2-7 所示。

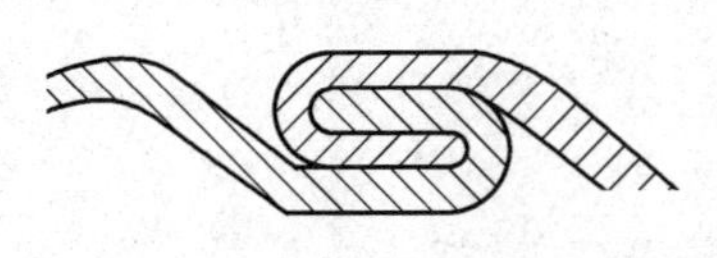
图 4-2-7 压平缝棱

（6）锡焊（当密封要求严格时）锡焊主要是指罐身纵缝的密封焊接。金属罐的密封，受罐身接缝密封状态和罐盖（底）卷边密封状态的好坏影响；而罐身密封是否良好、抗压强度高低则取决于罐身压平和锡焊质量，由此可见锡焊对于金属罐的密封性是非常重要的。因此，锡焊的基本操作在于使熔融的锡均匀渗透到钩缝铁皮之间，并与镀锡板表面的锡完全融合在一起，形成良好的密封结构。当然如果对罐的密封要求不严的包装，锡焊这道工序就可省略掉。由于锡焊存在铅污染问题，此法已基本上被电阻焊制罐工艺所代替。

（7）翻边 由于空罐的密封是由罐身与罐盖卷合的程度而定的，为了使罐身和罐盖更好地卷合，故罐身必须进行翻边，以利于罐盖、罐身卷边更顺利地进行，使封口获得良好的结构，如图 4-2-8 所示。

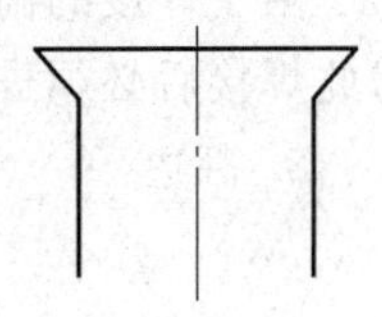
图 4-2-8 翻边

（8）压罐身加强筋 在制造大包装罐容器时，为了增强罐身的强度、刚度，以便承受罐头在杀菌冷却及运输过程中所承受的内外压力，使罐藏容器保持原来形状而不发生变形，所以在罐身部分压出一定形状的加强筋来适应这一要求，如图 4-2-9 所示。

二、焊 接 罐

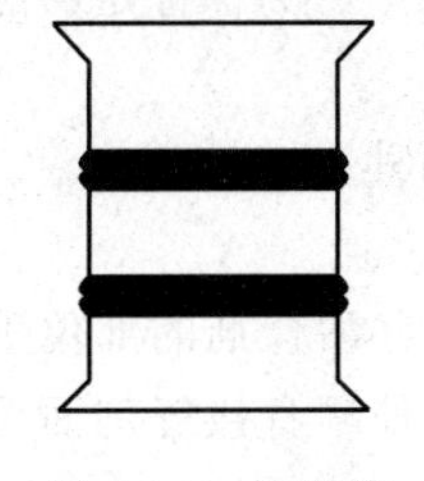
图 4-2-9 加强筋

焊接罐是罐身纵缝采用焊接密封制造的金属罐。焊接方法通常是电阻焊，电阻焊是将待焊接的两层金属板重叠置于连续转动的两滚轮电极之间，通电后靠电阻产生的热使滚轮之间的被焊金属接近熔化状态，并在滚轮的压力下连成一体，形成焊线。

镀锡薄钢板和镀铬薄钢板均可用电阻焊法制罐。电阻焊不需要使用锡，并避免了铅锡等对内装食品的污染的可能性；焊缝强度高，密封性好；焊缝搭接宽度小（不超过 1mm），节约材料；焊缝小，外形美观；焊缝厚度薄，便于翻边、缩颈和封口等后续工序的操作，生产效率高，因此焊接罐已成为三片罐主导产品，大量用于加热杀菌食品等的包装。

焊接罐罐身制造工艺如下：

印铁→切板冲卷圆→焊接→补涂→烘干→翻边→罐身

电阻焊罐所用马口铁，必须在焊接部位留有一定宽度的印刷空白，叫做“留空”，以避免印刷油墨对焊接质量造成不利影响。

电阻焊罐除“焊接”一道工序与压接罐不同外，大部分工序与压接罐基本相同，所用设备与压接罐也基本相同。

1. 切板

切板的目的是将检验合格的金属板按罐型规格及用铁条件的规定，裁成一定尺寸的长方形铁片，供制造罐身用。

（1）罐身长度 L 的计算公式为：

$$L=(D+S)\pi+U \tag{4-2-2}$$

式中 L——罐身板长度

D——罐内径

S——金属板厚度

U——接缝处重叠宽度，一般为 0.4～0.5mm

（2）罐身宽度的计算：H=罐外高+（3～3.5mm）

2. 卷圆

将裁好的长方形片材卷曲两端搭接成圆。

3. 焊接

把卷圆后罐身两端的搭接处，通过电阻加热焊接在一起，焊缝宽约为 1mm。

4. 补涂

由于焊接的高温作用，焊缝周围的涂料等保护层均被破坏，在使用中极易腐蚀生锈，为此焊接后必须进行补涂涂料，对焊缝及其周围的金属加以保护。

5. 翻边

三、粘 接 罐

由于镀铬薄钢板等材料的焊接性差，所以出现了用有机黏合剂（主要是耐高温的聚酰胺树脂系黏合剂）粘接罐身纵缝的制罐工艺。与电阻焊工艺相比，它的特点是：在印刷时不留空白，因而罐身外形美观；采用价格便宜的无锡钢板，可以降低成本。为保证足够的强度，罐身接缝的搭接宽度较大，一般为 5～6mm。

根据粘接工艺不同，制罐工艺分有黏合剂压合法和黏合剂层合法两种。

1. 黏合剂压合法

在镀铬薄板的端部涂上约 6mm 宽的尼龙系黏合剂，成圆时，使涂有黏合剂的部位重合后加热到 260℃，然后充分压紧，使接合处的黏合剂固化再冷却。这种罐身接缝剖面见图 4-2-10。

2. 黏合剂层合法

镀铬板先剪切成板，在板两端层压上薄膜状黏合剂，粘接薄膜的内侧把薄板的端面包起来，示意图见图 4-2-11，接着完成罐身制造工序。

罐身缝搭接部分宽度为 6mm，其制罐主要工艺步骤如下：

薄板上涂布黏合剂→切罐身板→切角→成圆→罐身粘接压紧→急冷（使黏合剂固化）→翻边→封底→喷补内外涂料→烘干

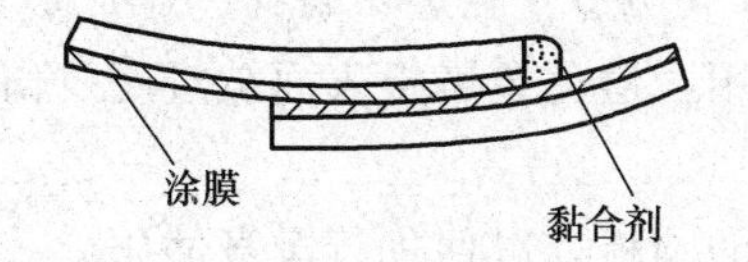

图 4-2-10　黏合剂压合法

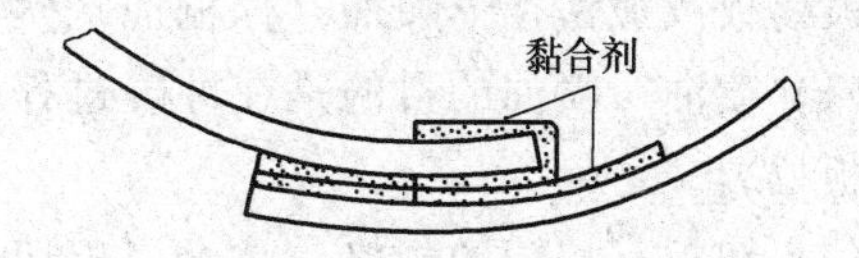

图 4-2-11　黏合剂层合法

从其罐身制造工艺看，除了罐身纵缝粘接工序与焊接和压接罐有所不同外，大部分工序基本相同。

第三节　两片罐罐身制造工艺流程

20 世纪 40 年代英国人将冲压技术用于罐头容器的生产，制造出了铝合金浅冲罐。70 年代两片罐的制造技术已相当完善，开始在全世界传播。80 年代我国引进两片冲压罐的生产技术和生产线。国际上也有采用两片深冲罐用于罐头食品等的包装，应用范围越来越广。

两片冲压罐最重要的特点是，罐身的侧壁和底部为整体结构，无任何接缝，所以与三片罐相比具有很多优点：

（1）内装食品卫生质量高　罐内壁均匀完整，在罐体成型后，可以涂上一层均匀完整的涂层，完全隔绝了可能污染内装物的金属污染源，大大提高了内装物的卫生质量。

（2）内装物安全　罐内壁完整无接缝，同时有完整的内涂层保护，彻底消除了产生渗漏的可能性；同时，罐身无缝可使罐身与罐盖的封合更加可靠，气密性高，确保了内装物的安全。

（3）包装装潢效果好　两片冲压罐罐身无缝，外侧光滑均匀，宜于增强印刷效果，并便于设计者设计美观的商标和图案；同时，两片罐通体外观线条柔和、流畅，具有良好的艺术效果。

（4）两片冲压罐与同容积的其他金属罐相比，具有重量轻、省材料的特点。

（5）成型工艺简单　按技术要求可分为一次冲压成型或连续多次冲压成型。成型速度快，可实现机械化、自动化、高速度、高效率的连续生产。

两片罐的分类，由于罐身成型工艺不同，目前两片罐主要包括：浅冲罐、拉伸罐（深冲罐 DRD）和变薄拉伸罐（冲拔罐 DWI）三种。根据使用材料不同分，可分为铝制两片罐、镀锡板和镀铬板两片罐。

一、浅　冲　罐

浅冲罐（Drawn Can）常用的材料是镀锡板和镀铬板。浅冲罐是罐底与罐身用浅拉伸法将镀锡板或镀铬板等金属薄板一次拉拔成型而制成。通常罐高与罐径之比小于 1，其形状可为圆形、方形、椭圆形等，由于罐身较浅无接缝，多用于盛装鱼、贝、虾、蟹类罐头等包装，可以减少罐壁的腐蚀。

1. 浅冲罐工艺流程

由于浅冲罐主要是利用镀锡板和镀铬板的延展性，在冲模的挤压作用下产生塑性变形，制成所需的容器形状，工艺流程比较简单，关键工序为冲压罐身与修整切边。在冲床上借助不同的冲压模具，可完成不同形状容器的成型。其典型制造工艺流程如下：

镀锡板或镀铬板→喷油（棕桐油）→切板→冲罐身→切边→翻边→罐身

（1）喷油　喷油的目的是在冲罐过程中起润滑作用，避免金属板表面被过度拉伤或将金属板拉裂。

（2）切板　按罐的规格，将金属板切成指定半径的圆板，以便进行罐身冲压。

（3）冲罐　利用模具冲制指定规格的罐身。

（4）切边　冲罐后因为金属板变形的不均匀性，罐身的罐口处高低不齐，为了便于封盖，需将罐口切齐。

（5）翻边　翻边的作用，空罐的密封是借罐身与罐盖卷合的程度而定的，为了使罐身和罐盖更好地卷合，故罐身必须进行翻边，以利于罐盖、罐身卷边更顺利地进行，使封口获得良好的结构。

2. 浅冲罐的拉伸原理

（1）浅冲罐的成型过程　浅冲罐是由凸模向凹模的冲压作用，将板材拉伸而形成的整体结构，当凸模在机械设备的曲轴带动下进入凹模时，板材受到冲压，按照冲模的形状形成所设计的容器，如图 4-2-12 所示。

（2）冲压过程的受力状况（图 4-2-13）　以圆形浅冲罐为例，用于浅冲罐的板材直径 D 要大于凸模的直径 d，冲压时板材从凸模的外径开始将外围部分带下凸模与凹模的周边的空隙，并在圆周方向产生内应力 P_1，由于间隙和板材的厚度基本相同，不允许铁皮收缩后变厚，随着圆周的缩小，并在圆周方向产生内应力 P_1，由于间隙和板材的厚度基本相同，不允许铁皮收缩后变厚，随着圆周的缩小，板材必然受压，为适应这种收缩现象，只能向半径方向伸长，产生伸长内应力 P_2。当板材继续向凹模内移动时，模口受到的外力最大，相应产生激烈的变形，由于半径方向的伸长力大于圆周方向的压缩力，金属板材被拉长，沿着凸模和凹模的间隙形成筒形的浅冲罐。

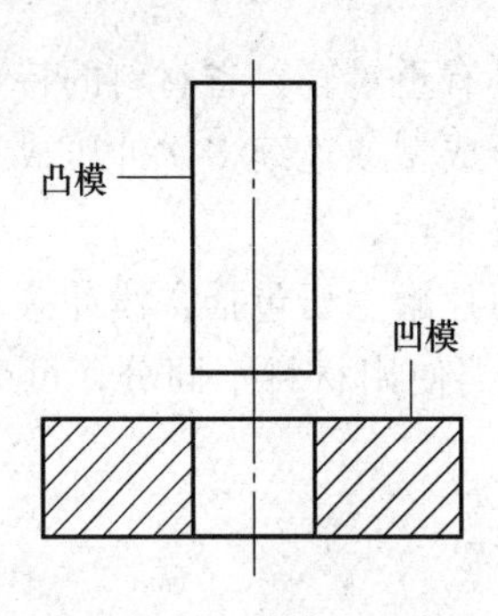

图 4-2-12　浅冲罐成型模具

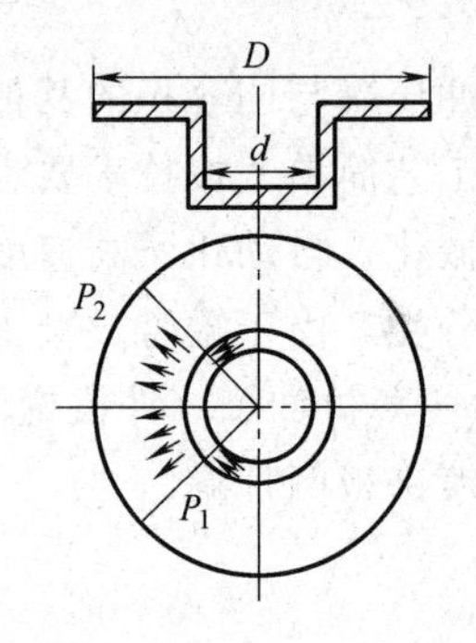

图 4-2-13　冲压受力示意图

（3）拉伸时各部位变形情况（图 4-2-14）

① 板材的边缘部位（A）。当板材由大直径向小直径方向收缩，同时又被凸模向下压力夹住拉入凹模，这时在圆周方向的收缩，半径方向的伸长和厚度增加是同时产生的，因此应力和变形在这三方面同时发生，外缘部分变形最大。

② 凹模口部位（B）。这一部位金属的结晶变化最激烈，它要使平面的板材通过凹模

口的圆弧面挤压成直立的圆筒，所以受力最大，应力和变形也同时发生，厚度相应增加。

③ 凸模和凹模的压料板间隙部位（C）。这一部分的板材只受到凸模向下的压力，因而伸长，应力主要在半径方向上，而变形是半径方向和厚度方向同时产生，因为金属的体积不变，板材被拉长以后必然在这部分产生金属不同程度的厚度变薄现象。

④ 在凸模的圆周部位（D）。这一部位金属最先接受凸模的压力，也最先被拉长、厚度减薄，内应力的产生和凹模口相同，也是三方向同时产生的，变形则是在半径方向和厚度方向产生。

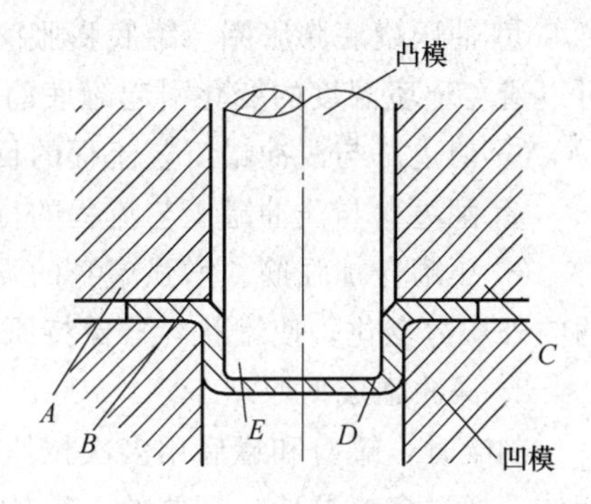

图 4-2-14　冲压拉伸变形示意图

⑤ 凸模的底面部分（E）。这一部分受到四周金属的拉力的影响，直径略微增大，但所产生的变形是在金属的弹性限度以内，所以厚度并不减少或只有略微减薄。

3. 材料的选择和要求

① 浅冲罐由于在冲压过程中金属材料变薄，为了保证罐底的厚度，需要采用较厚的一些板材，以免罐底发生弯曲变形。

② 对于冲压较深的空罐，需要采用经调质处理后较软的板材，以适应冲压过程中的压力，使板材具有良好的塑性，避免在拉伸过程中发生断裂。

③ 在拉伸过程中铁皮的镀锡层本身具有一定的润滑性能，因此对于涂料镀锡板可以使用 5.6g/m^2 镀锡量的薄板，而对于素铁板则需要镀锡量较大一些，如 11.2g/m^2 或 16.8g/m^2 的薄板。

④ 浅冲罐使用的材料厚度还取决于内装产品的压力、真空要求和顶盖进行二重卷封的适应性。

二、深　冲　罐

深冲罐（Drawn and Redrawn Can），它的特点是壁厚均等，强度刚性好，因此它适应的包装范围较广，它的长径比可以大于 1，一般可达 1.5∶1，它的表面涂料可以在成型前的平板上进行涂布。除此之外，它的设备成本较低，而且它的规格尺寸更易适应不同的需要。

深冲罐适合的材料主要是铝、TFS 板和马口铁，它的形状可以是圆形，也可以是异形，主要用于热加工食品的包装。

1. 深冲罐工艺流程

涂油的金属板材→切板→冲成杯状→再次冲杯（依据罐高可能若干次）→冲压罐底膨胀圈→修边→翻边→滚压加强筋→表面装饰→检漏

① 涂油。与浅冲罐工艺流程的目的相同。

② 切板。与浅冲罐工艺流程的目的相同。

③ 冲成杯状。利用模具冲制指定尺寸的杯状，为以后再次冲杯做准备。

④ 再次冲杯。所有的材料，无论是铝板还是镀锡（铬）板，金属一次所能冲拔的变形大小都是有限度的，所以依据罐高和材料可能要冲拔若干次，最后才能达到指定的罐的尺寸规格。

⑤ 冲压罐底膨胀圈。罐底膨胀圈纹可增加罐底的机械强度，由于膨胀圈的伸缩性也可以避免环境温度的变化引起罐底的变形，保证罐的质量。

⑥ 切边。与浅冲罐工艺流程的目的相同。

⑦ 翻边。与浅冲罐工艺流程的目的相同。

⑧ 压罐身加强筋。增强罐身的强度，以便承受食品在杀菌冷却及运输过程中所承受的内外压力变化，使罐状容器保持原来形状而不发生变形。

2. 深冲罐成型原理

制罐时，罐身和罐底用多次拉伸法制成（一般最少为 2 次），即先将金属薄板冲制成杯体，通过多级拉伸，杯体的内径越来越小，使底部的部分材料转向罐壁，而不是将罐壁部分压薄，罐壁和罐底的厚度保持原板厚。深冲罐的成型原理、成型过程与浅冲罐的基本相同，只是深冲罐的长径比大，冲压次数多。

3. 材料的选择和要求

① 用铝材制造深冲罐，因其具有良好的拉拔和再拉拔性能以及合适的硬度，如果使用涂料铝卷材，铝的表面用磷酸铬进行化学处理，以提高涂料的黏附性能。

② 用镀锡板或镀铬板制造深冲罐，应采用各种处理方法来提高材料性能及压延性，如调质处理等。

③ 冲压时，应加涂料进行润滑，如涂羊毛脂润滑剂、凡士林等，但这些润滑剂须均匀分布，否则拉拔效果不好或导致脏罐。

④ 通常用于拉拔罐的冲模，要经过抛光处理，使其与金属接触时具有良好的表面质量，可减少磨损。

三、变薄拉伸罐

变薄拉伸罐又称冲拔罐（Drawn and Wall Ironed Can 称 DWI 罐或 DI 罐），冲拔罐的最大特点是长颈比很大（一般为 2∶1，最大可达 5∶1），罐壁经多次拉伸后变薄，因此，这种罐身结构很适合于含气饮料的包装，由于内压的存在而支撑罐壁。近年来，由于液态氮在包装上的应用日趋增多，当用来盛装非含气饮料或固体食品时，可以借助液态氮进行包装，液态氮的气化倍数可达 700 倍以上。微量的液态氮足以用来支撑罐壁。另外，它还具有设备简单、生产效率高等特点。冲拔工艺只能成型圆形罐，而不适合制作异形罐。目前冲拔罐大量用于诸如啤酒和含气饮料的包装。

1. 冲拔罐的工艺流程

冲拔罐的制作主要经过两个重要过程，即预冲压和多次变薄拉伸，故称变薄拉伸罐，其大致工艺过程如下：

卷材涂润滑油→下料→冲压预拉伸成杯状→多次拉伸变薄→冲底成型→修边→清洗润滑油→烘干→涂白色珐琅质→表面印刷→涂内壁→烘干→缩颈翻边→检漏

其工艺流程示意图如图 4-2-15 所示。

① 涂油。与浅冲罐工艺流程的目的相同。

② 切板。与浅冲罐工艺流程的目的相同。

③ 冲成杯状。利用模具冲制指定尺寸的杯状，为以后拉伸变薄做准备。

④ 拉伸变薄。经压薄成型机连续多次进行压薄拉伸，最后才能达到指定的罐的尺寸

规格。

⑤ 冲底成型。冲制拱形底，增加罐底的机械强度，可以避免环境温度的变化引起罐底的变形，保证罐的质量。

⑥ 切边。与浅冲罐工艺流程中的目的相同。

⑦ 翻边缩颈。缩颈是使罐身的一端或两端的横截面缩小，可以用尺寸较小的盖，便于运输包装摆放。

2. 冲拔罐成型原理

冲拔罐的成型原理及设备比较简单，即先将金属薄板冲制成杯体，通过多级拉伸，罐壁逐渐变薄，在罐壁延伸变薄的同时，提高了罐身高，而罐径不变。冲拔罐的成型原理、成型过程与浅冲罐的基本相同，但是冲拔罐的罐径不变、罐壁变薄、罐身高度逐渐增大，使用的设备及材料有所不同。

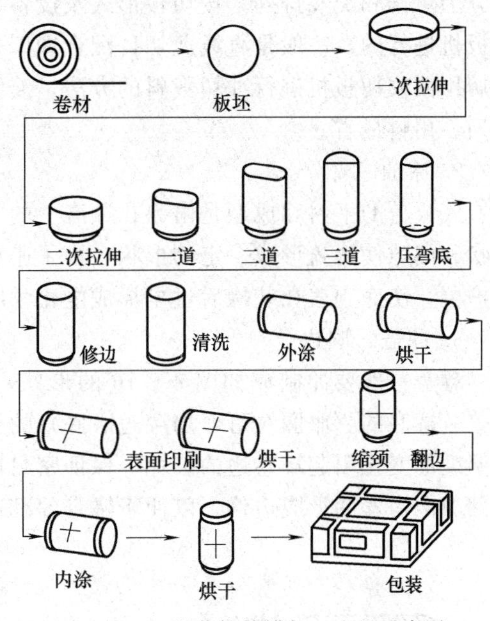

图 4-2-15　变薄拉伸罐加工流程示意图

3. 材料的选择和要求

冲拔罐（DWI）主要适用于铝或马口铁板材，TFS 板不适于冲拔工艺。

① 铝合金。制 DWI 罐的铝合金材料常用 LF1，一般厚度为 0.32～0.42mm，材料表面不允许有氧化、凸凹不平、伤痕，并要严格控制厚度公差、化学成分和材料硬度。

② 镀锡薄钢板。对于冲压较深的空罐，需要采用经调质处理后较软的板材，以适应冲压过程中的压力，使板材具有良好的塑性，避免在拉伸变薄过程中发生断裂。

③ 冲压时，应加润滑剂进行润滑，如癸酸二辛酯、ATBC 等，这些润滑剂须均匀分布，否则会影响拉拔效果。

④ 通常用于冲拔罐的冲模，要经过抛光处理，使其与金属接触时具有较小的摩擦力，保证罐的表面质量，也减少磨损。

第四节　罐盖/底的制造工艺及封盖/底原理

制盖（底）是制罐的一个重要组成部分，对于三片罐既要制底又要制盖，二片罐只需制盖。制盖通常是在专用制盖机上完成。罐盖一般可分为：普通盖（底）和易开盖。

一、普通盖（底）的制造工艺

无论用哪一种方法制造的罐身，它们的罐盖（底）的制造工艺都是相似的。普通盖（底）是由一块圆板冲制而成，比较简单，其制造工艺为：

板料→切板斗涂油→冲盖→圆边→注胶→烘干→成盖（底）

1. 切板

切板是指按罐型尺寸，切出罐盖（底）的坯板。冲盖切板的方式，按冲盖排料方式可以分为单排和交叉排列；按切板形式及设备可分为剪切和冲切。剪切的方法是采用圆盘式切板机进行的，一般是直线剪切，配合冲床采用单排直冲或双交叉、三交叉的冲盖方式，冲切用波纹切板机进行冲切裁料的方法，波纹切板机可以根据冲床的型式进行各种交叉的排列，用料最省。

2. 涂油

底、盖的下料和成型是由装在冲床上的上、下冲压模具作用而形成，上下模具之间的形状和间隙使罐盖形成一定的形状，为了避免在冲盖过程中机械伤的产生，影响金属板的保护层，使底、盖在装罐后过早形成电化学腐蚀，降低罐的寿命，故在冲盖前必须涂油。

3. 冲盖、圆边

罐盖一般要冲制成如图 4-2-16 的形状，即要冲出膨胀圈纹（凸筋）和膨胀圈斜坡。罐盖、罐底的膨胀圈纹可增加罐盖（底）的机械强度，由于膨胀圈的伸缩性也可以避免环境温度的变化引起罐卷边的破坏，保证密封性。圆边也叫翻边，是为了使罐盖（底）的外缘翻边向内弯曲形成边钩，以便于罐身的翻边做二重卷边密封。

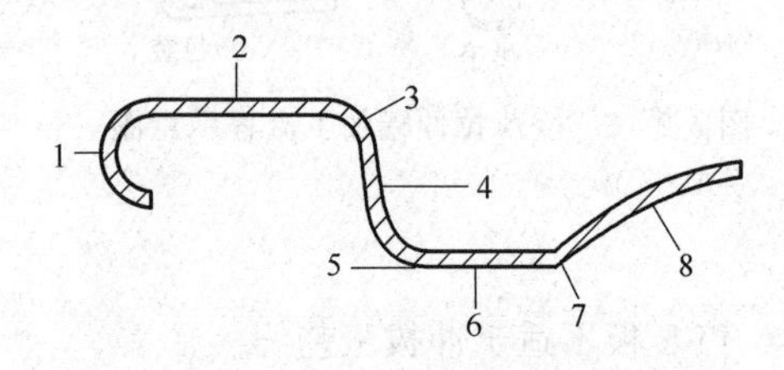

图 4-2-16　圆边结构

1—圆边　2—卷边接合面　3—卷边面倒圆　4—夹壁　5—夹壁倒圆　6—夹紧面　7—夹紧面倒圆　8—波纹

4. 注胶

为了使金属罐具有良好的密封性能，罐盖（底）钩槽部位必须浇上密封垫料，使罐盖（底）与罐身卷边成型压紧后，橡胶能起良好的密封作用，使金属板料之间的空隙全部为橡胶所堵塞，保证罐的密封性。

5. 烘干（硫化）

罐盖注胶以后，为了获取优异的胶膜性能，必须进行硫化，天然乳胶的硫化是一个极其复杂的化学变化过程，硫化的过程一般和硫化剂的含量和各种促进剂的使用有密切的关系，经过硫化后的橡胶比生胶强度大、不发黏、富于弹性，耐油性能显著提高，并且有很好的化学稳定性，能够起到很好的密封作用。

二、易开盖制造工艺

易开盖的定义是预刻有一定深度的刻痕线并铆有拉环，开启时能沿着刻痕线安全撕开的盖，沿压痕撕离罐盖的一小部分成梨形孔口，内装液可由此孔吸出或倒出。由于易开盖使用方便，因而受到消费者的欢迎。由于其只能一次性使用，所以也是一种较好的防伪盖。

易开盖按结构可分为：拉环式、留片式和全开式易开盖。拉环式和留片式易开盖的开口面积较小，主要用于饮料、啤酒罐，而全开式易开盖开口面积较大，便于内容物的取出，主要用于固体和黏稠食品包装（如八宝粥等）。这三种易开盖的拉开方式也有不同，拉环式和全开式在拉开时把拉环和盖片与包装罐撕离，这容易造成环境污染，在某些场所（如游泳沙滩）还可能造成伤害；而留片式的压痕片在开口后留在罐上，没有环境污染问题，但压痕片直接与内装食品接触，存在污染食品的风险。

易开盖按材料分可分为：铝易开盖和镀锡（铬）薄钢板易开盖。铝质易开盖加工容易，镀锡（铬）薄钢板易开盖强度高，用于需进行高温加热杀菌的食品包装。

易开盖制造工艺过程如下：

板料→切板→涂油→冲盖成型（含冲铆钉鼓包)→铆钉成型→压安全凸棱→压痕→嵌入拉环→铆合→圆边→注胶→烘干→成盖

下面以常见的拉环式易开盖为例说明其工艺流程各工序的目的。拉环式易开盖的结构名称如图 4-2-17 所示。

（1）切板、涂油、圆边、注胶和烘干工序的目的作用及操作方式与普通罐盖相同。

（2）冲盖成型　易开盖的外圆周部位与普通盖的基本相同，以便翻边和与罐身卷合密封。易开盖的中间部位与普通盖不同，中间没有膨胀圈纹和膨胀圈斜坡。在这道工序中还要冲制出铆钉的初形（凸包)，铆钉不是一个独立的部件，它是罐盖板料的一部分，由板料冲制变形凸起而成。

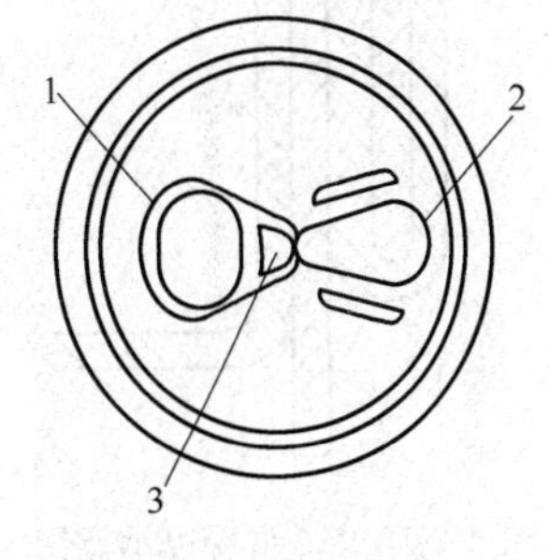

图 4-2-17　拉环式易开盖

1—拉环　2—刻痕　3—铆钉

（3）铆钉成型　将铆钉冲制到指定的直径和高度。

（4）压安全凸棱　安全凸棱位于压痕片两侧的压痕处，主要是起提高压痕处刚度的作用，防止罐在装卸、运输过程中，发生变形时压痕开裂，导致内容物溢出。本工序还同时压制出拉环定位凸包和凹槽，拉环定位凸包是防止拉环绕铆钉回转，凹槽是为了开堆时，便于拉动拉环。

（5）压痕　在罐盖板上压制出压痕片的形状，压痕就是开盖时裂开的部位。

（6）铆合　把拉环铆在冲制的铆钉处，拉环是个独立的部件，在其他设备上成型与罐盖铆接。

三、封底（盖）原理

1. 二重卷边的作用

三片罐的底和盖的密封，是罐身的翻边（身钩）与罐盖的钩边（盖钩）借助于两种不同轮廓曲线的辊轮进行卷曲压紧，使之弯曲变形并互相紧密钩合而成为二重卷边。该二重卷边一般由五层组成，如图 4-2-18 所示，其中三层为罐盖材料，二层为罐身材料。在两重卷边的内部还衬有胶膜，故能保证卷边的致密性，避免外界微生物的入侵，确保食品在储藏期中的安全。二片罐罐身与盖的密封结合，与三片罐的完全相同。

2. 二重卷边的形成

金属罐密封二重卷边是在封罐机中完成的，封罐机在操作时依靠头道辊轮、二道辊轮、上压头和下压头等工作部件的互相配合，当罐身和罐盖被同时送入封口作业位置时，托盘上升和封口压头，共同将罐身及底盖夹住，罐盖被固定在罐身筒的翻边上，封口压头套入罐底盖的肩脚底内径，然后由头、二道辊轮依次进行辊压卷封。图 4-2-19 是二重卷边机构示意图，左侧为头道辊轮辊压作业开始和终了的罐盖和罐身的状态，右侧为二道辊轮辊压作业开始和最终的罐盖和罐身的状态。卷边形成过程如图 4-2-20 所示，其中 1～5 为头道辊轮卷边作业情况，6～10 为二道辊轮卷边作业情况。

二重卷边作业过程有两种方法：第一种是在卷封作业时罐身本身被压头带动旋转，头道、二道封口辊轮对罐身仅作径向推进来完成二重卷边的，第二种是在卷封作业时罐身固定不动，而是由头道、二道封口辊轮一方面绕罐身周围进行公转，另一方面又向罐身作径向推进来完成二重卷边的。

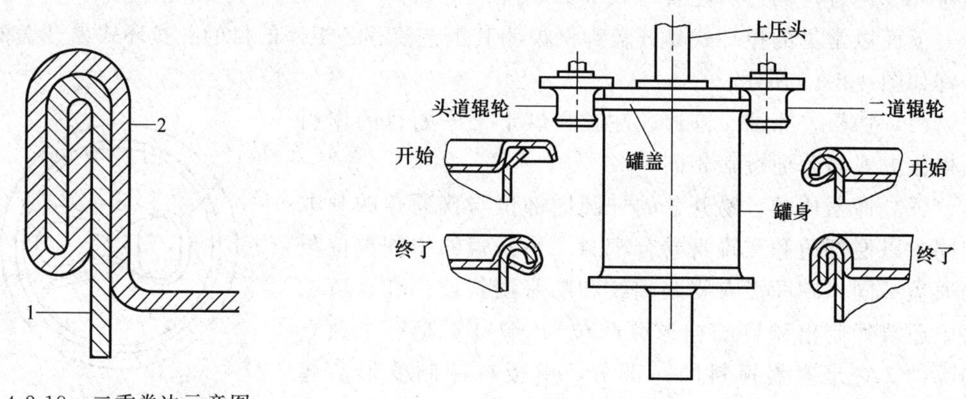

图 4-2-18　二重卷边示意图
1—罐身　2—罐盖（底）

图 4-2-19　卷边过程示意图

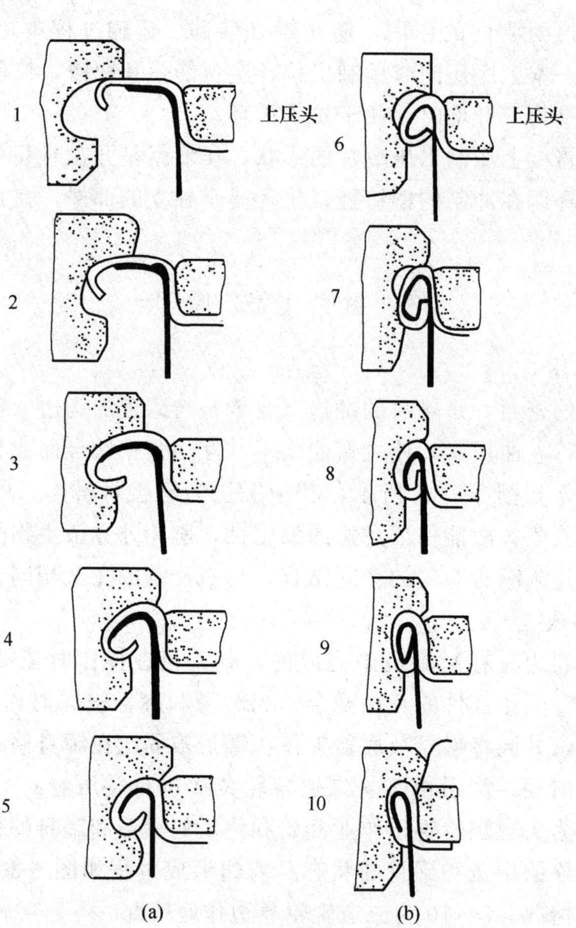

图 4-2-20　二重卷边形成过程

第五节　其他金属包装容器

金属包装容器除了金属罐以外，常见的还有金属桶、金属软管、喷雾罐、金属箱、金属盒等类型。

一、金　属　桶

金属桶一般指用较厚的金属板制成的容量较大的容器（通常金属材料厚度大于0.5mm，容积大于20L），有圆柱形、方形等。按照金属桶材料的不同，可分为钢桶、铝桶、不锈钢桶等。金属桶之所以得到广泛的应用，是因为它有良好的机械性能，能耐压、耐冲击、耐碰撞；有良好的密封性，不易泄漏；对环境有良好的适应性，耐热、耐寒；装取内装物、贮运方便；根据内装物的不同，某些金属桶有较好的耐蚀性；有的金属桶可多次重复使用等。金属桶可用于贮运液体、浆料、粉料或固体的食品及轻化工原料，包括易燃、易爆、有毒的原料。

1. 金属桶的分类

金属桶在形状上主要有圆柱形、方形等，其中圆柱形的比较常见，本节以圆柱形金属桶为例介绍金属桶的分类、制造工艺等。

圆形金属桶常见有以下几种。

（1）开口桶　开口桶是桶盖可装拆的钢桶，桶顶盖由封闭箍、夹扣或其他装置固定在桶身上。根据开口方式又分为两种形式即全开口桶和开口缩颈桶，桶盖如图4-2-21。

（2）闭口桶　桶顶和桶底通过卷边封口与桶身合为一体，不可拆卸。闭口桶通常用来贮运液态产品，可分为小开口桶和中开口桶。小开口桶顶上设有两个带凸缘的孔（直径小于70mm），稍大的孔为装卸孔，小孔为排气孔。中开口桶桶顶只有一个注入孔（直径大于70mm），如图4-2-22所示。

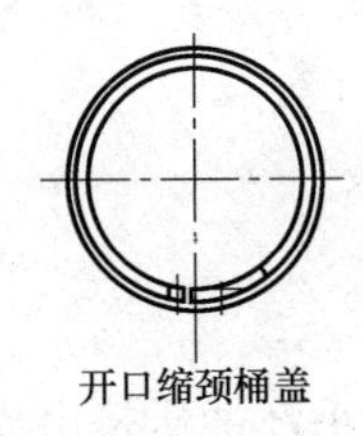

图4-2-21　开口桶盖

排气口　注入口

图4-2-22　闭口桶盖

（3）钢提桶　钢提桶系为方便搬运，在桶身上设有提手的钢桶，一般钢提桶的容量较小，按桶盖形状可分为全开口紧耳盖提桶、全开口密封圈盖提桶、闭口缩颈提桶、闭口提桶，如图4-2-23所示。

2. 金属桶制造工艺过程

金属包装桶的制法类似三片罐，桶身有纵缝，制得桶身后翻边再与桶底和桶盖双重卷边连接。卷边处要注入密封胶，以前采用红糖骨胶密封，现在多采用聚乙烯醇缩醛或橡胶类合成高分子材料封缝胶。圆形闭口钢桶桶身的制造工艺过程如下：

板料→剪切→磨边→卷圆→点焊→缝焊→翻边→滚波纹→胀环筋

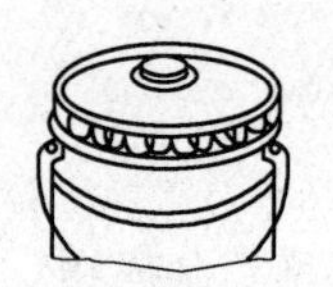

全开口紧耳盖提桶　全开口密封圈提桶

闭口紧缩颈提桶　闭口提桶

图 4-2-23　钢提桶类型

其制造工艺中的每一道工序，与前述三片罐和二片罐制造工艺中相应的含义基本相同。

与闭口钢桶桶身的制造工艺相比，圆形开口钢桶桶身的制造工艺多一道桶口卷线工序。异形钢桶桶身制造工艺一般比圆形钢桶桶身制造工艺多一道胀型工序。

3. 金属桶的材料选用

根据桶的用途、性能和制造工艺要求，所选用金属材料应具有良好的塑性、可焊性。一般可选用优质碳素结构钢、低碳薄钢板、镀锡薄钢板或镀锌薄钢板、铝合金、不锈钢等。

二、金属软管

金属软管是由塑性、韧性好的金属制成的管状包装容器。其一端折叠压封或焊接，另一端形成管肩、管颈和管口，挤压管体可将内容物挤出。金属软管主要分为四类：铅锡管、纯锡管、铝管和铝塑复合软管。1840 年法国人发明了锡制金属软管，用于包装绘画颜料，随后金属软管包装以其独有特点，被广泛应用于日化产品，如牙膏、鞋油、药膏、水彩和颜料等产品的包装。现在铝质软管及铝箔复合材料软管也用于果酱、果冻、调味品等半流体黏稠食品的包装。常见金属软管的结构如图 4-2-24 所示。

金属软管可以进行高温杀菌。软管开启方便，可分批取用内装物，再封性好，未被挤出的内装物被污染机会比其他包装方式少得多。除上述特点以外金属软管还具有以下特点：

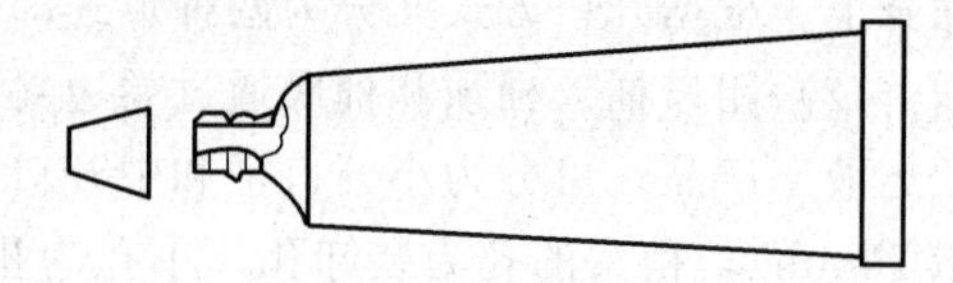

图 4-2-24　金属软管结构示意图

① 挤出内装物后，空气不易进入，可避免由此引起的氧化变质和污染问题。

② 具有金属光泽，产品外观美观大方。

③ 质量小，强度高，不易破损。

④ 生产效率高。

1. 金属软管制造工艺

金属软管制造比较简单，主要工艺是金属片状毛坯冲压挤出成型，各种金属软管的结构大同小异，加工工艺也基本相同，典型制造工艺过程如下：

金属片状毛坯→涂布润滑剂→冲压挤出成型→车削→退火→内涂覆→干燥→外涂覆→干燥→印刷→干燥→封盖

将铝料坯在压力机上经冲模挤压成管状，尾部按所需长度修剪；然后加工管口螺纹，退火处理，使冷挤压产生的加工硬化变软；加盖，内壁喷涂料，外表面印刷。最后将内装物由软管尾部装入，再压平卷边，使形成良好密封。

2. 金属软管的材料选用

金属软管的材料可选用高纯度铝或铝箔、锡或铅锡合金等。此外，还可选用在金属包装容器制造中用到的焊料、密封填料、涂料等辅助材料。

三、金属喷雾罐

喷雾包装是将液体、膏状或粉末状等产品装入带有喷射阀门和推进剂的气密性包装容器中，当开启喷射阀门时，产品在推进剂产生的压力作用下，被喷射出来的包装方法。这些内装物按其使用的目的和用途，以喷雾、泡沫、射流的形态喷放出来。喷雾包装广泛地用于医药品、杀虫剂、空气清新剂、香水、化妆品、家庭用品、食品、汽车用品、工业用品等商品包装。喷雾罐是带有喷射阀门和喷雾推进剂（二甲醚、CO_2、压缩空气等）的气密性包装容器，要求罐体能承受一定的内压力。

1. 喷雾包装的性能特点

（1）喷雾包装的功能　喷雾包装所特有的喷雾，其形成的基本原理是当用手按下按钮、打开阀门时，由于推进剂（液化气体或压缩气体等）的压力，使内装液通过导管，从阀的喷嘴喷射出来（如图 4-2-25）。此时，内装液由喷嘴的细孔喷出成雾状；同时雾化粒子中与原液混合的液化气体在大气中急剧气化，并把原液粒进一步破碎成微细的雾化粒子。随着罐中的溶液不断地放出，容器中的气相空间变大，压力下降，使内装液中部分液化气体气化，以维持容器内的压力一定，直到内装液喷完为止。通过设计与选择按钮开关的喷嘴、阀门的小孔尺寸和结构，以及推进剂和原液各自的比例，可以得到适应于各种用途的雾化粒子的形态，如从微细粒子到粗大粒子的喷雾、泡沫、射流、液滴状等。通常在阀门和喷嘴部分要安装阀盖加以保护，防止内装物误喷出。

（2）喷雾包装的特点　喷雾包装内藏有能量（压力、膨胀力），而且有阀门，因此在操作时，用手按动阀门，即可很容易地按所需要的状态将内装物从容器中取出来。作为能源的推进剂同时封在容器中，将此与原液组合，能比较容易地得到其他的包装所得不到的内装物取出状态。而且在其容器上还设有能自动开关的阀门，除取出所需的量外，其他总是保持密封状态。所以就其商品价值来看，具有准确、有效、简便、卫生等特点。

（3）喷雾包装的安全性　因为喷雾容器内有压力，多数情况下，要将内装物以喷雾状态放出，所以与其他包装形式比较，更应多从安全方面加以考虑。

① 赋压性。喷雾容器是封入了高压气体推进剂的，因此平时具有压力。须考虑按压力容器来对待。

② 可燃性。因为喷雾推进剂多为液化气，属于挥发性或易燃性液体，在贮运、使用时应注意远离火源。

③ 毒性。喷雾制品多用于喷雾，更容易对眼睛、呼吸道黏膜产生刺激，所以对药剂的选择和粒子的大小要根据用途来考虑。粒子的大小在 3～6μm 时，能残留于肺中。因此，除特殊用途外，应调整粒子最小为 10μm。

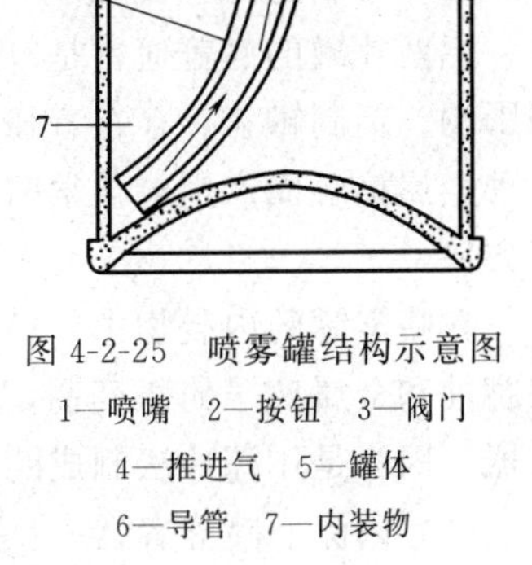

图 4-2-25　喷雾罐结构示意图
1—喷嘴　2—按钮　3—阀门
4—推进气　5—罐体
6—导管　7—内装物

2. 金属喷雾罐的结构和特性

金属喷雾容器主要由马口铁、无锡薄钢板、不锈钢板及铝等材料制成。金属喷雾罐的结构及制造工艺除罐盖与普通三片罐、两片罐不同外，其余部分基本相同。

（1）三片喷雾罐　三片罐是由上盖、下盖、容器筒三部分结合而成的容器，这种容器几乎都是把板卷成圆筒状，用焊接或压接加以接合，所以也叫作侧缝罐。

喷雾容器要求有耐压性，使用的马口铁要比一般罐厚。而罐盖的厚度要比筒体的厚50%。把底盖做成凹状，上盖做成凸状，为安装阀开一个带卷边的开口，然后将盖以双重卷边接缝安装在罐筒上。三片罐的耐压性，主要取决于容器盖的强度，也和板的厚度、材质的强度、形状及容器的直径有关。

为提高罐的密封性，对于压接罐，侧缝通常使用焊锡结合，常用的焊锡有铅锡二组分焊锡、特殊三组分焊锡及纯锡焊锡等。焊锡的抗拉强度小，喷雾罐在一般的侧面咬合处设有接头，利用焊锡耐剪切应力的特性，以提高侧面接缝的强度，但通常在接缝处还是会发生蠕变现象。容器筒接头一般设在罐的内侧（通称内接头），而当罐需内涂时，其接头设在罐外侧（叫外接头）。

（2）两片喷雾罐及整体喷雾罐（无缝罐）　两片罐是由上盖或下盖，与杯形筒两部分结合而成的容器。无缝罐最大特点是没有侧缝，以及通常圆顶盖和筒体成为一体，罐的肩部可以形成一条平滑而美丽的曲线多用于要求造型设计美观的化妆品。另外，无缝罐耐压强度高，当形成罐体后，再进行内涂，能尽量少露出金属，可用于装压力比较高和腐蚀性强的物品。

马口铁两片罐是将圆形的马口铁经过几道工序拉深后形成杯状，在杯底的部分开一个带卷边的开口，将底盖用双重卷边接到筒体上而成。所以也叫作“深冲罐”或“拉拔罐”。这种容器的底盖必须卷紧，直径不能太小。这种罐的筒体经几道工序而成，镀锡面损伤颇为严重，在多数情况下，内面要施以内涂料，外面要涂底漆，由于加工工序过多，影响产量，因此价格高。

铝罐全是两片罐或整体罐。铝的加工性能好，很容易用挤压法成型，可以制出各种直径和高度的产品。其中，经过冲压加工、开口部收紧、加工成带卷边开口部的整体罐用得较多，制品的肩部十分美观。另外罐的筒厚可以加厚到一定程度，使其能耐3MPa以上的高压，也可以制成小型罐。铝经各种表面处理后，即可得到外观美丽的产品，所以广泛地应用于化妆品和医药品的包装。也可以将铝板进行变薄拉深加工制得DI罐，这种罐的罐体和罐底可以变薄，比冲压罐轻15%～20%。另外冲压罐的直径有限制，而用这种方法可以很容易制造大直径罐。

铝两片罐的底盖通常是以双重卷边接缝安装的。因有双重卷边接缝，使铝罐的外观受到影响。铝制罐盖，存在着强度问题，因此多采用马口铁。这种情况下，有的内装物易与异种金属接触而产生电化学腐蚀，必须注意。但由于它可以使用磁性传送带，容器的运送很方便。

在喷雾罐的内装物中，经常使用的配方多含有机物，能很快侵蚀铝，特别是对一些忌讳腐蚀和金属离子的医药品，可采用不锈钢容器，这种容器仅是直径为25mm以下的小容器，因为是用深冲法制成的，价格较高，所以只有在特殊要求时使用。

（3）内涂　喷雾容器一旦发生腐蚀，很快产生孔洞，引起推进剂的泄漏，丧失喷雾罐的功能。因此在设计时，先要充分研究腐蚀问题。喷雾罐必须确保有气相空间，在容器内有气-液相界面存在，因此容易产生腐蚀问题。

马口铁的表面镀有锡，铁有时稍有露出，因此一定要避开易腐蚀铁的物质。另外，一般的金属是有活性的，能使香料变味。像化妆品之类比较注重气味的物品，必须考虑到这一点。

这些缺点的补救方法是在容器的内表面进行内涂，一般用环氧尿素或环氧苯酚树脂构成的内涂料涂 1～2 次。对于侧缝罐，在板的内面除侧面接缝处都作辊涂。因此在制罐时沿侧面接缝，不可避免地在一定程度上露出金属。对于这一部分，虽然进行了侧条涂的后处理，其耐腐蚀性稍差，所以在鉴定容器时，对此部分要注意观察，尤其是必须重视内涂的产品。两片罐及整体罐的罐体形成后要进行喷涂，喷涂后的加工不多，所以其覆盖性良好。

3. 喷雾阀

喷雾阀是喷雾罐的重要机构之一，它具有控制内装物的功能，不仅可以按其需要并很容易地取出内装物，而且还可以按其所需要的状态喷出内装物。

喷雾阀从机构上分，可分为两种：一种叫标准阀，只要按触动装置，内装物就可以连续喷出；另一种叫定量阀，一次操作只放出一定量的内装物。还有泡沫专用和倒立专用等特殊用途的阀门。

(1) 标准阀门的结构　25.4mm 开口金属容器所采用的标准阀的结构如图 4-2-26 所示。阀门由阀杆、阀杆密封垫、弹簧，以及保持这些零件的机架组成。为将以上部件安装在开口部的 U 形盖上，在机架的底部装有导管，在阀杆的顶部装有一个容易用手指按压的结构；另外在按钮开关上还有一个产生喷雾的喷嘴。

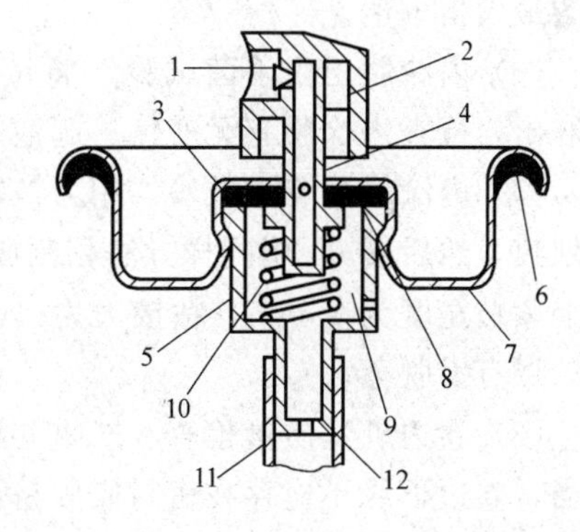

图 4-2-26　标准阀门结构示意图

1—喷嘴　2—触动开关　3—阀杆喷嘴　4—阀杆　5—蒸发开关　6—密封胶　7—阀门环　8—密封圈　9—混合腔　10—弹簧　11—导管　12—阀体喷嘴

(2) 定量阀门的结构　定量阀的特点是每操作一次按钮开关，排出一定量的内装物。这种阀在阀杆上设两条独立通路。一条是从机架到按钮开关；一条是从容器内的内装液通到机架。当阀处于闭锁状态时，内装液经过从机架的通路送到机架内。当按下按钮开关时，首先这条通路被关闭，然后从机架至按钮开关的通路打开，在机架内的内装液靠自身的压力喷出，因此机架起着定量室的作用。

(3) 其他阀门的结构　大多数的阀都属于向下压阀杆使其动作的类型，也有使阀杆向一方倾斜而使其动作的类型。通常这种类型的阀，接触阀杆密封垫的部分呈浅碗状，其碗的一端成杠杆状，而另一端离开阀杆密封垫，使阀杆孔打开。这种类型的阀门对阀杆密封垫的依赖性高，因此选择阀门时要注意选择阀杆密封垫。

第六节　金属包装容器质量检测

金属包装容器制造完成之后，通常要对容器进行各个方面的质量测试，以确保金属包装容器的质量。金属容器的测试要按照容器的种类、使用要求、结构形状及内装物对包装容器的要求等对金属容器进行相关的各类、各项试验，以确定和检验金属容器所具有的包装性能、使用性能和有关的各种性能要求是否达到要求。

一、金属包装容器外观与基本性能检测

（1）外观检查　在自然光线下肉眼观察容器，检查外部印铁标签主要图案和文字是否清晰，检查外表是否光洁，有无锈蚀、凸角、棱角及机械损伤引起的磨损变形、凹瘪现象；焊缝是否光滑、均匀，有无砂眼、锡路毛糙、堆锡、焊接不良、击穿等现象；卷开罐是否有划线等不良现象。

（2）尺寸检查　使用量具测量罐体的主要部分的尺寸，检查是否符合要求，一般精度为 0.1mm。

（3）内涂膜完整性试验　具内涂膜的金属包装容器，需要使用内涂膜完整性测试仪。在罐内加入电解液，读取电流值。

（4）罐底耐压强度试验　使用金属包装容器耐压强度测试仪进行检测，读取罐底部变形的最大指示值。

（5）罐体轴向压力试验　使用金属包装容器轴向承压力测试仪进行检测，读取罐体变形的最大指示值。

（6）内涂膜巴氏杀菌试验　将试样放入温度为（68±2）℃的蒸馏水中，恒温 30min 后取出，检查内涂膜有无变色、起泡、脱落等现象。

（7）内涂膜附着力试验　用刀片在涂层表面划出长为 15mm，间距为 2mm 的 6 道平行划痕，然后转 90°用同样方法划割成正方格，划痕须齐直，并且完全割穿内涂膜，在方格上紧贴宽度为 15mm，粘接力为（0.15±0.02）N/mm 粘胶带，快速从涂膜上撕下，检查涂层有无脱落。

（8）卷边外部质量检查　二重卷边顶部应平服，下缘应光滑，卷边的整个轮廓须卷曲适当，卷边下缘不应存在密封胶膜挤出，整个卷边缝的宽度、厚度应保持完全一致，应无假卷、塌边、缺口、铁舌，卷边碎裂、跳封、卷边不完全、双线、垂唇、填料挤出以及因压头或卷边辊轮故障引起的其他缺陷等现象。

二、金属包装容器卷边结构尺寸及焊缝质量检测

金属包装容器用于贮存各种食品、各种含气饮料和有内压的喷雾包装等，包装效果优良，其中主要原因是有可靠的密封性，卷边的质量对罐的密封性有很大影响。罐身与底（盖）之间通过封罐机械的上压头、下托盘及头道和二道卷边滚轮四大部件进行卷合，形成二重卷边。二重卷边各部分名称如图 4-2-27 所示。需要时要对其分解，进行各项检验，其主要技术检查项目如下：

1. 卷边厚度

卷边的厚度按不同的罐型而定，即使同一罐型由于使用的镀锡板厚度不同，卷边的厚度也会有所不同。卷边的厚度可由式（4-2-3）计算：

$$T=3t_c+2t_b+G \tag{4-2-3}$$

式中　T——卷边的厚度

　　t_b——灌身使用的镀锡板厚度

t_c——罐盖使用的镀锡板厚度

G——卷边厚度空隙

G值为卷边内部各层板材之间隙，即$G=g_1+g_2+g_3+g_4$，它与二道卷边辊轮沟槽的形状、密封垫料的种类及涂布量、罐身与罐盖涂料的种类等因素有关。对于镀锡板接缝圆罐二道辊轮卷封后，一般G值为0.15～0.25mm。

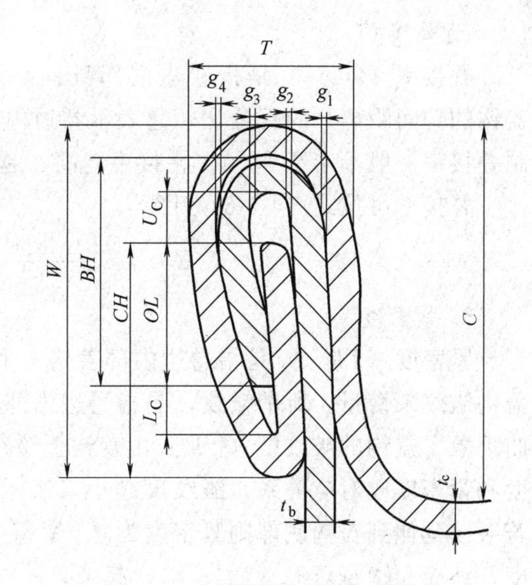

图 4-2-27　二重卷边结构及各部分名称

T—卷边厚度　OL—叠接长度　W—卷边宽度

BH—身钩　CH—盖钩　U_C—上部空隙

L_C—底部空隙　t_b—罐身板厚　t_c—罐盖板厚

C—埋头度　g_1～g_4—卷边内部镀锡之间的间隙

2. 卷边的宽度

卷边的宽度与二重卷边内部结构状况有关。一般可用式（4-2-4）计算：

$$W=2.6t_c+BH+L_C \tag{4-2-4}$$

式中　W——卷边的宽度

BH——身钩宽度

L_C——底部空隙

3. 埋头度

埋头度一般由封罐机压头和卷边厚度、宽度所决定。一般食品罐的埋头度应大于卷边宽度0.15～0.30mm。如为压力罐则应根据内容物压力的大小适当加大埋头度的深度。

4. 身钩、盖钩

二重卷边内部的身钩和盖钩，对于不同的罐型（罐径）有不同的规格要求。身钩钩边宽度（亦称长度）必须适当，过小则卷封不足容易造成漏罐，过大则容易产生舌头（垂边），降低密封强度，影响容器质量。盖钩宽度一般与头道辊轮的槽型曲线有关，其宽度与身钩基本一致。

5. 上部空隙、底部空隙

二重卷边的内部存在上部空隙（盖钩空隙）和底部空隙（身钩空隙），实际生产中掌握一定的均匀的空隙度，可以适当容纳密封垫料，并保持封口卷边的紧密度要求。但一般来说，这种空隙要小一点，因为卷边内上下空隙过大，会使介于卷边部分的胶膜在卷封受压过程中，首先向这部分空隙移动并聚集，这样就不能牢固压缩、隔绝于板材之间，即不能充满于卷边厚度空隙之中，从而降低容器的密封效果。另外，卷边区内上下空隙过大，卷边的叠接长度就会减少，容器密封强度也会降低；相反，叠接长度增大，容器密封强度增大。

一般正常封口条件下，上部空隙和底部空隙应相当于1～1.5倍的罐盖所用镀锡板厚度。

6. 叠接长度

二重卷边内部盖钩、身钩相互重合叠接部分的长度称为卷边叠接长度。叠接长度OL可按式（4-2-5）计算：

$$OL=BH+CH+1.1t_c-W \tag{4-2-5}$$

式中：CH为盖钩宽度，其他符号同前。

7. 叠接率

叠接率（$OL\%$）是指卷边内部身、盖钩实际叠接长度，与其理论叠接长度（即身、盖钩的钩间距离）的百分比，它表示卷边内部身钩和盖钩互相叠接的程度。实际生产中控制叠接率一般不小于50%。叠接率越高，越有利于罐头的密封。

叠接率可按式（4-2-6）计算：

$$OL\%=\frac{BH+CH+1.1t_c-W}{W-(2.6t_c+1.1t_b)}\times100\% \tag{4-2-6}$$

8. 紧密度

紧密度（$TR\%$）是指卷边内部盖钩上平服部分占整个盖钩宽度的百分比。一般是以盖钩皱纹来衡量，所谓皱纹，是指卷边内部解体后，盖钩边缘上肉眼可见的凹凸不平的皱曲现象。盖钩的皱纹度（WR）由盖钩上皱纹延伸程度占整个盖钩长度的比例而定。皱纹度和紧密度成对应关系，皱纹度越小，表示紧密度越高，如没有皱纹时紧密度为100%，若皱纹延伸到盖钩底部则紧密度为0。紧密度要求在50%以上。但视一个罐卷封的紧密程度，还应和罐身压痕（PR）结合起来，才能比较全面而准确地评判。

9. 垂唇

罐身缝叠接部位存在的铁舌称垂边，即外部垂唇，见图4-2-28。凡不是锐角、其宽度不超过卷边宽度的20%、不漏气的垂唇均允许存在。

外部垂唇度（即垂边度）由式（4-2-7）计算：

$$D\%=\frac{W_1-W}{W}\times100\% \tag{4-2-7}$$

式中　W_1——身缝叠接部位的卷边宽度

由于锡焊圆罐接缝处的卷边为七层板材，故卷封后接缝处的盖钩宽度容易发生减少，盖钩向下垂延形成内部垂唇，见图4-2-29。允许有不呈锐角的圆弧内垂唇存在，但其宽度应不超过盖钩宽度的50%。内部垂唇度由式（4-2-8）计算：

$$ID\%=\frac{d}{CH}\times100\% \tag{4-2-8}$$

式中　d——内垂唇深度

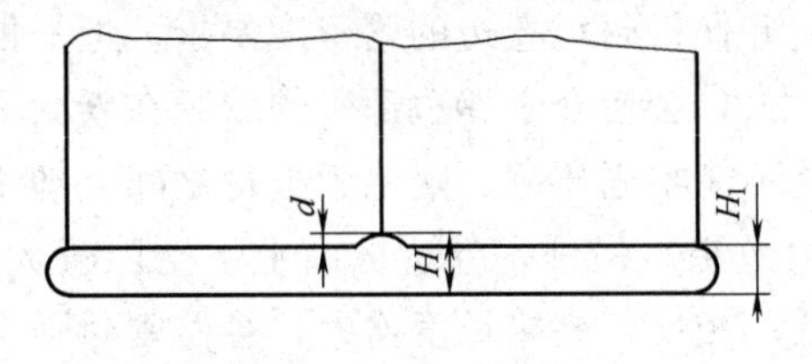

图4-2-28　垂边示意图

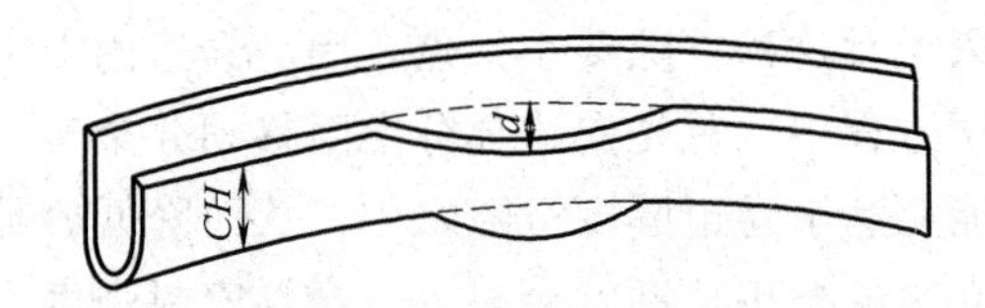

图4-2-29　内垂唇示意图

10. 接封盖钩完整率

卷边解体后观察，卷边接缝部位盖钩发生内垂唇现象，则有效盖钩占整个盖钩宽度的百分比为接缝盖钩完整率（JR），或称接缝盖钩率。目测时以每25%为一级评度。接缝盖钩完整率亦可来用测定内部垂唇度来评定，两者关系如式（4-2-9）：

$$JR(\%)=1-ID(\%) \tag{4-2-9}$$

接缝盖钩完整率，反映了卷边接缝处内部结构因存在内垂唇而造成盖钩宽度不足的现象，表示其有效盖钩的程度。盖钩完整率越高，罐密封性能就越好。

11. 焊缝性能检验

要求焊缝抗拉强度不低于罐身板的抗拉强度。撕裂试验较简单，目前生产中采用较多。其方法是沿着罐体焊缝一端两边剪开，将罐体焊缝部分向上弄弯，用钳子夹紧该处沿焊缝撕裂。良好的焊缝，撕裂后焊口应光滑。以焊接处不剥离者为合格。

三、金属包装容器检漏试验

制罐以后要进行空罐密封性试验，常用的实验方法有以下两种，即减压法和加压法。通常将已洗净的空罐，经35℃烘干后，再进行减压和加压试漏。

1. 加压法

将空罐两端封好，在不损伤封口卷边的情况下，在罐底或罐盖盖面中心开一小孔（如装有内容物的实罐，需将内容物全部取出，罐内充分洗净、干燥），用加压试验器夹紧空罐，并将空罐放入水中，逐渐向罐内通压缩空气至规定压力，注意观察整个加压过程中，空罐是否有连续的气泡产生，如发现泄漏，应记录泄漏时的压力。中小型圆罐采用压力为0.11～0.15MPa的加压试验，要求至少2min不漏气。对直径大于153mm的大圆罐，内压较大时埋头部位容易挠曲，产生凸角，故加压试验压力减少至0.07MPa，维持2min以上不漏气。

2. 减压法

在空罐中放一定量的肥皂水（浓度约为1%），用一透明有机玻璃制成的试漏板，压在罐口上，在空罐口及有机玻璃板间衬以软质橡皮垫圈，用手稍稍压紧，然后从抽气孔中用真空泵抽气，这时试漏板和空罐吸紧，当真空度抽至规定要求时，注意观察罐内肥皂水中是否有连续气泡上升，如发现连续气泡，说明该空罐泄漏。中小型圆罐和直径大于153mm的大圆罐都可采用真空度为6.8×10^4Pa的减压试验，要求至少2min不漏气。

一般易开盖的圆罐，不包括碳酸饮料罐、啤酒罐，加压试验时压力为4.9×10^4Pa，减压试验时真空度为5.3×10^4Pa，耐压时间至少2min，进行耐压试验及其他试漏时应缓慢加压，试验初期卷边空隙中可能逸出个别气泡，一般不能看作漏气现象。

思　考　题

1. 常见金属包装桶的类型有哪些？
2. 简述两片罐、三片罐的结构特点。
3. 三片罐的制造工艺有哪几种？各有什么特点？
4. 简述焊接三片罐的制造工艺过程。
5. 两片罐有哪几种？说明它们的制造工艺过程。
6. 简述二重卷边和三重卷边的区别及应用。
7. 简述喷雾包装的特点。
8. 简述金属软管与塑料软管异同点。

第五篇 包装辅助材料

包装辅助材料主要包括黏合剂、涂层材料、封缄材料、油墨、标签和气体组分调节剂等材料。这些辅助材料有的起到使包装更加完美的作用，有的可以增加对被包装商品的保护功能，延长商品的储存期。

第一章 黏 合 剂

黏合剂也称胶黏剂，它是主要的辅助包装材料之一，瓦楞纸板、瓦楞纸箱、纸盒的制备和纸包装的封口，纸-塑复合、塑-塑复合、铝-塑复合、塑料薄膜的多层共挤，标签和胶带的生产等都离不开黏合剂。大多复合软包装材料就是靠黏合剂把具有不同功能的薄膜经过多层粘合（复合）的方法而制备的。

两种同类或不同类固体，由介于两者表面之间的另外一种物质的作用而牢固连接起来的现象叫粘合。介于两固体表面之间，将两个表面粘接起来的物质叫黏合剂，被黏结的物体叫被黏物。

第一节 黏合剂的组成及粘合机理

一、黏合剂的分类和性质

1. 黏合剂的分类

黏合剂的种类很多，按照黏合剂的配置可以分为单组分、双组分和多组分黏合剂；按照复合工艺也可以将黏合剂分为干式（干法）复合用黏合剂、湿式（湿法）复合和无溶剂复合用黏合剂；按照黏合剂中溶剂种类不同，可以将黏合剂分为热塑型、有机溶剂型和水基（水性）黏合剂，根据有机溶剂的种类又可将有机溶剂型黏合剂细分为醇溶性黏合剂、酯溶性黏合剂等；按照固化方式可分为挥发固化型、热熔型、反应固化型。

2. 黏合剂的性质

黏合剂必须能够将被粘物表面润湿、具有初粘性、且施加在被粘物表面后粘合强度能够逐渐增加并趋于稳定。

二、粘 合 机 理

1. 产生粘合的基本条件

（1）流平性　适宜黏度的黏合剂具有良好流平性（流动性），使其能够均匀地分布在被粘物的表面，把粗糙的被粘物表面填平。

（2）表面的润湿性　黏合剂必须具有与被粘物相适合的表面张力，才能保证黏合剂对被粘物具有浸润性。润湿指黏合剂在流动过程中替代被粘物表面吸附的空气和其他杂质，与被粘物结合的过程。

表面张力一般是指暴露在空气中的液体或固体物质表面，由于分子引力不均衡而造成的沿固体或液体表面上的张力。相对于液体内部，处于液体表面层的分子较为稀薄，其分子间距较大，液体分子之间的引力大于斥力，其合力表现为平行于液体界面的引力。表面张力是物质的特性，一般情况下我们提及的某物质的表面张力（$\Gamma_{物质}$）是指该物质在空气介质中的表面张力（$\Gamma_{物质-空气}$）。

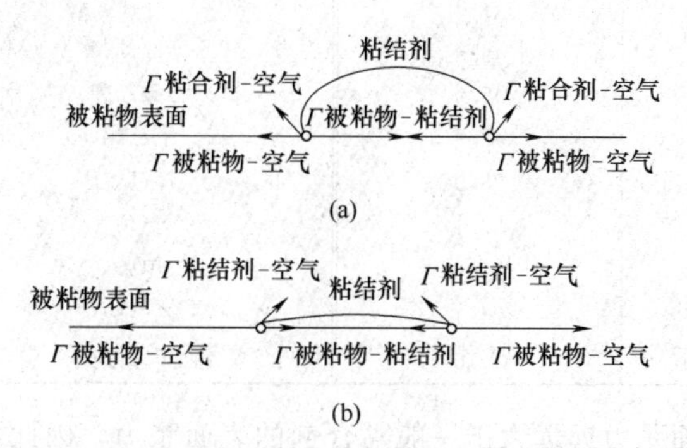

图 5-1-1 黏合剂在被粘物表面的浸润情况

（a）不浸润 （b）浸润

如果黏合剂在被粘物表面不润湿［图 5-1-1（a）］，即使我们使用合适的涂覆设备使该黏合剂在被粘物表面均匀涂布，但表面张力很快会使黏合剂液面发生收缩，造成黏合剂在被粘物表面分布不均匀，黏合剂表现不出应有的粘结效果；如果 $\Gamma_{被粘物-空气}$ 远远大于 $\Gamma_{黏合剂-空气}$，那么将利于黏合剂在被粘物表面的润湿［如图 5-1-1（b）］。表 5-1-1 列出了一些聚合物表面的表面张力及与水滴的接触角。

表 5-1-1 一些聚合物的表面张力

编号	聚合物名称	CAS 编号	表面张力 /(dynes/cm)	聚合物薄膜与水的接触角 /°
1	聚乙烯醇(PVA)	25213-24-5	37.0	51.0
2	聚醋酸乙烯酯(PVAc)	9003-20-7	35.3	60.6
3	尼龙 6(PA6,Nylon 6)	25038-54-4	43.9	62.6
4	尼龙 66(Nylon 6,6)	32131-17-2	42.2	68.3
5	聚甲基丙烯酸甲酯(PMMA)	9011-14-7	37.5	70.9
6	聚对苯二甲酸乙二醇酯(PET)	25038-59-9	39.0	72.5
7	环氧树脂	—	44.5	76.3
8	聚碳酸酯(PC)	24936-68-3	44.0	82.0
9	聚苯乙烯(PS)	9003-53-6	34.0	87.4
10	聚乙烯(PE)	9002-88-4	31.6	96.0
11	聚丙烯(PP)	9003-07-0	30.5	102.1
12	聚二甲基硅氧烷(PDMS)	9016-00-6	20.1	107.2
13	石蜡	8002-74-2	24.8	108.9
14	聚四氟乙烯(PTFE)	9002-84-0	19.4	109.2
15	玻璃	—	—	6.0
16	铝箔	—	—	5.0

表 5-1-2 列出了一些化学试剂的表面张力，一些试剂常被用作黏合剂的溶剂。

表 5-1-2　一些标准试剂的表面张力

物质	表面张力(22℃)/(dynes/cm)	物质	表面张力(22℃)/(dynes/cm)
水	72.9	甲醇	22.5
甘油	63.7	乙醇	21.4
甲酰胺	58.4	异丙醇	23.7
硫二甘醇(Thiodiglycol)	53.5	正庚烷	20.1
二碘甲烷	51.7	2-乙氧基乙醇	28.6
四溴乙烷	49.8	癸烷	23.8
1-溴萘	45.0	乙酸乙酯	23.9
二溴苯	42.9	甲乙酮	24.6
1-甲基萘	38.9	环己烷	25.2
二环己胺	33.1	氯仿	27.2
十六烷	27.6	甲苯	28.5
癸烷	24.1	乙二醇	48.0
乙醚	17.0	二甲基亚砜	44.0

金属和玻璃的表面张力远远大于一般黏合剂的表面张力，因此如果它们的表面洁净，很容易被黏合剂所润湿，因此黏合剂在这些基材上会表现出较高的粘结强度；但金属和玻璃表面也容易被污染，因此粘结前需要做去污处理。

一般塑料表面的表面张力与黏合剂表面张力相当，在施胶（涂覆黏合剂）前，需要通过电晕等方法提高薄膜的表面张力，例如聚乙烯和聚丙烯薄膜需要电晕处理到表面张力 38×10^{-5}N/cm 以上才可以被粘合。

硅橡胶（聚二甲基硅氧烷，PDMS）的表面张力仅有 20.1×10^{-5}N/cm，因此很难被粘合，利用它的这个性质将它用作不粘标签的分离涂层。

（3）粘合力　初始态为液态的黏合剂，具有一定的初粘性，初粘性对于固定两个被粘物表面十分重要。在干燥过程中，粘合强度会逐渐提高，这是因为调节液态黏合剂粘度、润湿性的小分子物质及溶剂分子会扩散到被粘物内部、使被粘物发生溶胀，黏合剂分子也扩散进入溶胀区，当小分子挥发后，被粘物表面只留下黏合剂主剂（一般为高分子聚合物），此时黏合剂的粘合力远高于初粘性，因为溶胀后黏合剂和被粘物间形成了新的界面，黏合剂和被粘物间锚固（tacky）点的数量增加。

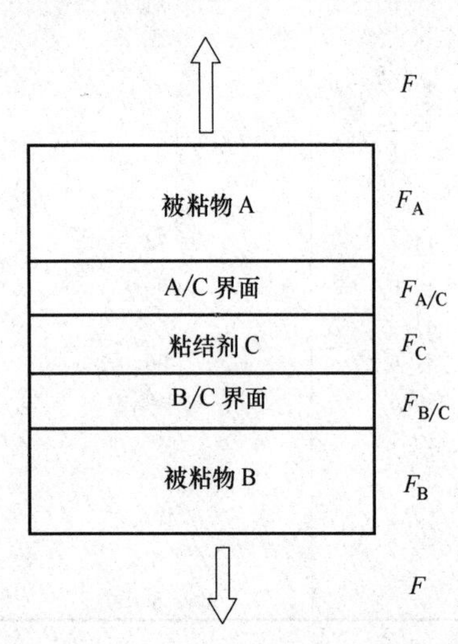

图 5-1-2　粘结强度的影响因素

黏合剂 C 将被粘物 A 和 B 粘结在一起（图 5-1-2），假设力 F 可以将 A 和 B 拉开，那么断裂应该发生在拉伸强度最小的区域，力 F 的大小是由下面这些力中最小值所决定：被粘物 A 和 B 本体拉伸强度（内聚力）F_A 和 F_B、黏合剂本体的拉伸强度 F_c、以及界面 A/C 和 B/C 的本体的拉伸强度 $F_{A/C}$ 和 $F_{B/C}$。当黏合剂 C 和被粘物的组成确定以后，F_A、F_B 和 F_C 就已经不能改变，因此粘合强度实际上是由 $F_{A/C}$ 和 $F_{B/C}$ 中最小的力决定的，这时界面混相区的微观结构是决定粘合强度的决定因素。

(4) 稳定性　在较长一段时间内，黏合剂的化学结构必须稳定，不能因为周围环境因素而发生改变，这样才能形成稳定的粘合。

2. 粘合机理

粘合是发生在被粘物表面的一种行为，因为被粘物的多样性，目前没有一个统一的理论，人们提出粘合机理主要有吸附理论、静电理论、化学键理论和扩散理论等，越来越多的实践证明粘合过程中这些机理并非单独存在，它们同时对粘合起作用。

(1) 吸附理论　吸附理论认为，粘接是由位于界面层的黏合剂和被粘物原子或分子之间的化学和物理相互吸引引起的；当分子的间距在原子级尺度至几个纳米之间时，黏合剂分子和被粘物分子间表现为引力，即范德华力（静电力、诱导力和色散力）或氢键力。具有极性基团或非极性基团的黏合剂接触被粘物表面时，黏合剂的基团会因为被粘物的极性诱导发生取向，如果被粘物为非极性，则黏合剂的非极性基团靠近被粘物，黏合剂的极性基团远离被粘物，这种取向结构产生了粘合力。

(2) 扩散理论　扩散理论实际上解释了界面混相区形成机理，在此混溶区，黏合剂和被粘物分子间产生缠结。在被粘物和黏合剂都是高分子材料的情况下，黏合剂一般是结晶能力很弱的无定形聚合物，它的玻璃化转变温度一般远低于室温；与无机材料或金属不同，一般情况下高分子材料非100%结晶，即使是可以结晶的被粘物材料中也会存在一定比例的非结晶区（无定形区）；处于无定形区的分子链以松散的无规线团形式存在，在高于该材料的玻璃化转变温度时，这些无规线团虽然不能整体移动，但其部分链段的无规热运动（共价键内旋转一个角度引起）无规线团改变空间构象，当黏合剂和被粘物的无规线团相互接触后，两种线团在改变空间构象过程中会部分相互融合、交织、缠结形成一个新的无规线团，这些新的无规线团形成界面混相区。黏合剂和被粘物的玻璃化转变温度越低，常温下（或粘合温度下）分子链间距越大，越利于两者无规线团的融合，界面混溶区越大，粘合效果越好。

对于被粘物的玻璃化转变温度高于使用温度的情况，此时被粘物无定形区的无规线团不能改变构象，但黏合剂中的溶剂会使被粘物表面发生溶胀或溶解，被粘物表面形成无规线团状，与黏合剂形成界面混溶区。

黏合剂分子与被粘物分子间作用力可以是化学键（黏合剂与被粘物间发生化学反应形成新的共价键），也可以是氢键（黏合剂与被粘物含—OH、—NH）、静电力（发生在极性分子之间的作用力，又称之为取向力）、诱导力（发生在极性分子与非极性分子间的作用力）、色散力（发生在非极性分子与非极性分子间的作用力）。静电力、诱导力和色散力被称为范德华力。

(3) 静电理论　该理论解释了当粘合力源于界面静电引力的情况，由于形成界面双电层而产生库仑引力。金属蒸镀薄膜与塑料基材间的粘合与静电引力有关，金属与塑料界面上形成双电层而产生了库仑引力，当金属层从基材上被剥离时有明显的电荷存在，这是对该理论有力的证据。金属与聚合物基材间的连接就是靠这种静电力，如果让聚合物基材和金属薄膜间发生放电，则二者间的粘合强度几乎降低到零。

三、提高粘合强度的方法

粘合实际上涉及聚合物科学、流变学、表面化学、工程力学和加工工艺学等多个学科。从宏观上是两个表面的粘合，微观上是黏合剂分子与被粘物分子间的相互吸引，这与黏合剂的流动性、被粘物的聚集态结构、表面张力、被粘物表面处理等多种因素有关。

1. 黏合剂结构

包括其近程结构（主链重复单元组成、空间构象、几何构象、支化交联等）、远程结构（无规线团尺寸、链的柔顺性等）以及聚集态堆砌结构（结晶性、取向等）对粘合强度造成影响。

① 在一定的范围内，相对于其低聚物，黏合剂的相对分子质量越大则黏合剂的柔顺性越好（空间构象数目多），与被粘物或自身分子间作用力越大，粘合强度越高；但黏合剂相对分子质量太高则不利于与被粘物混溶界面的形成，也对粘结不利。

② 主链结构规整的高分子一般具有较高的结晶性能，材料强度大，柔顺性低，不适合作为黏合剂。例如具有空间立构的全同聚丙烯就不适合作为黏合剂，而无规立构的聚丙烯则可以作为黏合剂。

③ 几何构象分为顺式和反式异构，一般顺式异构的高分子玻璃化转变温度低，材料柔顺，适合作为粘结剂。例如顺式聚 1,4-丁二烯是一种性能优良的黏合剂，而反式结构的聚 1,4-丁二烯则不能作为黏合剂使用。

④ 具有支化结构的高分子材料适合作为黏合剂。具有长支链的低密度聚乙烯（LDPE）就是一种较好的黏合剂，而无支链结构的高密度聚乙烯（HDPE）则不能作为黏合剂使用。

⑤ 一般来说，二元或多元共聚物，由于其主链上存在多种重复单元而丧失结晶能力，这类聚合物的链段柔顺性好，特别适合作为黏合剂使用，例如乙烯-醋酸乙烯酯共聚物（EVA）就是在包装领域应用最多的黏合剂之一。

⑥ 极性。黏合剂的分子链上含有极性基团，则该黏合剂本体分子间作用力高于其他的弱极性黏合剂，当粘结极性被粘物时，会表现出较高的粘合强度；但极性黏合剂对非极性被粘物的粘合强度不高，因为极性黏合剂分子和非极性被粘物间不会形成较好的混溶界面，因此粘合强度不会很高。黏合剂和被粘物能否形成混溶区，遵循“相似相溶原理”，极性相似的黏合剂和被粘物更容易形成良好的混溶界面。

⑦ 主链上取代基的位阻。主链上取代基越大，则空间位阻越大，主链上共价键的内旋转角度越小，链的柔顺性越弱，黏合剂的刚性越高，造成界面韧性低，粘结处容易发生脆断，对粘合造成不利影响。对于这种情况，需要在黏合剂中加入增韧助剂以提高黏合剂的韧性。

2. 被粘物的性质

被粘物的化学组成、物理性质、表面清洁度和粗糙度对粘合强度有较大影响；一般来说，粘结非极性表面需要使用非极性的黏合剂，粘合极性表面，需要使用极性黏合剂，遵循“相似相溶原理”。粘结多孔性被粘物，如纸张和木材，用胶量较塑料薄膜类要高得多，另外粘结剂的 pH 不能太低，否则容易引起纤维素的酸性降解，影响粘合强度。被粘物的粘合界面处理包括脱脂、去污、机械处理和化学处理等方法；脱脂去污可以使用汽油、煤油、丙酮等有机溶剂，也可以使用碱液；机械处理可以去除过于粗糙部分，避免发生粘结面最高处胶层断裂，而低处残留气泡而降低粘结强度的现象出现。机械处理后形成一个新的平整而具有一定粗糙度的表面；化学处理可以改变表面性质，形成高活性的粘结面，粘结面上分布着微小的腐蚀坑，表面极性也得到提高，利于提高粘合强度。

3. 粘合工艺

不同种类的黏合剂，其粘合工艺会有所差异，从黏合剂配置（主剂和助剂混合、溶剂稀释）、被粘物表面处理、涂胶、晾置、搭接、固化等过程到环境温度，都会影响粘合强度。

(1) 黏合剂配置　主剂和助剂（固化剂）有一适宜比例，如果固化剂用量稍多，则固化时间短，但粘合界面脆性大，易断裂；相反如果固化剂用量少，则固化过程缓慢，粘合强度低；黏合剂在使用前还要使用溶剂稀释到适宜的粘度使其流平性良好。

(2) 被粘物表面处理　黏合剂和被粘物需要紧密接触、润湿才可以形成化学键或物理的引力，这需要被粘物表面具有适当的平整度（粗糙度）以及与黏合剂的亲和性，这需要将被粘物表面进行物理或化学处理才可实现。表面处理效果直接影响粘合强度和寿命。

金属的表面能大、常吸附许多机油、尘土等污物，也容易被空气氧化，因此当粘结金属时，需要对金属表面进行清洗除去污物，打磨除去氧化物，并使粘结面粗糙，必要时还要先涂覆一层底漆。

木材的表面一般含有油脂、蜡质和一些有机氧化物，通常需要首先将木材干燥到合适的含水量以适合使用环境，然后用刨平、砂磨接触面，用压缩空气除去粘合面上的木屑，用含有机溶剂的抹布擦去粘合面的油脂，然后进行粘合操作。

对于薄膜的粘合，则一般需要对粘合面进行电晕处理，电晕后的薄膜一般需要尽快粘结复合。

(3) 粘合技术条件　粘合温度、压力、加压时间、施胶方式、搭接宽度、胶层厚度、晾置时间、固化时间视黏合剂的性质而定。一般情况下，有机黏合剂的工作温度在－60～80℃，以双酚 A 为基料的环氧树脂黏合剂其工作温度可以在－50～180℃，无机黏合剂可以在 500℃下工作。

被粘物的搭接方式因实际需要而定，可以归纳为图 5-1-3 所示的四种类型，在这四种状态下，黏合剂所受的力分别是拉伸力、剪切力、撕裂力和剥离力。

被粘物在实际使用过程中主要承受拉伸应力，但是一旦载荷发生偏离就会使粘结面承受剥离力并发生应力集中而降低粘合强度。一般黏合剂承受拉伸和剪切能力要比承受剥离和撕裂能力大，因此设计搭接接头时应尽量避免粘合界面发生撕裂和剥离。除了采用增加搭接宽度和长度的办法来增加粘合面积外，还可以将被粘物端部（粘合面）加工出适当的斜度以减少端部应力集中问题。

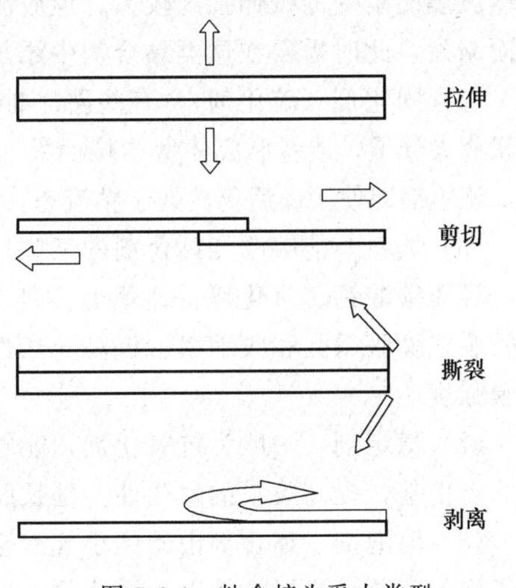

图 5-1-3　粘合接头受力类型

(4) 胶层厚度　当黏合剂的干胶厚度达到一定值后，随着厚度继续增加粘结强度反而降低，这是因为胶层较薄时利于黏合剂分子取向，胶层中的气泡、裂缝、收缩应力出现的几率相应降低，一般无机黏合剂胶层厚度控制在 0.1～0.2mm，有机黏合剂控制在 0.05～0.15mm。

（5）固化条件　固化温度、压力、时间是固化过程三个主要参数，其中温度是最关键的条件；温度高，固化速率快，但固化速率不能太快，否则会影响黏合剂的流动性和对被粘物的润湿，也会使粘合界面产生内应力，粘合强度反而降低。固化时施加压力是为了增加黏合剂对被粘物的润湿，利于黏合剂在微孔、缝隙中的渗透和气体的排除，利于控制胶层厚度，也起到定位作用。固化压力应适中，如果压力不足会引起胶层结构疏松、有气泡、厚度大、不均匀等问题，压力过大会导致严重缺胶，降低粘合强度。

4. 粘合界面内应力

界面内应力源于固化后干胶膜体积的收缩性，如果胶膜收缩性大，而被粘物的尺寸不发生变化，则粘合界面产生内应力，内应力的大小与黏合剂和被粘物的收缩率、热膨胀系数、黏合剂厚度有关。

5. 加入功能助剂

黏合剂起到粘结作用主要的物质是粘结主剂，一般是高分子聚合物，其应与被粘物的极性相匹配，遵循“相似相溶”原理。除粘结主剂外，还需要添加一些助剂以改善黏合剂的流动性、润湿性、韧性、稳定性，提高粘合效果。

（1）溶剂　一般用来溶解粘结主剂，提高黏合剂流动性，利于浸润被粘物表面，也会使被粘物表面的高分子发生溶胀、溶解，被粘物在溶剂的作用下可以改变其无规线团的构象，利于与黏合剂分子链形成界面混相区。如果溶剂既可以溶解黏合剂，也可以溶解被粘物，这样利于提高粘合强度。乙酸乙酯和丙酮、丁酮是常用的有机溶剂。

（2）稀释剂　如果黏合剂中的溶剂量比较少，造成黏合剂流动性差，则需要往黏合剂中补加稀释剂。稀释剂可以与黏合剂中溶剂相同，也可以不同，特别是当黏合剂中溶剂对被粘物的溶解效果不好，可以选择一种或混合溶剂作为稀释剂，该稀释剂对被粘物具有较好渗透力，利于被粘物的溶胀和溶解。

（3）增粘剂　改善初粘性，提高接头的粘附能力和湿强度，防止胶层从粘结表面脱落，提高黏合剂的耐湿热性质、提高表面张力低的被粘物的粘结强度，还可提高黏合剂耐老化性能。

（4）增韧剂　起到提高干胶膜的韧性的作用。对于极性黏合剂或固化交联性黏合剂，虽然胶膜能承受的拉伸强度较大，但胶膜的脆性大，当粘合界面处发生弯曲时容易发生撕裂而断裂，此时需要在这类黏合剂中添加一些橡胶类增稠剂以提高胶膜的韧性。

（5）固化剂（硫化剂）　有些黏合剂主剂属于低聚物，需要加入固化剂将该低聚物主剂交联成大分子，或者形成体型结构而发生固化。有些黏合剂主剂是含有不饱和双键的橡胶类，该主剂即使干燥后仍然处于粘流态，因此需要加入硫化剂使橡胶形成体型结构而固化。

（6）填料　能够改变黏合剂的某些性能的惰性物质，通常为粉状的无机物，如二氧化钛、轻质碳酸钙、氧化锌、硅藻土、白土、石墨等。黏合剂中加入填料可以增加稠度、减小胶膜线膨胀系数和收缩率、提高导热性、提高胶层的尺寸稳定性、加快干燥速度、提高胶膜强度。

（7）稳定剂　一般为抗氧化剂，能够抑制或延缓胶膜氧化降解，可以终止胶膜氧化生成的自由基，提高胶膜的耐久性，延长胶膜寿命。

（8）消泡剂　黏合剂中的微小气泡会影响胶膜的连续性，造成粘合强度降低。这些微小气泡的来源是机械搅拌以及固体原料中夹杂的空气。消泡剂能使黏合剂表面张力降低，气泡液膜局部变薄，然后自行破灭。

（9）防腐剂　对于一些以天然高分子为主剂的黏合剂，例如淀粉、动物胶等很容易滋生细菌而丧失粘合能力，添加甲醛、苯酚等防腐剂可以防止这些黏合剂滋生细菌发生腐败。

不同用途的黏合剂，其组成会有较大不同；生产多层共挤出塑料薄膜使用的黏合剂一般只是单一组成的高分子聚合物，无溶剂复合时所使用的黏合剂一般具有两种组分（主剂和交联剂）；干法复合时所使用的黏合剂一般具有较复杂的组成，不同用途的黏合剂的组成将在下面章节中逐一详细介绍。

第二节　软包装常用黏合剂

一、塑料复合用黏合剂

通常，塑料复合软包装材料一般至少具有两层结构，需要复合（粘合）一次才可制备完成，三层结构的软包装薄膜则需要复合两次。表 5-1-3 列出常用的塑料复合所用黏合剂。

表 5-1-3　　常用的复合工艺和所用黏合剂

复合工艺	实施方式	工艺描述	上胶设备	使用的黏合剂
干式复合	溶剂型黏合剂	溶剂型黏合剂涂覆在基材上，经热空气烘干后与第二基材经过热辊压合	网纹辊	聚氨酯黏合剂、聚丙烯酸酯水乳液黏合剂、有机溶剂型聚丙烯酸酯黏合剂、水性聚乙烯醇乳液、有机硅树脂黏合剂
	热熔树脂流延（挤出复合）	用低黏度的熔融态树脂作为黏合剂将两种基材粘合	被加热的转移网纹辊挤出机	乙烯-醋酸乙烯酯共聚物、改性聚烯烃、改性聚酯等
	冷封	液态黏合剂（冷封胶）	网纹辊挤出机	合成橡胶 聚丙烯酸酯 天然橡胶
湿式复合	溶剂型黏合剂	液态黏合剂涂覆在基材上，立即与第二基材压合，然后通过烘道烘干。要求其中一种基材必须是多孔的，使水蒸气或溶剂可以逸出	网纹辊或平辊	聚氨酯黏合剂、聚丙烯酸类水性乳液、水性聚乙烯醇乳液、乙烯-醋酸乙烯酯共聚物乳液、聚酯、淀粉、糊精
	无溶剂型黏合剂	液态的黏合剂被计量后涂布在基材上，然后与第二基材通过热辊压合	多个滚筒配合组成上胶系统	100%固含量单组分或双组分聚氨酯、聚酯黏合剂
	电子束或紫外固化型黏合剂	液态的黏合剂被计量后涂布在基材上，然后通过电子束或紫外发生装置固化	多个滚筒配合组成上胶系统	聚合单体

1. 聚氨酯黏合剂

聚氨酯黏合剂的基本组成是多元醇低聚物和二异氰酸酯。在催化（常用有机锡催化）条件下，二异氰酸酯的异氰酸基团与二元醇的羟基发生反应，形成线性高分子（如图 5-1-4）。

（1）具有端羟基的二元醇　目前制备聚氨酯黏合剂所用的二元醇一般是具有中等相对分子质量的低聚物，其分子链的两端具有醇羟基。通过控制原料配比的方法，可以让聚酯

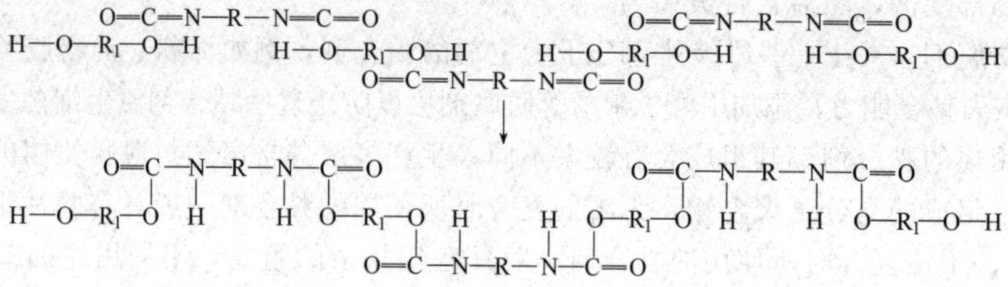

O=C=N—R—N=C=O
H—O—R₁—O—H　　H—O—R₁—O—H　　H—O—R₁—O—H　　O=C=N—R—N=C=O　　H—O—R₁—O—H
O=C=N—R—N=C=O

↓

H—O—R₁—O—C(=O)—N(H)—R—N(H)—C(=O)—O—R₁—O—C(=O)—N(H)—R—N(H)—C(=O)—O—R₁—O—C(=O)—N(H)—R—N(H)—C(=O)—O—R₁—O—H

图 5-1-4　聚氨酯的反应历程

或聚醚低聚物的端基具有二醇的结构，相对于聚醚二元醇，以聚酯二元醇制备的聚氨酯黏合剂极性更高，对金属箔等强极性基材（被粘物）具有较高的粘合强度，在户外耐紫外线、耐水解，对溶剂的吸附性较小，但不耐强酸和强碱，低温下脆性大、易碎。

1,4-丁二醇是小分子二元醇，它可以首先与二元酸反应生成具有端羟基的聚酯二元醇低聚物，该低聚物与二异氰酸酯反应生成一种具有软段-硬段相互交替的主链结构，聚酯作为聚氨酯的软段，二异氰酸酯作为硬段，这种交替的软段-硬段结构赋予聚氨酯黏合剂很好柔韧性和粘合强度。

1,4-丁二醇也可以作为双组分聚氨酯黏合剂的交联剂（扩链剂），此时聚氨酯主剂是两端以异氰酸根为端基的低聚物。1,4-丁二醇作为扩链剂具有相对分子质量低、使用量少、但含有的羟基数量大的优点，通过调节1,4-丁二醇用量可以得到拉伸强度高、且柔顺性好的黏合剂。

三羟甲基丙烷具有三羟基结构，它也常用作扩链剂，用它制备的聚氨酯具有网状结构，因此相对于1,4-丁二醇等二元醇形成的线性高分子，它具有高强度、高弹性、高硬度、高模量和高弹性回复能力。

（2）二异氰酸酯　尽管异氰酸酯的种类较多，但仅有少数几种被允许用于食品包装材料。目前主要使用两种类型的异氰酸酯作为生产聚氨酯的原料：芳香族二异氰酸酯和脂肪族二异氰酸酯，其中芳香族二异氰酸酯主要有甲苯二异氰酸酯（Toluene diisocyanate，TDI）和二苯基甲烷二异氰酸酯（Diphenylmethane 4,4′ diisocyanate，MDI）两种，生产的黏合剂可以称它们为TDI基或MDI基聚氨酯黏合剂；脂肪族异氰酸酯也主要有两种，即异佛尔酮二异氰酸酯（Isophorone diisocyanate，IPDI）和六亚甲基二异氰酸酯（Hexamethylene diisocyanate，HDI）。芳香族二异氰酸酯制备出的聚氨酯黏合剂，在高温蒸煮时残留的TDI、MDI会转化成苯胺类毒性物质，因此世界各国食品安全检测机构对其中TDI和MDI残留有严格的规定，一些国家规定在食品包装材料中禁用芳香族二异氰酸酯；相比较而言，脂肪族二异氰酸酯的安全性好于芳香族异氰酸酯。

（3）黏合剂性能比较　实际应用的聚氨酯黏合剂可以是单组分、也可以是双组分，根据溶剂的不同，又可以将其分为有溶剂型（solvent based solution）、无溶剂型（100% solids）和水分散型（polyurethane dispersion，PUD）。

① 溶剂型聚氨酯黏合剂。固含量较高，性能优良，透明性好，几乎适合于任何基材的复合，可以是单组分形式，易于操作；也可以采用双组分形式，以提高耐热性和粘合强度；但溶剂型黏合剂干法复合时耗能高、向环境中排放VOC（volatile organic compounds），容易引起火灾，有机溶剂也会在包装中残留而污染食品。水-醇体系的聚氨酯黏

合剂可以降低VOC排放，但干燥速率降低。

② 100%固含量的无溶剂型聚氨酯。不含VOC，黏合剂用量少、复合时不需要干燥步骤、耗能少，适合高速复合工艺，复合成本低，且不污染空气，适合的复合基材种类多，可生产不同档次的包装产品；但无溶剂黏合剂的上胶系统复杂，黏合剂首先被预热，然后通过计量、混合和输送，涂覆时需要多个网辊配合，且复合后初黏性低，此时耐剪切能力差，经过一定时间后才能达到较高的复合强度。

③ 水基分散性聚氨酯黏合剂。聚氨酯被分散在水乳液体系中，聚氨酯微粒在水中的粒径低于75nm，这就保证了乳液稳定性好、固含量高且黏度低。水性聚氨酯黏合剂的性能与溶剂型、无溶剂型聚氨酯相同，适用基材种类多、胶膜透明性好、对人体和环境危害小；水分散型聚氨酯的缺点是需要添加多种助剂以维持乳液稳定，容易产生泡沫、储存时冷冻结冰后则破乳而失效。

(4) 聚氨酯黏合剂的应用　单组分聚氨酯黏合剂用于生产轻量包装袋，包装点心、糖果等食品；双组分聚氨酯黏合剂用于生产蒸煮袋，包装熟肉、罐头、栗子等食品。

2. 丙烯酸酯类黏合剂

丙烯酸酯黏合剂的主要成膜物质包括丙烯酸、丙烯酸衍生物（丙烯酸甲酯、丙烯酸乙酯、丙烯酸丁酯、丙烯酸-2-乙基己酯）、甲基丙烯酸、甲基丙烯酸衍生物单体的均聚或共聚产物或共混物。例如甲基丙烯酸甲酯、丙烯酸丁酯、丙烯酸-2-乙基己酯就是常用的丙烯酸黏合剂的主要原料。在过氧化物催化下，加热引发这些单体聚合，生成长链热塑性聚合物，其胶膜无色透明，不能溶于烃类溶剂，耐碱、矿物油和水，可以粘结多种基材。中、高相对分子质量的丙烯酸酯聚合物可以在水中分散形成高固含量、低黏度的乳液型黏合剂，可以把它们制备成单组分非交联型黏合剂，也可以制备成单组分自交联型（压敏交联）黏合剂。

为了提高丙烯酸黏合剂的性能，通过添加其他共聚单体制备交联型双组分丙烯酸黏合剂，例如在共聚单体中加入少量的丙烯酸羟乙酯（或丙烯酸胺乙酯）制备出含羟基（胺基）的丙烯酸预聚物（主剂），使用前与含二异氰酸酯的助剂混合，组成双组分丙烯酸酯黏合剂；用类似的方法也可以在丙烯酸预聚物中引入环氧基团，制备出丙烯酸-环氧类型的双组分黏合剂。

水性丙烯酸酯黏合剂不含有机溶剂，固含量高、涂覆量少、成膜快、干膜透明度高，对芳香气味具有一定的阻隔性，且成本低廉，缺点是粘合强度低，耐热性差；水性丙烯酸黏合剂可以用于生产轻量包装袋，包装点心、糖果、鲜切水果蔬菜等。

3. 其他类型的水性黏合剂

EVA乳液是一种最主要的水性黏合剂，除此之外，市场上还有其他一些水性黏合剂，包括乙烯-丙烯酸共聚物（EAA）乳液、乙烯-甲基丙烯酸共聚物（EMA）乳液、乙烯-甲基丙烯酸甲酯共聚物（EMMA）乳液、聚乙烯醇乳液（PVOH）、离子型聚合物（离聚物）乳液等。

二、封口用黏合剂

1. 冷封胶

冷封胶是一种特殊的压敏性黏合剂，在室温下施加很小压力就可以产生较大的粘合强度，使用时无需加热；其热封强度从 0.5N/15mm 到 4.0N/15mm，低热封强度的产品，主要用于婴儿用品的包装。

冷封胶的主要组成是合成橡胶或天然橡胶，配以一定比例的增稠剂和其他助剂。

冰淇淋就是用冷封胶来封装的，在基材薄膜上用网纹辊将冷封胶涂布在需要的位置，涂覆好冷封胶的卷膜在自动包装机上被裁切后通过封口机，在 5.26kgf/cm^2（约 0.52MPa）的压力下处理 0.5～1.0s，就可以安全密封，不需要任何热量。在国外，冷封胶还广泛用于糖果、糕点和一些快餐的包装。冷封胶的低温封口性避免了热量对食品的损害，而且由于封口时间短，加快了包装速度。

2. 聚偏二氯乙烯（PVDC）水基黏合剂

PVDC 具有热封性能，且具有高阻隔性，因此可以用作黏合剂，但均聚 PVDC 胶膜硬度很大，且脆性大，因此得到应用的 PVDC 黏合剂是在 PVDC 主链上引入氯乙烯（VC）等共聚单体，提高主链的柔顺性。

PVDC 水基黏合剂属于单组分、高固含量、低黏度的商品，干燥速度快，干膜透明度好、耐剪切、阻隔性高，对粘合基材适用性广，但 PVDC 乳液的 pH 低，对铝箔有腐蚀性，热封温度高。

3. 热熔胶

可以用作热熔胶的高分子物质主要包括聚酯（PET）、聚酰胺（PA）、乙烯-醋酸乙烯共聚物（EVA）、聚乙烯（PE）、热塑性或反应固化型聚氨酯（PU）、以及这些聚合物的改性产品，它们通过模头被挤出涂覆在第一基材表面，然后与第二基材表面压合。

三、常用塑料软包装用黏合剂性能比较

相比较而言，有机溶剂型和无溶剂复合用聚氨酯黏合剂的粘合强度高，胶膜的耐热温度也较高，几乎适合于任何形式的包装产品（表 5-1-4）；而水性聚氨酯黏合剂则一般用于轻量包装，不耐蒸煮；丙烯酸类黏合剂和 PVDC 黏合剂的应用范围与水性聚氨酯黏合剂类似。

表 5-1-4　　一些黏合剂性能比较

黏合剂	适合包装的食品					
	零食	一般轻量包装	耐一般的化学试剂	耐化学试剂能力强	热填充	耐蒸煮
有机溶剂型聚氨酯	OK	OK	OK	OK	OK	OK
无溶剂复合用聚氨酯	OK	OK	OK	OK	OK	OK
水性聚氨酯乳液	OK	OK	OK	NO	OK	NO
丙烯酸类黏合剂	OK	OK	OK	NO	OK	NO
PVDC 黏合剂	OK	OK	OK	NO	OK	NO

四、软包装用黏合剂的上胶方式

在制备复合软包装薄膜时，不同的上胶方式，对黏合剂的粘度要求有较大差异；目前一般复合采用凹版上胶方式，上胶量（干胶）一般较少，仅在 2～5g/m^2 之间（湿胶在 4～10g/m^2）；其他的上胶方式的涂布量均较大（表 5-1-5）。

表 5-1-5 **涂布工艺比较**

上胶方式	黏合剂涂布工艺				
	黏度/mPa·s	上胶量/(g/m^2)	上胶量偏差/%	涂布速率/(m/min)	使用黏合剂种类
丝棒涂布	100～1000	15～100	±10	100～200	溶液或水性乳液
网纹辊＋刮刀	4000～50000	25～750	±10	100～150	溶液或水性乳液 无溶剂复合黏合剂
逆转辊涂布	300～50000	25～250	±5	100～400	溶液或水性乳液
凹版涂布	15～1500	2～50	±2	100～700	溶液或水性乳液
挤出模头涂布	400～500000	15～750	±5	300～700	溶液或水性乳液 无溶剂复合黏合剂
狭缝式涂布	400～200000	20～700	±2	100～300	溶液或水性乳液 无溶剂复合黏合剂
帘式涂布	50000～125000	20～500	±2	100～500	水性乳液 热熔胶

第三节 纸包装常用黏合剂

瓦楞纸板、纸箱、纸盒、纸罐、纸筒和纸袋的制作，包装贴标和密封时都要用到各种黏合剂，表 5-1-6 对常见纸包装用黏合剂进行了归纳。

表 5-1-6 **纸包装用黏合剂**

用途		黏合剂
纸容器纸袋	一般纸	聚醋酸乙烯乳液、骨胶、淀粉
	外包装纸、厚纸、耐水加工纸	聚醋酸乙烯乳液、苯乙烯-醋酸乙烯共聚乳液、合成橡胶乳液、热熔黏合剂、压敏型黏合剂
制袋封口	冷合	橡胶类冷封胶
	热合	聚乙烯热熔胶、乙烯系乳液黏合剂、丙烯酸酯、聚酰胺
瓦楞纸箱	箱体、箱盖、箱底	聚醋酸乙烯乳液
纸管		聚醋酸乙烯乳液、骨胶、淀粉
纸盒		聚醋酸乙烯乳液、淀粉
标签	印刷纸 树脂涂装纸	醋酸乙烯共聚乳液、淀粉、再湿式黏合剂、热熔黏合剂、压敏型黏合剂
纸杯	含浸渍石蜡	乙烯-醋酸乙烯共聚物
瓦楞纸板	一般瓦楞纸板	淀粉、聚醋酸乙烯乳液、聚乙烯醇
	耐水瓦楞纸板	聚醋酸乙烯乳液
层合制品	玻璃纸/铝箔纸/铝箔	聚醋酸乙烯乳液、醋酸乙烯共聚乳液、丙烯酸酯
封箱	再湿型胶带	骨胶、糊精、水性丙烯酸酯、聚乙烯醇
	压敏型胶带	天然橡胶、合成橡胶、丙烯酸酯
	热熔型胶带	乙烯-醋酸乙烯共聚物、醋酸乙烯-氯乙烯共聚物

一、淀粉黏合剂

淀粉黏合剂的制造工艺简单，原材料成本低，因此在纸包装材料生产过程中用量最大，主要被用于制造瓦楞纸板。

1. 淀粉黏合剂的助剂及作用

（1）氢氧化钠　氢氧化钠是一种强碱，它的作用是使淀粉在较低的温度下就发生化学糊化，即淀粉颗粒发生崩解，增加黏合剂的浓度，此外黏合剂提供的碱性环境也利于纸基发生疏解（溶胀），利于淀粉进入纸基纤维深处，形成混相结构，提高粘合效果；但氢氧化钠用量过多会使淀粉发生碱性降解，相对分子质量降低反而引起黏合剂的粘合强度下降。另外氢氧化钠也起到一定的防腐作用。

（2）硼砂　硼砂作为螯合剂可以与淀粉分子链上的羟基形成氢键，使淀粉分子发生交联，不但可以增加黏合剂稠度、提高黏合剂的初粘性，还可以提高干胶的粘合强度、耐水性。但硼砂用量过大会引起淀粉分子聚集收缩，溶解度降低甚至形成凝胶。

（3）氧化剂　氧化剂不但可以降低淀粉糊化温度，还可以在淀粉主链 2，3 位碳原子上氧化出醛基、羧基等强极性基团，增加淀粉与纸张亲和性，利于淀粉和纸张间相界面的形成，提高粘合强度。另外醛基、羧基的出现也提高了黏合剂的抗霉变性能。在氧化剂用量较大时，会使得淀粉分子发生氧化降解，相对分子质量降低，淀粉的水溶性提高。

常用的氧化剂有过氧化氢、次氯酸钠、高锰酸钾等；使用高锰酸钾氧化剂制备出的黏合剂颜色较深；使用过氧化氢和次氯酸钠制备出的黏合剂颜色浅，但过氧化氢和次氯酸钠的化学稳定性差，在室温下都容易分解，不利于准确定量；且使用次氯酸钠制备的氧化淀粉黏合剂，最后需要进行除氯处理，否则残余氯会使纸基发生氧化降解，纸板强度和韧性均受到影响。

（4）降粘剂　原淀粉在糊化前颗粒较大，在氢氧化钠或氧化剂的作用下发生化学糊化，崩解成较小的颗粒状；颗粒越小，体系黏度会越高，但这不利于施工，因此制备淀粉黏合剂时，一般使用尿素压缩水合淀粉颗粒表面的双电层，防止淀粉颗粒过度膨胀，降低体系黏度，制备高固含量、低黏度的淀粉黏合剂。

（5）增塑剂　淀粉的相对分子质量较高，且为极性分子，因分子间作用力较高，从而使形成的胶膜坚硬、脆性大，使制备的纸板韧性差，特别是在低温下。因此淀粉黏合剂中常加入乙二醇、甘油作为增塑剂，利于淀粉分子链段改变空间构象，降低淀粉胶膜的玻璃化转变温度，提高胶膜韧性。

（6）防腐剂　淀粉容易滋生细菌而产生霉变，故需要加入甲醛、五氯酚钠、苯甲酸钠等防腐剂，其中苯甲酸钠本身就是食品防腐剂，因此用它制备的黏合剂可以用于生产食品包装，其他两种防腐剂制备的黏合剂则不能生产食品包装材料。

（7）消泡剂　黏合剂在搅拌和输送过程中容易产生气泡，引起涂覆不均匀而影响粘合效果，需要加入低表面张力的物质，如磷酸三丁酯、辛醇或硅油作为消泡剂，以除去气泡。

（8）其他助剂　用次氯酸钠生产黏合剂时，加入少量还原剂，如硫代硫酸钠、亚硫酸钠、亚硫酸氢钠等物质除去多余的次氯酸钠。淀粉黏合剂中添加脲醛树脂可以提高淀粉黏合剂的储存稳定性和胶膜耐水性。

2. 淀粉黏合剂制备工艺

常用的淀粉黏合剂分为糊化淀粉黏合剂和氧化淀粉黏合剂两种，糊化淀粉黏合剂采用斯坦霍尔法（Stein-Hall）生产。制备黏合剂的配料和工艺参数可以根据纸张、气候条件、淀粉种类、纸速、瓦楞形式而具体调整；在制备黏合剂过程中必须充分搅拌，否则容易出现凝胶而降低黏合剂黏度，凝胶甚至会堵塞管道；黏合剂在长时间静置后体系黏度会增大而影响使用，需要采用搅拌、循环等方法来避免。

（1）斯坦霍尔法制备糊化淀粉黏合剂　斯坦霍尔法制备淀粉黏合剂分为两步，第一步首先制备完全糊化的淀粉分散液，用于悬浮分散下一步骤中加入的原淀粉；第二步用上面制备的分散液与原淀粉、其他助剂混合制备得到黏合剂。制备步骤为：糊化淀粉分散液制备　向糊化反应釜中加入水、淀粉，边搅拌边缓慢滴加氢氧化钠溶液，滴加完毕后将反应釜升温到65～70℃恒温15min，使淀粉糊化成黏稠溶液，然后加入冷水稀释降温到54℃左右，得到糊化淀粉分散液。向另一反应釜中加入水、硼砂，待硼砂溶解后，加入适量的淀粉，搅拌均匀后将上面制备的糊化淀粉与之混合均匀（总的固含量控制在15%～18%），最后加入防腐剂等助剂。

（2）氧化法制备淀粉黏合剂　向反应釜中加入水和淀粉，升温到60～65℃后分批加入过氧化氢水溶液，随后一次性加入浓度为30%的氢氧化钠溶液，搅拌2h后加入水稀释，最后加入热的硼砂溶液，搅拌30min即可制得氧化淀粉黏合剂。

二、聚醋酸乙烯酯乳液黏合剂

俗称白乳胶，乳液粒径0.1～2μm，固含量可以在30%～60%，是醋酸乙烯酯单体经过乳液聚合得到。该乳液的优点是常温固化、黏度低、利于施胶，但成膜性和初粘力较好，乳液体系不稳定，在低温或过热环境下，或者酸、碱、盐都可能会使乳液破乳。

聚醋酸乙烯酯乳液黏合剂适宜粘结多孔性基材，例如纸基、木材等，这些基材的吸水性较强，施胶后乳液中的水分由于毛细作用被吸入基材中，乳液黏度不断升高，树脂也随水分进入基材的大孔道中形成锚固粘结，随着水分被基材吸附和向空气中挥发，乳液在基材表面成膜。成膜时间与环境温度关系较大，一般聚醋酸乙烯酯乳液黏合剂的最低成膜温度为20℃，温度过低时乳液黏度增加，聚醋酸乙烯酯分子链的迁移能力下降，这些因素导致成膜性变差，形成不连续的颗粒状，粘合效果不良。加入增塑剂可以降低树脂的玻璃化转变温度，改善成膜性和粘合效果。

三、乙烯-醋酸乙烯酯共聚物黏合剂

以乙烯和醋酸乙烯酯为共聚单体，采用乳液聚合的工艺得到乙烯-醋酸乙烯酯（EVA）水基黏合剂，其中EVA主链上乙烯链段含量为10%～30%；醋酸乙烯酯链段上取代基（醋酸酯基）的空间位阻作用使得VA链段的玻璃化转变温度高于PE链段，因此EVA主链上乙烯链段比例越大，EVA的柔顺性越高。

四、聚乙烯醇黏合剂

聚乙烯醇不能直接通过单体聚合得到，它是通过聚醋酸乙烯酯水解而得到的。在甲醇或乙醇溶液中，在酸或碱催化下聚醋酸乙烯酯发生水解得到聚乙烯醇，根据水解度不同可以得到不同牌号的聚乙烯醇树脂（表5-1-7）。

表 5-1-7　　几种牌号的聚乙烯醇

牌号	聚合度	水解度/%	性　质
05-100	500	＞99	耐水性好,稳定性好
15-100	1500	＞99.5	耐水性好
17-99	1700	＞99.8	耐水性好,高强度
05-88	500	88±2	易溶于水,同类牌号有 10-88 12-88
20-88	2000	88±2	15-88 17-88
24-88	2400	88±2	高黏度,触变性好
30-88	3000	88±2	高黏度
05-75	500	73-75	低黏度,高固含量

聚乙烯醇分子链上的羟基可以形成氢键，因此聚乙烯醇分子间作用力较高，容易形成取向结构而结晶；水解度为 99.7%～100%的聚乙烯醇具有高度结晶性能，水分子不能扩散进入这些结晶区，因此形成的胶膜具有耐水性，对气体或其他液体的阻隔性也很高；水解度为 87%～89%的聚乙烯醇结晶能力下降，存在无定形区，由于羟基与水的亲和力较高，因此水分可以通过无定形区使这种牌号的聚乙烯醇溶解；水解度如果继续降低时则溶解度下降。聚乙烯醇主链上未水解的醋酸基团使聚乙烯醇黏合剂主链柔顺性增加，提高粘合效果。另外聚乙烯醇的胶膜脆性较大，可以加入增塑剂以提高黏合剂的柔顺性；加入填料增加稠度；加入甲醛类交联剂以提高黏度、粘合强度和耐水性；这样可以增加聚乙烯醇黏合剂的综合性能。

五、糊精黏合剂

淀粉在酸性条件下，或在淀粉酶存在下加热处理会发生水解，生成低聚物，这些低聚物就是糊精。在较低的温度和较低的 pH 条件下生成白糊精，这种糊精黏度高，可作标签的黏合剂。在纸张上施胶后，糊精不仅会吸附在纸张表面，而且还会因毛细管作用而向纸张深处渗透形成更加牢固的粘合。

第四节　木制品包装用黏合剂

木制品包装一般用作运输包装或防护包装，生产这些包装材料主要使用脲醛树脂、三聚氰胺改性脲醛树脂、酚醛树脂、环氧树脂等黏合剂。

一、脲醛树脂黏合剂

脲醛树脂黏合剂由于原料充足、价格低廉而被广泛应用于木制品加工行业中，早期脲醛树脂黏合剂在木材加工用黏合剂中占很大比例。该黏合剂以聚甲醛、尿素为主要原料、经过缩聚反应得到，主要用于制造胶合板、粘合木制品。但脲醛树脂黏合剂的耐水性差，固化后胶层脆性大、耐老化性能差、稳定性差，游离甲醛含量高、对人体危害大。

二、三聚氰胺改性脲醛树脂黏合剂

传统的脲醛树脂黏合剂在使用过程中都存在甲醛释放问题，采用三聚氰胺改性的脲醛树脂黏合剂，提高了耐水性、耐热性和胶合强度，缩短了固化时间，最重要的是降低了产品的甲醛释放量，生产出的木制品符合环保标准。E0 级的细木工板就是由三聚氰胺改性脲醛树脂黏合剂制造出来的；目前三聚氰胺改性树脂黏合剂已经广泛应用于木制品包装的生产。

三聚氰胺改性树脂黏合剂的合成可以通过共缩合或者共混两种方法得到。共缩合工艺是把三聚氰胺、尿素、甲醛按照一定比例混合、在反应釜内进行缩合反应得到；另一种方法是共混，即把三聚氰胺和尿素分别与甲醛反应合成三聚氰胺甲醛树脂和脲醛树脂，然后将两种原料树脂混合。

三、酚醛树脂黏合剂

苯酚和甲醛在酸性催化剂存在下聚合成酚醛预聚体或分子质量不太高的热塑性酚醛树脂，其可以用作木材黏合剂。与上述的脲醛树脂黏合剂相比，它的游离甲醛含量较低、环境安全性较强。因此，酚醛树脂黏合剂用于木制品包装的生产，则优势更强。

思 考 题

1. 简述黏合剂的成分，各成分的作用。
2. 简述产生粘合的基本条件。
3. 简述几种主要粘合理论的基本点。
4. 淀粉黏合剂的制备方法和主要原料有哪些？
5. 热熔黏合剂、溶剂型和乳液型黏合剂的特点和用法有哪些？
6. 塑料粘合可以采用哪几种方法？聚烯烃塑料有什么特点？有几种主要粘合方法？
7. 湿法、干法、热熔和挤出复合各使用什么类型的黏合剂？

第二章 涂层材料

涂层材料是一种对基材提供保护或使基材补充增加某些功能的物质，它的组成成分与黏合剂类似，所不同的是干燥后的涂层材料处于玻璃态，具有一定的硬度，而有些黏合剂固化后处于高弹态或粘流态。

不同包装材料所用涂层材料的结构组成和性能有较大差异。金属包装容器的外涂层（油漆）一般含有（或不含）颜料，用合成树脂或不饱和植物油作为成膜物质，将金属与外界空气、水分和其他腐蚀性物质如酸、碱、盐隔离开，对金属起到机械防护作用。金属包装也需要内涂层，例如金属罐头包装需要环氧树脂涂层保护，防止食物中水分、空气和酸、碱、盐对其造成腐蚀。为了提高纸包装的防水性和阻隔性，目前也开发出各种带涂层的涂覆纸（淋膜纸）。同样塑料基材上也可以涂覆各种功能层，制备出具有预涂膜的塑料基材。

第一节 金属表面涂层

根据体系中是否含有溶剂，可以把金属涂层分为油漆和粉末涂料两种。粉末涂料是把涂层粉体经过加温热熔后涂到金属表面，而油漆则含有溶剂，溶剂挥发后结膜。

一、粉末涂料

根据成膜物质和固化方式不同，可以把粉末涂料分为热固型和热塑型两种。

1. 热固型粉末涂料

它是指以热固性树脂作为成膜物质，加入起交联反应的固化剂，经加热后能形成体型结构的涂层。热固性粉末涂料所采用的树脂为聚合度较低的预聚物，分子质量较低，所以涂层的流平性较好，涂层具有较好的机械性能和耐腐蚀性。

（1）环氧粉末涂料　与金属具有优异的粘合力、耐腐蚀、硬度高、柔韧性好，是热固性粉末涂料中最常用的一种。环氧粉末涂料是由环氧树脂、固化剂、颜料、填料和其他助剂所组成的。

（2）聚酯粉末涂料　聚酯粉末涂料与其他类型粉末涂料相比，具有较好的耐候性，在紫外光下比较稳定，烘烤过程中不易泛黄、光泽度高、流平性好、漆膜丰满、涂层颜色浅。

（3）丙烯酸酯粉末涂料　热固性丙烯酸树脂粉末涂料最大的优点是具有优良的耐候性、保色性、耐污染性、金属附着力强、涂膜外观优异，适合用作装饰性粉末涂料。

2. 热塑性粉末涂料

热塑性粉末涂料在喷涂温度下熔融，冷却时凝固成膜，加工和喷涂方法简单，不需要复杂的固化装置。大多使用的原料都是市场上常见的聚合物，可满足使用性能的要求。

（1）聚氯乙烯粉末涂料　该类型的粉末涂料价格较低，涂膜耐冲击，抗盐雾，耐水和酸的腐蚀。

(2) 聚乙烯粉末涂料　具有优良的防腐蚀性能，耐化学药品性及优异的电绝缘性和耐紫外线辐射性，但涂层机械强度不高，对基体的附着力较差。

(3) 尼龙粉末涂料　具有较高的机械强度、抗冲击性能、硬度、耐磨性，无毒、无味，不被霉菌侵蚀，不容易滋生细菌，很适于喷涂食品包装。

(4) 氟树脂粉末涂料　含氟聚合物能够制备粉末涂料的种类很多，如聚四氟乙烯(PTFE)、聚三氟氯乙烯、聚偏氟乙烯等。聚四氟乙烯熔点高，可以在250℃以下长期使用，具有优异的耐腐蚀性，特别适合于食品包装的涂覆。

(5) 氯化聚醚粉末涂料　氯化聚醚具有优异的化学稳定性，涂膜对多种酸、碱和溶剂有良好的抗蚀、抗溶解性能，化学稳定性仅次于聚四氟乙烯，机械和摩擦性能也很好，缺点是与金属粘着力较差。

二、油　　漆

与粉末涂料相比，油漆的品种则比较多样，组成也比较复杂。

1. 组成和分类

油漆一般由成膜物质和溶剂组成，涂层中的溶剂在缓慢挥发过程中，成膜物质也在发生氧化、交联反应，或者由于溶剂挥发成膜物质析出凝结在金属外表面形成致密保护层。成膜物质的成分包括：主成膜物质，次要成膜物质和辅助成膜物质。表5-2-1列出了一些常用的涂料成膜物质和溶剂。

表5-2-1　涂料的主要组成

组　分	化学组成	
主要成膜物质	不饱和植物油	亚麻仁油、桐油、豆油、玉米油、棉籽油等
	树脂	天然树脂：虫胶、松香、沥青 合成树脂：酚醛树脂、环氧树脂、丙烯酸树脂
次要成膜物质	颜料	无机颜料：钛白粉、氧化锌 有机颜料：酞菁蓝 防锈颜料和体质颜料：红丹、硫酸钡、滑石粉、碳酸钙
辅助成膜物质	助剂	增塑剂、催干剂、固化剂、防霉剂、乳化剂、润滑剂
溶剂	水或有机溶剂	二甲苯、乙酸乙酯、乙酸丁酯、丁醇

根据涂层中成膜物质（表5-2-2）、辅助材料（表5-2-3）不同，我国对涂料进行了分类，规定了涂料的基本名称和代号（表5-2-4）

表5-2-2　金属表面涂层成膜物质分类编号

序号	代号	涂料类别	成膜物质	主要成膜物质	备注
1	Y	油脂漆类	油脂	天然动植物油、合成油	
2	T	天然油脂漆类	天然油脂	松香及其衍生物、虫胶火漆	包括天然的或加工处理的
3	F	酚醛树脂漆类	酚醛树脂	酚醛树脂及改性酚醛树脂	
4	L	沥青漆类	沥青	天然沥青、石油沥青、煤焦沥青	

续表

序号	代号	涂料类别	成膜物质	主要成膜物质	备注
5	C	醇酸树脂漆类	醇酸树脂	甘油醇酸树脂、季戊四醇醇酸树脂、改性醇酸树脂	
6	A	氨基树脂漆类	氨基树脂	脲醛树脂、三聚氰胺甲醛树脂、聚酰亚胺树脂	
7	Q	硝基漆类	硝基纤维素		
8	M	纤维素漆类	纤维素酯或醚	乙基纤维素、苄基纤维素、醋酸纤维素	
9	G	过氯乙烯漆类	过氯乙烯树脂（氯化聚乙烯）	氯化聚乙烯树脂	
10	X	乙烯树脂漆类	A取代的聚乙烯类树脂	乙烯共聚物、聚醋酸乙烯共聚物、聚苯乙烯、聚二乙烯基乙炔	
11	B	丙烯酸漆类	丙烯酸树脂	丙烯酸树脂、丙烯酸共聚物	
12	Z	聚酯漆类	聚酯树脂	饱和及不饱和聚酯树脂	
13	H	环氧树脂漆类	环氧树脂	环氧树脂或改性环氧树脂	
14	S	聚氨酯漆类	聚氨基甲酸酯	聚氨基甲酸酯	
15	W	元素有机漆类	元素有机聚合物	有机硅等元素有机聚合物	
16	J	橡胶漆类	橡胶	天然橡胶、合成橡胶及其衍生物	
17	E	其他漆类	其他	以上16类未包括的成膜物质，如无机高分子材料	
18		辅助材料		稀释剂、防潮剂、催干剂、脱漆剂、固化剂	

表 5-2-3　　涂料辅助材料分类编号

序号	代号	名称	序号	代号	名称
1	X	稀释剂	4	T	脱漆剂
2	F	防潮剂	5	H	固化剂
3	G	催干剂			

表 5-2-4　　部分涂料基本名称及代号

代号	基本名称	代号	基本名称	代号	基本名称
00	清油	09	大漆	52	防腐漆
01	清漆	11	电泳漆	53	防锈漆
02	厚漆	12	乳胶漆	54	耐油漆
03	调和漆	13	水溶性漆	55	耐水漆
04	磁漆	14	透明漆	60	防火漆
05	粉末涂料	15	斑纹漆、裂纹漆、橘纹漆	61	耐热漆
06	底漆	19	闪光漆	62	示温漆
07	腻子	23	罐头漆	66	光固化漆
08	水溶性乳胶漆	50	耐酸漆、耐碱漆		

2. 主成膜物质

油漆的成膜机理有两种：一种为溶剂挥发型，成膜物质不发生化学变化直接固化成膜，这类涂料的主要组成成分是成膜树脂和溶剂；另一种涂料中含有可以发生聚合或缩合等化学反应的成膜树脂，这些成膜物质在空气中氧气、外加交联剂、促进剂（催化剂）等助剂的存在下，发生扩链反应或交联聚合而在金属表面形成致密保护膜，这种涂料的成膜物质本身为低聚物，具有流动性，可以起到溶剂的作用而不用添加溶剂。

(1) 不饱和植物油　植物油的组成是不饱和脂肪酸甘油酯，组成它们的不饱和脂肪酸中含有一个或多个不饱和 C ═C 双键，这些不饱和双键旁边亚甲基氢原子的活性很高，很容易被空气中的氧气所氧化，生成过氧化合物，这些过氧化物分解后生成的自由基可以引发其他分子链上的不饱和双键发生聚合，生成更高相对分子质量的聚合物，这样植物油分子因交联固化而成膜。植物油中含不饱和双键数量越多越容易发生交联反应，含有共轭双键的分子反应活性更高，固化越容易。在上述发生在植物油中的氧化-过氧化物分解-双键聚合交联的连续反应中，过氧化物分解生成自由基的反应速率最慢，为了加速过氧化物分解，在涂层中还要添加催干剂（加速过氧化物分解的催化剂），以提高交联固化反应速率。

植物油中双键数量的多少可以用碘值［每 1g 植物油消耗碘的质量（mg)］来表征，植物油中的不饱和碳碳双键能够和碘发生加成反应，碘值越高，说明所含碳碳双键数量越多，该植物油越容易固化交联成膜。根据碘值的高低，我们把涂料用油（成膜物质）分为干性油、半干性油和不干性油三种。

干性油的碘值一般在 140 以上，一般每一个三脂肪酸甘油酯分子中含碳碳双键数量超过 6 个，在空气中很容易发生氧化结膜，形成的膜强度高、加热不软化，不溶于有机溶剂，桐油、亚麻油、梓油、苏籽油都属于干性油。

半干性油的碘值一般在 100～140，每一个三脂肪酸甘油酯分子中含碳碳双键数量为 4～6 个，在空气中氧化结膜速率较慢，形成的膜较软，强度低，加热软化，易溶于有机溶剂，豆油、玉米油、棉籽油、葵花籽油都属于半干性油。

不干性油的碘值一般在 100 以下，每一个三脂肪酸甘油酯分子中含碳碳双键数量在 4 个以下，在空气中不易被氧化结膜，蓖麻油、花生油属于不干性油。蓖麻油也可以通过化学反应脱水而增加碘值成为干性油。

(2) 天然树脂

① 天然纤维素。天然纤维素不能直接作为主成膜物质使用，一般需要将其改性成纤维素醚或酯衍生物的形式使用，它的成膜机理属于挥发性结膜。无机酸或者有机酸与纤维素发生酯化反应生成硝酸纤维素酯、醋酸纤维素酯、丙酸纤维素酯等衍生物可以作为成膜物质。

纤维素酯化的程度可以用取代度［每一个纤维素葡萄糖单元（链节）上含 3 个羟基，其中发生酯化反应的羟基个数］表征。硝酸纤维素酯的酯化度通常用硝化程度（含氮量）表征，用作涂料的硝酸纤维素的含氮量在 11.2%～12.4%，以酯类和酮类作为溶剂，也可以与松香、醇酸树脂、氨基树脂、丙烯酸树脂或乙烯基树脂混合，配成涂料后的黏度在 0.2～200s，最常用的涂料黏度在 0.5s 左右，形成的胶膜的耐久性、强度和弹性都很好。硝酸纤维素容易着火爆炸，所以一般添加乙醇或丁醇作为稳定剂。

② 松香。松香是从松树分泌出来的黏稠液体加以蒸馏而得到的一种天然树脂，质脆透明，颜色由微黄至浅棕色，表面稍有光泽。松香的主要成分为一种含有共轭双键基团的松香酸，玻璃化温度为 30～38℃。松香成膜后发黏，含有双键和羧基，容易与碱性颜料

发生反应，耐候性和耐水性差，所以目前一般使用松香改性产物作为成膜物质，例如松香甘油酯、松香季戊四醇酯，这样可以提高涂层硬度，改进耐候性。

（3）合成树脂类成膜物质　合成树脂分为热塑性和热固性树脂；与塑料、纤维和橡胶用途的同类树脂相比，涂料用热塑性树脂的相对分子质量一般较低，以增加流动性利于施工；对于热固性树脂，交联前为预聚物，施工后通过交联固化，交联度对于涂层耐水性、耐溶剂性和硬度有很大影响。

合成树脂分子链的近程结构、远程结构和聚集态结构对于涂层性能有很大影响，这在黏合剂一章中已经讨论过；在涂层中人们通过改变树脂结构以提高涂层的硬度和韧性。例如，如果在大分子主链上有苯环取代基，则该涂层具有较高的硬度，但涂层见光容易变黄；双酚A型环氧树脂主链的刚性大，涂层具有较高的硬度但耐候性差、容易粉化，而脂肪族环氧树脂的分子链柔顺性较高，耐候性高于双酚A型脂肪族环氧树脂；在树脂分子中引入极性基团，有利于提高涂层的附着力；如果树脂分子链上含有羟基、羧基、氨基，且这些基团参与交联反应，那么可以提高涂层的交联密度；涂层树脂如果发生结晶，则涂层的透明度将会大幅度降低，脆性也会提高，这是不利的，因此人们常采用共聚的方法降低树脂分子链的规整性，降低结晶性能，使其具有无定形结构。常用的合成树脂包括以下几类：

① 合成橡胶类。氯化橡胶：是由天然橡胶或合成橡胶（如顺丁橡胶）经氯化改性后得到的，具有不规则的环状结构，其分子链上含有极性基团——氯（含氯量为65%～68%），因此涂层的附着力强，涂层的内聚能密度大（涂层坚硬）、耐酸、耐碱、耐霉菌，施工时干燥快，且可以与其他树脂相容性好，故常被添加到其他涂料中以加快干燥速率、增加涂层硬度、提高耐磨性和耐候性。

环化橡胶：天然橡胶或合成橡胶在硫酸、氯化锡、锌粉等作用经加热可将线性大分子结构转化为环状分子结构；顺1,4聚丁二烯在路易斯酸催化剂的作用下按阳离子型机理进行分子内环化直接生成环化顺丁橡胶。相对于线性分子，环化橡胶的不饱和度小，密度大，软化点高，常用来制作防腐漆和皮革漆，也可以改性清漆的耐光性、耐酸碱性。

丁苯橡胶：由丁二烯和苯乙烯共聚得到，能够溶于芳烃、酮、酯类有机溶剂中，涂料干燥速率快，涂层透明，耐磨性好，耐酸碱、耐水、耐醇和植物油。当大分子链段上丁二烯含量多时，涂层较柔软，反之涂层较硬。溶剂型丁苯橡胶主要用作防腐涂料、纸张涂料和金属底漆。

② 酚醛树脂。由苯酚和醛类缩聚得到，常用的酚类原料有苯酚、甲酚、二甲酚、双酚A等，醛类原料有甲醛和糠醛。目前应用最多的酚醛树脂是以苯酚和甲醛为原料在酸性或者碱性条件下进行缩聚反应得到：在酸性条件下得到线性结构的热塑性树脂，在碱性条件下得到网状结构的热固性树脂。

苯酚和甲醛缩聚得到的树脂具有优异的耐酸碱、耐腐蚀、耐热性能，可溶于乙醇，但不溶于干性油和其他大多数溶剂，可用作醇溶性清漆。

当苯酚的邻位或对位上发生取代后，例如对叔丁基苯酚或对异戊基苯酚，以它们为原料与甲醛缩聚制备得到的酚醛树脂，则可以溶解于油类溶剂得到油溶性酚醛树脂涂料，具有突出的耐水、耐酸碱和耐腐蚀性能。

③ 环氧树脂。其主链结构和组成见粘结剂章节。环氧树脂涂料具有很高的耐化学腐

蚀性能和耐热性，对金属、玻璃、陶瓷具有极强的附着力。

④ 醇酸树脂。由一元酸、多元酸或酸酐与多元醇酯化反应得到。根据所用的脂肪酸原料碳链的长短，可以分为短油度（含油35%～45%）、中油度（含油46%～60%）、长油度（含油60%～70%）、极长油度（含油大于70%），其中极长油度醇酸树脂主要用于油墨和调色基料的生产。

醇酸树脂黏度随着油度增加而减小，其在油类溶剂中的溶解度随油度的增加而增大。一般短油度醇酸树脂可溶于甲苯、二甲苯等芳烃；中油度醇酸树脂溶于芳烃和脂肪烃混合溶剂；长油度的醇酸树脂溶解于脂肪烃类溶剂。不同油度的醇酸树脂涂层的硬度、干燥性能、韧性和附着力有所不同。

醇酸树脂在干燥后形成网状结构，不易老化、耐候性好，光泽持久，涂层有良好的附着力和弹性，但醇酸树脂在碱性条件下酯基会发生水解，因此其耐水性和耐酸碱性较差，我们可以用酚醛树脂、聚乙烯树脂和丙烯酸树脂对其改性以弥补这些缺陷，还可以将醇酸树脂与硝酸纤维素、氨基树脂、环氧树脂、过氯乙烯树脂混合使用以降低醇酸树脂成本，改善性能。

⑤ 氨基树脂。涂料用氨基树脂由含氨基的单体与醛类缩聚，再用醇类醚化封端得到。其中用量较大的是丁醇醚化的三聚氰胺甲醛树脂，其次是六甲氧基甲基三聚氰胺甲醛树脂。氨基树脂固化时需要加热，固化后涂层色浅、坚硬、耐水、耐碱，但质脆且附着力差，因此氨基树脂很少单独使用，常与醇酸树脂、丙烯酸树脂、环氧树脂、有机硅树脂等混用以增加涂层韧性。

⑥ 丙烯酸树脂。由丙烯酸类单体共聚得到，参考粘结剂一章。丙烯酸树脂涂层色浅、可以达到水白程度，透明度高，耐紫外线、耐候性好，能够耐酸、碱、盐和洗涤剂擦洗，防潮、防霉性好，使用温度宽。

⑦ 乙烯类树脂。由氯乙烯、醋酸乙烯、偏二氯乙烯单体聚合或共聚得到乙烯类树脂，也可以由聚氯乙烯氯化得到过氯乙烯树脂，它们都可以作为主成膜物质，施工时快速自干，涂层耐候性好，耐水、防霉、柔性好。

⑧ 聚氨酯树脂。由多异氰酸酯和多元醇缩聚得到，见黏合剂一章。聚氨酯中含有强极性的氨基甲酸酯基团，因此涂层具有较高内聚力（高强度）且柔顺性好，耐磨、耐有机溶剂。

3. 次要成膜物质

次要成膜物质就是涂料中的各种颜料，不能离开主成膜物质单独使用，它的主要作用是改善涂层的性质，以满足更多的要求。

颜料一般是一种微细的粉末状物质（体质颜料除外），不能溶于水或油性溶剂中，而是均匀分散介质中，涂于物体表面形成色层。在涂料行业中对颜料的要求为：具有适当的遮盖力；具有鲜明的颜色和着色力；具有高分散度；化学性质稳定，不易老化变色。颜料不但赋予涂层以艳丽的颜色，而且还可以提高涂层力学性能、耐候性等。颜料可以分为无机颜料和有机颜料，涂料中一般使用无机颜料，有机颜料多用于装饰性涂料。按照颜料的作用可以分为以下几种：

(1) 着色颜料　能够赋予涂料以颜色与色调，遮盖物体表面，并能改善涂层的耐久性、耐候性和耐磨性；常用的无机颜料有钛白粉、锌钡白、铅铬黄、镉黄、铬绿、铁蓝、群青、铁红、炭黑等。有机着色颜料颜色齐全，色彩艳丽，着色力强但遮盖力差；常用的有机颜料有耐晒黄、联苯胺黄、酞菁绿、酞菁蓝、甲苯胺红等。

（2）防锈颜料　用于保护金属免受腐蚀，分为无机盐类和金属类两种类型。无机盐类具有缓蚀性，含有用水可浸出的阴离子，能钝化金属表面或影响腐蚀过程；防锈颜料主要成分是含铅和铬的盐类，因有毒性和重金属污染，使用时需加以注意。

有四种金属可作防锈颜料，包括铝、不锈钢、铅和锌。锌粉可作富锌保护底漆；不锈钢颜料不但具有防腐功能，还有装饰作用；铝粉因容易被氧化形成致密保护膜而对金属表面具有保护作用。

（3）体质颜料　体质颜料是一种不溶解于涂料的助剂，它对漆膜几乎无任何遮盖力和着色力，但能提高漆膜厚度，改进液体涂料机械性能、渗透性、光泽性和流平性，降低成本。常用的体质颜料有硫酸钡、高岭土、云母、碳酸钙等。

4. 辅助成膜物质

（1）溶剂。溶剂的作用为溶解主要成膜物质、且分散次要成膜物质，调节涂料的黏度和流平性，对涂料的制备、储存、施工、干燥时间、涂层附着力等都有很大影响。在选择溶剂时需考虑对成膜物质的溶解性、对被涂表面的润湿性、挥发速率、表面张力等，还要考虑溶剂的毒性及对人体的刺激性。

涂料用溶剂的种类有脂肪烃类溶剂、芳香烃类溶剂、醇类溶剂、酯类溶剂、酮类溶剂。汽油属于脂肪烃类溶剂，馏程 145～200℃，它的挥发性较低，挥发速率慢，常作为天然橡胶、油性树脂、以及中长油度醇酸树脂的溶剂；甲苯和二甲苯为芳香烃溶剂，常溶解醇酸树脂、乙烯基树脂、氯化橡胶和聚氨酯树脂，挥发速率中等，毒性大，对人体危害大；乙醇可以溶解虫胶，也可以作为聚乙烯醇及其衍生物、硝基漆的溶剂；正丁醇挥发速率低，是多种油类和树脂的溶剂，特别适合于溶解氨基树脂、丙烯酸树脂、硝基纤维素；丙酮的挥发速率快，溶解能力强，多用作乙烯基共聚物、硝酸纤维素的溶剂，也可以与多种溶剂混合以利于施工和改进漆膜性能；甲乙酮的挥发速率快，用于乙烯基共聚物、环氧树脂、聚氨酯的溶解，添加到溶解能力差的溶剂中以改进涂料的施工和改善涂层性能；甲基异丁基酮的应用范围与甲乙酮相似，属于挥发性较慢的溶剂；酮类溶剂溶解能力强，但具有一定的毒性。乙酸乙酯和乙酸丁酯的挥发速率中等，毒性低，用于溶解聚氨酯、硝基纤维素等，溶解能力低于酮类溶剂。

（2）助剂　涂料助剂的用量虽然很少，但对涂料储藏稳定性、成膜过程、涂层质量起重要作用。

① 催干剂。也称干燥促进剂，俗称干料，促进涂料中主成膜物质被氧化后生成自由基的分解，引发主成膜物质中碳碳双键的聚合反应而固化成膜；其成分多为环烷酸、辛酸、松香酸的钴盐、锰盐。

② 增塑剂。能够降低涂层成膜物质的玻璃化转变温度，施工时利于提高主成膜物的流动性，减少内应力，使涂层柔软、提高涂层韧性，减少低温脆裂现象的发生，但涂层的耐热性和硬度降低。常用的增塑剂有氯化石蜡、邻苯二甲酸二丁酯、邻苯二甲酸二辛酯，其中后两种增塑剂对人体有害，不能直接接触食品。

③ 抗结皮剂。涂料在施工或存放时，液体表层容易发生氧化作用而结皮，特别是含干性油的涂料最容易结皮，因此需要加入抗氧化剂防止涂料表层发生氧化结皮，但又不能

影响干燥时间。常用的抗结皮剂有二戊烯和甲基苯二酚，储存时遇到氧气，它们首先发生氧化反应，保护主成膜物质被氧化，而施工时它们挥发掉或者被氧化成其他物质后，主成膜物质就可以氧化结膜了。

④ 润湿剂。是一些表面活性剂，能增加漆料对颜料的润湿能力，缩短研磨时间，确保颜料分散均匀稳定。

⑤ 稳定剂。防止漆膜遇热、遇光分解，提高漆膜的耐久性，主要成分是钙、铅和钡的硬脂酸盐。

三、金属内涂层

食品包装罐内高湿度下的酸性、碱性和盐环境对罐体的腐蚀性很强，因此金属罐的内表面需要涂层保护。内容物不同，对涂层的要求也不同：蛋白质丰富的水产、家禽和肉类罐头应该采用抗硫涂料，防止蛋白质受热分解而造成硫化腐蚀；酸性较强的番茄酱采用抗酸涂料，防止内壁发生酸腐蚀；含有花青素的草莓、樱桃等制品，对罐壁具有腐蚀性，镀锡板中的锡也会促使花青素褪色，因此内壁涂层可以更好保护该类食品；灌装啤酒内壁的涂层也会防止金属离子溶出而影响风味。

目前金属罐内壁最常用的涂料是环氧树脂涂料，涂层厚度为12～13g/m^2，但涂层中残余的双酚A单体会对食物造成污染，给人体造成危害。

目前国际上采用一种覆膜铁来制备食品包装罐。这种覆膜铁是在金属表面复合一层聚酯（PET）薄膜，PET与金属的结合靠环氧树脂粘结，有了PET的保护，环氧树脂中双酚A不直接接触食品，对食品的污染问题可以解决。覆膜铁可以直接冲压制罐，PET薄膜不会断裂，制罐工艺不发生变化，目前日本市场40%的食品包装罐采用覆膜铁制备。

第二节　纸基涂层

为了提高纸基的阻隔性、耐水性、力学等性能，常常在纸基表面涂覆一层有机高分子或无机材料或者它们的复合物，例如清油、石蜡、树脂等。

利乐包是由纸、塑、铝箔组成的具有六层结构的包装，其中的纸塑部分使用的是挤出涂覆聚乙烯的纸基，这种包装已经广泛用于牛奶、饮料的包装。一次性纸杯是在木浆制原纸（白卡纸）进行单面聚乙烯淋膜后进行胶印、剪裁、成型得到，其中聚乙烯涂层厚度为10～20g/m^2。除此之外，不干胶底纸、防水手提袋、成型纸盒等都需要在纸基上涂覆高分子树脂。

第三节　塑料涂层

一、提高塑料薄膜阻隔性的涂层

1. 真空蒸镀氧化铝、氧化硅薄膜

采用真空蒸镀的方法在聚酯（PET）或其他薄膜基材上镀上一层10μm左右厚度的氧化铝或氧化硅薄膜，可以将PET薄膜的氧气通过率降低到0.5～2mL/m^2·d·atm，但这种薄膜的成本较高。

2. PVDC 涂覆的聚丙烯薄膜

厚度为 15μm 左右的双向拉伸的聚丙烯（BOPP）薄膜的氧气通过率在 2000mL/m² · d · atm 左右，而涂覆 PVDC（聚偏二氯乙烯）的 BOPP 薄膜的氧气通过率可以降低到 10～15mL/m² · d · atm，但这种高阻隔性薄膜废弃后对环境有污染。

3. 层状纳米黏土涂覆薄膜

在丙烯酸树脂或聚乙烯醇树脂的分散液中加入一定比例的层状纳米黏土，涂覆在 PET 聚酯基材上，当涂覆厚度为微米时，可将 PET 薄膜的氧气通过率（OTR）由 100～110mL/m² · d · atm，降低到在 0.5～2mL/m² · d · atm（50%～75%RH）。

二、改进薄膜加工性能的涂层

1. 防静电涂料

塑料是电的不良导体，在加工或包装作业时常因摩擦使薄膜表面产生电荷——产生静电，造成开口困难，还会吸附粉状食品造成封口强度降低。采用外涂防静电涂料是消除静电的有效方法之一，其消除静电的机理是涂层吸附空气中的水分子形成极薄的水膜以降低薄膜的表面电阻，消除静电。一般选用表面活性剂或高极性物质作为防静电涂料。

2. 防雾滴涂层

在用保鲜袋（膜）包装新鲜水果或蔬菜时，水蒸气常常在保鲜袋内壁凝结成水雾，并逐渐凝结成较大的雾滴，接触雾滴或者雾滴滴落处的果蔬很容易滋生细菌发生要变或腐烂，雾滴的存在也影响商品的展示效果，影响销售。甘油单脂肪酸酯、三乙醇胺的脂肪酸盐、聚环氧乙烷等都可以作为防雾滴涂料，这些极性的防雾滴剂增大了薄膜表面极性，加大与水分的亲和力，当水蒸气凝结在薄膜表面时，形成极薄的水膜，而不是小水滴，达到防雾滴的目的。

3. 降低摩擦因数涂层

一般塑料薄膜的表面摩擦因数在 0.4～0.6，不适合自动包装生产线的要求，为了降低薄膜与薄膜之间、薄膜与金属之间的传动阻力，一般需要将薄膜摩擦因数降低到 0.2～0.3。因此需要在薄膜表面形成一个低摩擦因数的液膜。这个涂层不是采用涂覆方式施加的，而是将芥酸酰胺或油酸酰胺等极性物质熔融共混在聚丙烯或聚乙烯树脂薄膜中，由于这些极性小分子在弱极性聚烯烃中溶解度很小而逐渐向薄膜表面迁移，在表面形成一层极薄的液态脂肪酰胺液膜，这层小分子液膜的存在使薄膜之间、薄膜与金属之间的滑动摩擦阻力降低。

思　考　题

1. 简述涂料的组成、分类及命名原则。
2. 油的成膜性的难易与什么有关？按成膜性的难易可分为几种？
3. 简述不同类型涂料的作用和用途。

第三章　封缄材料

第一节　胶　　带

胶带是封装纸箱、塑料信封的主要封缄材料；将黏合剂涂布在纸、塑料、布、铝箔等基材，或者纸/铝箔、纸/塑料、纸/铝/塑料复合基材上，然后采用一层隔离材料或背层处理剂将黏合剂隔离开，并卷成盘卷，即制成胶带。使用时通过按压、加热、加水活化或加溶剂活化等方法，使黏合剂产生粘合作用。

压敏胶带是目前最常用的一种，在基材上涂覆压敏型黏合剂，使用时只需用手压基材背面，就可使胶带粘合到被粘物表面上；再湿型胶带是在基材上涂覆一层水分活化型黏合剂，使用时需要在胶带背面涂覆一层水，即可使胶带粘合在被粘物表面；溶剂活化型胶带需要在胶带背面使用溶剂活化产生粘合效果；加热活化型胶带则是在基材上涂覆一层热熔型黏合剂，经加热后产生粘合作用；转移型胶带则是在隔离纸上涂覆压敏黏合剂，使用时在被粘物表面贴好这种胶带，揭去隔离纸后在被粘物表面留下一层压敏胶层，如同涂布一层均匀的黏合剂一样，这种胶带起到均匀涂布黏合剂的作用；另外还有一些专用的防伪胶带，它们能够明显显示出被揭开的痕迹，很难恢复原状。

一、压敏胶带

1. 压敏胶带的组成

一般的胶带具有五层结构：基材、黏合剂、底层处理剂、背层处理剂、隔离材。其中黏合剂和基材是必不可少的组成。

（1）基材　基材是胶带的骨架，是黏合剂的载体，应该具有很好的机械强度和较小的伸缩性，厚度要均匀。纸、塑料、复合材料、布、铝箔等都可以作为基材。

（2）黏合剂　黏合剂是胶带的核心部分，有压敏型、水活化型、溶剂活化型、热熔型等几种。

（3）底层处理剂　底层处理剂增加黏合剂和基材间的粘附强度，保证在揭开胶带时基材与黏合剂之间不剥离，它一般是一种使黏合剂和基材间牢固粘结的涂覆剂，如果黏合剂和基材间粘合强度足够，就可以不需要底层处理剂了。

（4）背层处理剂　背层处理剂涂覆在基材背面，用来防止单面胶带在盘卷时彼此粘连，使之易于展开。另外背涂处理剂还可以增加基材强度，有些背涂处理剂还可以使胶带防水、耐候、防静电等特殊功能。对于那些基材与黏合剂的粘合强度较低的胶带，例如聚乙烯、聚氯乙烯、涂层牛皮纸等基材的胶带，则不需要背涂处理剂。

（5）隔离剂　对于双面胶带，为了防止它在盘卷时彼此发生粘连，需要隔离材将黏合剂层隔开。一般用聚乙烯薄膜、聚氯乙烯薄膜、涂层牛皮纸作为隔离材。

2. 压敏型胶带的粘附机理

（1）层状结构　单面压敏型胶带由基材、黏合剂、底层处理剂和背层处理剂四层结构组成（如图 5-3-1）。双面压敏胶带则在黏合剂层上方添加一层隔离材。

（2）压敏胶带的粘附特性　将压敏胶带展开在包装上，对其基材背部轻轻按压，就可将其粘附在包装上，若要让胶带与包装分离则需要较大的剥离力。剥离阻力即为黏合剂对被粘物的粘附力。一般情况下，要求胶带被剥离开后，压敏胶应该完全脱离被粘物表面，在被粘物表面无残留。当胶带从被粘物上剥离时，胶带受力分析如图 5-3-2 所示：

黏合剂
底层处理剂
基材
背层处理剂

图 5-3-1　单面压敏胶带的四层结构

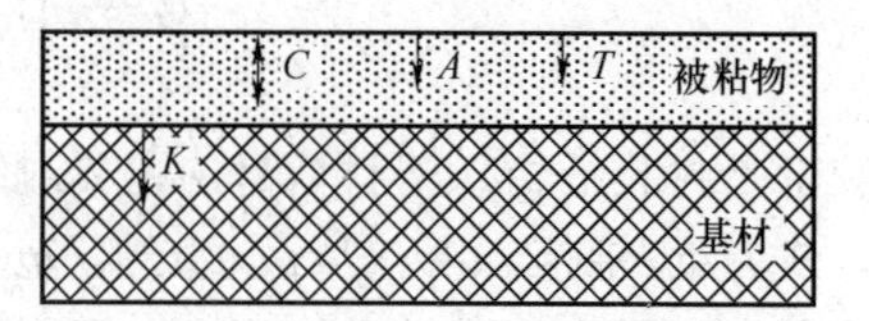

图 5-3-2　压敏胶带的四个粘附要素

① T 为粘着力（Tackiness）。习惯上称之为快粘力或初粘力，是压敏胶带的润湿能力和初始粘性的体现，一般指用手轻轻按压压敏胶带黏合剂背面时所表现出的手感粘性。

② A 为粘附力（Peel adhesion）。对胶带进行适当的按压粘贴后，经过一段时间后黏合剂与被粘物表面充分润湿，产生的粘结力逐渐增加达到稳定，此时胶带与被粘物表面的结合力被称为粘附力。在实际应用中，粘附力是以粘合好的胶带从被粘物表面剥离时所需要的力的大小来衡量。

③ C 为内聚力（Cohesion）。压敏胶分子间作用力越大，压敏胶的内聚能密度越大，内聚力越大；它与压敏胶的分子结构、相对分子质量、交联程度有关。

④ K 为粘基力（Keying）。指压敏胶与基材间的粘附力。

如果上面四种类型的力满足 $T<A<C<K$，说明胶带具有压敏特性，此时当胶带被剥离开后，压敏胶应该完全脱离被粘物表面而无残留；若黏合剂的 $T \nless A$，则说明压敏胶对压力不敏感，不具备压敏特性；若黏合剂 $A \nless C$，在胶带剥离时会会出现胶层被拉破或拉丝现象，胶层会污染被粘物表面，此时需要增加黏合剂的内聚力；若 $C \nless K$，会出现脱胶现象（基材脱离胶层），此时需要调整底涂处理剂或黏合剂的配方。

压敏胶带除了满足 $T<A<C<K$ 外，还需要考虑其他性能要求，如柔顺性、耐老化性、耐热性。

3. 压敏胶的类型

适合制备压敏胶带所用的黏合剂种类较多，丙烯酸酯、橡胶、硅树脂、聚氨酯、聚酯、聚醚、EVA 等都可以制备压敏胶带，比较常用的是丙烯酸酯、橡胶和硅橡胶类型。表 5-3-1 列出了压敏胶带类型及使用性能。

表 5-3-1　压敏胶带类型及使用性能

	聚丙烯酸酯系	橡胶系	硅树脂	聚氨酯	聚酯	聚醚
初粘性	低至高	高	低	低	中至高	中
剥离强度	中至高	中至高	低至中	低至中	中至高	低至中
内聚力	低至高	中至高	高	低至中	低至中	低至中
抗紫外线能力	优异	低	优异	优异	优异	优异
耐溶剂性	高	较好	优异	高	中	优异

续表

	聚丙烯酸酯系	橡胶系	硅树脂	聚氨酯	聚酯	聚醚
耐水性	优异	优异	优异	优异	中	优异
使用温度/℃	−40～160	−40～70	−50～260	−30～120	−30～140	−40～120
黏合剂颜色	无色	黄色	无色	无色	无色	无色
成本	中	低	高	高	中至高	中
其他性能	耐水性好应用最广	对低能和高能表面的粘结性好,柔韧性好	对低能和高能表面的粘结性好,抗氧化	可清除性好	柔韧性好	柔韧性好

(1) 橡胶系压敏黏合剂　主要粘合物质是橡胶类高分子，黏合剂常温下处于橡胶态，玻璃化转变温度低，粘流温度高，要求它与增粘树脂及其他助剂具有良好的相容性。天然橡胶、天然再生胶、聚异戊二烯橡胶、丁苯橡胶、聚异丁烯橡胶、丁腈橡胶都可以作为主要粘结物质；另外在压敏胶中还要添加增稠树脂、硫化剂、软化剂、防老剂、填充剂、稠度调整剂等助剂。

(2) 丙烯酸酯系压敏黏合剂　丙烯酸酯系压敏胶与橡胶系压敏胶不同，它不需要外加粘附成分，它本身就具有较好的粘附性能，其粘附力和内聚力间的力学平衡是通过共聚或交联来完成的，通过交联还可以增加其抗蠕变性；丙烯酸酯系压敏胶粘合力强，具有良好的耐候性、耐热性及透明性。

丙烯酸酯系压敏胶的主要粘合物质是由主单体、第二单体和官能团单体三部分共聚得到的；主单体的作用是聚合形成柔顺的高分子链，其玻璃化转变温度低，它赋予压敏胶粘附性；第二单体含玻璃化转变温度高的刚性链段，在共聚物中起骨架作用，赋予压敏胶内聚力；官能团单体为含有官能团的极性单体，又称改性单体，它能使压敏胶分子间产生交联，作用是改善共聚物的粘附性并能提高内聚强度。

许多单体都可以作为丙烯酸压敏胶的原料，它们具有不同的玻璃化转变温度，这些单体的比例不同，制备出的压敏胶具有不同的性能，如图 5-3-3。

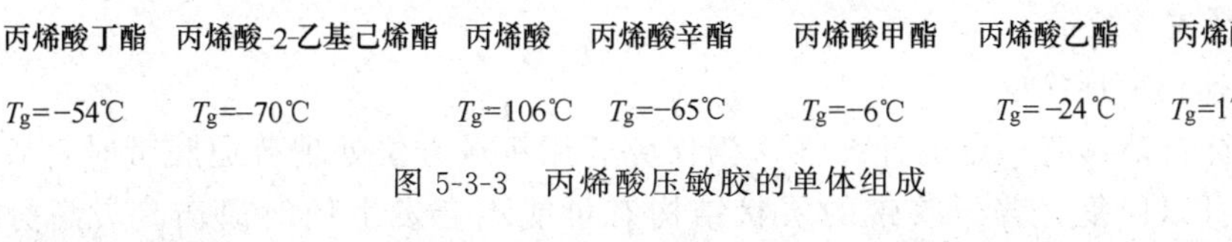

C=O　C=O　C=O　C=O　C=O　C=O　C=O
O　O　OH　O　O　O　NH_2
C_4H_9　CH_2　C_8H_{17}　CH_3　C_2H_5
CH—C_2H_5
C_4H_9

丙烯酸丁酯　丙烯酸-2-乙基己烯酯　丙烯酸　丙烯酸辛酯　丙烯酸甲酯　丙烯酸乙酯　丙烯酰胺

T_g=−54℃　T_g=−70℃　T_g=106℃　T_g=−65℃　T_g=−6℃　T_g=−24℃　T_g=179℃

图 5-3-3　丙烯酸压敏胶的单体组成

4. 压敏胶带的生产工艺

压敏胶带采用图 5-3-4 形式的生产线连续生产，基材首先在上下两面分别涂覆底层处理剂和背层处理剂，进入烘箱干燥后涂覆压敏黏合剂，烘掉压敏黏合剂中的溶剂后收卷。压敏胶带用黏合剂的形式有溶剂型、水溶液型、水乳液型、热熔型、反应固化型，其中以前三种较为常用。

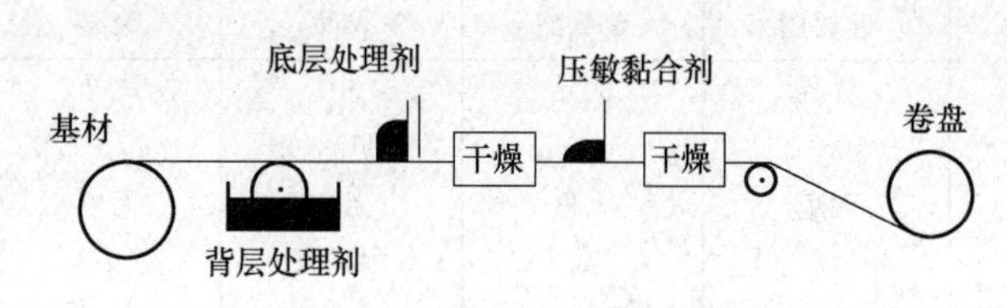

图 5-3-4　压敏胶带的生产流程

在包装工业中，还有一部分使用水活化型胶带，这种胶带的制造工艺与上面工艺类似，以前使用动物胶、糊精等作为黏合剂，现在多以聚乙烯醇、聚醋酸乙烯酯等黏合剂代替之。

二、安全胶带

随着经济的发展，现代物流作为一种先进的组织方式和管理技术，为企业降低运行成本，提高了劳动生产率，在国民经济和社会发展中发挥着重要作用。不法分子为了达到偷窃或者替换包装内的商品而不被察觉的目的，常常采用加热、冷冻、溶剂处理等手段来开启包装的胶带封条，然后再将包装重新封好，制造出未被开封过的假象。针对一般封装胶带的不足，目前开发出多种安全胶带：

1. 篡改留迹

篡改留迹几乎是所有防伪胶带都采用的技术，一般至少需要三个功能层来实现：基膜、信息层和黏合剂层。首先在有机硅树脂材质的基材上印刷上需要的警示信息（被揭开后需要显示的信息），然后在该印刷层上面再涂布一层带颜色的树脂层，最后在该带颜色树脂层上涂覆黏合剂。因此一般的篡改留迹安全胶带具有四层结构；当用带颜色的粘结剂层来代替树脂层时，就可以简化为三层结构。

2. 热致变色油墨

在胶带中引入热致变色油墨层，可以指示出该包装物是否受到诸如蒸汽、热空气、电熨斗等热源的处理。变色油墨可以随环境温度的变化而迅速改变颜色，且该颜色变化是不可逆的，温度恢复后颜色不再复原；热致变色油墨可以采用丝网印刷或柔性版印刷等方式印刷在胶带基材上，胶带的制造工艺不变。

3. 热致变形涂层

利用低熔点的物质在胶带上涂覆一个功能层，当作弊者想利用高温手段来处理防伪胶带时，在胶带的黏合剂进入黏流态之前，这个热致变形功能层首先发生融化，从而使胶带结构发生变形或破坏，使造假者无法将胶带复原。例如利用石蜡（熔点 40～65℃）作为连接料制备成一种油墨，在基膜上印刷上一条宽带或一个图形，当造假者采用高温处理胶带时，石蜡会融化而导致印刷带或图案的边缘处发生扩散变形，这就能清楚地显示出有人采用高温处理过该胶带。

4. 外力损伤变形涂层

高分子材料都具有一定的伸缩性，当作弊者用机械方法处理普通胶带时，胶带受到的拉伸变形可以回复，普通胶带的层状结构有可能不会发生任何损伤。与高分子材料相比，金属材料的拉伸变形能力很低，因此可以利用金属粉末作为安全胶带的一个功能层，当作弊者拉伸胶带时，这个金属粉末涂层就会发生脱落，指示出该包装受到了作弊者的处理。

5. 热致变形基材

胶带的基膜一般较厚且耐撕裂性能较高，抗张强度大。如果我们选择经过单向或双向拉伸过的高分子材料，例如 BOPP 作为防伪胶带的基膜，当作弊者想利用高温处理胶带时，在受热情况下 BOPP 基膜发生收缩，使得胶带发生皱褶，这就指示出作弊者对胶带进行过热处理。

6. 对溶剂敏感的油墨层

利用一种对溶剂特别敏感的油墨印刷的警示信息作为防伪胶带的一个功能层，如果该油墨的连接料是线性高分子，相对分子质量也不足够大，这种连接料会溶解在一些常用的有机溶剂中，因此当作弊者试图利用有机溶剂溶解胶带粘结剂时，油墨层会发生溶解，褪色的油墨层警示造假者篡改了胶带。如果在油墨中如果加入一些能够发生化学反应的物质，这些物质在被溶剂处理前不会发生反应，例如它们被一个壳层所包裹，一旦接触到有机溶剂，壳层发生溶解，它们会被释放出来，相遇后变色，这样安全性能会更好。

7. 低温变浅的颜料涂层

在胶带上设置双黏合剂层，最外侧黏合剂与普通黏合剂没有区别，用于粘合被粘物，在该层黏合剂的内侧设置一层玻璃化转变温度较高的第二黏合剂层，且在第二黏合剂层中掺加一些粉末状颜料，一旦受到低温处理，第二黏合剂层首先进入玻璃态，颜料粒子在胶带上的附着力迅速降低、发生剥落，显示出造假者曾经用低温处理该胶带。

8. 低温显色

一般情况下，当造假者利用低温处理胶带时，温度较低的胶带会使周围空气中的水分发生凝结，胶带上出现冷凝水，胶带会变潮湿，因此可以利用一些物质与水分结合后发生变化来表征该胶带受到冷冻处理。例如：高锰酸钾在干燥环境下呈现深褐色，而在潮湿时呈现紫红色；一些指示剂在酸性或碱性的环境中，遇到水分后也会变色，如将酸与指示剂分开涂布在胶带的两层中，当有水分存在时它们会相互迁移而导致变色。

第二节 防伪标签

标签也常作为包装的封口，或者作为包装的一部分，主要应用在药品的外包装中，它与具有多层复合结构的安全胶带不同的是标签外形尺寸较小，且一般只有单层结构。常用的防伪标签可分为破坏型、可视性、不可视型三类。

一、破坏型防伪标签

这类在使用时或鉴别真伪时需要将标签破坏掉，以下种类的标签都属于破坏型标签。

1. 易碎纸标签

使用特别的易碎纸、或易碎的不干胶材料制造的标签，可以在其上印刷商标、条形码或文字说明，贴在封口处，标签一旦被揭开，纸质标签则发生破碎。

2. 压痕纸标签

运用模切压痕技术将标签局部进行防揭处理，揭起后无法复原。

3. 字模防伪标签

这种标签类似于安全胶带，具有多层结构，揭起后会在下层看到明显的警示字迹信息。

二、可视型防伪标签

该类标签具备用可用肉眼识别的特别明显的特征，利于消费者核实包装的真伪，且造假者很难仿制，具体包括以下种类的标签。

1. 全息标签

全息技术在防伪包装上的应用主要是印制防伪标签和商标，在标签上显示极具层次感和空间感的3D图案。激光全息图像标签可以制作成以下几种形式：

（1）不干胶型　将全息防伪图文制作在不干胶材料上，但可以反复使用，容易被假冒。

（2）防揭型　防揭型标签弥补了普通不干胶型标签的缺点，当标签被揭下时，标签上的全息图像会被完全破坏，不能再次使用。

（3）烫印型　利用烫金设备将全息防伪标签烫印到包装材料上，不能从包装上被揭下，与包装材料融为一体，如果能够合理选择烫金位置，其防伪效果会优于上面两种形式。

2. 随角异色标签

改变观察角度，或者在不同波长的光源下，可以改变标签的颜色，但标签的图案一般没有3D效果。

3. 产品编码（数码）标签

数码防伪网络系统给每一个商品设置一个唯一的编码，并把编码存储到一个稳定、唯一的数据库系统中心，建立电话、短信、网站等方式进行查询，以实现产品防伪的目的。作为该系统工程的重要载体-标签，主要有纸基刮开式、揭开式和全息揭开式等形式。

三、不可视型防伪标签

该类标签不能够用肉眼识别，需要借助特殊的检测手段才可以检测到这种隐藏的标签，该种类标签很难被发现和仿制。

1. 隐形油墨（无色荧光油墨）

在一般的印刷基材上采用隐形油墨印刷，在红外或紫外光下才显示出印刷信息，且在不同波长下显示不同的颜色。

2. 嵌入图像

将不可见的图像植入包装的图案中，而植入的图案只能靠专门的检测仪器才可以被发现，一般的扫描设备无法读取，这种防伪效果十分隐秘。

3. 数码水印

将不可见的数码信息植入到图像元素中，靠专用设备和软件来核实真伪，消费者可以用摄像头、手机或其他扫描设备获取信息，一旦造假者试图复制信息程序保护系统会自动删除这些信息。

第三节　瓶盖与瓶塞

一、瓶　　盖

瓶塞或瓶盖是密封瓶状、罐状、管状等容器所必须的辅助包装材料，根据被包装食品类型和容器形式的不同，瓶盖具有以下几种功能：

① 在该商品的货架期或者被开启之前，保持包装容器处于密闭状态。

② 防止污染物、氧气、水汽的进入，保护内容物。

③ 能够被消费者辨识是否曾经被开启。

④ 消费者在使用时，如内装食品不能一次消费完，还可以反复封缄。

⑤ 在消费者使用时能够协助取用一定数量的内容物。

⑥ 开启方便并且容易。

⑦ 设计具塞的包装需要综合考虑安全性、防伪、防污染、可循环使用、环保等多项性能，最主要还要考虑开启需要的外力。

1. 常用瓶盖的类型

（1）螺旋盖　多以马口铁、铝板、塑料等为原料制造得到，盖的内部预制螺旋，具有很好的密封性，不易脱扣，其制作工艺简单、价格低廉，适用性好，缺点是如果瓶与盖之间有内容物粘附固化后不易开启。螺旋盖主要有以下几种形式：

① 阴螺纹螺旋盖。利用盖内阴螺纹与瓶颈上的阳螺纹形成密封，主要采用金属或塑料制成。

② 快旋盖。又称凸缘盖，盖内有3～6个凸缘，该凸缘与玻璃瓶口上设置的3～6头螺纹相啮合，与阴螺纹螺旋盖比，凸缘盖只需旋转1/4圈即可拧紧或拧开盖子，盖子上压力分布均匀，主要用于广口瓶的密封，一般采用金属材质。

③ 加压旋扭盖。又称真空旋扭盖，加压旋钮盖上没有螺纹，玻璃瓶口有细螺纹，热的食物罐装后加压封口，食物冷却后，容器内部压力降低，呈负压状态，盖子顶面中部的隆起部分（安全扣）发生凹陷；如被开启或内装物变质后失去真空度，安全扣则发生凸起。加压旋扭盖主要用于广口瓶的封装，一般用于热填充或巴氏消毒食物包装的封口。

（2）盘冠盖　最早在1892年由William Painter发明，靠21个折摺裙边牢固地固定在瓶口上，一般用薄钢板冲制而成，盖内备有衬垫，以增加密封效果，常用于内装啤酒、汽水等充气饮品的玻璃瓶封口。

（3）显开启瓶盖　打开瓶盖后会有部分结构遭到破坏，以引起消费者的注意，显示开启盖有以下几种形式：

普通显示开启盖有A、B两种形式，A为单排滚花，B为双排滚花，滚花方向为沿圆周方向滚压，有的沿圆周方向和轴向均有压痕，启封时压裙全部断开脱落，以便于旧瓶的回收利用。

（4）带式盖（Seidel seal）　又称塞德尔盖，其封缄方法等都与普通显开启盖相同，不同之处在于它是由舌翼和与此舌翼连到本体上的两条圆周刻痕构成，开启时只需拉动舌翼就可以将其撕裂成带条而打开，此外为了能比较容易地拉出舌翼，还可在舌翼上贴上薄膜。

（5）特殊盖

① 易开盖。为了使罐头开启方便，使用二片罐包装的啤酒、饮料、干果类食品包装多采用易开罐盖。易开罐盖有多种形式，除拉环式外，还有拉片式和按钮式。拉环式罐体在被开启后，拉环还附在罐盖上，丢弃后的包装有刮伤人体及污染环境的缺点，后两者盖材克服了这个缺陷。

② 胶带式小口易开盖。胶带式小口易开盖是在容器的盖上预先冲出一个孔，用黏合剂把复合薄膜（如0.5mm厚的真空镀铝薄膜）粘在其上。这种封口适用于非碳酸饮料的包装，使用时用带斜口的塑料吸管刺破薄膜即可饮用内装饮料。

③ 按钮式小口易开盖。此盖上有大小两个圆形冲痕的突起按钮，使用时先按下较小的一个，让空气进入，再按大的按钮，即可饮用。

④ 撕裂盖。撕裂盖是一种用于杯状玻璃容器的盖，多用于酒和果汁饮料的包装，去掉盖后即可直接饮用，盖材采用薄铝片，在盖的侧缘部有一个可夹持的是舌翼以便于撕开瓶盖。

（6）超长盖　超长盖便于开启且耐压性能好，能密封啤酒等充气饮料的玻璃瓶包装。在盖上附有一个环状的拉手，盖上有划线，使用时用手指套住拉环扣，沿划线拉开瓶盖。划线的深度可随盖的位置而有所不同，以满足易开和密封的要求。

（7）粉末分配盖　粉末分配盖用于胡椒粉等餐桌调料瓶包装；该盖具有内外双重结构：内盖是一个与包装罐口配合的薄片，外盖是一个扣在内盖上的瓶盖。内外盖都有相同数目的小孔。内盖固定，外盖可以转动，当转动外盖到两孔重合时，可以倾倒出调味料，两孔错位时，瓶罐既被密封。

2. 瓶塞

食品包装用瓶塞多由塑料和软木制造。例如软木制直塞主要用于葡萄酒瓶的密封，冠塞由直塞衍变而来，密封面可压紧在瓶口和瓶颈内侧，用于密封加气果酒。塑料塞制造简便，无毒无味，密封性可靠，其他种类的瓶塞多采用塑料材质。

3. 密封衬垫

为了提高瓶盖和瓶口间的密封程度，还需要在瓶盖和瓶口间添加密封衬垫。常用的密封衬垫有软木衬垫、橡胶衬垫和塑料衬垫。

（1）软木衬垫　早期的软木衬垫由整块软木制成，但由于天然软木数量有限且常有孔洞等缺陷，现在一般很少使用。目前主要使用一种复合软木衬垫，将软木粉碎后取一定粒度的软木颗粒用黏合剂粘接成一定尺寸的棒料，老化后将棒料切成一定厚度的圆片，用石蜡处理衬垫表面。使用时将黏合剂涂在瓶盖内侧，随后将软木衬垫嵌入瓶盖内，为了减少软木味道对食品的污染，可以在软木衬垫外侧再垫上一层铝箔或树脂薄膜。

（2）橡胶衬垫　多以天然橡胶为原料，添加不同的助剂制备成一定厚度的橡皮，再按要求裁切成需要的尺寸。橡胶衬垫弹性好，与瓶盖配合使用密封性好；但橡胶衬垫有橡胶味道，容易污染饮料，改变饮料风味，不适合包装饮料，另外橡胶垫与瓶盖的组装不牢靠，容易在自动灌装时橡胶衬垫脱落，使用时应予以注意。橡胶衬垫多用于口服液药品和广口瓶的密封。

（3）塑料衬垫　塑料衬垫表面光滑、结构紧密、阻水阻气性好，具有一定的弹性和韧性，可以制成中间薄、四周厚的形状而节省原料，其制备工艺简单、自动化程度高，适合于大规模生产。常用的塑料衬垫材质有PVC、乙烯-醋酸乙烯酯共聚物（EVA）、聚乙烯，其中聚乙烯衬垫广泛用于矿泉水和酒的包装，EVA衬垫主要用于碳酸饮料包装瓶的密封，PVC衬垫原来主要用于除水、酒精和碳酸饮料之外的饮品包装，还用于耐蒸煮包装的密封，但PVC衬垫中含有邻苯二甲酸二丁酯或二辛酯类增塑剂，目前在食品包装中已经禁用。

二、瓶盖材料

1. 金属

通常使用马口铁、铝或铝合金板材，其中铝制瓶盖与瓶体的咬合紧密，而马口铁瓶盖的刚度大些，铝合金的性能介于铝和马口铁之间。马口铁易生锈，铝和铝合金虽然不易生锈，但容易被食物中的酸碱所腐蚀，故在制盖前需要先涂布相应的涂料，使瓶盖表面与内容物隔开。

2. 塑料

食品包装瓶多使用塑料盖，常用的瓶盖材质有高密度聚乙烯、低密度聚乙烯、聚丙烯、苯乙烯共聚物等。

第四节 塑料捆扎材料

在包装中的捆扎材料主要包括塑料捆扎带（俗称打包带）和塑料绳，主要用于瓦楞纸箱及其他散装食品、蔬菜的捆扎，其作用是将包装物品集中捆扎在一起，压缩体积，增加包装的强度，便于装卸，也有封缄、防盗、防止包装物散失或散塌的作用。

塑料捆扎包装材料主要是各种规格的牵引带以及用它制备的绳和编织袋。牵引带是高分子树脂经过热熔挤出通过牵引得到的窄带；打包带就是较厚的牵引带，可替代纸带、钢带和草绳；制绳的牵引带又称扁丝，厚度一般为0.02～0.04mm；厚度为0.04～0.07mm，宽度1.5～2mm的牵引带可以编织成袋，是极好的重包装材料。这些捆扎包装材料以塑料为原料，耐腐蚀、不霉烂、耐酸碱、耐水、强度高、清洁卫生。

一、塑料打包带

塑料打包带是一种单轴取向的塑料捆扎材料，其厚度为0.5～1.2mm，宽度为12～22mm，这种塑料打包带具质轻、美观、牢固、耐腐蚀和使用方便等优点，吸水性和吸湿性很小，浸水后不会降低强度；经过单轴拉伸的打包带在使用过程中会逐渐收缩，使被包装物捆扎更紧；打包带可制成不同颜色以区分不同种类或等级的货物，提高发货效率。塑料打包带在食品、纺织、轻工、医药、仪表等领域得到广泛应用。

制带原料有聚乙烯、PVC、聚丙烯、尼龙、聚酯等，聚酯和尼龙打包带抗张强度好，聚丙烯打包带成本低、回弹性好。实际应用中可根据需要选择不同材质的打包带。

塑料打包带可分为机用带（J）和手工用带（S）两类。打包带的型号由8位数字组成，命名时按材质（前两位）、宽度公称尺寸（第3至第5位）、厚度公称尺寸（第6至第7位）、使用类型（第8位）顺序。例如PP12006J表示材质为聚丙烯的宽度12.0mm、厚度0.6mm的机用打包带。

打包带的生产工艺流程为：

树脂原料→挤出机熔融挤出→冷水冷却→加热拉伸→定型→成品

挤出机机头到冷却水槽的距离小于100mm，挤出的片基在25～35℃冷水中冷却，然后进入长约2m、水温95～100℃的热牵引槽，以8倍速率牵引，带子还需要表面轧花以防止打包带在使用时打滑，轧花辊是一对表面有花纹的钢辊，轧花后冷却卷取。

一根聚丙烯材质的宽 13～16mm 的打包带带，单根抗拉强度在 130kg 以上，断裂伸长率低于 25%，较铁皮或纸质打包带捆扎方便、结实。聚丙烯薄片经单轴拉伸后，大分子顺轴向（拉伸方向）高度定向，拉伸强度增加。轴向拉伸的聚丙烯片基在横向上大分子链间作用力变小，易撕裂成带状，称撕裂膜，普遍用于捆扎零售商品。聚丙烯经适当单轴拉伸后剖成 2～3mm 的扁丝，可织成编织袋，强度高，质轻，耐腐蚀，不霉变，性能超过麻袋及牛皮纸袋，现已广泛用于水泥、化肥等重包装。

二、聚乙烯和聚丙烯绳

将高、中、低压聚乙烯树脂熔融共混，挤出成泡管状，或者将高压聚乙烯挤出成扁平状，然后经过充分热拉伸得到聚乙烯绳。聚丙烯绳则是将聚丙烯树脂挤出成扁平状，然后经过热拉伸成膜，分切成宽度 50mm 的膜片拧制成绳。它们有强度大、不吸湿、耐水、耐磨、耐化学试剂、作业中灰尘少、无毒卫生、可任意着色的特点。但纵向容易撕裂，在强度和打滑性方面聚丙烯绳优于聚乙烯，聚丙烯绳结更加难以打开。聚乙烯和聚丙烯绳主要用于捆扎蔬菜、水产品、干货，以及包装盒、包装袋等。

思　考　题

1. 简述包装封缄的主要作用。

2. 画图说明非压敏型、单面压敏型、双面压敏型胶带的构成，并说明每种成分的作用。

3. 压敏型黏合剂的四个粘附要素是什么？应满足什么关系式？压敏型黏合剂主要有哪些类型？

4. 常用塑料捆扎材料的品种及材质有哪些？

第四章　其他包装辅助材料

第一节　干　燥　剂

干燥剂一般具有多孔结构或较大的表面积，对水蒸气、其他气体或异味具有很高的吸附性能。

一些食品在潮湿的环境下容易变质或者失去风味，因此需要在干燥的环境下保存，例如饼干类休息食品的包装内部一般都需要内加干燥剂药包；另外大多数药品包装中也需要干燥剂。

内装物为金属制品时，若水蒸气进入包装后很难透过溢出，有时还会在包装内结露，导致金属制品生锈，因此在环境密闭或封套式包装中需要使用干燥剂。

外包装材料一般选择密封性好、透湿性小的包装材料，例如聚乙烯或聚丙烯的薄膜，阻隔外界水蒸气进入，而干燥剂则被封内包中，且内包的表面常被打孔以提高内包的吸湿能力，但孔径不宜过大，否则会造成干燥剂粉尘溢出而污染被包装物。干燥剂一般选用细布袋、无纺布包装，或放在带小孔的金属罐内。干燥剂小袋根据需要置于包装的各个空间部位以确保充分发挥吸湿作用，但不能与被包装制品（金属制品或油漆）直接接触。

干燥剂应该具有以下特性：①多孔或具有较大比表面积，吸湿性大；②无毒无味，物理和化学稳定性好，不分解、不产生有毒物质；③具有一定的粒度，不潮解污染被包装物；④温度对吸湿能力影响不大，较高环境温度下水分不会发生脱附；⑤最好可回收重复使用。

常用的干燥剂有吸附型和潮解型两种形式。硅胶、铝凝胶、分子筛等属于吸附型干燥剂，吸湿后可以通过加热的方式脱水再生，当体系内相对湿度较小时，干燥剂中被吸附的水分也会发生脱附。生石灰（氧化钙）则属于潮解型干燥剂，它吸水后不会发生脱附。

包装中最常用的是硅胶干燥剂，成分是高微孔结构的含水二氧化硅，被制成直径1～2mm的球状，具有较多的内孔，比表面积很大；颗粒内部和表面含有大量的羟基，对水分的吸附性很强；对于非食品药品包装，也可以制备成变色硅胶（添加氯化钴）形式使用，可将环境湿度降至40%作用，吸附饱和时硅胶由蓝色变成淡红色，说明应该再生，再生温度为110～120℃，烘干处理2～3h，然后置于密闭环境中降温以便下次使用。

分子筛为结晶型铝硅酸盐化合物，其晶体结构规整，孔道均匀，孔径为分子大小的数量级，它只允许直径比其孔径小的分子进入，能将混合物中分子按大小加以筛分，故称分子筛。其孔径大小可通过加工工艺的不同来控制。它吸湿速度快，并且能实现较低相对湿度控制，即使在高温情况下，仍能很好吸附水分子。

纤维干燥剂是由纯天然植物纤维经特殊工艺精致而成，特别是覆膜纤维，它的吸湿能力达到100%的自身重量。

第二节　防　锈　剂

防锈剂是一种常用于金属制品包装、保管、封存、运输的添加剂。水、酸、氯化物、硫化物等是极易引起金属腐蚀或锈蚀的物质，通过使用抑制这些物质对金属腐蚀作用的添加剂可防止、延缓、阻止金属的腐蚀或锈蚀作用，这种添加剂称为防锈剂。防锈剂的作用原理多种多样，一种是它吸附在金属表面形成保护膜，隔开使金属生锈的水、空气或酸性物；另一种是把金属表面的水分置换出来或增溶在油中；还有就是添加剂的碱性中和腐蚀金属的酸性化合物。

防锈剂按用途可分为水溶性防锈剂、油溶性防锈剂和气相防锈剂三类。将一定量的水溶剂防锈剂溶解于水中所制得的具有防锈能力的水溶液称为防锈水；防锈油脂是以油脂或树脂类物质为主体，加入油溶性防锈剂所组成的暂时性防锈材料；气相防锈剂则是靠散发出来的防锈气体起到防锈作用的。

一、防　锈　水

长期防锈封存用的防锈水要采用蒸馏水或去离子水作原料。防锈水对金属的保护原理，大致可以为以下三种情况：

① 防锈剂与金属作用，在表面生成了不溶性的、致密的氧化膜，抑制了金属的腐蚀。在使用这类防锈剂时，要注意防锈剂的用量要足，要使其在金属表面能形成完整的氧化物膜，否则，未被遮盖的部分腐蚀电流密度增大，会引起局部腐蚀加剧，所以这类防锈剂又称为危险防锈剂，亚硝酸盐、重铬酸钠等属于这类防锈剂。

② 金属与防锈剂作用生成难溶性盐类，将金属与腐蚀介质隔开，从而达到保护金属的目的，如碱金属的磷酸盐、碱金属的硅酸盐对铁的防护作用就属于此类。

③ 金属与防锈剂生成难溶性络合物，覆盖于金属表面，达到防锈目的，如苯骈三氮唑对铜的保护即属于此类型。

用于制造防锈水的无机水溶性防锈剂常用的有亚硝酸盐，用于铁的防锈；铬酸盐及重铬酸盐，用于铜、铝、锌、镁及合金制件的防锈；水溶性磷酸盐如六偏磷酸钠、磷酸钠、磷酸二钠等，它们对钢、铸铁和铝有防锈作用，但对铜等却有促进腐蚀作用；硅酸钠可对钢、铸铁、锡、锑、铝等金属及其焊件、铆接制件起到防锈作用；以上几种无机防锈剂若几种混合使用，可以达到多功能防锈的作用，效果会更好。此外，偏铝酸钠也可以作为铸铁防锈剂，但它在50℃以上使用时却是危险防锈剂。

有机水溶性防锈剂有苯甲酸钠和苯甲酸铵，适用于钢、铁和铜的防锈；单乙醇胺和三乙醇胺，适用于钢铁防锈；尿素可适用于钢铁的防锈，它们也可互相配合或与无机防锈剂配合使用。

二、防锈油脂

防锈油脂中的油脂或树脂类物质作为成膜物质涂布于金属表面后，对锈蚀因素具有一定的隔离作用，但一般油脂类能溶解空气中的氧，并且还能溶解少量水分，单纯使用油脂不能获得满意的防锈效果，因此必须添加防锈剂。适用于包装金属制品的防锈油品种类很多，主要包括防锈油、防锈脂及溶剂稀释型防锈油等。

① 防锈油是在矿物油中加入油溶性防锈剂及其他助剂制得的一种防锈材料，防锈作用是由防锈剂和基体油两部分共同贡献的。油溶性防锈剂的分子有两部分组成，一部分是长链烃基，它能使整个分子溶于油；另一部分是极性很强的基团，与金属表面有很强的吸附力。油溶性防锈剂是通过其极性基团在金属表面定向排列形成紧密的吸附层，阻止水分及氧对金属表面的侵蚀，从而起到保护金属防止锈蚀的作用；另一方面，防锈剂在金属表面的吸附是金属的离子化倾向减少，从而减少了金属表面原子的反应能，使金属表面趋于稳定状态，抑制了金属的锈蚀。而基础油通过范德华力与防锈剂的烃基紧密结合使形成的吸附层厚度增加并更加致密，如图 5-4-1 所示。

防锈油所使用的油溶性防锈剂主要有石油磺酸盐，如石油磺酸钡、钙类；硬脂酸、环烷酸及它们的皂类；羊毛脂、单油酸季戊四醇酯等酯类以及油酸二环己胺、磺酸胺盐等胺类，它们可单独使用或互相配合使用。基础油则根据防锈油的用途选择，通常选择矿物油，如机油、变压器油、高速机油、某些型号的汽油等。为了满足防锈油的某些性能或使用要求，通常还需加入抗氧化剂、助溶剂、乳化剂、成膜剂、消泡剂等，有时还根据特殊需要加入增黏剂、降凝剂、抗磨剂等。

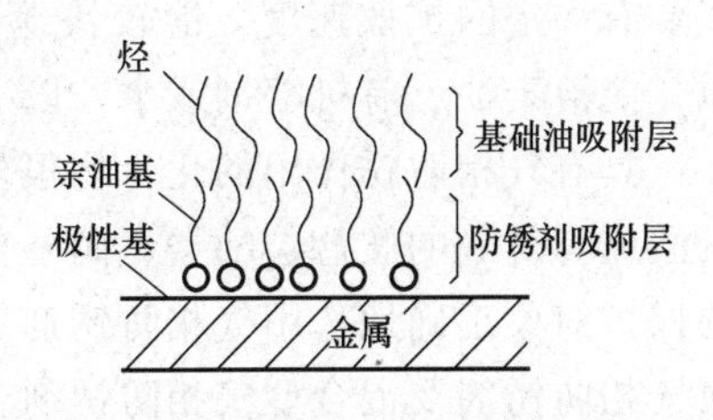

图 5-4-1 油溶性防锈剂吸附层示意图

② 防锈脂是以凡士林为基础的在常温下为脂状的一类防锈油，它是由成膜物质（或基础油）和防锈剂组成。成膜物质主要包括凡士林与润滑油。防锈脂中的凡士林一般采用工业凡士林，化学组成是石蜡 15%、石油脂 45%、汽缸油 25%、机械油 15%，要求无腐蚀性，不含水分，有一定程度的抗水性，滴点温度为 45℃。常用的润滑油有机械油、锭子油和汽缸油等，其化学组成是烷烃、环烷烃和芳香烃，以及少量氧化物与硫化物，要求其无水、不含水溶性酸碱。防锈脂中常用的油溶性防锈剂主要有石油磺酸盐、硬脂酸铝、环烷酸锌、氧化石油脂、羊毛脂及其衍生物等，对有色金属防锈常加入苯骈三氮唑等。防锈脂在常温下处于软膏状，所以膜层一般较厚（可达 0.5mm），不易流失，不易挥发，进行密封包装后，一般防锈期较长，可达两年以上。

③ 溶剂稀释型防锈油是在以矿物油脂或树脂为成膜剂的防锈油中加入溶剂所组成，这类油品按溶剂的种类可分为石油溶剂、有机溶剂和水稀释三种。其中有机溶剂多具有毒性，所以应用较少。这类防锈油可在常温下涂覆，溶剂挥发后便在金属表面留下较薄的一层防锈膜。按防锈膜的性质，这类防锈油可分为硬膜防锈油、软膜防锈油及水膜置换型防锈油。

用作硬膜防锈油的树脂首先应在汽油、煤油中有较大的溶解度，其次是对各种金属不腐蚀。目前选用的树脂有叔丁基酚甲醛树脂、长油度醇酸树脂、三聚氰胺甲醛树脂、萜烯树脂、石油树脂及烷基酸树脂等，其中以叔丁基酚甲醛树脂及烷基酸树脂较好。硬膜防锈油的成膜保护性好，膜表面光滑不粘，夏季不流冬季不裂，而且施工方便，价格便宜，但其硬膜不易除掉，成膜的自然干燥时间大约为 1h。

常用的软膜防锈油有以磺化羊毛脂钙皂为成膜剂（同时又是防锈剂）、以凡士林为成膜剂、以氧化石油脂钡皂为成膜剂，同时又是防锈剂制成的防蚀油。软膜油的特点是在金属表面易成膜，流失少但不易除去，防锈期较短。使用前可用汽油、煤油、二甲苯等除去金属表面的油膜，所以这一类油还有施工时污染环境、使用时要除膜的缺点。

水膜置换型防锈油所用的溶剂主要是低黏度的煤油或汽油，这样可以形成较薄的油膜，所使用的防锈剂主要是磺酸盐类，其特点是具有比水强的吸附能力，因而具有水置换性，能置换出已沾附在金属表面的手汗。一般金属制品封存之前，先用置换型防锈油置换掉金属表面的水、人汗及污物，以防构成腐蚀电池。

三、气相防锈剂

气相防锈剂应具备下列条件：常温下要有一定的蒸气压，以保证适当的挥发速度；蒸气要有一定的扩散速度，能较快地充满包装空间；化学稳定性好，在使用时不分解不变质；能溶于油、有机溶剂或水，以适应不同包装技法的要求。

具有气相防锈作用的化合物很多，到目前已经发现的有二三百种。这些物质主要是无机酸或有机酸的胺盐、酯类、硝基化合物及其胺盐和杂环化合物等，在使用中要根据不同的保护对象正确地选用气相防锈剂。常用的气相防锈剂有：黑色金属气相防锈剂、有色金属气相防锈剂及混合型气相防锈剂。黑色金属气相防锈剂的共同特点是借氨或有机胺的阳离子起防锈作用，比如：亚硝酸二环己胺、碳酸环己胺、亚硝酸二异丙胺及碳酸苄胺等；有色金属气相防锈剂主要分下列几类：有机胺的铬酸盐类、有机胺的磷酸盐类、有机酸酯类、有机酚及其衍生物及杂环化合物等；混合型气相防锈剂是几种物质混合在一起并发生化学反应生成氨，借以达到对黑色金属防锈的目的，常用的混合型防锈剂主要有：亚硝酸钠和尿素、亚硝酸钠和乌洛托品、亚硝酸钠与苯甲酸铵、亚硝酸钠和磷酸氢二铵及碳酸氢钠、苯甲酸钠和碳酸三乙醇胺。

第三节　脱　氧　剂

油性食品、一些药材、皮毛制品、文物名画等在空气中容易发生氧化变质，因此需要一个无氧的环境储存以提高它们的储存期。

1. 脱氧剂的分类

按照化学成分划分可以把脱氧剂分为无机脱氧剂和有机脱氧剂两种，铁粉、亚硫酸盐属于无机脱氧剂，而抗坏血酸（维生素 C）则属于有机脱氧剂。

2. 脱氧机理

（1）铁粉脱氧　1g 铁粉在一定湿度下理论上最多可以吸收大约 300mL 氧气，即吸收 1500mL 空气中的氧气，除氧效率高，速度快，但有氢气这一副产物生产，因此需要消除产生的氢气。

$$Fe+2H_2O \longrightarrow Fe(OH)_2+H_2$$

$$Fe+4H_2O \longrightarrow Fe(OH)_2+H_2$$

$$2Fe(OH)_2+0.5O_2 \longrightarrow 2Fe(OH)_3 \longrightarrow Fe_2O_3 \cdot 3H_2O$$

（2）亚硫酸盐脱氧　这类脱氧剂应用比较广泛，其中以连二亚硫酸钠为主剂、氢氧化钙和活性炭为助剂制备得到的脱氧剂效果最好。在标准状态下 1g 连二亚硫酸钠理论上可脱除约 130mL 氧气。

$$2Na_2S_2O_4 + O_2 \longrightarrow Na_2SO_4 + SO_2$$

$$Ca(OH)_2 + SO_2 \longrightarrow CaSO_3 + H_2O$$

思　考　题

1. 哪些产品需要防潮？
2. 对使用干燥剂的包装有哪些要求？常用干燥剂有哪些？
3. 简述防锈剂的组成和防锈机理。
4. 简述脱氧剂的作用原理、分类。
5. 简述表面活性剂的分子结构特点以及在包装辅助材料中的应用。

第六篇　复合与功能包装材料

第一章　复合包装材料

为了使包装材料适应现代包装功能的需要，如为了改善包装材料的阻隔性（透气性、透湿性）、耐油性、耐水（湿）性、耐药品性、刚性（挺度），使其发挥其对光、香、臭等气味进行隔绝性及耐热、耐寒、耐冲击的作用，具有更好的机械强度、加工适用性能和赋予包装的特殊功能性，并产生良好的印刷及装饰效果，除了对原有包装进行多方面的改进外，一个重要的发展方向就是多种复合技术的应用。

复合材料是由两种或两种以上材料复合形成的新型材料，它一般由基体组分与增强组分或功能组分（组元）所构成。复合材料可经设计、即通过对原材料的选择、各组分分布设计和工艺条件的保证等，使原组分材料优势互补，因而呈现出色的综合性能。

根据增强或填充剂的种类、尺寸和形态，复合材料可以分为粒子增强或填充、纤维增强或填充、层状增强或填充型复合材料等。根据连续相的基体种类，它可以分为聚合物基、玻璃或陶瓷基、金属基复合材料等类型。对复合材料的组成、结构、性能及加工等的研究已经形成了材料科学领域中一个独立的交叉边缘学科或方向，并在理论和实践中取得了飞速的发展。

最常见的复合包装结构形式为层状复合材料（即每个组分层为二维连续），如常用于食品包装的纸/塑复合、塑/塑复合、纸/塑/铝复合和镀 SiO_x-塑料膜等复合包装材料与结构，其功能均优于单一单质材料，从而在包装领域得到了广泛应用。

现在包装领域应用非常广泛的多层复合包装材料，复合层数一般为 2～7 层不等，且品种非常丰富。一些常用复合包装材料的构成、特性和用途见表 6-1-1。

表 6-1-1　　常用复合包装材料的构成、特性和用途

复合包装材料(构成)	特　性	用　途
纸/PE	防潮、价廉	饮料、调味品、冰淇淋
玻璃纸/PE	表面光泽好、无静电、阻气、可热合	糖果、粉状饮料
BOPP/PE	防潮、阻气、可热合	饼干、方便面、糖果、冷冻食品
PET/PE	强度高、透明、防潮、阻气	奶粉、化妆品
铝箔/PE	防潮、阻气、防异味透过	药品、巧克力
OPP/CPP	强度高、耐针刺性好、透明、可热合	含骨刺类冷冻食品
LLDPE/LDPE	易封口、强度好	牛奶
PET/镀铝/PE	金属光泽、抗紫外线	化妆品、装饰品
PET/铝箔/PE	易封口、耐蒸煮、阻气	蒸煮袋
PET/黏合层/PVDC/黏合层/PP	阻气、易封口、防潮、耐水	肉类食品、奶酪
LDPE/HDPE/EVA	易封口、刚性好	面包、食品
纸/PE/铝箔/PE	保湿、防潮、抗紫外线	茶叶、药品、奶粉
取向尼龙/PE/EVA	封口强度高、耐穿刺、阻气	炸土豆片、腌制品

第一节　复合包装材料的组成与复合工艺

一、复合包装材料的基本组成

层状复合包装材料的组分可以分为基材、层合黏合剂、热封合材料、印刷与保护性涂料等二维连续层。它的结构书写表示由“外层→内层”，其层状结构示意图如图 6-1-1 所示。

（一）基材

复合包装材料的基材有纸、金属箔（多数为铝质）、塑料薄膜等，因此按基材类型可将复合包装材料分为纸（基）复合包装材料、铝（基）复合包装材料、塑料薄膜（基）复合包装材料和织物（基）复合包装材料等。

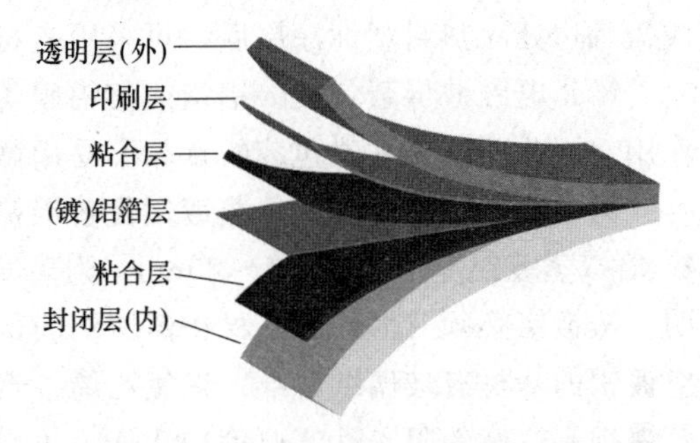

图 6-1-1　典型复合包装材料结构示意图

1. 纸张

由于纸材能提供制品的挺度等性能，且其价格低廉、种类齐全、便于印刷粘合，能适应不同包装用途的需要，所以在层合材料中广泛地用作基材（尤其在要求一定挺度时，常用纸材做基材）。

用蜡或聚偏二氯乙烯涂布的加工纸和防潮纸广泛地用于糖果、快餐、小吃、和脱水食品的包装。印刷精美、用聚乙烯贴面的纸复合材料在包装和其他领域也有广泛的应用。

2. 塑料薄膜

PP、PE、PVC、PS、PA 和 PET 等塑料薄膜是常见于包装的透明柔性包装（软包装）材料，可广泛地用食品、药品等产品包装。如果不希望透明，可在层合时使用加有不透明颜料的热封性塑料薄膜（如包装牛奶的白膜或黑膜等）。在层状复合材料中，依据功能所需，可以选择它们作为结构层、阻隔层、粘合层、封闭层和装饰层等。

3. 铝箔及蒸镀铝材料

铝箔具有阻隔性好、遮光、外表华丽、重量轻、无毒等优点，在层合材料中，用作阻隔层。一方面，铝箔闪光的表面和良好的印刷适性，使它成为理想的包装装潢材料，另一方面，铝箔可以较好地保持食品的风味，并可长时间保存食品。与其他软包装材料相比，铝箔对光、空气、水及其他大多气体和液体具有不渗透性，并可以高温杀菌，使产品不受氧气、日光和细菌的侵害。

厚度 6.4～150μm 的铝箔可用于层合软包装基材。用于层合的铝箔必须退火到“极软”级，退火还能除去残留的冷轧润滑油，产生一个可润湿的表面。这种表面可以用黏合剂涂覆。由于铝箔的优良性能及与许多产品的相容性，使它成为饮料、食品、医药品等产品广泛使用的复合包装基材。铝（基）复合包装材料在包装上的应用主要有以下几个方面：

（1）制作蒸煮袋　20 世纪 50 年代末开发的聚酯/铝箔/聚丙烯三层复合材料制成的可蒸煮包装用作软罐头包装的蒸煮袋，具有良好的耐高温性、高阻隔性和热封强度。尤其是铝箔的阻隔性能不随杀菌时温度的变化而变化，可较好地保持软罐头加工储藏过程的气密性，具有较长的保质期。

（2）制作多层复合材料　铝箔与塑料薄膜制成两层或三层复合材料，用于防潮、保香等气密性要求高的包装，主要用于茶叶、奶粉以及各种小食品包装。

（3）制作盖封、泡罩包装　用于医药、糖果的泡罩包装。泡罩包装的型材可用 PVC、PS 等塑料片材，其盖材多用预先印好的涂有热封胶的铝箔，此外用于食品包装的盒、杯、盘等封口的盖材，一般也采用涂有 PE 等热封胶、且预印的铝箔复合材料。

（4）制作盘盒　较厚的铝箔还可加工成浅盘、盒等，可以是带盖的或不带盖的。铝箔浅盘翻边处涂热封塑性涂层后，可采用盖材热封封口，可用于食品的托盘包装。

（5）电磁波屏蔽包装　铝箔或镀铝膜等（金属材料）对电磁波有良好的屏蔽（阻隔）作用。因此用这类材料包装的食品不易用微波（炉）加热。

为了节省铝材，可以用蒸镀铝代替铝箔。蒸镀铝可以使耗铝量降为 1/300，耗能缩小 20 倍。蒸镀铝厚度只用 10～20nm，附着力好，有优良的耐折性及柔韧性，并可部分透明。蒸镀铝必须有另外的基材作蒸镀铝膜的支撑材料（衬底，如塑料或纸张等）。适合真空镀铝的基材有玻璃纸、纸、聚氯乙烯、聚酯、拉伸聚丙烯、聚乙烯、聚酰胺等。为了使蒸镀铝有较好的阻隔性，厚度应大于 0.03μm 并需要用涂料或塑料膜保护。（高真空）蒸镀铝工艺过程如图 6-1-2 所示。

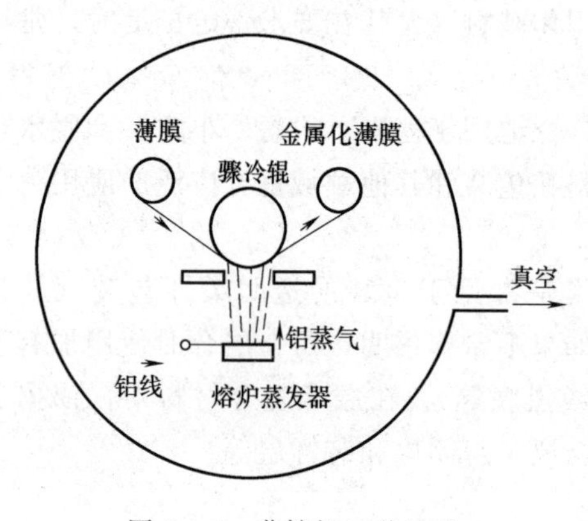

图 6-1-2　蒸镀铝工艺过程

4. 塑料织物

塑料织物俗称塑料编织布，属于纺织材料，由化纤或塑料扁丝构成，其原材料主要是聚烯烃或聚酯树脂等。塑料织物的特点是：A. 密度小，小于 1g/cm^3；B. 强度大，经过取向的纤维具有很高强度，同时耐磨性好；C. 耐水；D. 抗化学腐蚀，不易霉变；E. 抗害虫及微生物侵蚀；F. 无毒无味，在生产中不污染环境，可回收利用；G. 生产成本低。塑料织物（或非织造布——无纺布）及经二次加工后的塑料织物，被广泛用于大宗化工产品（如化肥、合成树脂）、矿砂、食盐的包装。经编织物多用于纺织纤维，如羊毛、棉、黏胶纤维包装。

5. 功能性薄膜

功能材料是指具有除力学性能以外的特殊功能的材料，其特殊功能主要指光电性能、磁性能、生物医用等。功能性薄膜材料是指那些具有特殊功能的薄膜材料，例如具有高阻隔性、环境降解性、可食性、防静电性、防锈和抗菌性的薄膜等。它们的详细介绍参见第六篇第二章。

（二）复合胶

复合胶也称作胶黏剂，它的主要作用是将两种固体材料牢固地粘合在一起。在制造层状复合材料的过程中，黏合剂常常还可赋予层合材料其他的功能。为了使两种材料牢固地粘合在一起，必须使材料表面具有“可润湿性”，即黏合剂必须能在基材的表面“铺展和润湿”。黏合剂对表面的润湿程度取决于黏合剂的表面张力和基材的表面能。如当用聚乙烯和聚丙烯作基材时，因为它们的非极性较强，表面不易被极性的黏合剂润湿，所以在层合和印刷前，要经过电晕等表面处理，以改善其表面的极性和粗糙度。

复合包装膜生产中常用的黏合剂有溶剂型聚氨酯黏合剂、无溶剂型聚氨酯黏合剂、醇溶性黏合剂和水性黏合剂等。此外复合包装材料使用的其他黏合剂还有：UV 固化和电子束固化型、湿固化型和热熔黏合剂（也称热熔胶）等。

（三）封合材料

封闭包装的方法有热封合、冷封合和黏合剂封合等。热封合（又分直接电热封和高频电流热封）是利用多层结构中的热塑性内层组分，加热时软化封合，移掉热源就固化。

在热封合薄膜中，若不要求高温蒸煮，以聚乙烯膜用得最多，其次是乙烯共聚物。由于有多种相对分子质量、相对分子质量分布、密度、熔融指数，所以用于热封合的聚乙烯膜有多个品种。随着密度增加，封合温度、耐热性、强度、挺度也随之增加，但封合范围、透明度却会降低。多品种的聚乙烯膜为不同结构的产品包装需要提供了广阔的选择余地。乙烯共聚物的性能与聚乙烯不同，由于共聚物中可以含有一系列不同比例的共聚单体，共聚单体的含量变化，可以使透明度、封合温度、封合范围等发生变化。这些乙烯共聚物可以作为层合膜、挤出涂层或共挤塑组分用于多层结构。它们的价格比聚乙烯贵，所以只有在值得使用的多层材料中才使用。

若复合包装材料用于要求高温蒸煮的包装，则因聚乙烯及其乙烯共聚物的熔点较低，而选用熔点较高的等规聚丙烯（如 CPP）作为热封层的较多。

除了上述的热封合材料外，热封合涂层和热熔融体（或称热熔胶）也是常用的热封合材料。热封合涂层是以溶液或水乳液状态涂布的涂料。常用的热封合涂料有醋酸乙烯-氯乙烯共聚物、聚丙烯酸系或聚偏二氯乙烯共聚树脂。热熔融体是由各种热塑性树脂、蜡和改性剂组成的。它们作为涂料在熔融状态下涂在整个材料的表面。乙基纤维素、乙烯-醋酸乙烯（EVA）共聚物、聚酰胺和热塑性聚氨酯是热熔融体的主要组分。

如果用改性橡胶基物质作封合材料，则不用加热只要加压就能封合，这些封合材料称为冷封合涂料或压敏胶。冷封合涂料只能自身封合而不能与其他材料封合。最常见的冷封合涂料是涂在包装袋边的边缘涂料。

黏合剂封合在多层包装中应用并不广泛，多用于纸或纸为内层的复合包装材料。

（四）印刷与保护性涂料

包装印刷能起到美化商品和传递产品信息的作用，复合包装材料通过印刷有着其他印刷材料不可比拟的独特优点。如：在高度反光的铝箔或蒸镀铝上使用透明色印刷，可以使软包装具有引人注目的外观。如果透明薄膜是层合材料的外层，在其膜的里面印刷文字和图案（即常说的“里印”），就可以提供高光泽和极好的耐擦性，这是单层结构很难得到的。在透明薄膜上进行全版印刷，能够提供遮光性能，如果使用不透明色，则可以使透明的薄膜成为不透明的材料。

在复合包装材料的外层涂上涂料既可以保护印刷表面、防止卷筒粘连、提高材料光泽度、控制摩擦系数、热封合性和阻隔性等。

二、复合包装材料的复合工艺

将各类包装材料复合在一起形成多层复合结构的方法称作复合工艺。常用的复合工艺有干式复合、湿式复合、挤出复合、共挤出复合、无溶剂复合和涂布复合等。

（一）干式复合

干式复合也称干法复合，就是把黏合剂涂布到薄膜表面上，经过干燥，再与另一层薄膜热压贴合成复合薄膜的工艺。它适用于各种基材的薄膜。基材选择的自由度高，可生产出各种性能的复合膜，如耐热、耐油、高阻隔、耐化学性薄膜等。另外，干式复合工艺还适用于多品种、小批量量产品的复合，基材黏合剂更换方便，因此在中小型彩印复合厂被广泛采用。干式复合机在我国应用相当广泛，主要用于玻璃纸、PET、OPP、BOPP、CPP、NY、PE、铝箔、纸张等基材的涂布复合，具有广阔的应用价值。

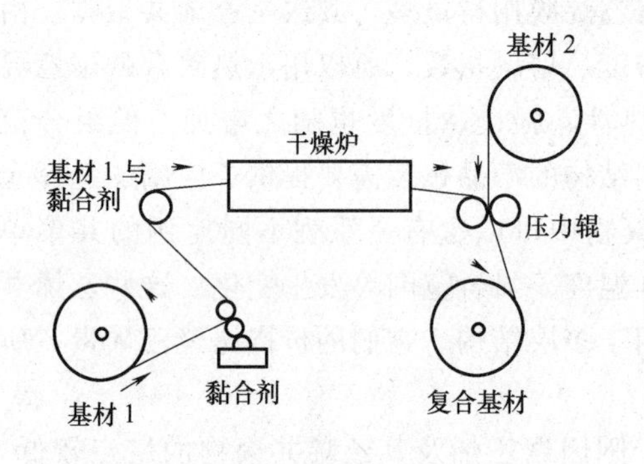

图 6-1-3　干法复合工艺示意图

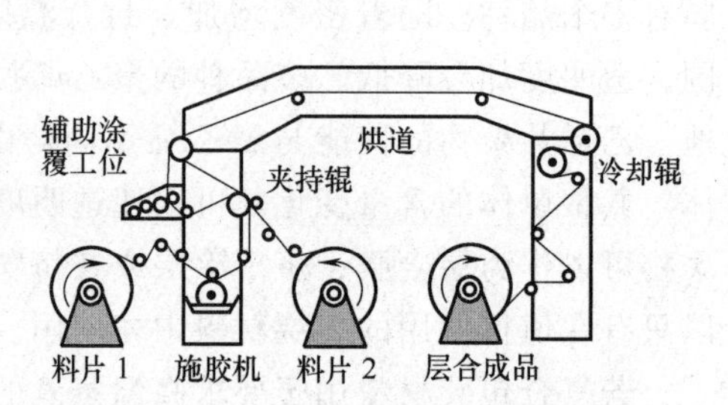

图 6-1-4　湿法复合工艺示意图

（二）湿式复合

湿式复合（也称湿法复合）。该工艺是生产复合薄膜历史较长的方法之一。它是在涂胶装置上，将第一层基材表面涂布黏合剂，在湿润状态下即与第二层基材一起通过复合装置进行复合，然后再通过热烘道烘干溶剂等挥发性物质，使两层基材粘合在一起，卷绕成卷材，完成复合加工。湿法复合工艺过程如图 6-1-4。

湿式复合主要用于铝箔或塑膜与纸张、薄纸板、普通玻璃纸等多孔或吸水性材料复合。其黏合剂多为水性的（即以水为溶剂的黏胶液或乳液），主要有聚乙烯醇、硅酸钠、淀粉、聚醋酸乙烯、EVA、聚丙烯酸酯、天然树脂等。

（三）无溶剂复合

无溶剂复合，又称反应型复合，是采用反应性无溶剂型胶黏剂，将两种基材复合在一起的一种工艺方法。由于此种工艺具有无溶剂残留等的环保安全优势，其在复合材料的软包装中应用越来越多，作为一种“绿色复合”工艺，它已经成为复合技术的主要发展趋势。

无溶剂复合的主要特点：

① 复合包材中没有溶剂残留，特别符合现代食品和药品包装的卫生安全要求。

② 复合生产中没有挥发性溶剂排放，对大气环境没有污染，生产环境优良。

③ 由于不采用通常的干燥系统，因此可显著降低能耗。

④ 生产成本较低，涂胶和总成本比现有工艺有一定的降低。

⑤ 复合机速快，占地面积少，无火灾与爆炸风险。

（四）挤出复合

挤出复合是将热熔性树脂（如 PE、EVA、EAA 等），由塑料挤出机熔融塑化后由 T

型模头挤出涂布在塑料、纸或铝箔等基材上，与另一种或两种薄膜通过复合夹棍复合在一起，然后冷却固化制成复合薄膜的方法。在挤出复合中，根据熔体的不同作用分为两种情况：一种是熔体作为热熔胶，直接与铝箔、塑料膜等复合，这种加工无需黏合剂，故也有人称之为无黏合剂体系；另一种加工方法是用树脂熔体作为涂覆材料，与已涂胶层的薄膜复合，这种加工需要黏合剂，故有称之为黏合剂体系；这种体系比干式复合中黏合剂的用量大大减少，在复合加工时，除了工艺控制上有些差异，它们的复合机理是一样的，都是粘接过程。其工艺流程如图 6-1-5。

挤出涂布是热熔型树脂连续均匀地挤出在一种基材上，直接冷却收卷成复合薄膜，不与第二基材贴合的工艺。实际中，往往把挤出涂布归为挤出复合，不再特别列出。

(五) 共挤出复合

共挤出复合是采用两台或两台以上挤出机，将同种或异种树脂同时挤入一个复合模头中，分别在不同的挤出机中加热塑化，然后通过特殊的机头将它们复合，使各层树脂在模头内或外汇合形成一体，在机头分层汇合挤出层合体熔体膜坯，经吹塑（或流延）、冷却定型为共挤出复合薄膜。共挤出复合工艺过程如图 6-1-6 所示。

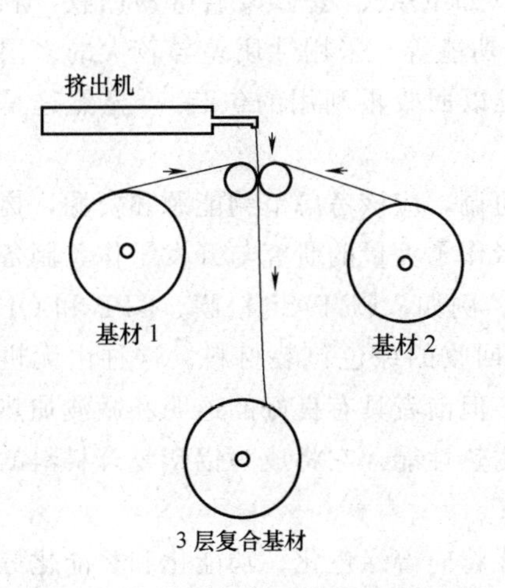

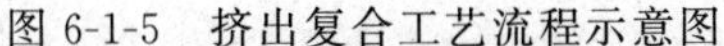

图 6-1-5　挤出复合工艺流程示意图

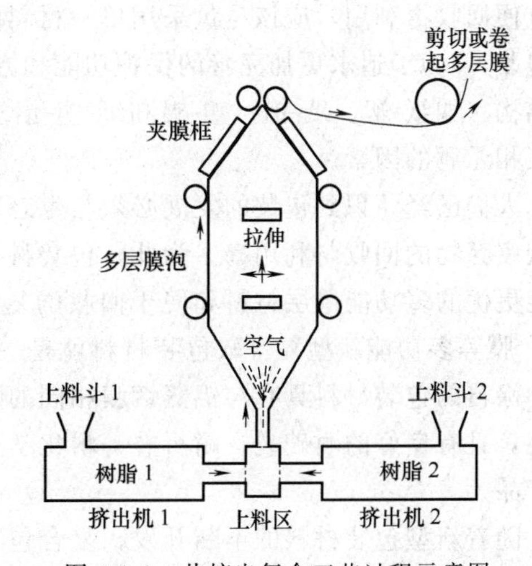

图 6-1-6　共挤出复合工艺过程示意图

共挤出复合薄膜能提高薄膜质量、改性后提高加工性能和降低成本等，在食品、医药等软包装领域有着广泛应用。与干法复合、湿法复合、挤出复合、挤出涂覆相比，共挤出复合工艺流程简单，可一次成型多层软包装复合材料。该工艺具有能耗低，废料少和效率高的优势，且复合过程不需要辅料黏合剂，无溶剂回收与环境污染问题。因此，共挤出复合也是一种“绿色”的复合技术，有着广泛的发展前景。

(六) 涂布复合

涂布复合是指利用高分子溶液或者乳液，在已制得的塑料薄膜（或纸张）的一个（或两个）表面上涂布一层薄薄的、连续而致密的特定涂层。它是制造复合薄膜的一种加工方法。采用涂布法制造的复合薄膜不仅可以将涂布层做得很薄，从而有效地节约原料，而且可以制造常规塑料成型加工不能或者难于制造的一些品种。因此，尽管涂布加工中要通过加热排除溶液中的溶剂或者乳液中的水分，需要消耗大量的能量，但如果应用得当，涂布工艺亦可获得良好的社会效益和良好的经济效益。

涂布工艺制造的复合薄膜有多种应用形式，有的在涂布之后即可直接用于包装，如BOPP涂布高阻隔的偏聚二氯乙烯（K-BOPP），有的涂布型复合薄膜则只能用于复合薄膜的基材，需要经过进一步复合加工，增设热封层、防潮层等功能层之后才能供实际应用。如CPP膜涂布聚乙烯醇后，因聚乙烯醇的吸湿性较强，必须在涂层上复合一层聚烯烃层，作为防潮、热封层，才具有实际使用价值。

三、复合包装材料的发展趋势

（层状）复合软包装材料的出现是包装发展史上的重大进步。它不但改变了过去许多旧的包装概念，而且带动了包装机械、包装材料、包装技术乃至整个包装工程科学与技术的重大发展。功能完备、品种多样、价格低廉、适应不同产品需要的复合包装材料的发展，为今天的包装工业带来了巨大的经济和社会效益。可以预计，今后复合包装材料的发展在整个包装工业中仍有举足轻重的地位，许多新技术、新工艺将在复合包装材料中得到应用，并继续推动包装科学的进步。

然而，层状复合材料的广泛应用也带来了包装废弃物难于回收利用方面的新问题。为了方便回收再利用，应该尽量采用单一材料的包装（如纸-纸、塑-塑复合等易回收再利用的包装）；为了追求更加完善的保护功能和方便使用功能等，采用性质差异较大的多层复合结构（如纸-塑、纸-铝、塑-铝和纸-塑-铝复合等难以回收再利用的包装）。显然这是两个互相矛盾的因素。

人们已经认识到包装的发展必须与生态环境相协调，应该考虑节约能源和资源，提高包装废弃物的回收与利用率。为此，包装科技工作者作了大量的研究与开发工作，制备了性能更优的多功能单层材料和便于回收的复合材料。例如，PET/SiO_x 膜、CPP 和 OPP/SiO_x 膜等多功能新型复合软包装材料就是一种便于回收的绿色包装材料。这种由无机氧化物涂覆的包装材料具有与铝蒸镀膜相同的阻隔性，但前者具有良好的透明和微波加热适应性，且有良好的耐破裂、耐折叠、耐化学药品及耐热性能，它将成为铝塑复合材料的替代产品。

随着新型包装材料的不断开发，复合包装材料必将向着绿色化、功能化和智能化等方向发展。

第二节　复合软包装材料的性能

一、复合包装材料结构的表示方法

在包装技术与工程中，经常用简写的方式表示一个多层复合材料的结构。例如，一个由图 6-1-7 所示的典型层合结构可以表示为纸/聚乙烯/铝箔/聚乙烯。写在前面的是外层，写在后面的是与产品接触的内层。外层纸在这里给复合材料提供了刚度或挺度及印刷装饰性表面，铝箔层提供了阻隔作用，聚乙烯提供了粘合和热封性能。

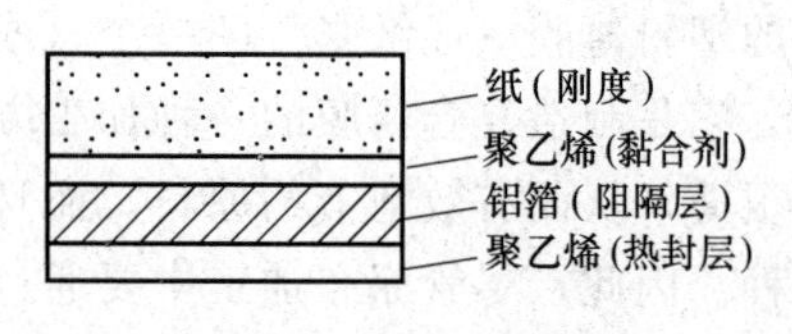

图 6-1-7　（层状）复合包装材料结构示意图

由于将各层材料结合在一起的方式很多，所以很难用一种体系来说明所有的不同的复合结构。虽然如此，在一个复合材料中却经常可以分为外层、阻隔层、粘合层、内层这样一些有鲜明界面的结构。对于销售或商业包装，复合结构的外层材料常要求机械强度好、耐热、印刷性能好、光学性能好的材料。目前，外层材料多采用带有涂层（或覆膜）的纸、玻璃纸、拉伸聚丙烯、拉伸聚酯、尼龙等材料。而与产品相接触的内层应当是热封性好、无味、无毒、耐油、耐水（防潮）、耐化学药品的材料。常用的内层材料有未拉伸的聚丙烯、聚乙烯、离子型聚合物及无毒聚氯乙烯等。复合材料中的阻隔层通常位于层合结构中靠近产品的一侧。铝箔和蒸镀膜是层合包装中常用的阻隔材料。但铝箔和蒸镀膜容易皱折，致使在折痕处造成渗透。所以它们必须与其他材料复合使用，这不但改善了耐折性，而且将可能出现的渗透降到最低限度。

二、复合包装材料的性能

1. 均一性

由于纤维素和塑料薄膜的渗透性是均一的，故包装的渗透性可以用表面积来测量和表示。但用铝箔作阻隔层的复合材料，其针孔发生率与厚度有关，在整个面积上的渗透性就不均一，所以对含铝箔的包装材料的包装性能试验，唯一正确的方法使对实际包装进行相关性能测试。

2. 保香性

至今，还不能总结出包装材料对各种气味阻隔性的一般规律。在考虑香味与包装材料的相互作用时，必须了解某些聚合物材料会吸收某些气体，使产品失去香味的情况。例如，聚烯烃会吸收各种香精油。当多层结构的内层是聚烯烃和铝箔时，香精油透过聚烯烃会破坏粘合，造成脱层。如果产品中含有有机酸，则有机酸会与香精油一起通过聚烯烃，并与铝发生反应。对这一问题，只要在铝箔和聚烯烃之间加上一层保护性涂层就可以解决。

3. 透光性

多层软包装材料可以是透明或不透明，或介于二者之间。铝箔能提供最高限度的不透明度和光的隔绝性。使用加入颜料的聚合物，只要颜料不影响聚合物的性能，就可以选择不同程度的透光性，透光的程度决定于颜料盒薄膜的厚度。将纸与添加颜料的聚合物复合，可以使透光率低到5％～10％。

还可以用真空蒸镀金属的方法控制透光率。蒸镀金属膜可以提高对气体和湿气的阻隔性，通过控制镀层的厚度可以得到不同的透光率。但较厚的镀层成本较高。如果包装设备中有光电池，这时透光率至少要达到4％，因为光电池是通过包装材料透过的光来工作的。假如蒸镀金属膜的透光率只有1％～2％（一般情况是这样），或者层合结构中有高度不透明的纸材料，这时在包装生产线上的光电池须靠反射光工作。

为了防止紫外线辐射引起包装中的食品或医药变质，只要在多层复合包装中加入一层能吸收紫外线的材料就可以使产品得到保护，这种材料可以对可见光透明。例如，在加工肉的包装材料中含有能够吸收紫外线的聚偏二氯乙烯，就不会因受到紫外线辐射而使肉食品变色。

4. 机械性能与耐久性

层合结构的机械性能是由产品、包装机械及销售等因素的要求而决定的。在产品的运输、销售过程中，包装材料对商品的保护性在很大程度上依赖于包装材料的物理机械性能，如韧性、拉伸强度、撕裂强度等。有些材料本身是不耐撕裂的，如铝箔，必须将它置于两层耐撕裂的薄膜之间（或至少有一层支撑材料）。有些材料在干燥的环境中会变脆，如玻璃纸，必须使它与阻湿性好的塑料材料层合。在复合结构中，复合材料的物理性能并不都是各个组分性能的简单加和，必须认真选择。例如，聚乙烯有极好的抗撕裂性和延伸性，但它与纸粘合以后，这种层合材料就只具有纸的抗撕裂性和延伸性。而如果粘合得较松，聚乙烯可以保留它的性能，使层合材料具有较大的耐久性。

5. 其他性能

选择材料时，应尽可能说明产品对每类保护所需要的具体要求。例如，如果产品不吸湿，即不会从大气中吸收潮气，那么就无需提供阻潮性很好的材料。同样，如果产品不会与氧气发生反应或不易氧化的产品的包装，那就不需要提供阻氧性极好的包装材料。

三、复合薄膜的阻隔性能设计与预测

（一）阻隔性复合材料设计应注意事项

依据包装保护产品的功能要求，所设计和选择的层状复合包装材料中，首先既要考虑阻隔层材料，也要考虑结构层（主要影响复合软包装的强度、刚度和挺度）、封闭层、装饰层和粘合层等组分材料和相应的复合工艺和包装工艺等因素。同时，还应注意以下两方面的问题。

（1）性能之间的相互关系　阻隔材料之间的相互关系是不能假设的。例如，液态水和水蒸气对一种材料的透过，二者之间没有相互关系。水蒸气是气态，它在向材料渗透时在许多方面与气体透过类似。而液态水的透过与上述性质无关。有时，人们把塑料材料的氧气透过率与香气透过率互相联系，但实验证明它们之间没有什么关系。

（2）层合材料中，阻隔层的次序　如前所述，阻隔性材料要尽量靠近产品。例如，如果产品是容易吸湿或容易失去水分，作为阻隔层的铝箔应与产品之间最多只隔一个热封合层。纸/聚乙烯/铝箔/聚乙烯结构比铝箔/聚乙烯/纸/聚乙烯结构的保护性要好得多。必须考虑暴露于大气中的包装材料边缘在大气和被包产品之间对水蒸气气压平衡所起的作用及对气体阻隔性的影响。

某些主要复合薄膜和层合软包装材料的结构和按用途的分类列于表 6-1-2。

表 6-1-2　某些主要复合材料的种类和用途

包装对象	复合薄膜或层合材料	用途
肉类食品包装（真空冷冻）	PET/PE	真空、无菌包装
	PA/PE	肉食蒸煮包装袋
	PE/PVDC/PE	腌肉包装袋
	PE/OPP/PE	肉类包装袋
	LDPE/着色/LDPE	冷冻肉食包装袋
	CA/LDPE	冷冻肉食包装袋
	EVA/PVDC/EVA	肉类包装袋
	PE/PA/PE	肉油类包装袋
	PA/Ionomer	肉油类、蒸煮袋
	PC/PE	真空、无菌包装
	PVC/PE	真空、无菌包装

续表

包装对象	复合薄膜或层合材料	用　途
脱水食品包装	纸/Al/PE	粉状食品
	PE/纸/PVA/PE	粉状食品
	EVA/PP/EVA	脱水蔬菜包装
	PT/Al/PE	干酪包装袋
	PT/纸/PE	粉状食品
	PT/PE/Al/PE	粉状食品
	PVDC/PET/PE	粉状食品
快餐干燥食品包装	PP/PE/EVA	
	HDPE/EVA	
	HDPE/LDPE/HDPE	方便面等
	OPP/Ionomer	方便米粉、米饭、点心、饼干等
	PP/LDPE/EVA	
	LDPEI/HDPE/EVA	
液体食品包装	PET/PE	咖啡袋
	PVDC/PET/PE	番茄酱、果汁、
	PA/PE	饮料、酱菜、食用油包装袋等
	纸/PVDC/PET/Al/PE	
	PET/PVDC/PE	
	HDPE/LDPE	
	PP/纸/PE/Al	油类包装
	PE/Al/PE/纸/PE	牛奶、保鲜包装
	PE/PET/Al/PE/纸/PE	牛奶、保鲜包装
蒸煮食品包装	PET/Al/PP	膳食中的主菜包装袋
	PET/PVDC/HDPE	
	PA/PP	
	PA/HDPE	
	PET/HDPE	
	PET/CPP	
	PET/Al/PET/CPP	
充气包装	OPP/Al/LDPE	食品包装袋
	PET/Al/LDPE	
	PET/PVDC/PE	
其他包装	LDPE/HDPE/EVA	
	LDPE/HDPE/LLDPE	矿石粉、化肥
	LLDPE/PP/LLDPE	水泥袋
	HDPE/LDPE	垃圾袋等
	PP 编织/PE	药品包装袋
	氟塑料/PE	
	OPP/PE	箱果
	纸/Al/PE	箱果保香袋
	OPP/PYVA/PE	膏状食品袋
	LLDPE/HDPE/LDPE	购物袋

(二) 复合膜的渗透系数预测

由菲克扩散第一定律和亨利定律，得到某种气体在单层塑料膜中的扩散速率关系（如式 2-3-7)，即气体渗透物质在塑料（膜）中的渗透速率与其扩散驱动力 $\Delta p=p_1-p_2$（即两侧的分压差）成正比，与塑料（膜）的厚度成反比。在此我们仍然借用这一结果，来构建多层复合膜的渗透系数与组分层的渗透系数关系。

设定复合膜的渗透系数为$\overline{P}$，厚度为 L，构成复合膜中的各组分膜材料的渗透系数和厚度：第一层为$\overline{P_1}$和 L_1，第二层为$\overline{P_2}$和 L_2，其他依次为$\overline{P_n}$和 L_n；依据扩散速率方程（如式 2-3-7)，$J=-\overline{P}(P_2-P_1)/\mathrm{L}$，气体的扩散速率方程分别为：第一层，$J_1=\overline{P_1}\Delta p_1/L_1$；第二层，$J_2=\overline{P_2}\Delta p_2/L_2$，第 n 层以此类推。

假定在稳态和等温条件下，气体透过复合薄膜的速率相等，则：

$$J_1=J_2=J_3=\cdots=J_n \tag{6-1-1}$$

气体在复合膜两侧的分压差为单层膜两侧的分压之和：

$$\Delta p_1+\Delta p_2+\Delta p_3+\cdots=\Delta p \tag{6-1-2}$$

如果我们假定气体透过复合材料每层的扩散速率都符合上述单层膜的规律，那么则有：

$$\left.\begin{aligned} J_1&=\frac{\overline{P_1}\Delta p_1}{L_1}\\ J_2&=\frac{\overline{P_2}\Delta p_2}{L_2}\\ &\cdots\cdots\\ J_n&=\frac{\overline{P_n}\Delta p_n}{L_n}\end{aligned}\right\} \tag{6-1-3}$$

整理式（6-1-1)、式（6-1-2）和式（6-1-3）可以得式（6-1-4)：

$$\frac{L}{\overline{P}}=\frac{L_1}{\overline{P_1}}+\frac{L_2}{\overline{P_2}}+\frac{L_3}{\overline{P_3}}+\cdots+\frac{L_n}{\overline{P_n}} \tag{6-1-4}$$

式中　　L——复合结构的总厚度

$\overline{P}$——总的渗透系数

L_1，L_2，…，L_n——每个单层膜的厚度

$\overline{P_1}$，$\overline{P_2}$，…，$\overline{P_n}$——每个单层膜的渗透系数

式（6-1-4）可以改写成：

$$\frac{1}{\overline{P}}=\sum_{i=1}^{n}\left(\frac{1}{L}\right)\frac{L_i}{\overline{P_i}} \tag{6-1-5}$$

式（6-1-5）即为多层复合结构的渗透系数与组成这个多层结构每层材料的渗透系数之间的关系式（也称为多层膜的复合律）。这对我们设计层状复合包装材料的阻隔性具有重要的参考意义。利用此式，我们可以估算多层复合薄膜的渗透系数，或根据复合膜的渗透系数与厚度指标要求，来预测所要选择的单层材料的渗透系数和厚度等；但实际气体在聚合物中的扩散要复杂得多，在实际应用中复合膜的渗透系数或气体透过率是需要用相应的仪器（如透气度或透湿度测定仪）检测的。

假设某复合塑料包装膜由 5 层结构组成：聚乙烯/黏合剂/乙烯-乙烯醇/黏合剂/聚乙烯，在这个复合结构中有 3 种不同的材料，它们的透氧系数和厚度分别为：

聚乙烯（$d=0.96$）　　　　$\overline{P}_1=427.5$，$L_1=381\times2$

乙烯-乙烯醇　　　　$\overline{P}_2=0.066$，$L_2=76.2$

黏合剂（改性聚烯烃）　　　　　　　　$\overline{P}_3=388.6$，$L_3=25.4\times2$

（上列数据的单位分别是：$\overline{P}$，$cm^3\cdot\mu m/m^2\cdot d\cdot kPa$；$L$，$\mu m$）

将上列数据代入式（6-1-4），得

$$\frac{889}{\overline{P}}=\frac{381\times2}{427.5}+\frac{76.2}{0.066}+\frac{25.4\times2}{388.6}$$

解得$\overline{P}=0.777$，即5层结构总的渗透系数为$0.777cm^3\cdot\mu m/m^2\cdot d\cdot kPa$。

由上述计算我们发现，对于889μm厚的复合材料来说，透气率为$\frac{0.777}{889}=0.000874cm^3\cdot\mu m/m^2\cdot d\cdot kPa$，其阻隔性能几乎完全由76.2μm厚的乙烯-乙烯醇阻隔层决定，阻隔层的透气率为$\frac{0.066}{76.2}=0.000866cm^3\cdot\mu m/m^2\cdot d\cdot kPa$。复合结构的其余部分，只起了载体作用。

这个例子说明了在层合包装材料中阻隔性聚合物的重要作用及采用层合结构的优越性。在设计复合塑料包装时，可用一个薄的阻隔层和相对厚的结构层复合，在不降低阻隔性能的前提下减少价格较贵的阻隔型树脂的用量，从而降低材料的成本。

第三节　复合包装容器

一、多层塑料瓶

为了节省能源和资源，价格低廉的塑料容器与玻璃和金属容器展开了竞争。对于许多应用，单层的塑料瓶显然是不适用的，必须提高塑料容器的阻隔性能，因而开发了多层塑料瓶。在多层瓶中，使用强度好而且成本低的塑料以满足机械强度方面的要求，而用阻隔性能好价格贵的树脂作阻隔层，通常阻隔层很薄，因而可降低成本。

（1）阻隔层树脂　为使多层塑料瓶对氧气、湿气有极好的阻隔性，要根据产品对阻隔性要求选择阻隔层树脂。例如，含水的产品要求瓶内层有良好的水蒸气阻隔性，聚乙烯、聚丙烯、聚偏二氯乙烯都具有良好的阻湿性能；如果是需要阻氧的干燥产品，则可用尼龙、聚酯或聚氯乙烯作阻隔层树脂。如前所述，在层合结构中使用最多的阻隔型树脂是乙烯-乙烯醇共聚物、聚偏二氯乙烯类聚合物。由于乙烯-乙烯醇共聚物的优异阻隔性能，在干燥情况下，它是获得阻氧性的最经济的树脂。在其他情况下，乙烯-乙烯醇共聚物必须与阻湿性树脂层合使用。

（2）结构层树脂　广泛应用的结构层树脂是低密度或高密度聚乙烯、聚丙烯、聚氯乙烯、聚苯乙烯或聚碳酸酯。结构层树脂用来制造容器的主体。低密度聚乙烯常用来改进柔软性；聚丙烯比高密度聚乙烯有更好的耐热性与接触透明度。聚氯乙烯能够抵抗某些聚乙烯不能经受的化学药品的侵蚀。聚苯乙烯则以透明、有刚性和成本低为特点，但以聚苯乙烯为结构层的容器较脆。聚碳酸酯的价格较贵，对氧与水蒸气的阻隔性也不如其他的结构材料，但它能承受高温，在多层容器中可作为热充填、高温灭菌、蒸煮包装中那些不耐热塑料的支撑材料。

（3）黏合剂和粘合材料　用于层合的大多数树脂层在没有黏合剂时是不能粘合到一起的。在上述第二节中已经介绍了用于层合材料的黏合剂。在用共挤塑技术制造多层容器时，黏合剂的热性能与加工参数有密切关系，所以要谨慎选择黏合剂的种类和规格型号。

例如以 EVOH 为阻隔层的多层瓶广泛地用来包装农药和药品。另外，EVOH 对饮料中的香精油等物质吸附极少，所以也广泛地用作果汁等饮料的包装。一个典型的多层结构为 HDPE/改性 PE/EVOH/改性 PE/HDPE 复合的小型桔汁瓶。为了增强气密性，最近已改为七层结构：HDPE/改性 PE/EVOH/改性 PE/HDPE/改性 PE/EVOH。

虽然 PET 单层瓶已广泛用作汽水、矿泉水、茶等饮料的包装，但对于易氧化的葡萄酒、啤酒等对气密性要求较高的产品，尚不适用。所以，在使用 PVDC 涂覆单层 PET 瓶的同时，大量使用了 PET/MXD_6（一种半芳香尼龙）等多层复合材料瓶。

此外，由 PET/EVOH/PET/EVOH/PET 5 层复合的多层瓶已用来灌装番茄酱。这种瓶子在制作中不使用黏合剂，所以回收可如单层 PET 瓶一样，经粉碎后将 PET 与 EVOH 分离，再行循环使用。除了 PET 可用作多层复合瓶的基材外，20 世纪 90 年代开发的另一种制瓶材料聚萘二甲酸乙二醇酯（PEN）越来越受到人们的关注。与 PET 相比，PEN 的气密性及耐热性均优，如 PEN 的透氧率为 PET 的 1/4；而二氧化碳透过率为 PET 的 1/5；水蒸气的透过率为 PET 的 1/4；玻璃化温度比 PET 高 43℃。虽然目前 PEN 树脂的价格偏高，但随着加工技术的改进，一旦价格有所下降，PEN 有望成为今后气密性耐热瓶的主要原料。除了作为层合材料外，PEN 还能与 PET 共混制作双向拉伸吹塑瓶，而且瓶的氧气透过率随加入 PEN 量的增加而下降，耐热性提高。

二、多层软管

软管是多层复合包装材料的一个新的应用领域，材料层数高达 10 层的软管材已经由挤出加工生产出来。这种层合材料先制成大卷片材，以利于制管时分切成适当宽度。分切的卷筒被送到制管厂制成管筒。由于层合材料中采用不渗透的铝箔作阻隔层，因此可能发生渗透的部位是搭接缝。图 6-1-8 标示出了一个某制罐公司生产的牙膏层合软管的典型结构及隔层结构的功能。

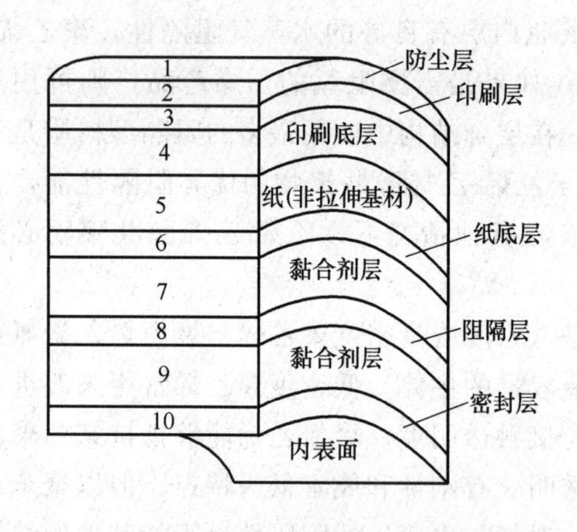

图 6-1-8　一种牙膏层合软管材料的结构
1—外表面　2—抗静电 LDPE　3—印刷油墨
4—白色 LDPE　5—纸张　6—LDPE
7—EEA（乙烯-丙烯酸酯共聚物）
8—铝箔　9—EEA　10—LDPE

三、塑料-金属箔复合容器

由于金属压延技术的进步，最近，利用钢箔和塑料复合的容器应运而生。由于钢箔比铝箔刚性好、不易变形，消除了铝箔形成容器时常见的褶皱现象，外形美观。一个典型的钢箔塑料复合结构为 PP（40μm）/钢箔（75μm）/PP（μm）。外层聚丙烯使用了填充钛白粉的 CPP，以改善外观。这种金属箔-塑料复合材料的气密性是完全可靠的，但在充填后尚存在着一个预留容量，残留的空气会使产品氧化。用加热的蒸气和氮气充入罐内以排除预留容量中氧气的封罐系统已被研制出来，解决了这个问题。这种方法可用于甜冻食品、烧鸡、田螺、咸鳍鱼以及婴儿食品包装。

虽然采用上述封装系统能使残留氧降到相当低水平，但某些产品对这样低的氧含量仍然敏感，如橘子、菠萝、桃子等水果类及蘑菇、藕、土豆等蔬菜类。因此，日本开发了防止上述氧化现象发生的钢箔类复合无菌容器。这种容器的基材是 75μm 厚的镀锡钢箔，外面复合聚丙烯；在制罐工艺中，于罐口突缘及侧壁处涂上专用涂料，底面的镀锡层裸露。利用锡极易氧化的原理，有效地消除内部残留的氧。实验证明，这种包装能确保内容产品于常温条件下在一年内完好无损，并保持食品的色、味及内在质量。

第四节　高分子共混（合金）材料

像多种金属元素能够生成合金一样，两种或两种以上的高分子树脂也能够生成合金。用共混的方法，在树脂中加入一种能够改进相容性的相容剂或增容剂（compatibilizer）就可以形成高分子合金材料（也称共混材料）。与上述层合复合材料不同，高分子合金材料是另一种类型的复合包装材料。

有人使用新的增容剂，使通常难共混的聚酯和液晶聚合物（LCP）生成了高分子合金材料 PET/LCP。据报道，含有 90% PET 和 10% LCP 组成的聚合物合金材料，具有比 PET 更好的氧气和湿气阻隔性、更好的耐热性和机械性能。该材料的机械性能比挤出级的 PET 提高了 220%～250%；阻氧性能提高了 2 倍；水蒸气透过率仅为标准 PET 的一半。由于改善了阻隔性，用这种高分子材料制造的包装膜厚度可以降低 50%而不影响包装功能。这种高分子材料不但可以用于薄膜，也可以作为共挤树脂制造软包装用的膜片，也可用于硬包装及半硬包装等多种包装形式。与透明的聚酯不同，这种高分子合金材料不透明，呈乳白色的外观。此外，它可以像 PET 一样回收循环使用，不对环境造成污染，因而是一种绿色包装材料。

思　考　题

1. 组成一个复合包装的材料有哪些？哪些材料适合作层合结构的基材？
2. 湿法复合、干法复合和热熔复合有什么不同？
3. 如何表示层合复合材料的结构？什么叫阻隔层？什么叫结构层？
4. 在共挤层合技术中，适合于作黏合层的材料是什么？对它有什么要求？
5. 如何利用书中的公式计算一个塑料复合结构的氧气渗透系数？
6. 为下列被包装产品设计一个复合包装结构的最佳方案并说明理由：

① 婴幼儿奶粉。
② 肉类食品。
③ 脆酥饼干。
④ 蒸煮食品。

第二章　新型功能包装材料

所谓功能包装材料就是以包装材料自身的性能为主，结合高功能化的技术和途径处理，使其具有满足特定条件下包装的防护等功能的一类材料，如具有高阻隔性、可降解性、智能性、防静电性以及其他特殊功能的材料。根据不同的包装应用要求，包装材料的功能性要素主要包括高强度、强韧性、对氧气/水蒸气透过的高阻隔性、低分子有机化合物的非扩散性、非吸附性、高表面张力、高熔点、耐热性及低表面固有电阻等。在包装领域，功能性包装材料发展迅速，种类繁多，门类日臻齐全，应用前景非常好。

第一节　高阻隔包装材料

高阻隔包装材料即包装材料对某种介质的渗透率非常低。渗透系数，即规定厚度的塑料材料在一定压力和温湿度条件下，单位面积、单位时间内透过气体的体积或重量表示。如本书第二篇第三章所述的式（2-3-1）$\left(\overline{P}=\frac{QL}{At\Delta p}\right)$，可以评价聚合物薄膜的阻隔性。渗透系数 $\overline{P}$ 值越小，表明薄膜的阻隔性越好。

目前阻隔包装材料广泛用于食品、药品、化学品等领域，特别是冷冻食品、肉制品、油脂食品、茶叶、香料、化妆品、农药等商品。一些先进的包装技术如真空包装、气调包装、无菌包装、脱氧包装等也要求包装材料具有良好的阻隔性能，市场需求的不断扩大和科技的飞速发展进一步推动了高阻隔包装材料的研究发展。早期的阻隔包装材料是以PET，PA，PVDC 等薄膜为代表，近年来蒸镀膜，K 涂膜等新技术的应用使材料的阻隔性能更好。

一、蒸镀薄膜

蒸镀薄膜是将金属或氧化物（SiO_x 或 AlO_x 等）通过物理气相沉积（Physical Vapour Deposition PVD）或化学气相沉积（Chemical Vapour Deposition CVD）的方法，层积在基材表面而制成的一种薄膜。

（一）真空镀铝薄膜

真空镀铝复合法是以纸、塑料薄膜等为基材，与无机材料复合（蒸镀），细密紧致的无机层赋予材料良好的阻隔性能。真空镀铝技术是在高真空环境下，借助高温将铝熔化蒸发，使得铝蒸汽沉淀聚集在塑料薄膜表面，形成一层厚 35～40nm 的阻隔层，作为基材的塑料薄膜可以是 PE、PP、PET、PA、PVC 等。

1. 镀铝薄膜生产工艺流程

真空镀铝膜的生产工艺流程为：

基材放卷→抽真空→加热蒸发轴→送铝丝→蒸镀→冷却→测厚→展平→收卷

2. 镀铝薄膜的特点

① 阻氧性、防潮性、保香性好。氧的透过率为：0.3～0.5ml/m^2・d・atm（25μm，30℃，0RH），水蒸气透过量非常小：0.2～0.6g/m^2・d（25μm，40℃，90% RH），可在高湿高热的环境保持高阻透性，焚烧时不产生氯，而且残渣很少；可以减少包装材料的用量和节省能源；加工性好，可以直接印刷、复合，使用上可以通过金属探测器的检查。

② 受环境影响小。与 PVDC 涂覆薄膜、EVOH 薄膜等相比，镀氧化铝薄膜对温度和湿度的依赖性较弱，其中 PET 镀氧化铝膜的阻隔性能几乎不受环境变化的影响，而 PVDC 涂覆的 PET 膜在 30℃时对氧的阻隔性，较在 20℃时就会显著降低。

③ 耐挠曲性好。耐挠曲性是作为包装材料在包装和流通领域首先考虑的因素。最初氧化铝镀膜都有因弯曲而产生的突起分离无法使用，但目前已解决，可以达到很好的使用效果。

④ 耐高温。镀氧化铝膜经过高温蒸煮后阻透性无明显变化，非常适合于作为蒸煮袋类软罐头的包装材料，在食品包装方面有很好的应用前景。

⑤ 易加工。阻透性薄膜除了高阻透性外，还可以直接在镀层表面进行印刷与复合等深加工。

氧化铝镀膜也具有较强的使用性能并且成本较低，广泛应用于食品包装领域和医用药品包装领域。现在还研发了在液体容器、管材、阻透性杯子、托盘用的覆盖膜，已在不少产品上取代了铝箔复合材料。

（二）SiO_x 蒸镀薄膜

镀硅（SiO_x，$1\leqslant x\leqslant 2$）薄膜技术，又称陶瓷镀膜。SiO_x 镀膜包装材料的生产技术以 PP、PET、PA 等材料为基材，在高真空条件下采用电子束蒸镀沉积或等离子体增强化学气相沉积蒸发非金属无机物（如 Si、SiO、SiO_2 等），使之在基材表面附积生成致密均匀、结合牢固的薄膜，起到绝佳的阻隔作用。使用前再与其他基材如纸、塑等复合，构成一种新型的高阻隔性能包装材料。

1. SiO_x 蒸镀薄膜的技术性能

蒸镀薄膜呈无色透明状，而蒸镀膜透明略带黄色，光和微波可通过，适合微波加热，且高温、高湿下不脱层，故可用在有特殊气密性要求的高温蒸煮杀菌食品的包装。镀硅膜具有高阻隔性，其作为包装材料的技术性能见表 6-2-1。

表 6-2-1　SiO_x 镀膜包装材料的技术性能

	基材	蒸镀膜	阻隔性	
			透氧率 /(mL/m^2・24h)	透湿率 /(g/m^2・24h)
日本	PET	SiO_x	2.0	3.0
TOYO	PA/OPP	SiO_x	0.7	5.4
德国 Leybold	PET	SiO_x	1.5	
意大利 Ce. Te. V.	PET	SiO_x	1～3	1-2
Plex Products Inc.	PE	Al_2O_3 SiO_2 Al_2O_3	1～2.5	2.17
Aico Coating Echnology Co.	PET	SiO_x	3.0	2.0
加拿大	PET	SiO_x	1.0	0.2

2. SiO_x 镀膜包装材料的应用及发展趋势

SiO_x 镀膜包装材料以其显著的阻隔性能、微波加工适应性能被广泛应用于各种商品包装，尤其对芳香型商品包装，如食品、化妆品等更具有优势，目前 SiO_x 镀膜包装材料主要在欧美、日本等发达国家的包装领应用比较广泛，如日本用来包装食品、酒水、饮料、果汁、洗涤剂以及软管、盖膜（快餐食品、微波食品容器）、蒸煮袋等。欧洲广泛用于饼干、巧克力、脱水汤料、药品、肉制品等包装。德国市场上销售的 Buss 牌带有汤和熟食的可蒸煮、微波加热的快餐就是用 PET/SiO_x/PET 封盖包装的；在瑞士用镀膜材料制成立式袋包装巴氏消毒处理后的冷冻肉制品；另外在欧洲市场有大量的用 PE/SiO_x-PET/Paper/PE 制成的利乐包装盒（袋），用于果汁、饮料、牛奶等食品包装，可取得和玻璃瓶一样的保鲜、保香效果。美国主要用 PE/SiO_x/PE/Paper/PE 制成屋脊形包装盒，用来包装柠檬汁、混合果汁等饮料和快餐盒盖、药品等。

由此可见，SiO_x 镀膜阻隔包装材料的应用领域十分广泛，随着人们对商品包装品质要求的逐步提高，新产品（如微波食品、微波杀菌消毒技术的应用）不断开发，包装功能的多样化，这种既具有高阻隔性能、耐高温、透明、微波通透性能良好，又有类似玻璃容器的保鲜保香效果的包装材料，将在与传统的高阻隔性复合材料、多层共挤材料、铝塑复合和真空镀膜材料竞争中占据独特的优势，获得较高的市场份额。

二、EVOH 薄膜

EVOH 树脂是一种半结晶的高聚物，作为包装材料具有优异的性能：

① 它对氧气的阻隔为 0.4～1.5mL（20μm/m^2·d·atm)，对二氧化碳的阻隔为 1～3mL（20μm/m^2·d·atm)，对氮气、氨气、氦气等气体同样具有优异的阻隔效果，能控制并防止食品氧化变质，易于采用真空包装，亦可充入 CO_2、N_2 等惰性气体，并保持这些填充气体，有利于保鲜。

② 保香性好，能长久保持内装品香味，此外还能阻止外部不良臭味的侵入。

③ 耐油、耐有机溶剂性能超强。在 20℃温度下，浸泡时间为一年，各种油及有机溶剂均不吸收（乙醇吸收 2.3%，甲醇吸收 12.3%）。

④ 耐弱酸、弱碱和盐的腐蚀。需要特别注意，只有 EVOH 薄膜能有效阻止加碘盐中碘的升华，确保含碘盐的食用质量。

⑤ 优良的抗紫外线性。

⑥ 卫生性能优良。无毒无味，无刺激性，适用于食品、卫生用品、药品等包装。

⑦ 高环保性能。因 EVOH 薄膜由碳、氢、氧组成，燃烧时不产生有毒气体及有害物质，并且燃烧热值低。此外，EVOH 薄膜还可以和其他包装材料（如：PE、PA、PP、LLDPE）组合成新复合材料，从而产生优势互补、强化功能的效果。

三、K 涂膜

K 涂膜为在塑料薄膜表面涂布 PVDC 薄层面形成的具有高阻隔性的包装膜，具有热封性和印刷性，被广泛地用于食品、香烟和药品包装。目前，K 涂膜一般采用各种双向拉伸薄膜做基材，涂布偏二氯乙烯与丙烯酸酯共聚胶乳，使其具有良好的阻气、阻湿及保香性和低温热封性。目前常用的涂布基材为 BOPP，可作单面涂布和双面涂布。PVDC 涂布层厚度越厚，阻隔性越好，但成本也越高。一般 BOPP 厚度为 15～20μm，PVDC 厚度为 2μm。

第二节　智能-活性包装材料

20世纪50年代出现了智能结构，当时称为自适应系统。随着高新技术的渗透，人们把目光从智能结构转向智能材料，将材料的感知、驱动和信息处理等功能集为一体，具有类似生物材料的智能属性，具备自我感知、自我诊断、自我适应、自我修复等特殊功能的材料。为了更好的运用此技术，人们将其扩展到包装领域，于是出现了“智能包装”的概念。

一、智能包装

（一）智能包装的定义

所谓智能包装（Intelligent Packaging），也称智慧包装（Smart Packaging）是指利用新型包装材料、结构与形式对商品的质量和流通进行安全性积极干预与保障；同时利用信息收集、管理、控制等技术完成对运输包装系统的优化管理等。

与其他包装相比，智能包装可以“控制”“识别”和“判断”包装周围环境。也可以显示包装内部空间的温度、湿度、压力等，以及密封的程度、时间等一些重要指标参数。此外智能包装还可以监管食品质量，延长食品的货架期和新鲜食品的新鲜度，能够最大限度地保持食品的质量和营养价值。

（二）功能材料型智能包装的分类及应用

功能材料型智能包装是指通过利用新型智能包装材料，改善和增加传统包装的功能，以达到和完成某种特定作用包装的目的。目前，研制的材料型智能包装通常采用光电、温敏、湿敏、气敏等功能材料复合制成，是一种很有发展前途的功能包装，对于需长期贮存的包装产品尤为重要。

1. 时间温度指示剂

附在包装物表面的时间-温度指示剂（Time-Temperature Indicators，TTI），TTI系统即时间温度指示器系统，显示食品的存储时间和贮存温度，是建立在化学、机械学、酶学、微生物学等基础上的质量监控系统。TTI不仅是时间或温度的“标签”，还可以记录食品在贮存和销售期间温度变化的连续过程，并且能预示食品的质量变化情况，使最迟销售日期变得相当有效。TTI系统的基本理念是：提供一种指示器，随着食品存储时间的推移而变化，呈现食品的新鲜度和质量。

根据材料功能和传达的信息数据可将时间温度指示剂划分为三类，分别是临界温度指示剂（Critical Temperature Indicators，CTIs）、临界温度/时间指示剂（Critical Temperature/Time Indicators，CTTIs）和时间温度积分指示剂（Time-Temperature Indicators or Integrator，TTIs）。

（1）临界温度指示剂（Critical Temperature Indicators，CTIs）　CTIs最显著的特点就是可以显示食品所处的环境温度是否超过或者低于参考温度，但不能显示食品所处环境时间长短。高温是影响食品质量最主要的因素，所以目前关于最高温度指示剂（Maximum Temperature Indicators）的研究比较多，例如用于显示速冻食品的融化温度，或用于高于临界温度后就腐败的食品包装。

（2）临界温度/时间指示剂（Critical Temperature/Time Indicators，CTTIs） CTTIs显示食品所处临界温度以上贮存时间连续积累的效应，这种效应可转换成食品在临界温度条件下的保质时间。与CTIs的主要区别是：CTTIs将超过临界温度的温度值及其与时间的积分效应反应出来，但也只反映出商品所经历的部分时间温度历程。CTTIs则适用于超过临界温度以上，并以一定速率发生质变的产品，主要用于指示在冷链中断后高于临界温度的情况下商品品质的变化与时间有关的一类产品。从广义上讲，微波处理指示剂也属于CTTIs的一种。指在微波食品的包装上安装微波处理指示剂（DI），不仅可以体现温度时间积累效应，还可以通过颜色变化指示微波处理的时间终点。

（3）时间温度积分指示剂（Time-Temperature Indicators or Integrator，TTIs） 时间温度积分指示剂指示在食品周期中的时间响应。表述食品货架期内全部的时间-温度历史记录，可用于指示流通过程中的“平均”温度，还可以反映与连续因温度所引起食品质量的损失，进而预示食品的质量变化情况。

TTIs的作用原理主要是通过机械、化学、电化学、酶、微生物等不可逆反应来反映时间温度的变化，这些不可逆的变化主要是通过机械形变、颜色扩散或移动来表现的。由于这些变化与温度有关，随着温度的增加变化速度也增加，因此可以利用这些变化来反应贮存的时间和温度。近年来主要有3类时间温度指示剂成为科研和工业试点的关注焦点，它们分别是扩散型TTIs，酶型TTIs和聚合型TTIs。

3M Monitor Mark（3M Co.，St Paul，Minnesota）是一种扩散型TTIs，曾被世界卫生组织用于监控冷藏疫苗的船运。VITSAB时间温度指示剂是一种酶型指示剂，它通过酶的水解导致pH降低，引起指示物颜色的变化（从深绿色到亮黄色的递变），以此来指示时间温度的变化。Lifelines Freshness Monitor和Fresh Check是为基于固态聚合反应的聚合型时间温度指示剂。

2. 泄露指示剂（Leak Indicators）

泄露指示剂主要监控食品在整个流通链中包装的完整性。对于易腐败食物的气调（MA）包装大多要求要降低O_2含量（通常为<2%），增加CO_2含量（通常在20%～80%），来延长食品的货架期。如果包装内的CO_2泄露，O_2的含量就相对增加，破坏了原来的气体平衡，影响食品质量，缩短其货架期。因此，监视包装内O_2或CO_2气体的含量对保证食品的货架期很重要。此外包装内微生物的繁殖和新陈代谢也会导致包装内CO_2的增加，由于CO_2同时存在泄露和增加两种可能，造成包装内CO_2含量的不确定性。因此，监测MA包装的泄露与否通常采用氧敏指示剂，同时还能对MAP产品进行控制质量。以氧敏染料为基础的指示剂除了含有氧敏成分外，还包含了吸氧成分，能够与包装内部的氧气发生不可逆的化学反应，生成稳定的化合物，从而达到减少或消除包装中氧气的目的，延长产品的货架寿命。把指示剂溶入到薄膜中，因含有吸氧成分，使得泄漏指示剂不会与MAP内残余的氧发生反应，在包装加工过程中的起到防氧化的作用。

3. 新鲜度指示剂（Freshness Indicators）

新鲜度指示剂通过检测包装内微生物生长过程中新陈代谢的产物来反应被包装物的质量或新鲜程度。基于由挥发性化合物引起的反应而进行的直接新鲜度指示剂的开发受到关注。例如保鲜指示剂可以对肉、禽类产品在包装体内产生的挥发性气体：H_2S的含量多少来检测产品新鲜程度。H_2S与肌红蛋白形成绿色颜料硫化肌红蛋白，将这些可视觉探测颜色变化的以肌红蛋白为主要成份的指示剂贴在内装新鲜禽肉的包装托盘的封盖内表面，其颜色变化与禽肉质量相互联系，即包装内只要一产生 H_2S 气体，新鲜度指示剂随即发生颜色变化，购买者可根据颜色的变化来判断商品的新鲜度，从而选择购买。目前这种指示剂还被用于检测二氧化碳、双乙酰、胺、氨、硫化氢、乙醇、微生物代谢酶等反应物。

4. 乙烯指示剂

乙烯对某些新鲜的和未完全成熟的水果或蔬菜能起到一种激素和熟化引发剂的作用，加速衰老和减短货架寿命。在果蔬包装内加入少量清除剂就可以吸收水果或蔬菜产生的乙烯，并且这种吸收是不可逆的。如澳大利亚的联邦科学与工业研究组织（CSIRO）研制出一种特殊的清除系统，与乙烯反应时会呈现粉红色并可以用来显示反应的程度和检测乙烯清除剂的存在。

5. 酶反应型指示剂

酶反应型指示剂实质上是 pH 指示剂，它检测的是酶催化的脂类物质水解释放的质子H。质子的释放速率与温度的高低成正比，通过颜色的变化来推测食品的剩余货架期。瑞典研制出 Vitsab 环形指示器，由两个隔开的小囊组成，一个囊中装有分解脂肪的酶的水溶液，另一袋中装有载有脂类底物的聚氯乙烯水溶液，溶液中放有 pH 指示剂。在使用时，先通过外力压破两个小囊之间的隔膜，使两种溶液混合，整个溶液成酸性，pH 指示剂的颜色也就随之改变。根据内环颜色的变化，消费者可以判断出是否可以食用。

6. 射频识别技术（Radio Frequency Identification，RFID）

RFID 即无线射频识别系统，也称为无线 IC 标签、电子标签等，是一种透过无线电波非接触的方式获取并储存资料的技术，其系统的基本组件包括应答器、阅读器和应用软件系统。RFID 技术的基本工作原理为标签进入磁场后，接收解读器发出的射频信号，凭借感应电流所获得的能量发送出存储在芯片中的产品信息（Passive Tag，无源标签或被动标签），或者由标签主动发送某一频率的信号（Active Tag，有源标签或主动标签），解读器读取信息并解码后，送至中央信息系统进行有关数据处理。当 RFID 和传感器技术相结合时，可以用来监控、记录食品运输过程中环境条件和食品品质的变化。它在食品生产、配送和销售链中具有很多潜在的优势，可以实现食品流通追踪、便于存货管理和节省劳力并且能够确保食品品质和保障食品安全，并使整个过程更加智能化、自动化。此外RFID 还有一个重要作用就是能够防止人们随意删除或改变产品记录达到防伪的目的。

（三）智能包装的优势

① 能够提高物流的处理效率，减少物流费用。

② 能够有效地控制内容物和包装的质量，减少损坏。

③ 能够有效的保障商品质量安全性。

④ 对于重新利用和循环使用包装件有积极的意义。

二、活性包装

（一）活性包装的定义

在食品包装行业，活性包装的定义（Active Packaging，AP）主要是根据欧洲特别研究中心提出的可改善包装物条件的体系（通过释放物质、排除或抑制）；可延长包装物使用寿命；提高卫生安全性；改善气味和口感特性，同时保证其品质不变。著名包装学家 Rooney 给出的定义为活性包装不止可以包裹商品，而且能对内容物起到一定有益作用的包装。活性包装指对具有生命产品的包装，其包装特点是维持其产品所具有的生命。如在果蔬活性包装时在包装袋内加入各种气体吸收剂和释放剂，以除去过多的 CO_2、乙烯及水蒸气，及时补充 O_2，使包装袋内维持适合于新鲜果蔬贮藏保鲜的适宜气体环境。

（二）活性包装的种类

1. 吸氧系统

以铁粉等为基质，制备出具有以下特殊结构的复合薄膜，包括内层和外层，外层是高阻隔性的聚合物（如 PA）、中间层是抑氧剂，内层是低阻隔性聚合物（如 PE 或 EVA）。其中，抑氧剂的作用是隔离空气中的氧气，并且通常不直接接触到商品。用无机物填充的 PE 薄膜-活性薄膜（AF）具有调节水中氧气和二氧化碳浓度的作用，除具有吸氧功能外，还具有多种复合功能，如吸收氧，产生二氧化碳；同时吸收氧和二氧化碳；吸收氧，产生酒精等。用这种材料包装食品，可防止食品发霉。

2. 乙烯捕捉剂

乙烯广泛存在于植物的各种组织、器官中，是由蛋氨酸在供氧充足的条件下转化而成的，其作用像催化剂一样可促使水果成熟和变软。如果乙烯积聚在包装材料内，散发不出去，就会使得在超市或市场上采用密封包装出售的新鲜水果和蔬菜货架期缩短，甚至很快腐烂。可以在包装内放入乙烯捕捉剂去除乙烯单体。常见的乙烯捕捉剂有沸石、方石英以及部分碳酸盐，除了去除乙烯单体外，这些矿物质在薄膜的生产应用中还起着其他作用。如奥地利 EIA Warenhandels 公司以沸石为原料生产的 Profresh 添加剂，不需要其他复杂工艺，在生产普通聚乙烯薄膜直接添加进去，实验发现制备的薄膜对果蔬包装有较好保鲜效果。

3. 二氧化碳生成剂和除去剂

经包装后的新鲜食物在贮存过程中，往往会产生二氧化碳，而二氧化碳又具有抗菌作用，能够抑制微生物生长。为使充分利用二氧化碳的抗菌作用可在包装膜内侧添加二氧化碳产生系统或除去系统。对于肉禽类的贮藏来说高浓度的二氧化碳（10%～80%）的保鲜效果尤为显著，但二氧化碳对塑料薄膜的透过率是氧气的 3～5 倍，因此在进行包装时需要加入适量的二氧化碳生成剂，生成的二氧化碳浓度过高，会使果蔬进入糖酵解阶段，导致果蔬品质迅速下降，这时则需要二氧化碳除去剂进行调节。在对新加工的咖啡进行包装时可以放入含铁粉和氢氧化钙的活性包，它既可以同时控制包装内的氧气和二氧化碳含量，也可以使咖啡的货架寿命延长 3 倍。

第三节　抗菌包装材料

食品表面微生物的生长是造成食物变质腐败的主要原因之一，它们减少了食品的货架寿命，增加了食源性中毒的危害性。食品抗菌保鲜主要以微生物丧失活性、延缓或者阻止它们的生长为出发点，主要是影响与微生物生长有关的因素，这些因素包括物理、化学和微生物学因素，以这些因素为基础，延伸出了目前所应用的大多数食品抗菌保鲜技术，例如低温（冷激、冷藏、冷冻）、气调、热处理、变温处理、高二氧化碳处理、辐射处理等，化学防腐剂作为食品保藏的一种辅助手段，对防止某些因微生物而易腐败变质的食品损失有显著效果。由于防腐剂不需要设备，这种方法在目前是一种最经济、最便捷的食品保藏方法。

一、抗菌剂的种类及应用

抗菌剂是一类对细菌、真菌具有抑制或杀灭活性的化学物质，是抗菌包装材料的核心。应用于食品包装的抗菌剂必须是安全无毒的，抗菌能力强并且具有广谱抗菌性，而且需要耐摩擦、耐日照、耐热性，并与基材有良好的相容性，而且不降低商品的使用价值和美感。抗菌剂根据化合物结构不同通常分为无机抗菌剂、有机抗菌剂及天然抗菌剂三类。

（一）无机抗菌剂

无机抗菌剂一般将银、铜、锌等金属离子抗菌活性成分通过物理吸附、离子交换或多层包覆的方式与无机多孔材料例如沸石、硅胶、高岭土类的载体相结合制备的具有抗菌能力的材料。可广泛应用于塑料、合成纤维、建材、造纸等行业。无机抗菌剂属于溶出型抗菌剂，按照作用机制，可以分为金属离子型抗菌剂和光催化型抗菌剂两大类。

1. 金属离子负载型抗菌剂

将具有抗菌功能的金属离子加载到各种无机天然或人工合成的矿物载体上，使用时载体缓慢释放金属离子并与食品相接触，从而起到抗菌和杀菌的效果。其中应用效果最好的主要是 Ag^{+}、Cu^{2+}、Zn^{2+}。其中 Ag^{+} 是较强的抗菌剂，混合物中含有 1%的 Ag^{+} 的抗菌率可以达到 99.9%。

2. 光催化型抗菌剂

利用电子型半导体材料，如 TiO_2、ZnO、Fe_2O_3、CdS 等在光照条件下，将吸附在表面的 OH^- 和 H_2O 氧化成具有强氧化能力的 OH-自由基，当这些基团与微生物接触后可抑制微生物的生长和繁殖。以纳米 TiO_2 为例，对紫外线具有一定的屏蔽作用，并且无毒、无味和无刺激感。

（二）有机抗菌剂

有机抗菌剂的种类很多，按照制备方法可分为天然抗菌剂和化学合成抗菌剂。目前研究较多的是壳聚糖及其衍生物类、季铵盐类和胍盐类抗菌剂。有机抗菌剂对微生物的主要作用机制是通过与细胞膜的表面阴离子相互吸引、组合与细胞表面的基团反应，破坏细胞膜的合成系统，阻碍细胞呼吸，并逐渐进入到细胞内破坏蛋白质，从而抑制微生物的繁殖。其优点是杀菌即效和抗菌广谱性好，持久性较长。

1. 壳聚糖及其衍生物抗菌剂

壳聚糖是甲壳素经浓碱处理，脱去分子中的乙酰基得到的。和其他天然聚合物不同，壳聚糖具有较高的反应活性和可加工性能，近几年，壳聚糖和衍生物由于潜在的生物活性，例如抗癌性，抑制溃疡，抗菌性而得到深入研究。在壳聚糖分子链上有游离氨基，对构成人体的氨基酸和蛋白质都有很高的亲和性，因此壳聚糖的抗菌机理有以下两种模型：

① 壳聚糖溶于酸溶液中，其分子中的铵离子具有正电性，能够吸附表面带有负电荷的细菌，因此大量的壳聚糖分子堆积在细菌细胞表面减弱了细菌的代谢，改变细胞壁和细胞膜的通透性，细胞膜因不能承受渗透压而变形破裂，内容物如水、蛋白质等渗出，从而发生细菌溶解死亡。

② 壳聚糖吸附在细菌表面后，穿过多孔的细胞壁进入细胞内，与DNA结合，并干扰mRNA和蛋白质的合成，从而抑制了细菌的繁殖。

2. 季铵盐类抗菌剂

季铵盐是一类高效低毒的有机铵盐，对革兰氏阳性菌和阴性菌有广谱抗菌活性，并且对真菌和霉菌都有较稳定的抑制效果。化合物中带正电荷的有机阳离子可被带负电荷的细菌选择性吸附，并且季铵离子有亲油的长链，能包住并破坏有脂质的细胞膜，释放出K^+和其他物质，导致蛋白质失活，影响DNA分子链的复制，因此阻碍了细菌的繁殖并引起细胞死亡。由于季铵盐成本低廉，抗菌速度快，将其作为抗菌基团的研究较多。但是抗菌持续时间较短，细菌对其易产生抗药性，并且对于无囊膜的病毒，季铵盐的抑制能力较低。

3. 胍盐类抑菌剂

自20世纪30年代，人们发现胍盐产物具有良好的抑菌效果，胍盐及其衍生物被开发用于医药，工业、食品和日常生活用品中。胍基化合物中的胍基具有很高的反应活性，胍基碱度（$pK=10.96$）使得基团带有正电荷，并能在较大pH范围内保持正电性，很容易迅速吸附在呈负电性的各类细菌和病毒的表面并置换出Mg^{2+}和Ca^{2+}，这种吸附可以发生在细胞膜表面，或者是细胞壁的脂多糖或肽多糖中，从而改变细胞膜的磷脂环境，并引起细胞膜功能的丧失，甚至破坏细胞膜；通过渗透和扩散作用，胍基进入细胞膜，正电荷NH_4^+与细胞内DNA中带负电荷的磷酸基发生相互作用，抑制了DNA的复制，从而阻碍了细菌、病毒的分裂功能，丧失了繁殖能力；并且大分子胍盐聚合物可形成薄膜，堵塞微生物的呼吸通道，使微生物窒息而死。胍盐低聚物抑菌剂的热稳定性较高，可以添加到熔融工艺生产的聚合材料中，能持久抑菌。因此，胍盐及其衍生物可以广泛应用于食品加工行业，水处理，建筑材料防霉添加剂，以及纺织业、造纸业、木材加工业、橡胶工业、农业等方面。

（三）天然抗菌剂

天然抗菌剂来源于自然界，主要通过从动植物中提取、纯化获得，是一种环保型抗菌剂。根据天然抗菌剂的来源不同，可将其分为植物源、动物源、生物源和矿物源类。植物抗菌剂是目前应用最多的天然抗菌剂，像中草药、松柏、艾蒿、芦荟等；动物源抗菌剂主要是壳聚糖类、天然肽类和高分子糖类；矿物质抗菌剂的含量较少如胆矾；以及提取于微生物的细菌素和溶解酵素等。天然抗菌剂对于革兰氏阳性和阴性食源性病菌具有广谱抑制作用。

1. 天然抗菌剂抗菌作用机理

① 含有抗菌活性物质，具有杀菌、抗菌作用。如有机酸、醇、天然杀菌素、溶菌酶等抗菌物质。

② 含有天然抗氧化物质，在进行食品包装时可延缓食品氧化过程，防止食品氧化变质，延长货架期。这些抗氧化物质有维生素C、维生素E、植酸、咖啡酸、奎尼酸、鼠尾草酚等。

③ 降低pH，抑制微生物繁殖，减弱微生物的耐热性，提高加热灭菌的效果。通过调整pH，还可提高解离型或非解离型分子的抗菌力。

④ 调节包装内食品中水分活性，提高食品的渗透压，抑制病菌及微生物的生长繁殖。

⑤ 在食品表面形成一层保护膜，既可防止微生物入侵，又可通过隔氧作用，防止食品氧化，还可降低果蔬的呼吸速率，延缓果蔬熟化进程，保持果蔬鲜度。

2. 几种天然抗菌剂

（1）香辛料抗菌剂　香辛料历来被用于肉类等食品的着香、调味。随时间推移人们发现香辛料对食物有一定的防腐作用，我国明代著名医学家李时珍在其巨著《本草纲目》中对香辛料植物用于食物防腐，对人体无毒副作用有过相关记载。其中以肉桂、丁香、芥末、芹菜、麝香草等为代表的香辛料对霉菌、酵母及细菌有较高的抗菌性。若以香辛料提取物为主要成分，配以无水醋酸钠、延胡索酸、维生素 B_1 等，制成水产制品天然防腐剂，试验表明，只需添加少量，即可显示很高的抗菌活性，效果比山梨酸钾明显。

（2）溶菌酶

① 溶菌酶的基本特征。溶菌酶（lysozyme）又称胞壁质酶（muramidase）或 N-乙酰胞壁质聚糖水解酶（N-acetylmuramide glycanohydrlase），是一种能水解致病菌中黏多糖的碱性酶。溶菌酶广泛存在于蛋清和哺乳动物的眼泪、唾液、血液、尿液、乳汁及组织细胞中，另外许多植物中也可分离出溶菌酶，如木瓜、萝卜等。溶菌酶是一种碱性蛋白质，有稳定化学性质和较强抗热性，且具有无毒、无害、安全性较高等优点，而且又不作用于其他物质，对革兰氏阳性菌中的枯草杆菌、耐辐射微球菌有分解作用。对大肠杆菌、普通变形菌和副溶血性弧菌等革兰氏阴性菌也有溶解作用。

② 溶菌酶抗菌剂在食品中的应用。冷冻肉保鲜：用浓度为 1%～3%的溶菌酶溶液作抗菌剂对分割的肉块进行喷雾或浸渍预处理，再在无菌条件下，沥水 20～30min，方可进行真空包装。

软包装和小包肉制品保鲜：软包装方便肉制品在真空包装之前添加定量溶菌酶保鲜剂，然后进行巴氏杀菌，可以取得良好的杀菌效果，能有效地延长该类产品的货架期，同时还能保持产品的品质，既不影响产品的脆度，也不会造成肉质过烂和变味。

乳制品：溶菌酶防腐剂也可用于乳制品保鲜，尤其适用于巴氏杀菌奶，能够有效地延长保质期。因溶菌酶具有抗热性能，也可用于超高温瞬间杀菌奶制品。

果蔬软包装：在对软包装果蔬制品和小包装果蔬制品进行包装时，加入溶菌酶防腐剂，可减少高温高压杀菌处理步骤，降低对果蔬的损坏，保持果蔬的脆度，延长果蔬的新鲜度和货架期。

二、抗菌包装材料制备技术

① 将抗菌剂直接涂布于包装材料表面，使抗菌成分与食品接触，通过其在食品中的不断渗入而与微生物发生反应，从而起到抗菌、杀菌的作用。此种方式适于挥发性强的抗菌剂，能进行快速起效，但是抗菌剂不宜与食品组分发生反应，否则会降低抗菌剂浓度，并失去抗菌活性。

② 将抗菌剂与包装基材采用共混方式利用挤出或流延工艺生产抗菌包装材料。通过抗菌剂向食品表面释放实现抗菌活性，同时还可以通过控制抗菌剂的迁移溶出速率，实现抗菌的持续性。但是要考虑抑抗菌剂的热稳定性，以及加工后抗菌剂的抗菌活性。

③ 将抗菌剂通过离子键或共价键连接固定在包装基材上，制备成结构均一的抗菌包装材料，使抗菌剂不溶出，通过包装材料与食品的紧密接触而实现抗菌活性，并阻止环境

中微生物对食品的侵蚀，抗菌性能可以长期保持，成为持久型抗菌包装材料。

第四节　可食性包装材料

可食性包装材料，从广义上来说，是可降解生物材料的一种，在食品包装领域来说，不仅可以借助人体或动物本身的新陈代谢功能使材料得以分解，并且对生物体无害，能提供有益的营养物质。

一、可食性包装材料

可食性包装材料（Edible Packaging Material）是以可食性生物大分子物质为主要基质，以可食性增塑剂为辅材，通过一定加工工序使不同分子之间相互作用，然后干燥形成具有力学性能和选择通透性的结构致密的包装材料。可食性包装材料主要是通过阻止包装内外物质的互相迁移，避免食品在贮存或运输过程中发生味道、质构等其他变化，以确保食品的质量，延长其货架期，也可以作为各种食品添加剂的载体。可食性包装材料是一种无废弃物的包装，也是一种资源环保型的包装材料。

（一）可食性包装的基材

1. 以植物多糖或动物多糖为基质

以多糖作为可食性包装的基质主要有淀粉、改性纤维素、动植物胶和壳聚糖。淀粉是可食性包装材料中研究开发最早的类型。近年来，在成膜材料与工艺和增塑剂研究应用方面取得了重要进展。淀粉膜具有拉伸性、透明度、耐折性、水不溶性良好和透气率较低等特点。不过淀粉膜不具有热封性，这在一定程度上限制了其应用。

改性纤维素是对纤维素采用化学手段改变其原有性质得到的特殊性能的纤维素衍生物。如以羧甲基纤维素（CMC）、甲基纤维素（MC）等为原料，软脂酸、琼脂、蜂蜡和硬脂酸为增塑剂，可制成半透明状，入口即化的可食性薄膜。这类膜具有较低透湿性和透气性、高拉伸强度、良好的阻油性等优点。近年来，改性纤维素可食性包装膜也成了世界各国研究的热点和重点。

胶体可食性包装材料是以植物胶，如葡甘聚糖、角叉胶、果胶、海藻酸钠、普鲁蓝等为基质，加入增塑剂制成的薄膜具有透明度、机械强度高、印刷适性好、热封性强、阻气性好、耐水耐湿性等特点，目前广泛应用于调味品、油脂、汤料等食品的包装。

壳聚糖是甲壳素的N-脱乙酰基的产物，壳聚糖制成材料具有透明度高、弹性好、阻氧性强等特点，还具有一定的杀菌作用，防止真菌污染腐蚀食品，主要用于水果（去皮）、蔬菜食品的保鲜包装。

2. 以蛋白质为基质

大豆蛋白、小麦蛋白、玉米蛋白和乳清蛋白是蛋白质类中可以作为可食性包装材料的基材。

以大豆蛋白粉为基质，甘油、山梨醇等为增塑剂，可制成各种用途的大豆蛋白可食性包装材料。这种蛋白材料具有良好的强度、弹性、韧性和防潮性等特点，可以保持水分，阻止氧气进入，特别适合油性食品的包装。

从小麦粉中提取出来的蛋白质为原料，使用乙醇进行提炼，以甘油、氨水等为增塑剂制备出的小麦蛋白可食性包装材料具有较强的韧性，呈半透明状，同时能很好的隔绝氧气和二氧化碳等气体，但防潮、防湿性能较差。

以玉米中的蛋白质为基质，经乙二醇或异丙醇溶液提炼，甘油、丙二醇或乙酰甘油作为增塑剂制成可食性包装。它具有高温高湿下贮藏稳定、安全可靠、对氧气和二氧化碳有极好的隔绝性和优良的防潮性特点，可作为药品、糖制品的可食性包装膜和涂层、微胶囊的被膜剂等。

最近几年乳清蛋白也被用作可食性包装的基质材料。以乳清蛋白为原料，甘油、山梨醇、蜂蜡、CMC-N 等为增塑剂制成的乳清蛋白可食性包装材料，此类材料具有透水、透氧率低、强度高、透明性好的特点。

3. 脂类可食性包装材料

脂类可食性包装按脂肪源的不同可分为植物油、动物脂及蜡质薄膜三类。脂类物质具有极性弱和易于形成致密分子网状结构的特点，所形成的材料阻水蒸气能力强，但脂质膜厚与均匀性难以控制；制备时容易产生裂纹或孔洞因而降低其阻水能力；易于产生腊质口感，而它的力学性能较差。因此，脂质在可食性材料中已很少单独使用，通常与蛋白、多糖类组合形成所谓的复合材料。

4. 复合型可食性包装材料

复合型可食性包装材料以蛋白与多糖或类似化合物的组合而制成，通常以脂质作为阻水组分，而蛋白或多糖在发挥自身具有阻隔性能的同时，作为脂质的支持介质，保持材料的良好完整性。复合包装材料中的多糖、蛋白质等化合物因含量不同，其性能也有所不同。可以满足各类食品包装的需求，一般脂肪酸分子越大，保水效果越好，可用于果脯、方便面汤料和其他方便食品的内包装。

(二) 可食性包装材料的应用原理

可食性材料与合成包装材料具有许多相似的功能性质，如阻止水分、氧气或溶质的迁移。对许多食品来说，可食性包装材料最重要的功能性质是阻止水分的迁移（即具有阻湿性），从而防止食品因失水或吸水而导致的变质。

除水分迁移外，氧气和二氧化碳等气体的迁移也会对食品质量和贮藏稳定性造成严重影响。如含油脂量高的食品在氧气参与下易发生酸败；新鲜果蔬在高氧条件下呼吸强度大容易衰老、腐败，而当二氧化碳浓度高、氧气浓度低时，也会因为缺氧导致腐败变质。为此可选择具有一定阻氧性或透氧性和透二氧化碳性的包装材料对食品进行涂层或包装，以达到延长食品的货架寿命的目的。

由亲水性基材制成的可食性包装膜可以阻止脂质的迁移（称为阻油性），尤其对油炸食品包装效果非常明显，它可阻止油进入食品内部，还可降低食品的含油量，使食品符合低脂的发展趋势，又可提高食品的保质期。

(三) 可食性包装材料的特性

① 可食性包装材料可与其包装的食品一同食用，有的具有一定的营养价值，有的能被人体消化，有的食用膜本身对人体还具有保健作用。

② 可食性包装材料为可降解材料，若未被食用，在环境中仍可被微生物降解，不会造成环境污染。

③ 它可用于食品小量包装，单位食品包装，可直接接触食品，防止食品被污染。

④ 可食性包装材料制作过程中可加入风味剂、着色剂、营养强化剂等，改善食品品质及感官性能，增进食用者食欲。

⑤ 可食性包装材料还可以用作防腐剂、抗氧化剂的载体，并控制它们在食品中的扩散速率。

⑥ 可食性包装材料能够防止食品组分间因水分和其他物质的迁移而导致食品变质，或影响食品质量。

⑦ 可食性包装材料和不可食用材料构成多界面、多层次的复合包装，提高了整体阻隔性能。

⑧ 优良的抗热性能，也可用作微波、焙烤、油炸食品的包被膜等。

（四）可食性材料在包装中的应用

可食性包装材料按照其特点和作用可分为可食性包装薄膜、可食性包装纸和可食性容器等材料。

1. 可食性包装薄膜

可食性包装薄膜是以天然可食性物质（如蛋白质、多糖、纤维素及其衍生物等）为原料，通过不同分子间的互相作用而形成的具有多孔网络结构的薄膜，通过包裹、浸渍、涂布、喷洒于食品表面（或内部）而对气体、水汽和溶质具有高度的选择透过性。

2. 可食性包装纸

目前已开发应用的可食性包装纸有蔬菜纸、水果纸及海藻纸等。所谓蔬菜纸是采用新鲜蔬菜为原料加工而制成的，是一种蔬菜深加工产品，在加工为“纸”后，不仅保留了蔬菜中原来的膳食纤维、Vb、Vc、矿物质及多种微量元素，还具有低糖、低钠、低脂、低热量的优点。

3. 可食性容器

可食性容器顾名思义就是采用可食性材料制成的容器。澳大利亚一家土豆片公司利用土豆制成容器来盛土豆片或其他食品，并利用可食性颜料在容器图上各种图案，来吸引消费者目光。

二、可食性油墨

可食性油墨，顾名思义是可以吃的油墨。油墨作为包装印刷工业中的重要的印刷耗材，有着极其重要的作用。然而，传统油墨的组成成分含有有害物质，如甲苯、二甲苯等挥发性有机溶剂、微量重金属，颜料和染料中都含有某些致癌成分。可食性油墨不仅应满足普通油墨的印刷适性要求，又应表现其“可食”的特点，其可以直接印刷在食品和药品表面，例如，在糖果、面包、巧克力等食品表面印制上精美图案，来引起人们尤其是儿童对食品的注意力，激发顾客的购买欲。可食性油墨的组成和传统油墨的组成类似，其主要组成部分都是色料和连接料。

1. 色料

色素可以分为天然色素与合成色素。其中天然色素种类繁多，色泽自然，不少品种还具有较高的营养价值，如甜菜红、β-胡萝卜素、黑米素等，有的还具有较好的医疗效果（如栀子黄、红花黄等），安全性能一直被人们所认可。但是大多数天然色素稳定性较差，遇酸、碱、热等外界因素影响时，其分子间结构会发生改变，导致其变色。人工合成色素具有色泽鲜艳、着色力强、稳定性好、易溶于水、易调色、品质均一、成本低廉等优点，但有些对人体健康有一定影响。

2. 连结料

可食性油墨的连结料由油类、溶剂以及一些助剂组成。油类主要是指可食性植物油，如花生油、色拉油等，溶剂则可以是液态糖。

3. 助剂

可食性油墨中需要增稠剂、乳化剂、消泡剂、保湿剂、稳定剂等保证可食性油墨形成稳定的体系。乳化剂和水胶体稳定剂在油墨中充当稳定剂和增稠剂的角色，可选用卵磷脂、阿拉伯胶等。

第五节　防静电包装材料

防静电包装，就是采用不产生摩擦电荷或可以消除摩擦电荷的包装材料，减少或消除包装件在搬运和使用中产生的摩擦电荷，防止静电放电（ESD）对静电敏感产品（ESSD）造成的损坏，以达到包装防护的目的。其包装的防护能力主要取决于防静电包装材料性能的高低，即抗静电、静电逸散、静电导电、静电屏蔽等。包装材料的电阻率不同，其应用也不相同。由于大部分绝缘包装材料容易产生静电，并且对积累的静电荷难以泄漏，因此常常需要对绝缘材料进行防静电改性设计，将绝缘材料变为静电消散材料，从而达到抑止静电的目的。

根据材料获得防静电功能的工艺方法不同，可以把防静电包装材料分为如下几类：

（一）抗静电剂处理型防静电包装材料

抗静电剂大多属于表面活性剂，其分子结构有亲水基团和亲油基团。亲油基团的作用是使抗静电剂与树脂保持一定的相容性，而亲水基团的作用是使抗静电剂在塑料制品表面取向排列，吸附空气中的水分，形成含水导电层，从而防止静电蓄积起抗静电作用。抗静电剂按工艺方法分为外用抗静电剂和内部抗静电剂两大类。外用抗静电剂主要用在材料外部表面，因而除了要求有高的抗静电效果外，还应有耐久性、耐摩擦性、安全性、相容性、经济性等。抗静电剂按工艺方法分为外用抗静电剂和内部抗静电剂两大类，按其性质而言，用作抗静电剂的有阴离子型表面活性剂、阳离子表面活性剂、两性表面活性剂、非离子表面活性剂四类。外用抗静电剂主要用在材料外部表面，因而除了要求有高的抗静电效果外，还应有耐久性、耐摩擦性、安全性、相容性、经济性等。由于包装材料基材多为塑料且带负电，因此最有效的是阳离子型表面活性剂和两性型表面活性剂。包装材料基材多为塑料且带负电，因此最有效的是阳离子型表面活性剂和两性表面活性剂。随着高分子材料的大量使用以及电子技术和产品向国民经济各部门的广泛渗透，静电造成的故障和危害更加普遍，因此对产品的包装，尤其对静电敏感产品，提出了更高的要求，防静电包装已成为引人关注的安全问题之一。

常用作抗静电剂的阳离子型表面活性剂有铵盐、季铵盐和含氮的杂环化合物几大类。内部抗静电剂主要用在包装材料内部，因此应有耐久性、耐热性、安全性、耐光性等，还应该不改变或少改变材料的透明度和颜色。由于阴离子抗静电剂作为内部抗静电剂时不仅加入量偏大，而且抗静电效果较差，因而使用较少。内部阳离子型抗静电剂，主要有季铵盐、吡啶盐、吗琳盐及咪唑盐等类。

（二）导电材料填充型防静电包装材料

所谓导电填料，是能赋与导电性能的一类物质。其种类繁多，按其性能划分，主要有五种系列，即金属系、碳系、金属氧化物系、金属化纤维系、有机高分子系。不同的导电填料可以和塑料等绝缘体混合制备出不同的导电材料，对填充型防静电包装材料研究得较多的是碳黑体系填充防静电材料。其性能主要取决于导电填料的种类、骨架结构、分散性能、表面状态、添加浓度等，以及塑料材料的种类、结构、填料加入的工艺方法等。此外，它还与调色剂等添加剂的加入、高聚物化学降解、成形工艺、材料缺陷以及环境温度、电场强度等息息相关。也就是说，除了防静电性能之外，还要综合考虑材料的物理、力学、化学等性能。常用的炭黑填料，如工业炉黑、乙炔、高温石墨化炭黑、黑热裂黑等。其中，使用得最多的是工业炭黑，特别是高温石墨化炭黑和乙炔黑，因其分子结构稳定，不易被氧化，加工时容易形成伸展的链式或网状组织，得到优良的防静电性能。金属氧化物类填充型防静电材料是最近几年研制的新品，发展势头迅猛，其性能比金属填充型材料稍差一些，但性价比高。目前已应用的金属氧化物类填充型防静电材料有氧化钛、氧化锡、氧化锌等等。其中，无论从价格还是性能氧化锡占有绝对优势，其颜色轻淡，粒径较小（0.1μm 以下），能够满足有透明性要求较高的防静电包装。

静电防护包装除了完成上述一般包装功能之外，对包装材料本身而言，还要具有低起电率、静电屏蔽性能。在运输过程中，更要避免带电的物体或人体对产品进行静电放电。包装材料本身是实现产品静电防护包装的物质基础，材料的防静电性能主要与材料自身的摩擦起电特性、电阻率和衰减时间等特征参数有关。

① 低起电率。为了控制摩擦起电，在材料的选择上，应选择在摩擦带点序列中与被包装产品较近的材料，最好是选择同种材料。

② 适当的电阻率。大多数的普通包装材料是电绝缘的，由于绝缘材料易存留电荷，为了使电荷从包装上消散，材料表面电阻率应选择 1088Ω·m 为宜。

③ 一定的屏蔽能力。要求在 1000V 电压放电条件下，包装内感应电压小于 30V 为合格。选择静电屏蔽材料对产品进行包装，从而可以屏蔽或衰减外界静电场或者静电放电火花所感应的电磁脉冲。

④ 电荷衰减能力。按防静电材料的添加方式可分为内加型和外涂型两类。内加型是在生产复合高分子材料过程中将导电填料直接加入制成的防静电材料，但该生产工艺复杂、成本较高。外涂型主要是将导电填料与相对应的树脂混合制成涂料，直接在包装材料内外侧涂覆，见效快、适用范围广，但由于目前大多采用价格较高的金、银、铜、镍等金属粉末，因此，研制低成本新型的导电涂料具有广阔的前景。

包装材料的静电性能包括抗静电性能、静电耗散性能和静电屏蔽性能。抗静电剂处理型防静电包装材料用抗静电剂对包装材料表面进行处理或进行深层复合处理，以降低原来材料的电阻提高导电性，从而达到消除静电的目的。一般而言，抗静电剂处理工艺简单、成本较低、生产方便，对设备无特殊要求，因而在实际生产中占有一定的地位。

（三）镀层型防静电包装材料

镀层型防静电包装材料就是在高分子材料表面镀上一层导电的金属，常采用的镀层方法有电镀、化学气相沉积（CVD）、化学镀、物理气相沉积（PVD）、热喷镀（涂）等。

其中最常见的电镀高分子材料就是塑料电镀，其工艺流程包括材料去污、溶剂处理、粗化、敏感化、成核等工序。如采用铜、铬、金、锡、银、镍及合金有锡-镍、铜-锌、铜-镍、锡-钴、铜-锡、金-银等金属在PA、PET、PP、PC、ABS、PVC、玻璃钢等上进行电镀。其电镀制品不仅实现了很好的金属质感，而且能减轻制品重量，在有效改善塑料外观及装饰性的同时，也改善了其在电、热及耐蚀等方面的性能，提高了其表面机械强度。真空物理气相沉积也是一类发展迅速的工艺技术，主要包括离子镀、真空蒸发镀、溅射镀等技术。目前，真空镀铝膜广泛应用包装行业，镀铝纸是真空蒸发镀技术的产物，它通常在高真空条件下，将金属铝加热到熔点以上形成铝蒸气，最后凝聚在塑料材料表面形成极薄的金属铝膜，由于其外观美丽，阻气性能优异，即使普通食品已经采用其包装。

（四）涂层型防静电包装材料

涂层型防静电包装材料是采用涂敷技术，将导电性涂料涂抹在绝缘性高分子材料表面形成均匀的涂层，赋予其导电性能使之成为具有防静电功能的包装材料。表面改性型防静电包装材料在进行接枝共聚前，采用射线对单体混合物进行预处理，使共聚物获得良好的抗静电性能。如近年来用β射线处理的甲基丙烯酸（MAA）或丙烯酸（AA），然后对聚乙烯（PE）或聚丙烯（PP）进行接枝；用γ射线处理聚酰胺（PA）后接枝在甲基丙烯酸上进一步提高他们的抗静电性能。用丙烯酰胺（PAM）、丙烯酸、乙烯基-3-乙氧基硅烷及其混合物在加热的同时用^{60}Co源的γ射线条件下，对聚四氟乙烯（PTFE）进行接枝，制成的塑料薄膜抗静电效果非常明显。此外用电子束或激光对高分子包装材料进行处理，也可以获得良好的防静电功能。美国市场上已出现用电子束技术处理过的包装袋，其防静电效果可与抗静电剂型和炭黑填充型防静电材料相媲美，而且有了参与市场竞争的势头。这主要因其耐久性好，没有腐蚀，没有污染，性能优良所致，预计今后用量将会急剧增加。电子束处理也可以用于（透明）复合型软包装材料（袋），而且也有样品上市销售。这无疑是一种新的防静电发展方向。

（五）（透明）复合型防静电包装材料

（透明）复合型防静电包装材料是一种实用的防静电包装材料。一般而言，防静电包装除了要求材料有一定的抗静电功能外，还应有耐久、耐热、耐光、耐压、耐化学品、经济、安全等等物理机械化学性能和综合技术经济性能。复合型防静电包装材料作为包装袋（容器）己广泛使用，其结构特点是，中间往往夹有3～4层阻挡屏蔽层（这些屏蔽层往往采用金属化薄膜、导电性填料填充的薄膜），最表面/里面层一般使用抗静电剂型防静电薄膜，也是今后防静电包装袋发展的方向。

（六）结构型导电高分子材料

结构型导电高分子材料是一种新型高分子材料。主要通过自身化学结构的作用，使其有与金属自由电子同样作用的二电子的分子结构，电子运动经过二共轭系而呈现导电性，再通过化学方法进行掺杂（如掺I、AsF5等）以增加其导电能力。结构型导电高分子材料按分子结构可分为如下三大体系：

① 直链二共轭系，如聚乙炔、聚二乙炔、聚乙烯对苯撑等；

② 平面全二共轭系，如聚吡咯、聚噻吩、聚呋喃等；

③ 支链7c共轭系，如聚乙烯咔唑、聚乙烯二茂络铁等结构型导电高分子材料是二十世纪七十年代后期研制开发的新型导电性不饱和聚合物，它用电解聚合法合成并经掺杂处

理而制成，现在它们的最高导电水平已经可与铜、银等金属媲美。

其中研究得最多、最典型的代表是聚乙炔、聚对苯撑、聚吡咯等。掺杂剂是影响本类材料导电性能的主要因索之一。掺杂剂主要有受主型和施主型两类，受主型代表有 I、Br、FeCI、PF3 以及 ASF、CIO 等；后者掺杂剂有 Li、Na、K 等碱金属以及四丁基胺等烷基胺等。

第六节 防锈包装材料

所谓金属材料生锈就是一种化学反应，即金属在潮湿的条件下发生了氧化反应，如铁在氧气和水共同参与下，就会被水和氧气腐蚀，生成铁锈，其化学式为：$2Fe+O_2+2H_2O=2Fe(OH)_2$，然后再氧化 $4Fe(OH)_2+O_2+2H_2O=4Fe(OH)_3$。防锈实际上就是要采取各种方法和技术，隔绝、降低或减缓外界锈蚀环境（电解液、酸碱等污染物）对金属的作用，进而保护金属材料。

防锈包装材料按材料类型可划分为气相缓蚀剂、防锈纸、防锈膜。

一、气相缓蚀剂

气相缓蚀剂（Vapor Phase Inhibitor，简称 VPI），又叫挥发性缓蚀剂（Volatile Corrosion Inhibitor，简称 VCI）或气相防锈剂，是一种在常温下能自动挥发出气体吸附在金属的表面，以在金属表面形成钝化膜、改变金属表面的酸碱环境或在金属表面形成憎水膜等形式钝化金属表面，从而起到防止或延缓金属锈蚀发生的作用。在一定时间里，只需加入这种少量物质，依靠它所挥发的缓蚀分子或缓蚀基团在金属表面的作用，就能使金属免受大气腐蚀或降低腐蚀速度。

二、防　锈　纸

气相防锈纸以纸为载体，将气相缓蚀剂溶液浸涂或刷涂于纸上，再经干燥而制成，一般涂布量为 $5\sim10g/m^2$。为使缓蚀剂不从纸上脱落，可在溶液中加入少量胶粘剂。使用时，防锈纸涂覆缓蚀剂的一面朝内；也可以在容器内使用气相防锈纸衬垫；管状金属制品可以用气相防锈纸塞入管内，防止管内壁生锈。用气相防锈纸包装中、小金属件后，其外层还须用石蜡纸、塑料复合纸、塑料袋，甚至用金属箔等严密包装。为方便起见，可在单面防锈纸的另一面涂防水、阻气材料，如乙烯复合气相防锈纸是在纸的一面涂覆气相防锈剂，另一面贴合聚乙烯薄膜，可提高防潮和抗透气的能力。为了提高机械强度，可在防锈纸的另一面复合多种加强纤维材料，或用布、铝箔等与其复合制成复合加强防锈纸。将气相缓蚀剂和一种水性涂料结合形成水性气相防锈涂料喷涂在牛皮纸上，涂料在常温下可以迅速干燥，不需要烘干。所制成的纸柔韧性、强度及防潮性比传统单层防锈纸有所提高。

三、防　锈　膜

防锈膜是气相防锈塑料薄膜（VCI anti-rust film）的简称，是基于高分子材料与 VCI 气相防锈技术发展相结合的新一代创新高科技产品。添加一定比例 VCI 母粒后吹制生产出来的 LDPE 或 HDPE 塑料膜，VCI 载体为塑料膜，VCI 会在适当的空间内持续缓慢地从膜体中释放出来，扩散渗透至被防锈物品表面并吸附其上，形成单分子厚的致密保护膜层，隔绝诱发锈蚀的各种因素与被防锈物品表面的接触，从而有效防止锈蚀的产生。防锈膜的品种有：普通防锈膜、防锈缠绕膜、防锈热收缩膜、防锈防静电膜等，并针对不同金属需要使用不同的 VCI 等级。

（1）普通防锈膜　气相缓蚀剂微粉均匀分散在塑料薄膜中形成的产品，结构简单，且用量最大。

（2）防锈缠绕膜　具有超高伸长率，耐穿刺，具有自粘性，可用于金属部件的贴体紧密缠绕包装。

（3）防锈热收缩膜　遇热可收缩的防锈薄膜，主要用于金属件的紧固包装。

（4）防锈防静电膜　综合高科技气相防锈技术、塑料挤出吹塑技术和抗静电技术，采用特殊加工工艺制成。具有优良的防蚀性和抗静电功能，它可以保护机械部件，特别是电子产品不受静电损坏，抑制锈蚀的发生。产品适用于具有防蚀要求和抗静电要求的电子制品的防护包装，主要是集成电路板、印刷电路板、通讯设备、电子仪器和仪表等的防蚀、抗静电包装。

思　考　题

1. 如何提高包装材料的阻隔性能？
2. 什么是智能与活性包装？它们主要应用在哪些方面？
3. 简述抗菌包装的抑菌机理；举出常用抗菌包装材料及其应用领域。
4. 为什么部分包装要考虑防静电功能？常用防静电包装材料生产有哪些技术？
5. 常用可食性包装包装材料及其制备技术有哪些？其生产中要注意哪些问题？
6. 举出几种常用防锈包装材料及应用领域。

参考文献

[1] 王建清. 包装材料学［M］. 北京：中国轻工业出版社，2009.
[2] 裴继诚. 植物纤维化学［M］. 北京：中国轻工业出版社，2012.
[3] 詹怀宇. 制浆原理与工程. 北京：中国轻工业出版社，2009.
[4] 何北海. 造纸原理与工程［M］. 北京：中国轻工业出版社，2010.
[5] 潘祖仁. 高分子化学［M］. 北京：化学工业出版社，2007.
[6] 华幼卿，金日光. 高分子物理：第四版［M］. 北京：化学工业出版社，2014.
[7] ［德］苏珊E. M. 赛克. 塑料包装技术［M］. 蔡韵宜，译. 北京：中国轻工业出版社，2000.
[8] 樊书德，陈金周. 聚偏氯乙烯包装材料［M］. 北京：化学工业出版社，2011.
[9] 刘喜生. 包装材料学［M］. 长春：吉林大学出版社，1997.
[10] ［英］Fried J. R.. 聚合物科学与工程［M］. 北京：化学工业出版社，2005.
[11] 戈登. 塑料制品工业设计［M］. 北京：化学工业出版社，2005.
[12] ［英］O. G. 皮林格，A. L. 巴纳. 食品用塑料包装材料［M］. 范家起，译. 北京：化学工业出版社，2004.
[13] 吴智华. 高分子材料成型工艺学［M］. 成都：四川大学出版社，2010.
[14] 吴培熙. 塑料制品生产技术大全［M］. 北京：化学工业出版社，2011.
[15] ［德］康娜莉亚. 弗里彻. 塑料装备与加工技术［M］. 杨祖群，译. 长沙：湖南科学技术出版社，2014.
[16] 宋宝丰，谢勇. 包装容器结构设计与制造［M］. 北京：印刷工业出版社，2016.
[17] 骆光林. 包装材料学［M］. 北京：印刷工业出版社，2010.
[18] 张锐，许红亮，王海龙. 玻璃工艺学［M］. 北京：化学工业出版社，2008.
[19] 陈福，武丽华，赵恩录. 颜色玻璃概论［M］. 北京：化学工业出版社，2009.
[20] 刘新年. 玻璃器皿生产技术［M］. 北京：化学工业出版社，2006.
[21] 张战营，刘缙. 浮法玻璃生产技术与设备（第二版）［M］. 北京：化学工业出版，2010.
[22] 王承遇. 玻璃成分设计与调整［M］. 北京：化学工业出版社，2006.
[23] 王宙. 玻璃工厂设计概论［M］. 武汉：武汉理工大学出版社，2011.
[24] 刘新华. 玻璃器皿生产技术［M］. 北京：化学工业出版，2007.
[25] 徐德龙. 材料工程基础［M］. 武汉：武汉理工大学出版社，2008.
[26] 胡赓祥. 材料科学基础［M］. 上海：上海交通大学出版社，2010.
[27] 徐志明. 平板玻璃原料及生产技术［M］. 北京：冶金工业出版社，2012.
[28] 刘筱霞. 金属包装容器［M］. 北京：化学工业出版社，2004.
[29] 王德忠. 金属包装容器结构设计、成型与印刷［M］. 北京：化学工业出版社，2003.
[30] 杨文亮，辛巧娟. 金属包装容器-金属罐制造技术［M］. 北京：印刷工业出版社，2009.
[31] 李婷，柏建国. 食品金属包装材料中化学物的迁移研究进展［J］. 食品工业科技，2013，34（15）：380-384.
[32] 王红松，陈烨. 金属食品包装罐中三聚氰胺迁移规律的研究［J］. 检验检疫学报，2014，24（2）：48-51.
[33] 黄本元. 滚动轴承防锈包装［M］. 北京：化学工业出版社，2009.
[34] 王先会. 润滑油脂生产原料和设备实用手册［M］. 北京：中国石化出版社，2007.

[35] 杨俊杰．润滑油脂及其添加剂：合理润滑手册 [M]．北京：石油工业出版社，2011.
[36] 武军．印刷与包装材料 [M]．北京：中国轻工业出版社，2006.
[37] Maqsood Ahmad Malik，Mohd Ali Hashim，Firdosa Nabi，et al. Anti-corrosion Ability of surfactant：A Review [J]. Int. J. Electrochem. Sci，2011，(6)：1927-1948.
[38] N. N. Andreev，O. A. Goncharova，S. S. Vesely. Volatile inhibitors of atmospheric corrosion IV Evolution of vapor-phase protection in the light of patent literature [J]. Int. J. Corros. Scale Inhib.，2013，(2)：162-193.
[39] 陈永常．复合软包装材料的制作与印刷 [M]．北京：中国轻工业出版社，2007.
[40] 赵素芬，吕艳娜．软包装生产技术 [M]．北京：印刷工业出版社，2012.
[41] 江谷．复合软包装材料与工艺 [M]．南京：江苏科学技术出版社，2003.
[42] 何新快，胡更生．软包装材料复合工艺及设备 [M]．北京：印刷工业出版社，2007.
[43] 伍秋涛．软包装结构设计与工艺设计 [M]．印刷工业出版社，2008. 4
[44] 尹章伟．包装材料、容器与选用 [M]．北京：化学工业出版社，2003.
[45] 周祥兴．软质塑料包装技术 [M]．北京：化学工业出版社，2002.
[46] 胡兴军．智能包装的应用及前景 [J]．今日印刷，2010，(3)：73-76.
[47] 刘东红．食品智能包装体系的研究进展 [J]．农业工程学报，2007，23 (8)：286-290.
[48] 袁晓林．活性包装材料与技术探讨 [J]．包装工程，2006，(3)：30-33.
[49] 黄鹏波．包装用炭黑防静电涂料制备工艺研究 [J]．包装工程，2007，(11)：60-61.
[50] 杨士亮．防静电包装材料静电屏蔽性能测试方法 [J]．包装工程，2006，(2)：62-64.